Internet of Things

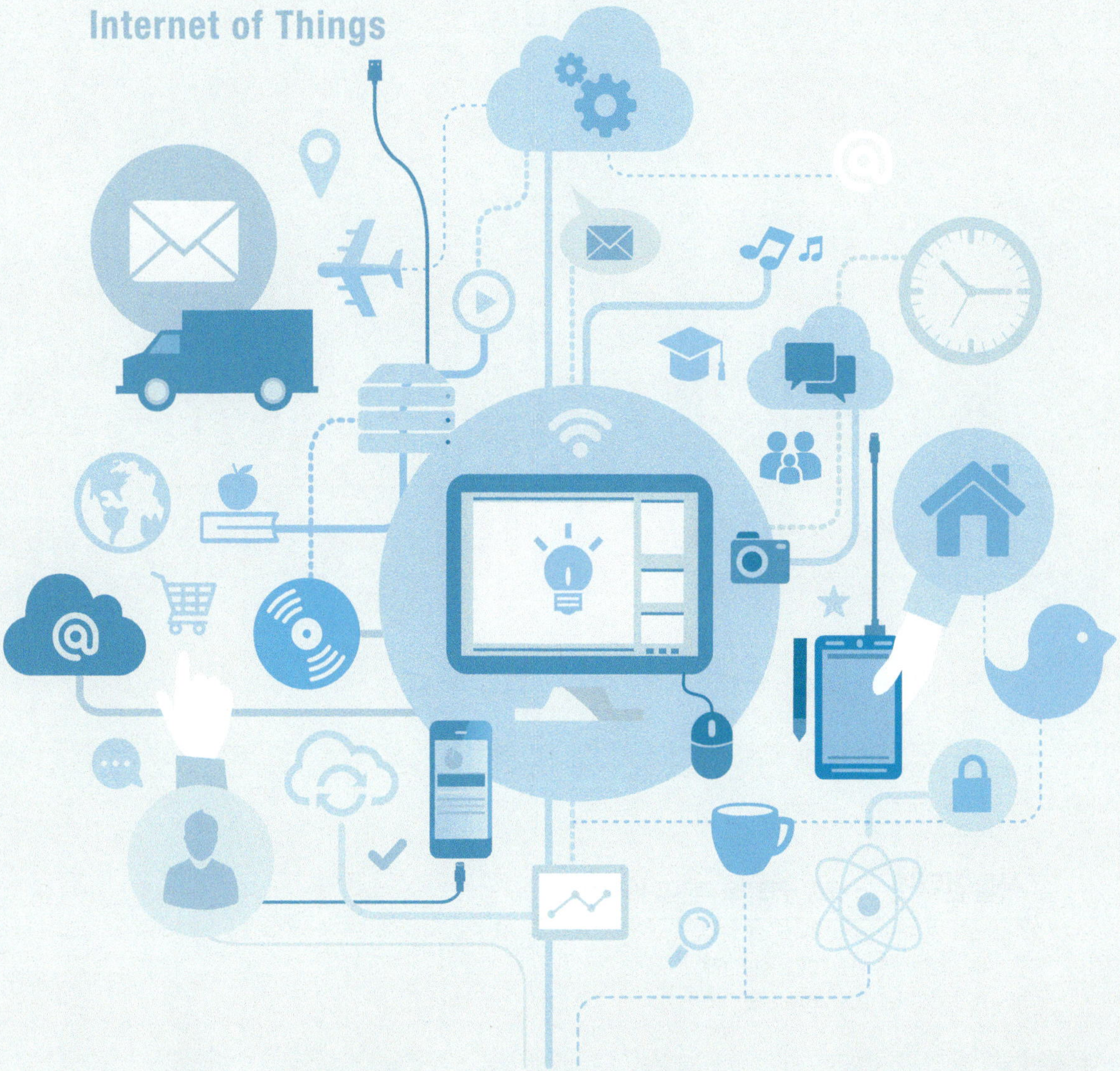

사물 인터넷

개념, 구현기술 그리고 비즈니스

김학용 지음

홍릉과학출판사

사물인터넷 -개념, 구현기술 그리고 비즈니스-

인 쇄 : 2014년 9월 16일 초판 1쇄
발 행 : 2014년 9월 26일 초판 1쇄

저 자 : 김학용

발행인 : 우명찬, 송준
발행처 : 홍릉과학출판사
주 소 : 서울시 강북구 인수봉로 50길 10
전 화 : (02) 999-2274~5, 903-7037
팩 스 : (02) 905-6729
등록번호 : 1976년 10월 21일 제5-66호
http://www.hongpub.co.kr
e-mail : hongpub@hongpub.co.kr

ISBN : 979-11-5600-324-3 (93000)

정가 20,000원

머리말

당신은 왜 이 책을 선택했는가? 사물인터넷의 개념이 궁금해서인가, 아니면 사물인터넷을 구현하는 기술들이 궁금해서인가? 어쩌면 사물인터넷의 개념을 적용한 사업 아이템을 발굴하고 싶어서일 수도 있고, 바빠 죽겠는데 직장의 상사가 사물인터넷에 대해 조사해 오라고 시켰기 때문일 수도 있을 것이다. 그도저도 아니라면, 하루가 멀다하고 인터넷과 언론을 가득 메우는 사물인터넷이라는 단어에 불안감을 느껴서일지도 모르겠다.

무슨 이유로 이 책을 집어들었든 간에, 그리고 어떤 분야에서 어떤 일을 하고 있든 간에, 이 책을 읽고 나면 '사물인터넷에 대해 조금은 감이 잡히는 것 같다'라는 생각이 들게 될 것이다. 최소한 사물인터넷 시스템이 어떻게 구성되고 어떤 기술들에 의해 구현되는지에 대한 큰 그림(Big Picture)을 그릴 수 있을 것이라고 필자는 확신한다.

어쩌면, 사물인터넷과 관련된 좋은 아이디어가 떠올라 직접 사업을 하고 싶은 생각이 들게 될 지도 모르겠다. 사물인터넷과 관련해서 뜬구름 잡는 이야기들로 가득한 다른 책들이나 세미나의 강연들과는 달리, 이 책에는 10여 년 동안의 사업 경험과 개발 경험, 그리고 시행착오들을 바탕으로 한 지극히도 현실적이면서 일을 해 본 사람만이 할 수 있는 이야기들이 담겨 있기 때문이다.

이 책은 지난 10여 년 간의 솔루션통합 전문기업(삼성SDS)과 통신사(LG데이콤 및 LG유플러스)에서의 업무 경험과 노하우, 최신 기술과 비즈니스 트렌드에 대한 관심과 집착, 그리고 향후 우리들의 생활 패턴의 변화에 대한 진지한 고민들을 바탕으로 준비되었다. 또한, 글로벌한 기업들의 전문가들, 국내 통신사 및 솔루션통합 회사의 사업 담당자들, 사물인터넷 관련 디바이스나 모듈 제조사의 기획자 및 개발 실무자들, 그리고 학교, 연구소, 정책당국에 계신 많은 분들과의 대화 내용들도 포함하고 있다.

1년 여의 준비 기간 동안 필자는 크게 세 가지에 집중했다. **사물인터넷의 개념**(concept), **구현 기술**(enabling technologies), 그리고 **비즈니스**(business)가 바로 그것이다. 생각이 바로 서야 세상이 바로 서는 것처럼, 사물인터넷에 대한 개념이 바로 잡히고 관련 기술에 대한 최소한의 지식이 있어야만 사물인터넷을 활용한 '제대로 된' 제품이나 서비스를 만들 수 있다고 생각하기 때문이다.

물론, 도깨비 방망이처럼 뚝딱 새로운 제품이나 서비스를 만드는 것도 가능하며, 실제로 그렇게 만들어진 제품과 서비스들도 다수 소개되고 있다. 그러나, 그러한 제품과 서비스들은 사물인터넷이라는 마케팅적 용어로 화려하게 포장만 되어 있을 뿐, 사물인터넷의 그 어떤 향기나 감동도 느껴지지 않는다. 향기없는 꽃과 감동없는 이야기가 쉽게 버려지는 것처럼, 이러한 제품이나 서비스들은 한두 달 만에 이용자들로부터 외면받는 것이 현실이다.

따라서, 이 책도 그동안의 고민을 바탕으로 세 부분으로 구성했다. 먼저, Part I에서는 사물들이 서로 연결되는 차원이 아니라 연결된 사물들이 사람들에게 가져다 주는 가치를 중심으로 사물인터넷의 개념을 정의했다. Part II에서는 사물인터넷의 구조 및 구성 요소, 그리고 다양한 구현 기술들에 대해 살펴본다. 마지막으로, Part III에서는 비즈니스 관점에서 사물인터넷을 이해해보고자 했다. 각 파트별 세부 구성은 다음과 같다.

Part 1 - 사물인터넷과의 만남에서는 사물인터넷과 관련된 다양한 용어의 정의를 통해, 사물인터넷(IoT) 혹은 만물인터넷(IoE)이 기존의 M2M이나 USN, Ubiquitous Computing 등과 어떻게 다른 지를 설명한다. 또한, 사물인터넷의 역사 및 탄생 배경을 살펴 본 후, 최근 사물인터넷이 왜 주목을 받고 있고 앞으로 관련 산업이 활성화 될 것인지에 대해 알아볼 것이다. 마지막으로, 사물인터넷과 관련된 국내외 동향을 주요 기업 및 각국의 정부 정책을 중심으로 살펴보고 향후 시장에 대해 전망해 볼 것이다.

Part 2 - 사물인터넷의 구조 및 관련 기술에서는 기존의 사물인터넷 관련 서적에서 전혀 다루고 있지 않는 사물인터넷의 구조 및 구현 기술들에 대해 소개하고 있다. 먼저, 데이터의 흐름의 관점에서 사물인터넷의 구조를 정의하고, 데이터를 생성하는 센서와 디바이스, 그리고 데이터를 전달하는 네트워크 기술을 다룬다. 마지막으로, 데이터가 저장되고 가공되어 사물인터넷 서비스에 이용되는 클라우드와 서비스 플랫폼에 대해 설명한다.

센서와 관련해서는 스마트폰에 사용되는 센서 및 소형 센서를 만드는데 이용되는 MEMS 기술도 함께 소개할 것이다. 또한, RFID와 NFC, 그리고 요즘 많은 관심을 불러 일으키는 비콘에 대해서도 센서의 관점에서 소개할 것이다. 사물인터넷 디바이스와 관련해서는 스마트폰 및 태블릿, 웨어러블 디바이스, 스마트 가전, 커넥티드카의 관점에서 소개할 것이다.

네트워크 기술과 관련해서는 WPAN(Wireless Personal Area Network)이라 말하여지는 근거리 무선통신 기술들(Wi-Fi, Bluetooth LE, ZigBee, Z-Wave)과 디바이스들 사이의 직접적인 무선 연결을 제공하는 다이렉트(Direct) 통신기술(Wi-Fi Direct 및 LTE Direct)에 대해 살펴볼 것이다. 또한, IPv6나 6LoWPAN과 같은 통신 프로토콜에 대해 사물인터넷 관점에서 소개할 것이다.

마지막으로 클라우드와 서비스 플랫폼 부분에서는 클라우드 서비스의 개념 및 기술적 구성 요소, 주요 클라우드 서비스 등에 대해 소개한 후, 클라우드 서비스의 기반이 되는 빅데이터와 서비스 플랫폼 기술에 대해 살펴볼 것이다.

Part 3 - 비즈니스로서의 사물인터넷에서는 사업적인 관점에서 사물인터넷을 바라본다. 먼저, 디바이스가 생성하는 데이터의 이용 관점에서 사물인터넷 비즈니스의 유형을 5가지로 구분하고 유통 및 마케팅 분야에서 도입되었거나 검토되고 있는 사례들을 살펴볼 것이다. 다양한 산업 분야(Industry Vertical)에서의 비즈니스 사례를 살펴보는 것도 의미가 있을 수 있으나, 유통 및 마케팅 분야에서 발견되는 사물인터넷 적용 사례들만으로도 사물인터넷 비즈니스에 대한 인사이트를 얻기에 충분하리라 생각한다.

특히, 유통 분야의 사례들은 온라인 유통, 오프라인 유통, 그리고 온라인과 오프라인이 결합된 분야(o2O)에서 기존 산업을 활성화 하기 위해 사물인터넷 기술들이 어떻게 활용되는 지를 알려 줄 것이다. 유통과 관련해서는 모바일 결제 부분도 함께 다루고 있으며, 마케팅 분야의 경우 최근 커다란 주목을 받고 있는 비콘 혹은 아이비콘 기반의 마케팅에 대해 심도 있게 다루고 있다.

이 책을 준비하면서 발견한 사실 중의 하나는 이미 많은 형태의 사물인터넷 관련 제품이나 서비스들이 우리 실생활에서 널리 이용되고 있다는 것이었다. 단지, 사물인터넷이라는 용어를 사용하지 않았을 뿐인 것이다. 반면, 해외 사례들은 '이런 것까지!!' 할 정도로 보잘 것 없는 것들도 '사물인터넷'이라는 키워드와 연관지어 소개되고 있었다. 그래서, 이 책에서는 가능하면 많은 국내 사례들을 소개하려고 노력했음을 말씀드리고자 한다.

10여 년의 기간동안 RFID/USN, M2M, 그리고 IoT와 관련된 분야에서 다양한 연구와 사업들을 수행했지만, 나는 사물인터넷과 관련된 모든 분야의 전문가가 아니다. 단지, 내가 공부하고 경험하고 고민했던 부분들에 대해서만 조금 더 잘 알고 있을 뿐이다. 그렇기 때문에, 많은 분들의 도움이 없었다면 이 책은 빛을 볼 수 없었을 것이다. 책의 각 부분에 필요한 자료들을 제공하고 책의 구성이나 내용에 대해서 조언을 해 주신 모든 분들께 이 자리를 빌어 감사의 말씀을 전하고자 한다.

특히, 이 책을 쓰기 위해 독립하기 전까지 몸담고 있었던 LG유플러스 M2M사업담당 내의 모든 분들께 감사의 말씀을 전한다. LTE 기반의 모바일 라우터, 모바일 결제, 엘리베이터 비상통화장치, 전자가격표시기(ESL), 전력 및 보안 분야의 텔레메트리, 그리고 다양한 커넥티드카 관련 사업 등 M2M사업담당 내에서 진행되었던 다양한 사업들에 대한 경험과 현장의 이야기는 이 책을 다른 저작물들과 차별화하는데 핵심적인 역할을 하리라 믿어 의심치 않는다.

또한, 벌써 5년 전 이야기지만, 삼성SDS(구 삼성네트웍스)에서 함께 RFID/USN 솔루션과 서비스를 기획하고 개발했던 모든 분들께도 감사의 말씀을 전하고자 한다. 수차례에 걸친 건물의 지하주차장과 한강 둔치에서의 필드 테스트 및 실버타운과 싱가폴 항만에서의 적용 과정에서 몸으로 체득하고 문제들을 해결하는 과정에서 배운 지식과 교훈들은 이 책을 이론서일 뿐만 아니라 실용서로 활용될 수 있게 해줄 것이라 생각한다.

또한, 두 회사에 재직 시, 관련 업무를 함께 했던 모바일에코, 모다정보통신, 큰사람컴퓨터, 옥타컴, 프리스케일, 나노테크놀로지, VeriSign Japan, 그리고 SPA의 사업담당자 및 개발자 여러분들께도 감사의 말씀을 드리고자 한다. 만약 이분들이 안 계셨다면, 아마도 이 책 대신 고질라가 나오는 3류 공상과학 막장 소설을 썼을지도 모른다.

마지막으로, 이 책이 출판될 수 있도록 물심양면으로 지원해 주신 홍릉과학출판사의 우명찬 대표님, 책 저작과 관련하여 많은 조언과 격려를 아끼지 않으셨던 김응수 부장님, 그리고 교정 및 편집 작업을 해주신 모든 분들에게도 감사의 말씀을 전하고 싶다.

책을 준비하면서 퇴근이 늦어지고 주말을 함께 보내지 못했지만 불평하기 보다는 오히려 격려를 아끼지 않았던 사랑하는 아내 구현정과 많은 시간 함께 놀아주지 못해서 미안하기만 한 딸 김태연에게 미안함과 함께 감사의 마음을 전한다. 현정아, 이 책은 매일 아침 니가 차려준 밥심으로 태어난거야^^ 그리고, 탈고의 순간까지 관심과 격려를 아끼지 않았던 모든 친구들에게도 고맙다는 이야기를 전하고 싶다. 친구들아, 빨리 술약속 잡자! 또한, 같은 피를 나눈 형제라는 사실만으로도 든든한 존재인 누나와 두 여동생에게도 고맙다는 말을 전하고 싶다. 마지막으로, 그 존재만으로도 큰 의지가 되고 항상 정직하고 성실해야 한다는 삶에 대한 가르침을 주시는 사랑하는 부모님께 이 책을 바칩니다.

2014년 여름, 생의 한 가운데에서..

차례

PART 03 | 비즈니스로서의 사물인터넷

PART

01

사물인터넷과의 만남

Prologue

생활 속의 사물인터넷

아침 6시다. 스마트폰의 알람과 함께 잠에서 깨어나자마자 잠시 창밖으로 날씨를 살피고 스마트폰의 음성인식 서비스를 이용하여 오늘의 날씨 정보를 확인한다. 오후부터 비가 내릴거라는 예보가 있어서 오늘은 아침에 짧게 조깅을 하기로 한다. 기분이 상쾌해서 평소보다 빨리 달렸더니, 손목의 스마트밴드가 진동으로 너무 빨리 달리고 있다고 알려줘 달리는 속도를 조절했다.

버스 정류장. 월요일이라서 그런지 평소보다 더 많은 사람들로 북적인다. 정류장에 설치된 모니터를 통해 내가 타야 하는 버스의 도착 예정시간을 알아보니 여섯 정거장 전에 있다. 약간 돌기는 하지만, 차라리 1분 후 도착 예정인 다른 노선 버스를 타고 가기로 결정한다.

사무실에 도착해서 일을 하다보니 지난밤 사용하던 전기장판을 켜 놓고 온 것 같다. 스마트폰으로 집안에 있는 전기 콘센트를 확인해 보니, 아니나 다를까 전기장판이 켜져 있는 것이다. 원격으로 전기장판의 전원을 끄고 다시 업무로 복귀.

15분전 12시. 가장 즐거워야 할 점심시간이 때로는 전쟁터가 된다. 동시에 많은 사람들이 몰리다보니 식당 앞에서 20-30분 정도 줄을 서는 것은 기본이다. 그래서, 스마트폰으로 예약이 되는 중국집에 식사를 주문하고 오후에 보고해야 할 자료를 조금 더 정리한 후 식당으로 이동한다.

음식을 기다리는 중에 집에 있는 애완견 또또가 생각났다. 스마트폰으로 애완동물 자동급식기에 접속을 하니 녀석도 배가 고팠는지 강아지 장난감을 깨물고 있는 것이다. 그래서 평소보다 20 g 더 많은 사료를 주도록 설정하고, 스마트폰에 '또또야, 점심 먹자~!'라고 말을 한다. 내 목소리를 들은 녀석이 급식기로 오더니만 맛있게 밥을 먹는다.

오후 3시. 드디어 사업부장 보고다. 다 작성된 보고자료는 태블릿에 옮겨놓고 와이파이로 무선 빔프로젝터에 연결을 한다. 태블릿 화면에 보이는 페이지를 이동하면 스크린의 화면도 함께 바뀐다. 성공적으로 보고도 끝냈으니, 오늘은 집에 가서 편안한 마음으로 와이프와 피자에 와인이나 한잔 하기로 한다.

오후 6시 반. 업무를 정리하고 사무실 근처 편의점에 설치된 현급지급기(ATM)에서 돈을 찾아 근처의 와인샵으로 간다. 와인샵 근처에 가자 스마트폰에 와인 할인 행사에 관한 안내와 함께 20% 할인쿠폰이 떴다. 혹시나 하는 마음에 NFC 태그가 붙어 있는 행사 와인을 스마트폰에 가져다 대니 와이프가 좋아하는 과일향이 풍부한 미디엄 바디의 와인이었다. 와인샵을 나서는데 다시금 스마트폰에 알람이 떴다. 와인샵 근처의 이탤리언 레스토랑에서 주문한 식사와 함께 콜키지 프리로 와인을 마실 수 있다는 내용이었으나, 무시하고 밖으로 나갔다.

와인을 사들고 건물을 나오자 매장 앞에 와이프가 몰고 다니는 하이브리드 자동차가 서있었다. 7시 밖에 안 되서 집에 가는 길이 몹시 막힐 것 같았는데, 평소에 다니지 않던 사설 고속도로를 안내받아 30분 만에 집에 도착했다. 하이패스로 통행료 1,100원을 지불해야 했지만, 20분 정도 시간을 절약한 것 같다.

집에 도착하자마자 와이프는 전기밥솥에서 갓 지어진 밥으로 저녁상을 차리기 시작했고, 나는 세탁기에서 세탁된 빨래들을 꺼내 널었다. 와이프가 스마트폰으로 도착시간에 맞춰 밥과 빨래가 완료되도록 전기밥솥과 세탁기를 설정해 놓았던 것이었다.

밤 10시. 저녁을 먹은지도 얼마 되지 않았는데 출출함이 느껴져서, 동네에서 유명한 피자집에 피자를 시켜 와인과 함께 먹기로 한다. 피자가게 전용 어플을 이용해서 냉장고에 붙어 있는 불고기 피자 이미지를 사진으로 찍기만 하면 주문 완료다. 피자를 주문한 지 20분 정도 지났을 무렵 우리가 즐겨 먹은 피자가 배달됐다. 블루투스 이어셋을 착용한 배달원은 LTE폰에 연결된 카드리더를 이용해 신용카드로 결제를 해주었다.

가상으로 꾸며본 김과장의 하루 일과다. 일정 부분은 여러분의 일상생활에서 일어나는 일과 비슷할테고, 일정 부분은 앞으로 다가올 세상을 이야기한 것 같다. 그러나, 그렇지 않다. 비록 구체적으로 기술되어 있지는 않지만, 김과장의 하루 일과에 나타난 모든 시나리오들은 현재 시판되고 있는 제품들이나 제공되고 있는 서비스들을 바탕으로 한 것들이다. 더 놀라운 것은 이 모든 서비스들이 우리가 요즘 흔히 말하는 사물인터넷과 관련된 것들이라는 것이다.

시나브로 우리는 이미 사물인터넷 세상에 살고 있는 것이다. 그러나, 많은 사람들은 지금 우리가 누리고 있는 이러한 편리함이 사물인터넷이 가져다주는 것인지 잘 모르고 있다. '인터넷 오브 띵즈'라는 것은 영화의 장면들처럼 왠지 더 팬시하고 판타지해야 할 거라고 생각하는 것 같다. 왜 이런 현상이 나타나고 있는 것일까?

여러 가지 이유가 있겠지만, 아직까지 사람들이 사물인터넷에 대해 제대로 이해를 하지 못하고 있기 때문인 것 같다. 그 이유는 분명하다. 선진국에서는 10여 년 전부터 사물인터넷이라는 말을 사용하고 관련 제품과 서비스들이 출시되었지만, 우리나라의 경우 최근 1~2년 전에서야 본격적으로 사물인터넷이 논의되기 시작했기 때문이다.

또 다른 이유는 소위 **기술 전도사**(*Technology Evangelist*)라는 사람들이 사물인터넷에 대해 커다란 시각을 제시하기보다는 영화에나 나올 법한 단편적인 미래의 모습이나 '사물인터넷'이라는 마케팅 용어로 포장된 개별적인 제품이나 서비스들을 마치 사물인터넷의 전부인 것처럼 소개하기 때문이다. 게다가, 사물인터넷과 관련된 솔루션이나 서비스를 공급하고자 하는 기업들의 경우, 그들의 제품이나 서비스 관점에서 사물인터넷을 해석하고 전파하려 노력하기 때문이다.

이와 비슷한 맥락에서, 우리나라 사람들이 사물인터넷을 서비스보다는 제품 혹은 기술이라는 관점에서 인식하는 것도 이유 중의 하나일 것이다. 이는 아직까지 전통적인 제조업 마인드에 충실하기 때문이다. 불가능한 일이겠지만, 굳이 사물인터넷의 특성을 제품과 서비스로 나눈다면, 나는 서비스적인 성격이 더 강하다고 생각한다. 초기 사물인터넷과 관련된 제품들은 서비스의 성격이 매우 낮을지 모르겠지만, 사물인터넷과 관련된 모든 것들은 서비스 형태로 진화해 나갈 것이라고 확신한다. (이와 관련해서는 Part 3에서 다시 한번 논의하도록 할 것이다.)

따라서, 책의 시작인 Part 1에서는 사물인터넷에 대한 개념에 대해 분명히 하고자 한다. 먼저 M2M이나 USN/WSN과 같은 사물인터넷과 관련된 용어들에 대해 살펴본 후, 사물인터넷의 개념을 재정의할 것이다. 이후, 얼마 되지 않았지만 사물인터넷의 역사에 대해 살펴보고, 사물인터넷의 활성화 배경을 5 가지 관점에서 살펴볼 것이다. 마지막으로, 사물인터넷과 관련된 국내외 시장 동향을 살펴보고 앞으로의 시장에 대해 전망할 것이다.

사물인터넷이란?

사물인터넷은 센서를 내장하고 있는 사물들이 서로 연결되어 각각의 사물들이 제공하던 것 이상의 새로운 가치를 제공하는 방식이다.

The Internet of Things is a way of providing new values as well as their inherent value by connecting things each of which embedded with sensors.

우리는 인터넷(Internet)이라고 하면 으레 많은 컴퓨터들이 연결된 네트워크를 떠올린다. 전통적인 인터넷의 정의에 따르면 틀린 것도 아니지만, 사물인터넷을 이해하기 위해서는 인터넷이 더 이상 컴퓨터들로만 이루어진 네트워크가 아니라는 사실을 받아들일 마음의 준비가 필요하다.

이제 인터넷은 우리에게 친숙한 컴퓨터뿐만 아니라 다양한 종류의 디바이스(장치)들이 항시 연결되어 서로 통신하며 데이터를 공유하는 네트워크까지 포괄하는 개념으로 이해해야 한다. 이러한 디바이스들에는 온도, 습도, 위치, 속도, 진동, 밝기, 가스에서부터 맥박이나 혈압, 산소포화도 등을 측정하는 다양한 종류의 센서뿐만 아니라 우리들이 일상 생활에서 많이 이용하는 스마트폰이나 태블릿은 물론 자동차, 의료기기, CCTV, 냉장고나 에어콘 등의 가전까지 그 종류와 범위에 제한이 없을 정도다. 심지어는 아기의 기저귀나 베란다에 있는 화분까지도 인터넷에 연결된다.

이처럼 다양한 디바이스 혹은 사물들의 인터넷을 사물인터넷(Internet of Things)이라고 말하며, 이러한 디바이스들이 만들어낸 데이터를 수집, 분석, 가공하여 특정한 시스템이나 사람들에게 서비스를 제공하는 것을 사물인터넷 서비스 혹은 사물인터넷 기반 서비스라고 한다.

그러나, 엄밀히 말하자면, 사물인터넷이라는 개념이 전혀 새로운 것은 아니다. 국내에서는 '사물인터넷(Internet of Things)'이라는 용어가 2013년부터 본격적으로 사용되기 시작했기 때문에 용어 자체가 다소 생소하게 느껴질 수는 있으나, 이미 사물인터넷과 매우 비슷한 개념의 용어들이 오래 전부터 사용되고 있었다.

AT 컴퓨터가 막 보급되기 시작하던 1991년으로 돌아가보자. Xerox 팔로알토 연구센터(Palo Alto Research Center)의 마크와이저(Mark Weiser) 박사는 21세기의 컴퓨터에 관한 글에서 유비쿼터스 컴퓨팅(Ubiquitous Computing)이라는 개념을 처음으로 소개했다 [1]. "가장 심오한 기술은 구분되지 않을 정도로 일상생활로 비집고 들어간 것이다. (The most profound technologies are those that disappear. They weave themselves into the fabric of everyday life until they are indistinguishable from it.)"로 시작하는 이 글에서, 가장 심오한 기술인 유비쿼터스 컴퓨팅의 개념은 다양한 디바이스들 사이의 상호 작용 속에서 나타난다고 강조하고 있다.

마크와이저 박사가 유비쿼터스 컴퓨팅이라는 말을 한 이후에, 이와 비슷한 개념의 용어들이 다수 이용되기 시작했다. Pervasive Computing, Invisible Computing, Embedded Computing, Ambient Intelligence, USN(Ubiquitous Sensor Network) [2], WSN(Wireless Sensor Network) M2M(Machine-to-Machine), MTC(Machine Type Communications), MOC(Machine Oriented Communication), Smart Services, Web of Things, Internet of Everythings, Industry Internet 등이 바로 그것이다.

이렇게 많은 용어들이 있지만, 어떤 표현도 지금 나타나고 있는 모든 현상을 적절하게 표현할 수는 없다. 따라서, 이곳에서는 사물인터넷과 관련하여 가장 많이 언급되는

표 1 사물인터넷과 관련된 다양한 용어 및 정의

용어	사용단체	정의
USN	ITU-T	센서가 수집한 정보를 상황인식 기능에 의하여 처리한 후 때와 장소, 대상을 불문하고 지식 서비스를 제공하는 현존하는 물리적 네트워크 상의 개념적 네트워크
M2M	ETSI	인간의 직접적인 개입이 꼭 필요하지 않은 둘 혹은 그 이상의 객체 간에 일어나는 통신
M2M	IEEE	가입자 장치(Subscriber station)와 기지국(Base station)을 거쳐 코어-네트워크에 위치하는 서버 간의 정보 교환 혹은 가입자 장치 간 인간의 개입 없이 발생하는 정보 교환
MTC	3GPP	인간의 개입이 꼭 필요하지 않은 하나 혹은 그 이상의 객체가 관여하는 데이터 통신의 형태
MOC	ITU-T	인간의 직접적인 개입이 최소한으로 요구되거나, 혹은 요구되지 않는 둘 혹은 그 이상의 객체 간의 통신
IoT	ITU-T	모든 사물에까지 네트워크 연결을 제공하는 네트워크의 네트워크
IoT	CASAGRAS*	데이터 수집과 통신기능을 통하여 물리적 객체와 가상의 객체를 연결해 주는 글로벌 네트워크 기반구조

*EU FP7, Coordination And Support Action for Global RFID-related Activities and Standardization (CASAGRAS)

세 가지 용어, 즉 유비쿼터스 센서네트워크(USN) 혹은 무선 센서네트워크(WSN), 사물지능통신(M2M), 그리고 사물인터넷(IoT)과 만물인터넷(IoE)에 대해서만 살펴보도록 할 것이다.

사물지능통신(M2M)

Machine-to-Machine(M2M) 혹은 사물지능통신은 유선 혹은 무선 시스템들이 주로 같은 유형의 다른 디바이스들과 통신할 수 있도록 하는 기술로 정의할 수 있다. 이렇게 연결된 시스템들은 컴퓨터 네트워킹 기반의 자동화가 출현한 이후로 다양한 형태로 존재해 왔기 때문에, 정확히 언제부터 사물지능통신이라는 말이 사용됐는지는 분명하지 않다. 다만, 셀룰러 기반의 M2M 통신은 독일의 지멘스(Siemens)가 무선전화 사업본부(mobile phones business unit)에 관련 부서를 만든 1995년부터 사용한 것으로 알려지고 있다.

사물지능통신과 관련하여 현재 다수의 국제 표준화 기구에서 이와 유사한 개념의 용어들을 사용하고 있다. [표 1]에 보이는 것처럼 ETSI는 M2M, 3GPP는 MTC(Machine Type Communications), ITU-T의 경우에는 뒤에서 설명할 IoT 외에 MOC(Machine-Oriented Communications)라는 용어를 사용하고 있으나 대부분 유사한 개념을 적용하고 있다.

사물지능통신의 개념과 관련해서, [표 1]의 사물지능통신에 대한 다양한 정의를 보면 다음과 같은 두 가지 핵심 키워드를 발견할 수 있다. 바로 '사람이 관여하지 않는다'는 것과 '두 개 이상의 디바이스 사이에서 데이터가 교환된다'는 것이다.

먼저, 사람이 관여하지 않는다는 것은 디바이스가 인공지능(artificial intelligence)을 가지고 있다는 것을 의미한다. 디바이스가 인공지능을 갖는다는 것은, 그 디바이스에 대해 기대되는 것들이 소프트웨어적으로 혹은 하드웨어적으로 미리 정의되어 있다는 것을 말한다. 즉, 이 디바이스는 사전에 정해진 프로세스(process)나 규칙(rule)에 의해 정해진 일(task)를 수행하게 된다.

두 개 이상의 디바이스 사이에서 데이터가 교환된다는 말은 디바이스가 스스로 생성한 데이터 혹은 다른 디바이스를 통해 전달받은 데이터가 있음을 의미한다. 어떤 디바이스가 스스로 데이터를 생성하기 위해서 그 디바이스는 하나 이상의 센서를 포함하고 있어야 한다. 센서는 주변의 환경에 반응하여 만들어진 아날로그 데이터를 디지털 데이터로 변환시키는 소자, 모듈, 혹은 디바이스를 말한다. 이러한 센서에는 온도, 습도, CO_2, 가속도, 맥박, 산소포화도, 혈압 등과 같은 센서들은 물론, 사람의 목소리나 홍채를 인식하는 마이크와 카메라까지도 포함된다. 필자의 경우, RFID나 NFC, 그리고 비콘(beacon)처럼 사람이 미리 저장해 놓은 데이터를 전달해 주는 소자들도 센서로 분류한다.

다음으로, 다른 디바이스를 통해 전달받은 데이터가 있다는 것은 두 가지 관점에서 설명할 수가 있다. 하나는 센서네트워크에서 많이 발생하는 것으로, 이전 노드의 데이터를 받아서 전달(relay or route)하는 형태에 해당한다. 또 하나는 이와 반대로 지능을 가지고 있는 중앙의 서버나 시스템으로부터 전달받은 명령 데이터가 그것이다. 보통, 센서네트워크에서는 센서 노드들이 측정한 데이터가 게이트웨이(gateway)를 통해 중앙의 서버로 전달되는 단방향 특성이 강한 반면에, 사물지능통신의 경우 센서네트워크와는 달리 양방향 특성이 강하다.

즉, 사물지능통신에서는 어떤 디바이스가 직접 측정하거나 수집된 데이터를 서버로 전달하면 서버는 자신의 컴퓨팅 파워를 이용해 수집된 데이터를 가공 및 분석한 후 그에 따른 피드백(feedback)을 해당 디바이스나 다른 디바이스로 돌려보낸다. 간단한 예로, 주방의 가스 센서가 누출된 가스를 확인하면 서버는 가스 밸브를 차단하도록 명령을 내리게 된다.

다른 디바이스를 통해 전달받은 데이터의 또 다른 유형은 지능을 가진 서버 혹은 디바이스로부터 제어 명령을 받는 경우에 해당한다. 즉, 사전에 프로그램된 프로세스에 의해 일정한 시간이 되면 무조건 가스 밸브를 잠그라는 명령이 내려지는 것과 같은 개념이다. (물론 이 경우에는 서버에 있는 타이머가 일종의 센서 역할을 하게 된다.)

어떤 사물지능통신망(M2M Network)에서 개별 디바이스들은 다른 디바이스와 구분하기 위해 각 사물지능통신망에서 정의하는 형태의 고유한 식별자(unique identifier)를 부여받게 된다. 그러나, 이 고유한 식별자는 다른 사물지능통신망에서 다시 사용할 수 있다. 즉, 사물지능통신에 있어서 디바이스에 할당되는 식별자는 글로벌하게 고유하지 않다고 말할 수 있다.

이는 사물지능통신망이 개별 영역의 특수한 이슈들을 해결하기 위해 도입되었기 때문이다. 예를 들자면, 제조(manufacture) 산업의 경우 생산 라인의 효율화를 제고하기 위해 도입하였고, 물류나 유통 분야의 경우 제품에 대한 가시성(visibility)을 확보하기 위해 도입했을 것이다. 재미있는 사실은 과거의 기업들은 자신들이 사용하는 장치는 물론 그 장치와 관련된 어떤 정보도 밖으로 노출되는 것을 꺼렸다. 기업 외부에서 기업 내부의 시스템을 통제하는 것 자체가 생산이나 업무의 효율성보다는 보안에 대한 우려가 더 컸기 때문이다. 따라서, 대부분의 사물인터넷망은 폐쇄적인 성격이었으며, 어떤 디바이스를 글로벌하게 고유한 형태로 식별할 필요가 없었던 것이다.

이는 사물지능통신망이 지역적인(local) 성격을 가지고 있음을 의미한다. 물론, 전국적이거나 글로벌한 형태로 구축되는 경우도 다수 발견되지만, 대부분의 경우 생산라인이 있는 곳이나 댐, 교량, 산 등 환경 정보를 수집해야 하는 개별적인 곳에 구축이 되는 경우가 대부분이었다. 물론, 인터넷에 연결되는 경우도 있지만, 이 경우 대부분은 IPSec처럼 가상사설망(Virtual Private Network) 기술이나 MPLS(Multi-Protocol Label Switching) 기술을 이용해서 논리적으로 망을 분리해서 이용한다.

요약하면, 사물지능통신은 자체적인 지능을 가지고 있어서 사람의 관여를 필요로 하지 않으며, 데이터 전달에 있어서는 양방향 특성이 있고, 데이터의 수집보다는 디바이스 제어의 성격이 강하다. 또한, 사물지능통신에서 디바이스들은 글로벌하게 고유한 것으로 구분되지 않는다.

센서네트워크(USN/WSN)

센서네트워크는 특정한 응용 환경을 원격에서 감시하거나 제어하기 위해 컴퓨팅 능력과 통신 능력이 있는 디바이스(센서 노드)들을 네트워크로 구성한 것이다. 전통적으로 센서네트워크는 유선통신 기술을 이용해 구축되고 이용되어 왔으나, 그 활용 범위가 제한적이어서 최근에는 무선통신 기술을 바탕으로 하는 센서네트워크 기술들이 활발히 개발 및 이용되고 있다. 따라서, 이 책에서도 센서네트워크는 무선통신 기술을 이용하는 유비쿼터스 센서네트워크(Ubiquitous Sensor Network, USN)와 무선 센서네트워크(Wireless Sensor Network, WSN)를 의미하는 것으로 국한하여 생각할 것이다.

사물지능통신이 디바이스들에서 수집된 데이터를 바탕으로 해당 디바이스나 다른 디바이스를 제어하는 양방향 성향이 강한 반면에, 센서네트워크는 다수의 디바이스(센서 노드)들이 데이터를 수집하여 서버로 전달하는 단방향 성향이 강하다. 즉, 상황을 모니터링 하기 위해 데이터를 수집하고 전달하는 것이 멀리 떨어진 곳에 위치하고 있는 디바이스를 제어하는 것보다 더 중요하며 센서네트워크의 본질적인 목적이라는 것이다.

이를 달리 해석하면, 센서네트워크에서 수집된 데이터들이 의미를 갖기 위해서는 사람이 직간접적으로 관여하여 데이터를 가공하고 분석해야 하는 것을 말한다. 예를 들어, 교량의 뒤틀림 정도에 대해 수집된 데이터들은 별도의 분석 툴을 이용하여 정도의 심각성을 분석하며, 바람이라던지 교량을 지나간 차량의 숫자나 유형들과 같은 관련

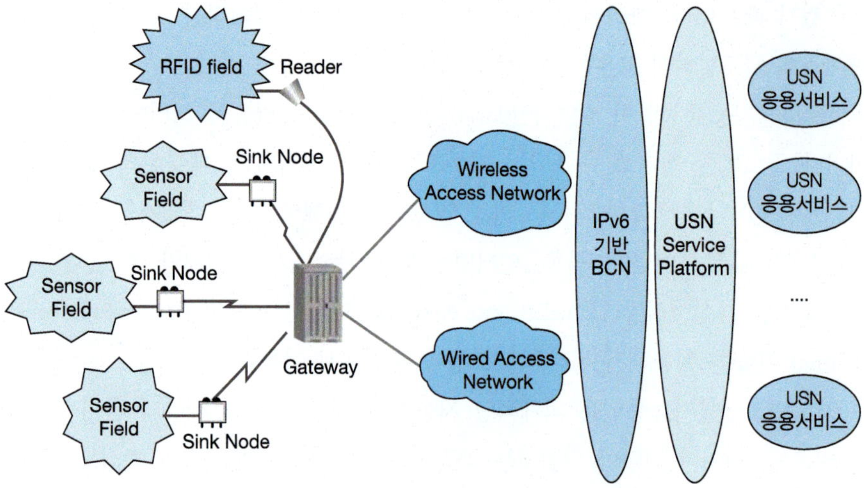

그림 1 센서네트워크의 구성

정보들과 비교해 봄으로써 붕괴의 조짐이 있는지를 결정하고 대응할 수 있게 해준다.

결과적으로, 센서네트워크는 수집된 데이터를 바탕으로 인간의 반응을 요구한다. 건물에서 화재가 감지되는 경우에는 자동으로 스프링클러를 가동시킬 수도 있지만, 사람들이 감시하기 어려운 산악지역에서 발생하는 화재를 감지하고 이에 신속히 대응할 수 있도록 한다.

센서네트워크도 사물지능통신과 마찬가지로 특수한 목적을 위해 개별적으로 구축된다. 따라서, 센서 노드나 싱크 노드들과 같은 디바이스들은 해당 센서네트워크에서만 고유하며, 글로벌하게는 고유하지 않다.

물론, 사물지능통신에서와는 달리 동일한 목적의 센서네트워크를 하나로 연결하여 글로벌한 센서네트워크를 만들기 위한 노력도 진행되고 있다. 이러한 생각이 유효한 이유 중의 하나도 센서네트워크가 단방향 특성이 강하다는 사실 때문이다. 즉, 악의적인 목적에 의해 특정한 센서 노드가 공격을 받아서 제 기능을 하지 못해도 큰 문제가 발생하지 않는 상황에 주로 이용되기 때문이다. 이유야 어쨌든, 이 경우에는 디바이스들은 글로벌하게 유니크한 식별자를 할당받아야만 한다.

요약하면, 센서네트워크는 데이터의 수집에 있어서 사람이 관여하는 것을 필요로 하지 않으나, 디바이스의 제어에 대해서는 일반적으로 사람의 관여를 필요로 한다. 데이터 전달에 있어서는 양방향 특성이 있지만 단방향 특성이 강하고, 디바이스의 제어보다는 데이터를 수집하는 성격이 강하다. 또한, 디바이스들은 글로벌하게 고유하지 않다.

사물인터넷(IoT)

사물인터넷(Internet of Things)이라는 용어는 1999년 Procter & Gamble(P&G)에서 브랜드 매니저를 하던 케빈 애쉬턴(Kevin Ashton)에 의해 처음으로 사용되었다. 추후 MIT의 Auto-ID Center의 공동 설립자가 된 케빈은 P&G에서 RFID를 이용한 유통망의 가시성에 대한 강연을 하면서 이 용어를 사용하게 되었다. 그가 말했던 사물인터넷은 처음에는 마크 와이저 박사가 말했던 유비쿼터스 컴퓨팅처럼 인터넷이 도처에 존재하는 센서들을 통해 물리적인 세상과 연결될 수 있도록 해주는 시스템을 의미했다 [3][4]. 그러나, 이후 그의 글들을 살펴보면, 사물인터넷에서 가장 중요한 요소로 사람(people)을 언급한다. 즉, 사물인터넷은 사물지능통신망이나 무선 센서네트워크처럼 기존에 사물들로 연결된 네트워크가 확장된 개념이라고 생각할 수 있다.

케빈도 그러했던 것처럼, 필자를 포함한 많은 사람들은 사물인터넷(IoT, Internet of Things)과 사물지능통신(M2M, Machine-to-Machine) 이라는 용어를 엄밀히 구분해서 말하기보다는 서로 비슷하거나 동일한 개념으로 이해한다. 그만큼 사물인터넷과 사물지능통신의 개념을 분명히 하는 것은 쉽지 않기 때문이다.

그러나, 일반적으로 사물인터넷을 사물지능통신에 비해 상위 개념으로 이해한다. 앞에서도 말했지만, 사물지능통신은 특수한 목적을 가지고 구축된 개별적인 네트워크인 반면에, 사물인터넷은 이러한 개별적인 사물지능통신망은 물론이고 이러한 사물지능통신망이 인터넷으로 상호 연결된 것을 의미한다. 또한, 사물지능통신은 기계나 사물들의 연결에 무게를 두지만, 사물인터넷은 그러한 연결이 가져다 주는 가치나 혜택에 집중한다.

그림 2 사물인터넷(Internet of Things)이라는 용어를 최초로 쓰기 시작한 Kevin Ashton

다양한 사물지능통신망의 연결은 단순히 물리적인 연결에 의한 네트워크 규모의 확대를 말하는 것이 아니다. 서로 다른 목적을 가진 다양한 네트워크에서 발생하는 데이터의 수집과 처리 및 이의 정보화와 서비스화는 물론 네트워크들이 연결되는 방식이나 서비스가 만들어지는 절차(process)까지도 포함한다. 즉, 사물인터넷은 서비스와 관련된 패러다임의 변화를 의미하는 것이다.

사물지능통신이 사물과 사물 혹은 사람과 사물 사이의 통신에 대해서 말을 한다면, 사물인터넷은 사람과 사물과 같은 물리적인 객체는 물론 공간과 같은 비물질적 혹은 가상의 객체들 사이의 통신에 대한 것이다 [5]. 즉, 사물지능통신이 인터넷의 범위로 확장하여 사람과 사물간 커뮤니케이션은 물론, 현실과 가상세계에 존재하는 모든 정보와 상호작용하는 개념이 사물인터넷인 것이다.

[그림 3]에 보이는 것처럼 Atzori는 사물인터넷의 개념을 크게 사물 중심, 인터넷(네트워크) 중심, 시맨틱(Semantic) 중심의 정의로 나눠서 생각했다 [12][13]. 사물 중심의 정의에서는 사물에 탑재된 RFID와 같은 태그를 통해 사물의 인식과 위치 추적을 가능하게 하고, 이러한 데이터를 사물인터넷 분산시스템에 저장하고 관리함으로써 다양한 서비스를 가능하게 한다.

네트워크(Internet) 중심의 정의에서는 모든 사물이 언제 어디서나, 그리고 누구에게나 연결되도록 하는 네트워크 연결과 접속을 중시한다. 이 관점은 사물이 지능적으로 동작하는 스마트 개체(smart object)로 기능하는 것을 목표로 한다. 시맨틱 중심의 정의에서는 인터넷에 연결된 수많은 사물들과 이러한 사물들에게서 얻어지는 데이터와 정보를 표현하고 저장하며 검색, 체계화하는 문제가 강조된다.

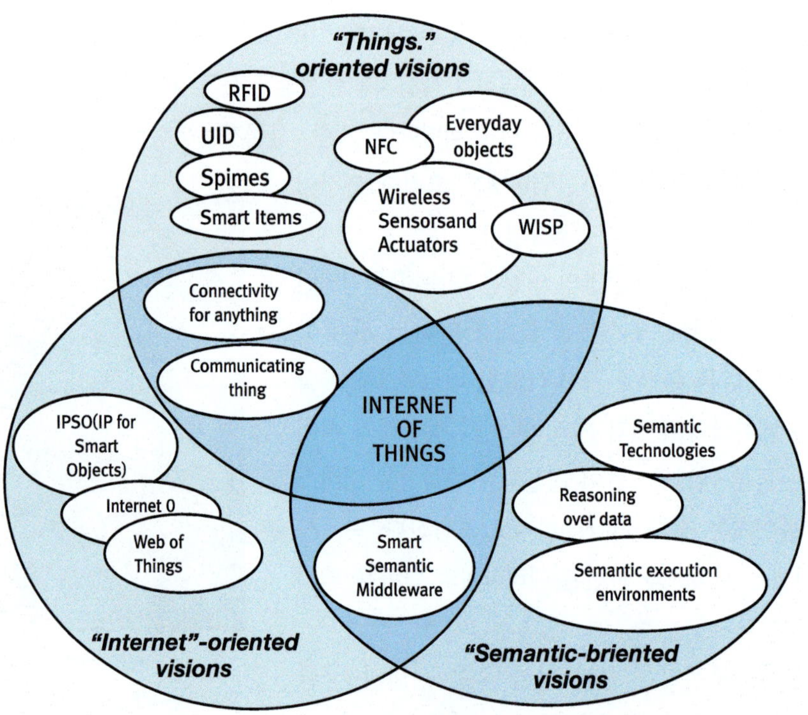

그림 3 서로 다른 비전이 융합한 결과로써의 사물인터넷(IoT) [12]

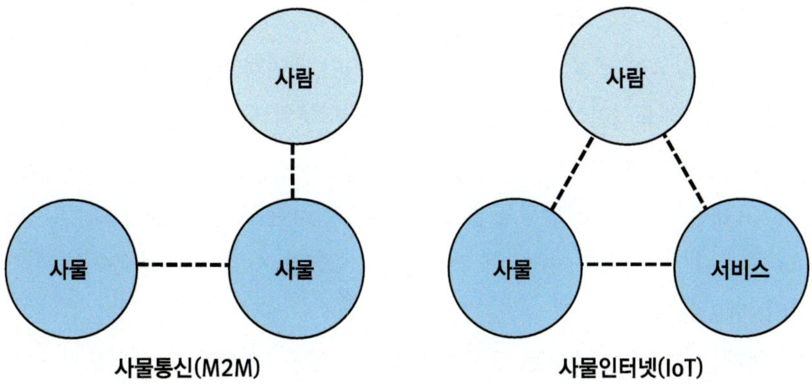

그림 4 사물통신과 사물인터넷의 개념적 차이

사물인터넷의 종합적인 개념은 이러한 서로 다른 세 가지 관점에서의 특징을 포괄하고 융합함으로써 완성될 수 있다.

사물인터넷은 인간과 사물, 서비스의 세 가지 구성 요소에 대해 인간의 별도 개입 과정이 없이 인터넷 망(그것이 유선이든 무선이든)을 통한 상호적인 협력을 통해 센싱, 네트워킹, 정보처리 등 지능적 관계를 형성하는 연결망을 의미하는 것으로 말해지기도 한다. 이를 통해 때와 장소를 가리지 않고 사람에게 의미 있는 서비스를 제공할 수 있게 된다.

사물인터넷이 사물지능통신과 다른점이 있다면, 사물지능통신에서 말하는 사람은 특정한 권한이 있는 사람을 의미한다. 즉, 공장의 시스템 관리자이거나 쇼핑몰에 설치된 키오스크를 사용하는 사람을 의미한다. 쇼핑몰에 설치된 키오스크는 그 쇼핑몰을 방문하는 사람이면 누구나 이용할 수 있지만, 반드시 그 쇼핑몰을 방문해야만 이용할 수 있다는 점에서 일종의 권한으로 해석될 수 있다. 반면에, 사물인터넷에서의 사람은 인터넷과 연결된 기기를 사용하는 사람 모두를 대상으로 한다. 즉, 전세계의 모든 사람들이 그 대상이 될 수 있다.

사물지능통신에서의 사람은 사물보다 높은 위치에 존재하여 사물들이 생성한 정보들을 이용하거나 사물들을 제어하기 위한 명령을 생성한다. 반면에, 사물인터넷에서의 사람은 사물보다 높은 위치에 존재할 수도 있고, 같은 계위에 포함될 수도 있다. 즉, 사물지능통신에서 사람의 역할을 하기도 하고, 사물지능통신에서 사물처럼 데이터를 만들어내는 주체가 되기도 한다.

사물인터넷의 구성 요소 중에서 서비스는 서버나 어플리케이케이션 등 서비스가 제공되는 주체를 의미한다. 사물지능통신에서처럼 정해진 서비스뿐만 아니라, 이들을 이용해서 만들어지는 서비스도 포함한다. 즉, 서비스는 사물이나 사람이 만들어내는 데이터를 이용할 수도 있으며, 스스로 다른 서비스를 위한 데이터를 제공할 수도 있다.

사물인터넷의 대표적인 특징은 이러한 사물인터넷의 구성요소들이 인터넷(Internet)을 통해 연결된다는 것이다. 인터넷을 통해 연결된다는 것은 각각의 구성요소들에 글로벌하게 고유한 식별자가 할당됨을 의미한다. 이러한 고유 식별자로는 IP(Internet Protocol) 주소가 이용되며, 수백 억 개가 넘는 사물과 사람, 시스템을 구분하기 위해 IPv6 주소가 이용된다.

물론, 현재는 사물인터넷으로 구분되는 사물들에게 IP 주소가 할당되지 않을 수도 있고, 설령 IP 주소가 할당된다 할지라도 IPv4의 사설 IP 대역을 이용하는 경우 글로벌하게 고유하지 않을 수도 있다. 그러나, 이들도 궁극에는 IPv6 주소가 할당되는 형태로 진화할 것이다.

사물인터넷의 구성요소들이 인터넷에 연결되어 고유한 식별자를 갖게 되고 상호간에 그 정보를 알 수 있다는 것은 사물인터넷이 사물지능통신망과는 달리 개방적이라는 것을 말한다. 어떤 사물의 고유 식별자를 일부러 숨긴다거나 일반 대중으로부터의 접속을 차단하지 않는 한, 우리는 언제 어디서나 그 사물과 연결되어 정보를 주고받을 수 있게 된다.

이는 다른 한편으로 사물인터넷이 보안에 취약할 수 있음을 의미한다. 물론, 현재 사용되고 있는 다양한 인터넷 보안 기술이 그대로 사용될 수 있으며, 사물인터넷에 특화된 새로운 보안 기술이 등장할 수도 있을 것이다. 그러나, 무거운 보안 기술을 사용할 수 없는 센서 장치들은 상대적으로 쉬운 보안 공격에도 뚫릴 수 있으며, 사물인터넷 전체의 보안 수준을 떨어뜨릴 수도 있다.

사물인터넷이 인터넷을 기반으로 한다는 것은 사물인터넷이 지역적이지도 않으며 폐쇄적이지도 않음을 의미한다. 이는 언제 어디서나 사물인터넷이 제공하는 서비스를 이용할 수 있음을 의미한다. 어떤 서비스가 시공간의 제약으로부터 자유로와지게 된다는 것은 사업적인 관점에서 매우 중요하다. 기존에는 생각지도 못했던 다양한 편리와 가치를 제공해 줄 것이기 때문이다. 이러한 내용에 대해서는 Part 3에서 확인하기 바란다.

사물인터넷에서 다양한 사물들이 연결된다는 것 역시 상상할 수 없을 만큼의 새로운 사업 기회를 가져다 준다. 다양한 사물들 혹은 다양한 유형의 사물들로부터 수집된 정보는 특정한 사물이나 특정한 유형의 사물들에서 수집된 정보가 제공하는 것 이상의 의미 있는 정보를 만들어 주기 때문이다. 즉, 다양한 유형의 mash-up 정보를 이용한 사업 기회가 등장할 것이다. IT 및 엔지니어링 업계의 사람들이 사물인터넷을 제4차

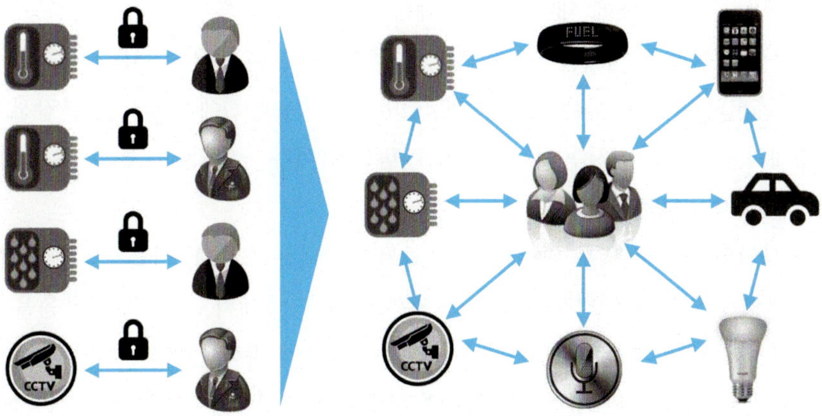

그림 5 사물지능통신과 사물인터넷의 개념의 진화

산업혁명이라고 말하는 것도 바로 이러한 이유 때문이다.

'메칼프의 법칙(*Metcalfe's Law*)'은 이러한 현상을 잘 설명해 준다. 일명 '네트워크 효과(Network Effect)'라고도 불리는 메칼프의 법칙은 네트워크의 가치는 네트워크에 참여하는 구성원 수의 제곱에 비례한다는 것이다 [6]. 다시 말해, 네트워크를 구성하는 구성요소의 수가 일정한 숫자를 넘어서면 그 가치는 폭발적으로 늘어날 수 있음을 의미한다. 이는 가까운 미래보다 조금 더 먼 미래에 사물인터넷의 가치가 더 폭발적일 수 있음을 암시한다고 할 수 있다.

[그림 5]는 사물지능통신과 사물인터넷 사이에 개념의 진화 과정을 알기 쉽게 비교 설명해 주고 있다. 사물지능통신이 개별적이며 폐쇄적인 사물지능통신망의 형태로 구성되는 반면에 사물인터넷은 모든 사물과 사람, 서비스가 인터넷을 통해 하나로 연결된 모습을 보여 준다.

많은 사람들이 미래 사물인터넷 세상에서는 모든 디바이스들이 인터넷에 연결될 것이라고 기대한다. 그러나, 그렇지는 않을 것이다. 어떤 것들은 일부러 연결하지 않을 수도 있고, 어떤 것들은 그럴만한 가치가 없어서 연결되지 않을 수도 있다. 현재도 국가나 기업의 중요한 시스템들은 인터넷과 완전히 격리되어 구축되고 이용되듯이, 보안이나 비용적인 이유로 인해 다수의 시스템들이 인터넷에 연결되지 않고 이용될 것이다. 또한, 사물들이 서로 연결됨으로써 제공되는 혜택이나 가치가 사물들을 연결하는 비용보다 훨씬 커야만 사물들이 연결되는 의미가 있다는 것은 너무나도 당연한 이야기일 것이다.

사람들이 사물인터넷에 대해 잘못 이해하고 있는 또 다른 하나는 사물지능통신에서처럼 사람의 관여가 배제된다는 것이다. 물론, 아주 틀린 말은 아니다. 사물인터넷이 사물지능통신의 확장된 혹은 발전된 개념이며 사물지능통신에서보다 더 복잡하고 진화한 형태의 인공지능이 사용될 것이므로 사람의 관여가 배제되어야 하는 것은 너무나도 당연한 것처럼 보인다.

이는 사람의 관여를 너무 일반화시킴으로써 나타나는 오류다. 사물지능통신에서 말하는 사람의 관여는 데이터를 수집하고, 분석하고, 가공해서 그에 대해 반응을 하는 일련의 과정이 사람의 참여 없이도 이미 결정된 절차와 방식을 따라 이루어짐을 의미하는 것이다. 그런데, 사물인터넷에서는 경우에 따라서 사람들이 데이터를 생성하는데 직접 참여하기도 하며 데이터를 전달하는데 참여하기도 한다. 데이터를 분석하고 가공하는 데에는 직접적으로 참여하지 않아야 한다고 생각하지만, 그러한 규정을 이해하고 있는 집단의 사람들이 데이터 생성 과정에 참여하여 데이터의 분석된 결과에 영향을 끼칠 수도 있다. 이는 사물인터넷이 사물지능통신에서와는 달리 사람이 사물과 수평적인 관계에 놓일 수 있기 때문에 가능한 일이다. 또한, 사물인터넷은 개방적이며 글로벌하기 때문에 이러한 일이 가능해 진다.

[그림 6]는 정보의 생산과 소비의 주체 사이의 관계를 바탕으로 사물지능통신과 사물인터넷의 개념을 비교하여 정리한 것이다. 그동안 사물인터넷의 개념이 사물이 생성한 정보를 사물이나 사람이 이용하는 다소 단방향적인 개념이었다면, 이 그림은 사람이 생성한 정보를 사람은 물론 사물도 이용할 수 있는 말 그대로 양방향 성격의 서비스임을 분명히 해주고 있다. 이는 사물인터넷 관점에서 다시 한번 사람과 사물이 같은 계위에 위치함을 말해준다고 할 수 있다.

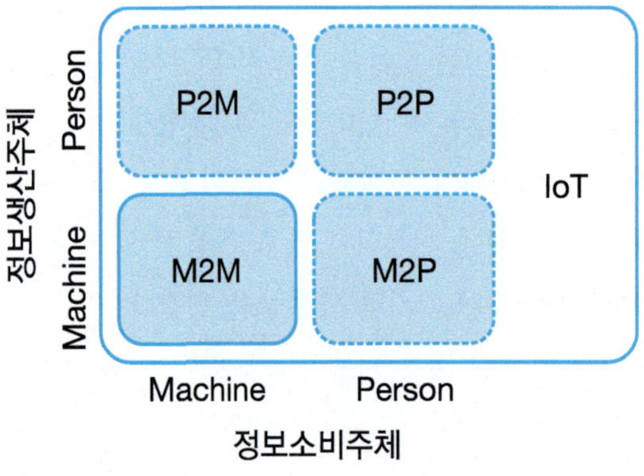

그림 6 사물지능통신(M2M)과 사물인터넷(IoT)의 관계 (출처: Digieco)

사물인터넷의 특징을 요약하면 다음과 같다. 사물인터넷은 사물뿐만 아니라 사람이나 서비스를 포함한 다양한 주체들이 인터넷을 통해 서로 연결되며 상호작용을 한다. 이들의 관계는 수평적이어서 모든 구성 요소가 데이터를 생성하는 주체가 되는 동시에 데이터를 이용하는 주체도 된다. 또한, 모든 구성 요소는 글로벌하게 고유한 것으로 구분된다.

만물인터넷(IoE, Internet of Everything)

독자들이 이 장을 읽을 때 쯤이면, 사물인터넷과 만물인터넷의 차이에 대해 슬슬 궁금해질 것이다. 자, 이들 둘 사이에는 어떤 차이가 있을까? 먼저 내 생각부터 이야기하자면 사물인터넷과 만물인터넷은 동일한 개념이다. 물론, 이는 필자만의 생각이 아니라, 사물인터넷 전문가라는 사람들 대다수의 의견이다. 그럼에도 불구하고, 여전히 만물인터넷에는 사물인터넷과는 다른 그 무엇인가가 있을 거라고 기대한 독자들이 있다면, 만물인터넷을 주창하는 일부 기업들의 마케팅 내용을 유심히 살펴보기 바란다.

만물인터넷(Internet of Everything, IoE)이라는 말은 시스코(Cisco Systems) 등의 일부 기업들이 마케팅적인 관점에서 이용하려고 만든 마케팅 용어에 불과하다. 필자가 어학자(語學者)가 아니기에, 어의(語義)적으로 사물(thing)의 복수형인 'Things'와 'Everything'이 어떤 차이가 있는지는 모르겠지만, 개인적으로는 이 둘 모두 시스코가 말하는 사물, 사람, 데이터, 프로세스 등 세상의 모든 것을 포함한다고 생각한다.

반면, 시스코의 경우 사물인터넷은 "인터넷을 통해 접근 가능한 물리적인 객체들의 네트워크(The network of physical objects accessed through the Internet)" 혹은 "객체에 부착된 센서들과 통신 디바이스들의 네트워크들(Networks of sensors attached to objects and communications devices)"로 정의하고 있다 [7][8]. 이러한 정의를 보고 어떻게 생각하는지 모르겠지만, 사물인터넷을 사물지능통신 수준에서 이해하고 있거나, 혹은 다양한 형태의 사물지능통신망을 단순히 연결한 것을 사물인터넷으로 이해하고 있는 듯 하다.

물론, 사물인터넷이라는 용어를 처음 사용한 케빈 애쉬톤이나 여러 기업들도 사물인터넷이라는 말을 '사람이나 사물이 연결된 것' 수준으로 정의하고 있으니, 시스코가 잘못된 것만은 아니다. 그러나, [5]에서도 언급한 것처럼, 사물인터넷의 개념은 여전히 진화하고 있으며, [12][13]에서 논의한 것처럼 단순히 사람과 사물이 연결된 네트워크에 국한되는 것은 아니다. 또한, 앞에서도 언급된 것처럼 사물인터넷이라는 것이 국제 표준화 단체 등에서 가장 보편적이고 포괄적으로 사용되는 개념이자 용어이다 [9].

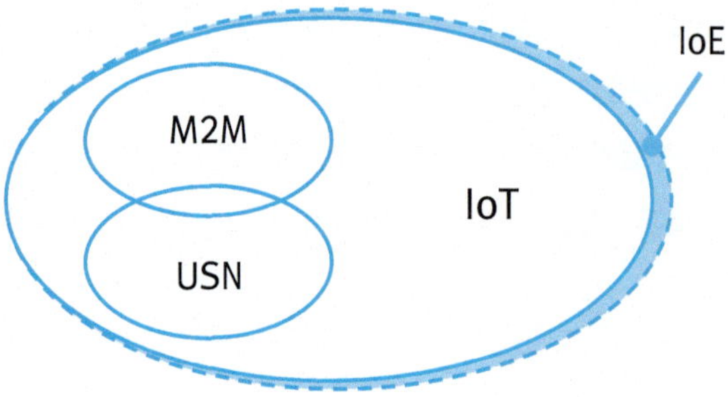

그림 7 사물통신, 사물인터넷, 만물인터넷 사이의 관계

정부가 발표한 '사물인터넷 기본계획'에서도 "사물인터넷과 만물인터넷은 개념이나 적용범위 등에 차이가 없다"고 분명히 밝히고 있다. 특히, 2012년 6월 ITU가 사물인터넷(IoT)을 국제공식용어로 표준화했기 때문에 우리나라를 비롯한 세계 주요국들이 사물인터넷이라는 용어를 쓰고 있다고 밝히고 있다 [14].

그럼에도 불구하고, 만물인터넷이라는 용어를 사용하고자 하는 기업들은 사물인터넷의 개념에는 사물과 사람만 포함되며 데이터나 프로세스 같은 비물질적인 것은 포함되지 않으며 단방향 통신을 하는 것이라고 개념을 축소하고 있다 [10]. 다분히 만물인터넷이 사물인터넷보다 더 진일보한 개념임을 강조하고자 하는 마케팅적 관점의 접근임을 눈치챌 수 있다.

그러나, 굳이 만물인터넷을 사물인터넷과 다르게 이해하고자 한다면, 만물인터넷에서는 사물인터넷에서 많이 언급되지 않은 서비스 혹은 응용 측면을 강조하고 있다. 다양한 구성 주체들이 만들어 내는 데이터를 바탕으로 한 협력적인 서비스(collaborative service)는 단순히 데이터를 결합한 매쉬업(mash-up) 서비스보다는 한 단계 더 진보한 생각임에 틀림없다. 또한, 이는 개인향(個人向) 서비스 관점에서 컨시어지(concierge) 서비스의 기초가 될 것이라 생각한다.

지금까지 사물인터넷과 관련된 용어들 중에서 가장 대표적인 사물지능통신(M2M), 센서네트워크(USN/WSN), 사물인터넷(IoT), 그리고 만물인터넷(IoE)에 대해 살펴보았다. 기술이나 시장을 보는 시각에 따라 다소 차이는 있겠지만, 이들 사이의 관계는 [그림 7]에 보이는 것과 같이 도식화할 수 있을 것 같다. 이 책에서 나는 만물인터넷과 사물인터넷을 같은 개념으로 이야기하고 있지만, 관계도에서는 만물인터넷이 보다 큰 개념인 것으로 나타내고 있다. 사물인터넷과 관련된 논의가 상당부분 막연한 서비스 시나리오에 바탕을 둔 개별적인 상품이나 서비스들에 국한되고 있는 반면에, 만물인터넷에 대한 논의는 좀 더 종합적이고 구체적으로 적용 가능한 시나리오를 가지고 논의되고 있기 때문이다.

사물인터넷이란?

지금까지 사물인터넷과 관련된 다양한 용어와 그 용어들에 대한 정의 및 주요 특징들을 살펴보았다. 그러나, 이러한 용어들은 대부분 표준화 단체나 장비 제조사 혹은 솔루션 업체와 같은 기술 집단에 의해 정의된 것들이기 때문에, 사물인터넷과 관련하여 나타나고 있는 다양한 현상들을 제대로 설명하지 못하고 있다. 따라서, 필자는 다음과 같이 사물인터넷을 정의하고자 한다.

> **사물인터넷은 센서를 내장하고 있는 사물들이 서로 연결되어 각각의 사물들이 제공하던 것 이상의 새로운 가치를 제공하는 방식이다.**
>
> The Internet of Things is a way of providing new values as well as their inherent value by connecting things each of which embedded with sensors.

사물인터넷에 대한 필자의 정의는 사물인터넷에 대한 기존의 정의들과 달리 기능적인 측면보다는 서비스적인 측면을 강조하고 있다. 따라서, 기존에 제품이나 기술적인 관점에서 사물인터넷을 바라보던 사람들에게는 다소 이론의 여지가 있을지도 모른다. 그러나, 앞에서도 언급했듯이, 사물인터넷이라는 용어에 대한 다양한 정의는 누가 어떤 관점에서 정의하느냐에 따라 크게 달라지며, 사물인터넷에 대한 이해가 깊어질수록 진화하게 되어 있다.

필자가 위와 같이 사물인터넷에 대한 정의를 내린 배경에 대해 잠시 설명해 보기로 하자. 사물인터넷(Internet of Things)이라는 용어 자체는 '사물(Things)'과 이들간의 '연결(Internet)'만을 포함하고 있다. 따라서, 사물인터넷과 관련된 기존의 정의들을 살펴보면, 용어를 정의하고자 하는 주체가 사물에 무게 중심을 두는 경우는 다양한 대상(objects)에 대해서 정의를 하게 되며, 연결에 집중하는 경우 연결 방식이나 연결하는 기술 혹은 한발 더 나아가서 연결되었을 때 데이터의 흐름이라는 관점에서 용어를 정의하게 된다.

또한, 기존의 정의들은 사람의 관여를 완전히 배제한다. 기기들끼리 상호 연결되어 데이터를 교환하는 것에서부터 서비스를 형성하여 사람에게 제공하는 것을 기본 전제로 한다. 그러나, 나는 사람의 관여는 중요치 않다고 생각한다. 오히려, 사람도 사물의 한 유형으로 사물인터넷 서비스의 구성에 참여하게 되며, 관여하는 형태나 정도의 차이에 따라 비정형이며 비논리적인 형태의 서비스를 구성하는데 매우 중요한 역할을 할 수 있다고 생각한다.

필자가 사물인터넷에서 중요하게 생각하는 부분은 사물도 아니며 연결도 아니다. 그것이 무엇이 됐든, 그리고 어떤 방식으로 연결이 되던 간에, 중요한 것은 사물들이 연결되어 가져다 주는 효용 가치가 가장 중요하다고 생각한다. 따라서, 나는 구체적으로 어떤 사물들이 연결되고 어떻게 연결되는지 보다는 이들을 연결하고자 하는 본질적인 이유에 집중하고자 한다. 즉, '기존에 없었던 새로운 가치를 창출해 낸다'라는 사물인터넷이 지향하고자 하는 바를 용어의 정의에 포함시키고자 한 것이다.

따라서, 이 책의 저술 방향도 단순히 센서와 디바이스에는 어떤 것들이 있고, 이들을 연결하는 통신 기술에는 어떤 것들이 있으며, 그들의 기술적인 스팩이 어떻게 되는지에만 집중하지는 않을 것이다. 물론, 사물인터넷과 관련된 다양한 정보의 취합 및 제공이라는 관점에서 기술적인 스팩도 함께 다루겠지만, 어떤 목적과 이유 때문에 그러한 센서와 통신기술이 이용되는지 설명하고자 할 것이다.

요컨데, 필자가 생각하는 사물인터넷은 어떤 기술이나 제품과 관련된 개념이 아니다. 지금까지 있어 왔고 지금까지 우리의 삶을 더 편리하고 더 효율적으로 만들어 주던 방식들의 변화와 관련된 것이다. 사물인터넷 세상이 온다고 하더라도 우리는 냉난방을 해야 하고 자동차를 운전해야 한다. 달라지는 것은 냉난방을 제어하는 방식과 운전을 하는 방식이 달라질 뿐인 것이다. 이는 비즈니스 모델의 관점에서도 큰 변화를 야기할 것이라 생각한다.

단지 달라지는 것이 있다면, 사물인터넷이 가져다 주는 가치가 점점 더 커질 것이라는 사실이다. [그림 8]는 이러한 개념을 잘 보여 주고 있다. 기존에 홀로(stand-alone) 사용되던 사물들이 네트워크에 연결되면서 더 큰 고객가치를 제공하게 되고, 이들이 서로 연결되면서 고객가치는 더 커지게 된다. 또한, 고객가치는 다양한 형태의 지능과 결합함으로써 극대화될 것이다.

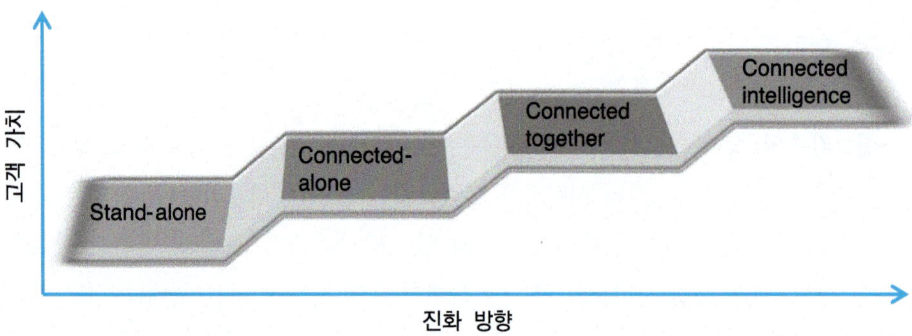

그림 8 사물인터넷은 고객 가치를 키우는 방향으로 진화한다

사물인터넷의 역사

사물인터넷(IoT)과 관련된 용어를 정의하면서 사물인터넷이라는 용어가 처음 사용된 것이 1999년이었다고 말했다. 그러나, 그렇다고 해서 사물인터넷의 역사가 1999년부터 시작되었다는 것은 아니다. 사물인터넷과 관련된 연구가 시작되거나 사물인터넷이 실제 생활에 적용된 것은 훨씬 이전의 일이다. 굳이 특정해서 말하자면, 전화나 컴퓨터가 아닌 장치들이 네트워크에 연결되기 시작한 시점부터라고 말할 수 있을 것이다.

산업기술에 의해 개발된 장치들이 최초로 연결된 것은 1847년 이탈리아의 안토니오 무치(Antonio Mucci, 1808~1889)가 개발한 기계식 전화기인 텔레트로포노(Teletrofono)다. 물론 최초의 전기식 전화기를 개발(1860년)한 것도 안토니오 무치이며, 알렉산더 그라함 벨(Alexander Graham Bell)은 전기식 전화기에 대한 특허를 1876년에 최초로 등록한 사람이다.

그림 9　안토니오 무치(Antonio Mucci)가 직접 그린 Teletrofono의 개념도
(출처: http://proyectoidis.org/antonio-meucci-teletrofono/)

사물인터넷의 개념이 최초로 적용된 것은 미국 카네기멜론 대학교(Univ. of Carnegie Melon)의 코카콜라 자판기(Coke Machine)라는 이야기가 있다. 다소 황당하게 들리기는

그림 10 최초로 웹캠(WebCam)이 적용된 커피포트 (출처: http://datapeak.net/)

하지만, 1982년 카네기멜론 대학교 컴퓨터 과학과의 대학원생들이 실험실 책상에서 콜라 자판기에 콜라가 있는지, 그리고 그 콜라가 시원한지를 알고 싶어서 콜라 자판기를 인터넷에 연결한 것이 사물인터넷 기술을 최초로 적용한 사례로 일컬어지고 있다 [15].

이후 1992년에는 [그림 10]에 보이는 것처럼 캠브리지 대학교(Univ. of Cambridge)의 컴퓨터랩(Computer Laboratory)에서 커피포트를 인터넷에 연결하기도 했다 [16]. 엄밀히 말하자면, 커피포트의 상태를 원격으로 확인하기 위해 최초의 웹카메라(WebCam)를 이용한 것이다. 당시 컴퓨터랩 내의 트로이룸(Trojan Room)에는 약 15명의 학생과 연구원이 있었다. 트로이룸 밖의 복도에는 커피포트가 한 대 설치되어 있었는데, 많은 수의 사람들이 하나의 커피포트를 공유하다 보니 커피를 마시는 것이 하늘의 별따기였던 것이다. 일부 커피 매니아들은 커피를 찾아서 컴퓨터랩 건물의 다른 층들을 뒤집고 다니기도 했지만, 항상 커피를 얻어 올 수 있는 것은 아니었다. 이런 스트레스를 해결하고자 트로이룸에서 사용되지 않던 카메라를 커피포트 근처에 설치하게 되었고, 컴퓨터 화면에 20초에 한 번씩 업데이트된 커피포트의 이미지를 노출하게 된 것이다.

이제는 거의 업데이트가 되고 있지 않지만, 인터넷 검색업체인 야후(Yahoo)도 인터넷에 연결된 다양한 기기들에 대한 정보를 제공한 바 있다 [17]. 놀라운 것은, 1998년에는 심지어 인터넷에 연결되는 커피포트를 제어하기 위한 프로토콜(RFC2324)이 만들어지기도 했다 [18].

사물인터넷과 관련된 초기 사례들을 조사하면서 느낀 것은 '누가 먼저 하느냐 보다는 누가 먼저 기록하느냐!'라는 것이다. 코카콜라 자판기든 커피포트를 감시하기 위한 카메라든 뭐든 간에 그에 대한 기록을 남기는 것이 바로 역사가 되는 것이다. 누구나 할 수 있는 '인생은 매우 길다(Life is very long).'라는 말도 T.S.엘리엇(T.S. Eliot)이 글로 남기면서 역사가 되었다는 사실이 이 책을 쓰게 된 이유 중의 하나이기도 하다.

다시 본론으로 돌아가자면 사물지능통신(M2M)에 있어서도 마찬가지다. 사물지능통신의 사례들은 컴퓨터 네트워킹 기반의 자동화가 출현한 이후로 다양한 형태로 존재해 왔기 때문에, 사물지능통신의 개념을 최초로 구현한 사례를 찾는 것은 정말 어려운 일이다. 그러나, 앞에서도 언급한 것처럼, 셀룰러 기반의 M2M 통신은 독일의 지멘스(Siemens)가 무선전화 사업본부(mobile phones business unit)에 관련 부서를 만든 1995년부터 사용된 것으로 알려지고 있다.

기술적인 관점 혹은 시스템적인 관점에서 바라보던 사물인터넷을 서비스 관점에서 바라본 것은 글렌 올멘딩거(Glen Allmendinger)였다. 그는 Harvard Business Review로부터 사물인터넷과 관련된 글을 '지나치게 기술적이지 않은 방식'으로 기고해 달라는 부탁을 받고 '스마트 서비스(Smart Service)'라는 용어를 처음으로 사용하기 시작했다 [11].

2004년에는 노키아(Nokia)가 〈Machine to Machine: Let Your Machines Talk〉라는 백서를 발행했다. 이 백서에는 [그림 11]과 같이 쓰여 있다. 비록 M2M이라는 말을 쓰고는 있지만, 사물인터넷 시장의 잠재적인 성장 가능성에 주목하고 있다.

국내에서는 2000년대 초반부터 컴퓨터를 포함한 네트워크 장비 이외에 다양한 장치들을 인터넷을 통해 연결하려는 시도가 많았다. 대부분이 RFID를 이용하여 제조라인 및 유통 과정에 있어서의 가시성을 확보하려는 시도였다. 필자의 경우도 2004년부터

> The normal perception of communication is broadening. It is not only people who use telecommunication and Internet technologies to communicate, but the machines around us as well. This is called machine-to-machine (M2M) communication. With tens of billions of machines in the world, from home appliances to industrial machines, the potential is vast.

그림 11 Nokia가 2004년에 발행한 백서에서 M2M에 대해 정의한 부분

RFID를 이용하여 의류와 관련된 정보를 제공하거나 제품을 옮길 때 이용하는 팔레트의 위치를 확인하는 일을 수행했던 적이 있다.

이와 비슷한 시기에 다양한 유형의 센서네트워크 관련 기술들이 개발되었고 시범 서비스들도 수행되었다. 병원내 환자의 위치 및 인슐린 펌프 등과 같은 고가의 자산의 위치를 확인하는 자산 관리 서비스 및 산불 감시, 하천 범람 감시 등과 같은 사업들이 대표적인 것이었다. 'RFID/USN' 이라는 표현은 사물인터넷 관점에서 2000년대를 가장 잘 나타내주는 용어라 할 수 있을 것이다.

2000년대 초중반부터는 시스템 통합 사업자 중심으로 M2M(사물지능통신)이라는 용어가 사용되기 시작했다. 이 당시 사물지능통신이라는 것은 RFID/USN 시스템을 구축하는데 있어서 가장 큰 제약 중의 하나였던 백본 네트워크를 제공하는 것이었다. 즉, 2G 기반의 저속 이동통신 기술을 이용하여 독립적으로 구축된 센서네트워크에서 수집되고 일정 부분 분석된 정보를 중앙의 서버로 전송하는 역할을 담당했다. 즉, 시스템 통합의 성격이 강했다.

그러던 것이 2000년대 중후반부터는 개별 장치들에 이동통신모듈이 들어가는 형태로 바뀌었다. 물론, 그 전에도 모바일 결제기 등 일부 응용 분야에 이동통신모듈이 이용되기는 했지만, 이러한 변화는 이동통신사로 하여금 사물지능통신을 바라보는 시각을 바꾸도록 만들었다. 그동안 솔루션별로 몇 개씩 공급되던 데이터 통신 모듈의 규모가 사업 단위로 수백에서 수천 개의 규모로 늘어나게 된 것이다. 물론, 여전히 가입자 수에 있어서는 큰 의미가 없었지만, 고가의 유선회선을 대체한다는 관점에서 비교적 높은 요금으로 무선 회선을 공급할 수 있었다.

이후 이동통신 가입자의 증가폭이 둔화되자, 일본의 3위 이동통신 사업자인 KDDI는 사물지능통신(M2M)을 위해 제공되는 무선 회선에 대해서 발빠르게 인식을 전환하게 된다. 이미 구축된 네트워크를 매몰비용으로 인식하고, 2007년부터 본격적으로 M2M 가입자를 늘리기 위한 노력을 시작했다. 미국의 통신 사업자들이 2011년 정도부터 영업 인력에게 M2M 회선에 대한 할당을 한 것에 비하면 매우 빠른 일이었다.

우리나라의 경우도 SKT나 KT 모두 M2M 관련 사업을 하고 있었으나, 초기에 가장 적극적으로 사업에 나선 것은 3위 사업자인 LG유플러스였다. 전체적으로 회사의 ARPU가 줄어들 수는 있었지만, 몇 십만 이내의 M2M 회선수가 전체 ARPU에 미치는 영향은 미미했기 때문이었다. 그러다, 2012년에서 2013년 사이 국내 이통사들도 영업담당자들에게 M2M 회선에 대한 할당을 하기 시작하며 본격적인 경쟁 체제에 들어서게 된다.

무선 M2M 회선이라는 것은 엄밀히 말하면 기존에 사용하던 유선통신 기술인 ADSL을 대체하는 성격이었다. 그러다보니, 초기에는 LG유플러스가 M2M 회선수에 있어서 앞서나갔지만, 최근에는 ADSL 기반의 기존 고객을 가장 많이 가지고 있는 KT가 치고 나오는 형국이다. 물론, KT 입장에서는 기존의 유선 매출을 갉아먹는 카니발(Carnivalization)이 발생하기는 하지만, 과거 사업보다는 미래 사업에 집중하기로 결정을 한 것이다.

필자가 지금까지 이야기해 왔던 것처럼, 사물인터넷의 역사를 논할 때 대부분은 어떤 시스템을 개발하거나 구축한 사례 혹은 통신기술 관점에서 이야기가 된다. 그러나, 빼놓을 수 없으며 필자가 가장 중요하게 생각하는 것이 바로 개인용 휴대장치다. Part 2에서 더 깊이 있게 논의되기는 하겠지만, 대부분의 사물인터넷 서비스가 스마트폰과 같은 개인용 휴대장치를 통해 사용자에게 전달될 것이기 때문이다. 특히, 비즈니스 모델과 결합한 개인용 휴대장치는 더욱 더 의미가 있다고 생각한다.

개인용 휴대장치에는 다양한 유형이 있겠지만, 스마트폰의 전신이었던 PDA를 제외하면 인터넷에 가장 빨리 연결된 장치는 전자책 리더일 것이다. 아마존(Amazon)은 2007년 11월에 전자책 리더인 킨들(Kindle)을 발표했다. 킨들은 지금 우리가 사용하고 있는 아이패드나 갤럭시노트 같은 태블릿PC의 일종으로 전자잉크(e-ink)를 사용한 전자책(e-book) 전용 리더로, 초기에는 모바일 버전으로만 출시되었다[1]. 전자책 리더를 최초로 발표한 것은 일본의 소니(Sony)로 알려져 있지만, 우리가 아마존에 주목해야 하는 것은 킨들이 와이파이 모듈은 물론 이동통신 모듈을 탑재하고 있었기 때문이다. 초기 킨들은 비교적 높은 가격에도 불구하고 구매한 전자책을 다운받는데 어떠한 통신비도 발생하지 않았을뿐더러 간단한 웹브라우징을 할 수도 있었기 때문에 아주 폭발적이지는 않았지만 의미있는 반응을 불러일으켰다.

Citi Investment Research가 추정한 2008년 미국내 판매량은 20만대 내외이며, 2010년에는 220만대가 판매된 것으로 알려지고 있다. 유럽 등 미국 이외의 지역에서도 판매하기 시작하면서 [표 2]에 보이는 것처럼 2009년부터는 판매량이 급격히 증가하여 2012년에는 1천만대 정도 판매된 것으로 알려져 있다. 이동통신사 입장에서는 무시 못할 회선수가 증가한 것이다.

1 초기에는 모바일 사업자로 Sprint와 협력하였으나, 2009년 10월부터는 AT&T로 전환하였다. AT&T는 아마존 외에도 반스앤노블(Barnes & Noble)의 누크(Nook) 전자책 리더의 모바일 사업자이기도 하다.

표 2 연간 Kindle 판매량 추정치 (출처: vatornews, 재구성)

	2008	2009	2010	2011	2012
Kindle 1 & 3G	240,000	2,000,000	4,750,000	6,413,000	8,016,000
Kindlw Wi-Fi	-	-	1,000,000	2,500,000	4,000,000
Kindle DX-	-	175,000	300,000	400,000	500,000
Total	240,000	2,175,000	6,050,000	9,313,000	12,516,000

이처럼 아마존 킨들의 판매량이 급증한 것은 크게 2가지 이유로 분석된다. 하나는 새로운 버전이 나올 때마다 가격이 인하되었다. 2007년에 출시된 1세대 킨들의 가격은 399달러였으나, 2009년 2월에 출시된 킨들 2세대는 299달러, 2009년 5월에 출시된 킨들 3세대(Kindle DX)는 199달러, 2011년 11월에 출시된 4세대 킨들(Kindle Touch)의 경우 겨우 99달러에 불과했기 때문이다.

두 번째 이유이자 새로운 버전이 나올 때마다 100달러씩 가격 인하가 가능했던 것은 바로 아마존이 플랫폼 사업자로서 양면시장(two-sided market)을 형성하고 있고, 이에 따라 교차보조(cross-subsidization) 정책을 매우 효과적으로 구사할 수 있었기 때문이었다. 킨들의 초기 제품들이 방향 센서(orientation sensor) 외에 특별한 센서를 포함하고 있지 않았음에도 사물인터넷 디바이스로 언급하는 것은 향후 사물인터넷 기반의 서비스들이 참고해야 할 서비스 모델의 전형을 소개해 줬기 때문이다.

아마존의 킨들 이후 디지털 카메라를 포함하여 다양한 제품들에 셀룰러 모듈이 추가되기 시작했다. 셀룰러 모듈의 공급량이 늘어나면서 현재 모듈의 단가는 지속적으로 떨어지고 있고, 이는 다시 셀룰러 모듈의 이용을 확산시키고 있다. 현재 셀룰러 모듈의 단가는 약 3만원도 안 되는 상황이며 향후 더 떨어질 것으로 예상된다.

사물인터넷에서 가장 중요한 디바이스를 꼽으라면 당연히 스마트폰과 태블릿일 것이다. 그런 의미에서 2007년은 매우 의미 있던 해임에 틀림이 없다. 앞에서 소개한 아마존의 킨들 외에도 애플의 아이폰이 출시된 해이기 때문이다. 더욱이 킨들이 초기에는 이렇다 할 센서도 없이 통신 기능만을 포함하고 있었던 것과는 달리, 애플의 아이폰을 위시한 스마트폰은 초기부터 다양한 센서들을 포함하고 있었기 때문이다.

국내에서는 2009년 11월 29일에 처음 출시된 애플의 아이폰과 이후 출시된 태블릿인 아이패드는 다른 스마트폰과 태블릿 제조의 기폭제가 되었다. 아이폰 1세대라 불리는 초기 아이폰은 GSM/EDGE, 와이파이(IEEE 802.11b/g), 블루투스 2.0과 같은 다양한 통신 방식 및 가속도계(accelerometer), 광센서(ambient light), 근접센서(proximity), 멀티터치 스크린, 200만 화소 카메라, 마이크 등과 같은 다양한 센서들을 포함하고 있었다.

스마트폰과 태블릿에 포함된 와이파이와 블루투스 같은 근거리 무선통신 기술은 유선 네트워크에 대한 접속은 물론, 홈 가전 및 앱세서리(Appcessory)를 포함한 다양한 외부 장치들과의 직간접적인 연결을 용이하게 했다. 이후 스마트폰 및 태블릿에는 다양한 센서들이 추가되기 시작했다. 통신칩에 포함된 GPS는 대표적인 센서이며, 지자기센서(geo-magnetic), 중력센서(gravity), 동작센서(motion), 온도센서, 자이로센서(Gyro), 지문센서 등이 그것이다 [19] [49].

사물인터넷의 활성화 배경

외국의 경우와는 달리, 국내는 2013년이 되어서야 사물인터넷에 대한 논의가 본격적으로 시작되었다. 2014년 4월 5월 즈음에는 '사물인터넷' 혹은 'IoT'라는 키워드를 포함한 세미나나 컨퍼런스가 일주일에 서너 개씩 열릴 정도였고 이와 관련된 기사만 하루에도 몇 수십 개가 발표될 정도였다. 심지어, 2014년 초에는 주식시장에 사물인터넷을 테마로 한 테마주가 형성되어, 일부 기업들은 3-4개월 사이에 주가가 배 이상 폭등하는 경우도 있어 투자주의보가 발령되는 등 주식시장이 술렁이기까지 했다.

이렇게 봇물 터지듯 사물인터넷에 대한 관심이 폭증한 이유는 무엇일까? 창조경제를 위한 정부의 경제정책에 재계 및 학계에서 반응을 했기 때문일까? 언론기관이나 주식시장의 작전세력들이 이용해 먹기 좋은 소재(테마)를 발견했기 때문일까? 물론, 이러한 것들도 표면적으로는 사물인터넷에 대한 관심이 증가한 이유가 될 것이다. 그러나, 본질적으로는 사물인터넷에 대한 잠재적이며 지속적인 니즈가 있어 왔고, 어쩌면 침체된 경제상황 속에서 필연적으로 선택할 수 밖에 없었을 수도 있으며, 더 밝은 미래를 위해 새로운 돌파구를 찾고자 하는 염원도 절실했기 때문일 것이다.

따라서, 이 장에서는 근래에 사물인터넷에 대한 관심이 고조되고 활성화된 배경에 대해서 살펴보기로 한다. 필자는 이러한 요인들을 산업적인 측면, 비즈니스 환경적인 측면, 기술적인 측면, 그리고 정책적인 측면으로 나누어 생각해 볼 것이다. 특히, 산업적인 측면에 있어서는 이동통신 사업자의 탈통신 노력이라는 부분을 따로 떼어 검토해 볼 것이다.

산업적인 측면은 생산성의 증대, 비용의 축소, 신속한 고객 대응 등과 같은 전통적인 산업의 효율화 부분과 컨버전스 기반의 새로운 사업영역 발굴이라는 관점에서 생각해 볼 수 있다. 전통적인 산업의 효율화 부분은 주로 전통적으로 사물지능통신의 관점에서 설명이 될 수 있으며, 이와 관련된 사업을 주도해 온 시스템 통합(SI) 사업자들의 관점에서 바라볼 수 있다. 반면, 컨버전스 기반의 새로운 사업영역 발굴은 최근의 사물인터넷 붐을 주도하고 있는 이동통신사 관점에서 설명이 될 수 있다.

비즈니스 환경적인 측면은 롱테일(long-tail)형 비즈니스와 관련된 산업구조의 변화 관점에서 생각해 볼 수 있다. 사물인터넷 혹은 만물인터넷의 관점에서 이해하는 것이

타당할 것이며, 발빠르게 이러한 시대 변화를 주도하고 있는 주요 IT 기업 및 재기발랄한 아이디어와 투지로 똘똘뭉친 다수의 스타트업 기업들, 그리고 기업의 인수합병 및 클라우드 펀딩 관점에서 바라볼 수 있을 것이다.

기술적인 측면에서 사물인터넷의 활성화 요인을 찾아보면, 부품이나 제품의 소형화, 가격의 수용성, 비유선화(非有線化, de-wireization) 관점에서 생각해 볼 수 있다. 왜 인터넷이 처음 개발된 지 20년이 지난 1991년이 되어서야 사물인터넷의 개념, 즉 유비쿼터스 컴퓨팅이 등장하고 그보다 20여 년이나 지난 지금에서야 본격적으로 관련 사업이 추진되는지를 기술적인 관점에서 살펴볼 것이다.

마지막으로, 사물인터넷 산업의 활성화를 위한 우리나라 정부의 정책적인 노력을 살펴볼 것이다.

산업적 측면의 사물인터넷 활성화 배경

모든 기업은 이윤(profit)의 극대화를 목표로 한다. 이윤은 [그림 12]에 보이는 것처럼 매출(revenue)에서 비용(cost)을 뺀 것으로, 매출을 늘리거나 비용을 줄이는 방식으로 증가시킬 수 있다. 전통적인 산업에서(여기에서 말하는 산업은 주로 제조업에 해당하지만, 제조업에 국한되지는 않는다) 기업의 이윤 혹은 생산 효율화는 생산성을 증대하거나 생산 비용을 줄이는 것, 그리고 고객 요구사항이나 클레임에 신속하게 대응하는 것으로 설명될 수 있다.

생산성 향상 및 지속 성장

모든 기업의 일차적인 목적은 지속적으로 성장하며 존속하는 것이다. 이를 위해 기업들은 전통적으로 생산성을 향상시켜 원가 구조를 개선하기 위한 노력을 해 왔다. 방법론 관점에서는 도요타 생산방식(Toyota Production System 혹은 Just-In-Time)을 포함하는 린 생산방식(Lean System), 모토롤라의 식스시그마(6s), CELL 생산방식, 유연생산방식

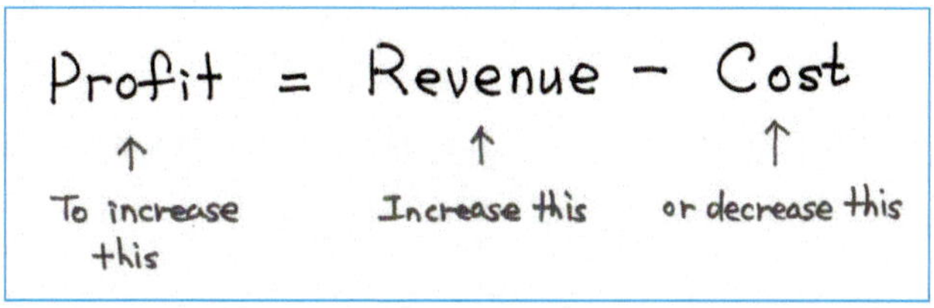

그림 12 이윤 공식(이윤 = 매출 – 비용)

(Flexible Manufacturing System) 등 몇몇 대표적인 기법들이 존재하며, 이를 구현하기 위해서 다양한 솔루션이나 서비스들을 이용하게 된다.

공장 자동화(*Factory Automation*)는 생산성 향상을 위한 대표적인 사례다. 공장 자동화를 위해 기업들은 건물을 다시 짓기도 하고 산업용 로봇을 설치하기도 하고 컨베이어 벨트 같은 장치들을 설치하기도 한다. 또한, 이러한 로봇이나 장치들의 배치 구조를 재설계함으로써 생산에 걸리는 시간이나 비용을 최적화하기 위해 노력한다.

사물인터넷은 기업들의 이러한 생산성 향상을 위한 노력의 일환으로 활용될 수 있다. 로봇이나 컨베이어벨트에 원격 관제실과 통신할 수 있는 통신 모듈을 설치함으로써 로봇이나 컨베이어벨트의 동작 상태를 원격에서 실시간으로 한눈에 파악함으로써 문제 상황에 신속히 대응할 수 있다.

이러한 변화의 움직임은 생산 현장뿐만 아니라, 비제조 분야에서도 나타나고 있다. 특히, 물류와 유통 분야에서 두드러지게 나타나고 있다. 우체국을 포함한 택배회사의 경우 배송 프로세스의 가시성을 높이고 있으며, 대형 할인마트는 재고 현황에 대한 가시성을 확보하는데 이용하고 있다.

비용 절감 및 수익성 개선

비록 사물인터넷이라는 용어를 사용하지는 않았지만, 과거에도 사물인터넷 혹은 사물지능통신과 같은 개념이 산업 생산성을 높이고 비용을 절감함으로써 기업의 수익성을 개선할 수 있을 것이라는 사실을 몰랐던 것은 아니다. 그러나 생산성을 제고하고 운용을 효율적으로 하기 위해 도입해야 하는 비용이 너무 커서 선뜻 나설 수 없었거나, 효율화를 통해서 대규모의 투자비를 회수하는 것이 현실적으로 불가능한 경우가 태반이었다. 설령, 투자비 회수가 가능하다 할지라도 너무 많은 시간이 걸렸기 때문에 적극적으로 투자를 할 수 없었으며, 이런 시스템을 운용하고 관리해야 하는 추가 비용도 함께 고민을 해야 했다.

그러나, 샌드 오일이 그렇고 전자 폐기물로부터 금과 같은 고가의 산업재료를 추출해내는 도시 광산이 그렇듯이, 새로운 기술의 발전과 그에 따른 도입 비용의 인하는 산업 현장에 ICT 기반의 사물지능통신의 보급을 촉진시켰다.

대표적인 것이 RFID를 이용한 물류, 유통 분야의 업무 효율화다. 필자가 RFID 관련 사업을 검토하고 추진하던 2005년도 전후만 하더라도 수동형 RFID 태그 하나의 가격이 500원~1000원 내외였다. RFID 리더의 경우는 대당 수십 만원에서 100만원을 호가하기도 했다. 하지만, 지금은 수동형 RFID 태그 하나의 가격이 비싸야 몇 백 원 수준이며 소형 RFID 태그의 경우 10원 이내이다. RFID 리더의 경우도 대부분 수 십만 원 이내이다. 근거리 위치추적에 사용하는 Zigbee 칩셋이나 UWB 칩셋 및 이를 이용한 능동형 태그의 경우도 동일 수량을 기준으로 했을 때 7~8년 전에 비해 적게는 1/2에서 많게는 1/10 수준으로 가격이 인하되기도 했다.

운용비용 절감의 대표적인 사례는 에너지의 효율적인 이용 및 절감을 통해 나타난다. 최근 모 이동통신사의 TV CF 장면 중에 늦은 밤 어떤 회사원이 마지막으로 사무실을 나가자 사무실의 형광등들이 알아서 꺼지고 모 아파트의 TV CF에서는 지하 주차장에서 자동차가 지나가는 곳에만 LED 전등이 들어오는 장면이 나오는데 바로 에너지의 절감을 위해 사물인터넷 기술이 적용된 사례라 할 수 있다.

사무실 곳곳에 설치된 원적외선 센서가 사무실 내에 사람의 존재 여부를 확인한 후 아무도 없으면 형광등의 전원을 자동으로 차단함으로써 전력 낭비를 최소화하게 된다. 좀 더 인텔리전트한 경우에는 사무실의 섹션별로 형광등의 전원을 차단할 수도 있다. 이와 유사한 형태의 사업이 주차장 전력 제어나 건물의 난방 제어, 공조 제어 등을 위해서 도입되고 있다.

자동으로 켜지는 주차장 램프의 경우도 차량의 존재 여부를 파악한 후 진행 경로상에 있는 램프를 순차적으로 켜주고, 차량이 지나간 경우는 다시 전원을 차단함으로써 전력 낭비를 최소화할 수 있다. 사무실 전원 차단과의 차이가 있다면, CCTV 혹은 지자계 센서를 이용해 차량을 인식한다는 것 뿐이다.

한전의 경우는 장거리 전력선에 전력량 측정기를 설치할 수 있다. 전력선 중간에서 손실되는 전력량을 파악하여, 도전(盜電) 및 누전(漏電)을 효율적으로 관리하거나 방지하기도 한다. 도전이나 누전으로 인해 생산된 전력의 1/3을 잃어버리는 인도와 같은 나라에 유용할 것이다.

사무용 복합기 회사의 경우 원격에서 복합기의 소모품 이용 현황 및 재고 보유 현황을 파악할 수도 있으며, 복합기에 문제가 생겼는지의 여부는 물론 그 원인까지도 파악하여 대응을 할 수가 있다. 즉, 그동안 아무런 문제도 없는데 주기적으로 고객을 방문해야 함으로써 발생하는 비용을 줄일 수 있게 된다.

고객 관계 관리(Customer Relationship Management)

과거에는 제품을 판매하고 나면 고객이 먼저 A/S센터를 방문하거나 클레임을 제기하기 전까지는 판매된 제품에 어떤 문제가 있거나 고객이 해당 제품을 이용할 때 어떤 점을 불편해 하는지 파악하는 것이 불가능했다.

이런 목적을 달성하기 위해 영업직원들은 주기적으로 고객들을 방문하거나 장비를 점검해야만 했다. 또한, 홍보나 마케팅 직원들은 온라인 활동을 통해 간접적으로 고객이 불편해 하거나 불만스러워 하는 것을 파악하기 위해 노력하고 있다. 그러나, 이런 노력들은 많은 시간과 비용, 노력이 필요한 반면, 효과는 그다지 크지 않다. 아무리 고객 이탈(churn-out)을 막으려 노력을 할지라도 문제가 생긴 이후에 이루어지는 이탈 방어 노력은 무용지물에 불과한 경우가 많다.

최근 들어 이러한 고객 관리(CRM) 분야에도 사물인터넷 기술이 도입되고 있다. 고객센터에 접수된 고객들의 상담 내용들은 빅데이터 기술을 이용하여 다양한 관점에서 분석되어 고객만족도(CS)를 개선시기키 위한 활동에 반영 할 수도 있고, 영업 및 새로운 마케팅 방법론에 적용될 수도 있다.

일본의 굴삭기 전문 기업인 코마츠의 경우는 자사의 건설기계 차량에 다양한 센서를 부착하여, 차량의 현재 상태, 정상 작동 여부, 위치 등을 확인할 수 있다 [20]. 이러한 정보들은 일본 코마츠 서버에 자동으로 전송되고 분석되어 장비 구매자는 물론 대리점에 제공된다. 이를 통해, 장비 구매자들은 장비의 운영 및 유지 비용을 크게 절감할 수 있으며, 대리점에서는 장비의 고장 원인을 쉽게 추정하고 수리 시간을 단축 시킬 수 있게 되었다. 이로 인해 고객들은 지속적으로 코마츠의 제품을 이용하게 되었으며,

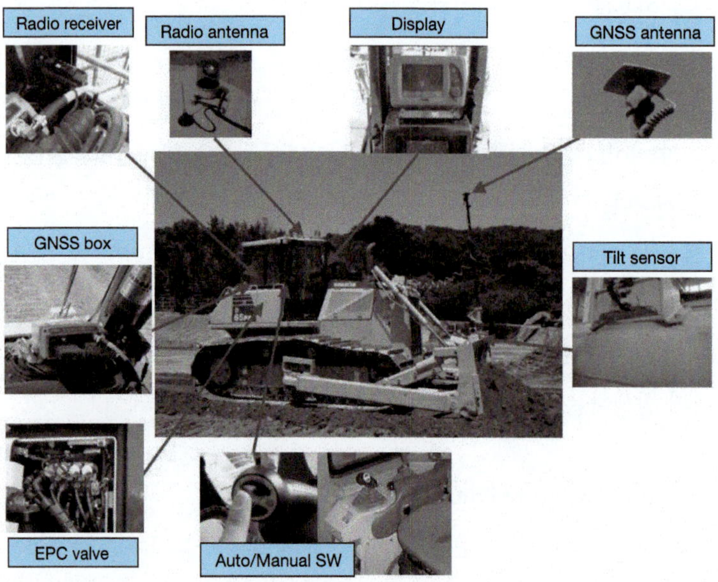

그림 13 일본 코마츠의 건설기계 차량에 부착된 다양한 센서 및 디바이스

코마츠의 경우 제품의 수요 동향의 파악 등을 통해 생산량을 조절할 수 있게 되었다.

사물인터넷 기술이 복합기와 같은 사무자동화 기기에 결합되는 경우를 상상해보라. 앞으로는 급하게 인쇄를 해야 하는데 복합기의 토너가 부족해서 난감해 하는 일은 없을 것이다. 복합기 관리 회사는 자사의 복합기를 이용하는 고객들의 토너 이용 현황 및 재고 현황을 사전에 파악하여 미리 예비 토너를 공급해 줄 것이기 때문이다.

이 외에도 최근에는 비콘 등 다양한 방법을 활용한 CRM을 하기도 한다. 이렇듯 사물인터넷 기술을 이용하면, 다양한 산업 분야에서 고객의 불편에 신속하고 정확하게 대응할 수 있으며, 이를 통해 고객 충성도를 높이고 고객 이탈을 방지(lock-in)하는 효과를 거둘 수 있다.

컨버전스 기반의 새로운 사업 영역 발굴

복합기의 경우에는 센서나 통신 모듈이 복합기와 같은 기존의 장치에 탑재(embed)되어 부가적인 가치를 창출하는 경우임에 틀림이 없다. 이러한 형태의 사물인터넷 기반 사업들은 다양한 산업 영역에서 발견되는 가장 일반적인 사물인터넷 사업 유형 중의 하나다. 그러나, 복합기처럼 일체화되지 않은 상태에서도 기업에게 고부가의 사업 기회를 제공하는 경우도 있다.

나이키를 비롯해서 아디다스와 같은 스포츠 용품 전문 기업들은 퓨얼밴드(Fuel Band)나 마이코치 스마트런(miCoach SmartRun) 같은 웨어러블 디바이스를 조깅화와 별도로 판매하고 있다. 조깅화와 최첨단 스마트 디바이스가 무슨 상관이 있기에 나이키나 아디다스 같은 일류 기업들이 기반 사업과 직접적으로 관련이 없는 제품으로 라인업을 확대하는 것일까?

그림 14 아디다스 마이코치 스마트런 (miCoach SmartRun)

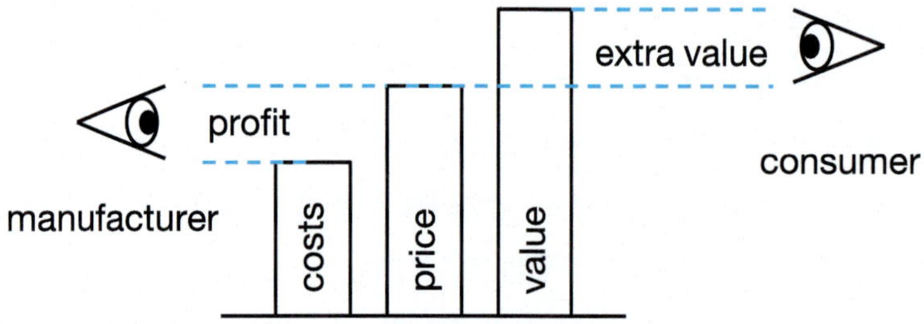

그림 15　비용, 가격, 가치의 상관 관계

그 이유는 자명하다. 이들은 사물인터넷을 이용해 기업을 혁신하거나 새롭게 제품 라인업을 확대하려 하기보다는 이들 기업의 핵심 역량인 운동화나 다른 스포츠 용품을 더 많이 팔기 위함이다. 즉, 건강 관리에 관심이 많은 고객들로 하여금 헬스케어 디바이스와 함께 자사의 스포츠 용품 판매를 활성화함으로써 전문기업의 이미지를 강화하려는 목적이 더 크다 하겠다. 물론, 핏비트(Fitbit)나 미스핏 샤인(Misfit Shine) 등의 디바이스만 판매하는 기업들과는 상황이 다르다.

사물인터넷 개념이 세간의 관심을 끌어모으는 이유 중의 하나는 바로 이런 새로운 가치를 생성할 수 있기 때문이다. 즉, 비즈니스에 대한 전통적인 관점이 생산성을 향상시키거나 비용을 절감하는 방식으로 이익(profit)을 극대화시키는 데에 있었다면, 현대 비즈니스에서는 고객에게 새로운 혹은 더 많은 가치를 제공함으로써 이익을 극대화시키는 방법이다.

[그림 15]는 제품의 생산자(manufacturer)와 소비자(consumer)의 입장에서 바라본 비용(cost)과 가격(price), 그리고 가치(value) 사이의 상관 관계를 함께 보여 주고 있다. 동일한 비용으로 생산한 제품에 대해 더 많은 가치를 제공할 수록, 생산자는 유연하게 가격정책을 가져나갈 수 있음을 보여 주고 있다. 즉, 새로운 컨버전스형 사업은 얼마나 큰 추가 가치(extra value)를 만들어 내느냐에 따라 그 성패가 결정된다 할 수 있다.

이동통신 사업자의 탈(脫)통신 노력

최근에 사물인터넷에 가장 많은 관심을 보이는 주체는 단언컨데 이동통신사업자다. 기존의 가입자만으로는 더 이상 지속적인 성장이 불가능한 상황이며, 타사의 고객을 빼앗기 위한 경쟁이 날로 심해지고 있기 때문이다. 설상가상으로 1년 전까지만해도 가입자당 평균매출인 ARPU도 지속적인 하락세를 보이며 통신사의 수익성을 압박했었다.

2014년 5월 현재 이동통신 가입자수는 5500만 명으로, 2014년 6월 현재 우리나라

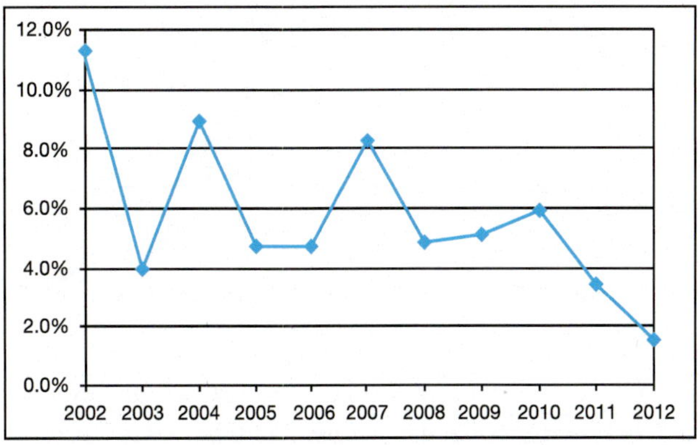

그림 16 최근 10년간 이동통신 가입자 증가율 비교

인구인 5100만 명보다 7.8% 이상 더 많다. 어린이들이나 고령의 노인들을 제외한다면 17% 이상 초과 공급된 상황이다. 필자처럼 2개 이상의 휴대폰을 이용하는 사람들이나 250만 정도의 M2M용 회선도 포함되었기 때문이겠지만, 사람을 대상으로 하는 가입자 확보는 더 이상 쉽지 않은 상태다.

[그림 16]에 보이는 것처럼, 최근 10년간의 가입자 증가율이 지속적으로 하락하는 모습은 이러한 사실을 반증해 주고 있다. 지난 10년간 평균 성장률이 6.1%였던 것을 감안하면 최근 2~3년 사이의 가입자 증가율은 이전의 1/4 수준으로 급감했다는 것을 알 수 있다. [그림 16]에 보이는 것처럼, 지난 10년간 가입자 증가율이 지속적으로 하락하고 있음을 감안할 때, 이러한 상황이 개선되기를 기대하는 것은 쉽지 않을 것이다.

가입자 1인당 평균 수익을 나타내는 ARPU(Average Revenue Per User)는 통신사의 앞날을 더욱 어둡게 하고 있다. [그림 17]은 LTE 서비스가 도입되기 바로 직전인 2011년 2Q까지 통신사의 ARPU가 지속적으로 하락하고 있음을 보여 주고 있다. 비록 고가의 LTE 요금제가 출시된 2011년 3Q 이후부터는 ARPU가 상승의 반전을 모색하고 있지만, 가입자 증가율의 정체와 ARPU의 감소/정체는 통신사의 수익성에 직결되어 2012년 초 통신사의 주가도 2008년 초 대비 50% 이하의 수준에 머무르고 있다.

설상가상으로 알뜰폰 사업자들은 가입자수를 300만명 이상으로 늘려가고 있으며, 2014년 말까지 전체 이동통신 가입자의 10%에 달하는 500만 가입자를 유치하는 것을 목표로 하고 있다. 한편, 정부는 가입비를 비롯한 통신요금 인하를 지속적으로 요구하고 있다. 더욱이 저가의 데이터 이용료를 기치로 내걸고 제4이동통신사업자가 출범하게 되는 2015년 이후에는 상황이 더욱 악화될 것으로 예상되고 있다. 이에 서비스 대상을

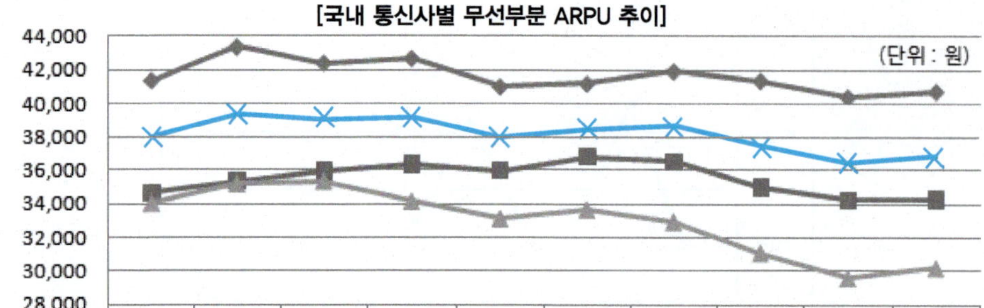

	09.1Q	09.2Q	09.3Q	09.4Q	10.1Q	10.2Q	10.3Q	10.4Q	11.1Q	11.2Q
SKT	41,372	43,369	42,413	42,698	41,003	41,187	41,923	41,368	40,393	40,738
KT	34,669	35,353	35,941	36,349	35,961	36,807	36,515	35,024	34,261	34,296
LGT	34,045	35,186	35,355	34,164	33,121	33,669	32,949	31,096	29,595	30,195
평균	37,941	39,385	39,109	39,168	38,007	38,466	38,621	37,538	36,539	36,838

–각사 IR 자료를 기준으로 재구성

그림 17 국내 통신사별 무선부문 ARPU 추이

사람이 아닌 사물이나 기계로 확대함으로써 안정적인 수익을 확보하고자 하고 있다.

사물인터넷은 이동통신사업자에게 세 가지 측면에서 새로운 기회를 안겨다 줄 수 있을 것으로 기대된다. 첫째, 신규 가입자다. 네트워크에 연결됨으로써 새로운 가치를 창출해 낼 수 있는 사물이나 기계가 그 대상이 될 것이다. 둘째, 다양한 산업 분야(Industry Vertical)와의 연계를 통한 융합 서비스의 제공이다. 물류, 유통, 금융, 교통, 공공 분야 등에서 먼저 기회가 발견될 것이며, 환경이나 의료, 농수산 분야는 다소 시간이 걸릴 것이다. 마지막으로 새로운 형태의 정보제공사업이다. 이동통신망을 이용하는 다양한 인프라에서 수집되는 데이터들을 분석 및 가공하여 통신사만이 제공할 수 있는 정보제공사업을 꾀할 수 있을 것이다.

일단, 신규 가입자 관점에서는 정확히 얼마나 많은 수의 신규 가입자가 생성될지 예측하기 어렵다. 다수의 시장 보고서에서 몇 십에서 몇 백억 단위로 언급되는 수치들은 모바일 회선뿐만 아니라 RFID나 블루투스, 지그비 같은 통신 모듈을 탑재한 기기들의 숫자도 모두 포함하기 때문에, 이동통신 분야에 그대로 적용하기에는 불가능하다.

현재 국내의 경우 모바일 회선이 적용되는 M2M 디바이스들은 스마트폰과 동일하게 11자리의 전화번호(CTN)가 할당되고 있는데, 전화번호의 부족이 예상되어 2014년 1월부터 새로이 012-국번을 할당하고 있다. 이는 사물인터넷을 위한 모바일 회선이 적어도 4~5천만 이상이 될 것임을 가정한 것이다. 그러나, 필자의 판단으로는 가입자 규모나 매출 규모는 이통사가 기대하는 것만큼 크지 않을 것이다. 또한, 이동통신 회선을 이용하는 사물인터넷 가입자 수가 그렇게 빠른 속도로 늘어나지도 않을 것이다. 대부분의 디바이스들이 유선 네트워크나 와이파이 혹은 스마트폰에 연결되어 이용될 것이기 때문이다.

그럼에도 불구하고, 이동통신사업자가 사물인터넷에 주목하는 것은 단순히 신규 가입자 확보만이 주된 목적은 아니기 때문이다. 사물간 통신에서 발생하는 데이터를 수집하여 빅데이터(Big Data)를 만들고, 이를 적절히 가공함으로써 새로운 부가가치 서비스를 만들어 차세대 성장동력으로 삼겠다는 의도다.

대다수의 사물인터넷 트래픽이 이동통신사의 네트워크를 경유할 것이기 때문에, 이동통신사들은 스스로 사물인터넷 주도권 경쟁에서 다른 시장 참여자들보다 유리하다고 판단하고 있다. 그러나, 이는 지나친 자가당착이다. 그들은 고객의 사물인터넷 트래픽을 마음대로 이용할 수도 없을 뿐더러, 설령 이용할 수 있다 할지라도 그 데이터의 의미를 제대로 분석할 능력이 되지 않는다. 무엇보다도, 그들은 지난 20년간 무선 회선을 제공하는 것 이상의 가치를 만들어내지 못했기 때문이다.

따라서, 업계의 전문가들은 사물인터넷 분야에 있어서 이동통신사의 역할에는 한계가 있을 뿐더러, 사물인터넷이 이동통신사에 기여하는 것도 제한적이라고 입을 모은다. 사물인터넷 용도로 이용되는 무선 회선이 이동통신사에 가져다 주는 매출은 기존의 휴대전화 사업에 비하면 수익이 훨씬 적기 때문이다.

국내 휴대전화 가입자수는 약 5500만 명으로 월평균 이용료를 35,000원으로만 계산해도 연간 수익이 23조원을 넘어선다. 반면 2014년 초의 사물지능통신(M2M) 회선 가입자수는 약 250만에 달한다. M2M 회선은 대부분 B2B 회선으로, 한국전력공사, 환경부, 산림청 등 정부 및 공공기관과 POS 단말기를 이용하는 영업장 등이 이에 해당한다. M2M 회선의 경우 월평균 이용료가 대부분 5,000원 이하이므로, 연간 매출 규모가 1500억원 수준에 불과하다. 가입자 규모가 22배 정도 차이가 나는 반면, 매출 규모는 154배 정도 차이가 난다. 설령, M2M 가입자수가 5,000만을 넘어선다 할지라도 사물인터넷 회선에 의한 매출 규모는 많게 잡아도 전체 매출의 1/8 수준에 불과해서, 회선 사업만으로는 이동통신사에 별다른 이점이 없다는 것으로 해석할 수 있다.

따라서, 이동통신사는 단순히 회선사업이 아닌 사물인터넷에 필요한 소프트웨어쪽에 부가가치를 얹어 새로운 수익 모델을 만들어야 한다. 이통사가 인프라를 제공하고 사물인터넷 솔루션 및 서비스 전문 기업들이 새로운 서비스를 창출하는 생태계를 조성해야 할 것이다.

표 3 국내 이동전화와 M2M 회선 사업 규모 비교

구분	이동전화	사물지능통신 M2M
주요 고객	개인	기업 및 정부
주요 파트너사	삼성전자, LG전자, 팬택, 애플 등 대기업	국내 주요 중소기업
가입자 수	5400만	250만
ARPU	월 3만5000원	월 5000원
연간 평균매출	22조6800억원	1500억원

그러나, 최근 이동통신사를 자세히 살펴보면 그들은 포털 사업자나 게임 회사 등 어플리케이션 서비스 프로바이더(ASP)들에게 자신들의 잠재 사업권을 빼앗겼다는 자격지심에 사로잡혀 있는 것 같다. 그래서, 사물인터넷 분야에서는 똑같은 실수를 반복하지 않겠다는 생각이 강한 것 같다. 즉, 이동통신사가 사물인터넷 인프라도 구축하고 서비스도 주도하겠다는 것이다. 이를 위해, 사물인터넷 관련 디바이스나 솔루션 사업자들도 통신사의 뒤에 서기를 바라고 있다.

그러나, 냉정하게 말하자면 이는 실현 가능성이 매우 낮은 시나리오일 것이다. 통신 서비스 환경이 피처폰에서 스마트폰으로 전환된 지 5년이 지났지만, 이동통신사는 통신 기반 서비스의 어떤 분야에서도 1위를 하고 있는 서비스가 없기 때문이다. 근본적으로 응용 서비스에 대한 마인드 자체가 일반 ASP와는 다르기 때문이다.

ASP의 경우는 해당 서비스가 전부이지만, 이동통신사는 새로운 서비스가 기존의 통신 서비스 매출에 영향을 주는 경우는 새로운 서비스의 보급에 적극적일 수가 없기 때문이다. 아마도 모든 통신사의 내부에서 카카오톡보다 먼저 카카오톡과 같은 서비스를 출시해야 한다는 목소리가 있었던 것으로 알고 있다. 그러나, 기존의 단문서비스(SMS) 매출에 타격을 가할 것을 두려워하여 출시를 미뤘고, 결국은 카카오톡이 뜨자 그제서야 앞다투어 유사 서비스를 출시했지만 대부분 2년도 못되어 해당 서비스를 퇴출시킨 것은 잘 알려진 이야기다.

쓰라린 경험을 한 이통사들은 통신시장이 음성에서 데이터 위주로 전환되자 데이터를 많이 사용하도록 하는 서비스 만들기에 혈안이 되어 있다. 하지만, 데이터 무제한 요금제를 이용하지 않는 이용자들에게 이런 서비스는 사실상 무용지물이나 다름이 없다. 그렇지 않고서는 끊임없이 무료 와이파이존을 찾아다녀야만 하기 때문이다. 통신사의 매출에 지대한 공헌을 하는 무제한 요금제 이용자들도 전체 이용자의 2% 수준에 불과하다. 결국 와신상담하여 내놓는 서비스들도 시장에서 큰 반응을 얻을 수가 없을 것이다.

마지막으로, 뒤에서도 강조하겠지만 초기 사물인터넷 관련 시장은 기업 대상(B2B)보다는 개인 대상(B2C) 시장을 중심으로 형성될 것이다. 개인 대상의 시장은 이동통신사나 개인 용 디바이스를 만드는 중소기업보다는 개인용 디바이스를 만드는 대기업 중심으로 형성이 될 것이기 때문이다. 중소 제조업의 경우 플랫폼 기반 서비스에 경쟁력을 가지고 있는 포털사와의 파트너십을 통해 시장을 확대해 나갈 수 있을 것이다.

비즈니스 환경 측면의 사물인터넷 활성화 배경

2000년대 후반에 인기 있었던 개념 중의 하나가 "**롱테일 법칙**(*Long Tail Theory*)"이라는 것이다. 〈와이어드(Wired)〉 지의 편집장이었던 크리스 앤더슨(Chris Anderson)이 그의 저서 〈롱테일 경제학(The Long Tail)〉에서 주장한 롱테일 법칙은 '역(逆) 파레토 법칙'으로, 인터넷과 새로운 물류 기술의 발달로 그동안 시장에서 관심을 받지 못했던 긴 꼬리(long-tail) 부분이 경제적으로 의미가 있을 수 있게 되었다는 이야기다 [21].

오프라인 서점을 예로 들면, '파레토의 법칙' 혹은 '20:80의 법칙'에 따라 잘 팔리는 20%의 책이 전체 매출의 80%를 일으킨다. 따라서, 오프라인 서점 경영의 핵심은 '잘 팔리는 책을 어떻게 효과적으로 진열하느냐 하는 것'이었다. 그러나, 이러한 법칙이 '아마존닷컴'과 같은 온라인 서점에서는 들어맞지 않는다. 오프라인 서점과는 달리 사실상 무한대에 가까운 서적을 진열할 수 있기 때문에, 거의 팔리지 않는 방대한 양의 책들이 만들어내는 매출이 잘 팔리는 책들의 매출을 뛰어 넘기 때문이다.

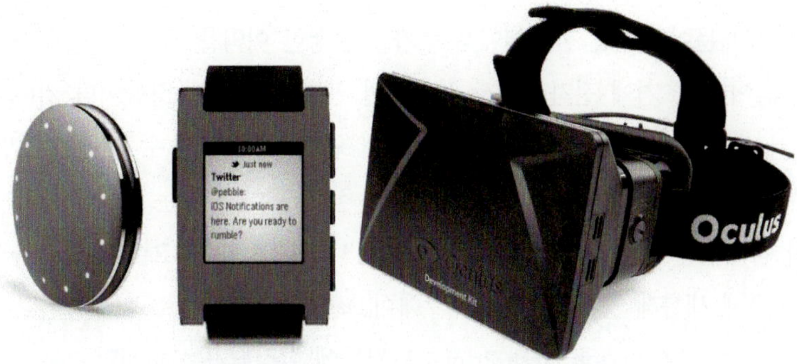

그림 18　크라우드펀딩으로 성공한 제품들: 미스핏샤인, 페블와치, 오큘러스리프트

온라인 서점에 도입된 인터넷과 물류 기술은 이제 전 산업 분야로 확대 적용되고 있다. 더 나아가 기술 스팩의 표준화 및 '제조업의 디지털화'와 맞물려 다양한 형태의 제품들이 생산되고 있다 [22]. 소비자들의 다양한 요구를 수용하는 제품들이 수많은 기업들에 의해서 만들어지고 있는 것이다. 저렴하게 이용할 수 있는 클라우드 서비스와 오픈소스 하드웨어 플랫폼, 3D 프린팅 기술, 그리고 인터넷을 기반으로 한 크라우드펀딩(crowd funding)은 뛰어난 아이디어를 가진 사람들을 기업가로 만들고 있다.

킥스타터(KickStarter)나 인디고고(Indiegogo)를 통해 펀딩을 받은 페블(Pebble)이나 오큘러스(Oculus), 그리고 미스핏(Misfit) 같은 기업들은 페블와치(Pebble Watch)와 오큘러스리프트(Oculus Rift), 미스핏 샤인(Misfit Shine)과 같은 트렌드를 만들어가는 제품을 출시하여 성공하고 있다. 특히 오큘러스와 같은 기업들은 페이스북에 2.5조원에 달하는 금액에 인수되기도 했다.

이러한 제품들은 여전히 전통적인 방식으로 소비자에게 판매되고 있지만, 일각에서는 서비스 형태(as a Service)로 제공되고 있다. 즉, 제품을 무료 혹은 아주 저렴한 가격에 제공하고 일정한 기간 동안 매달 일정한 금액의 이용료(서비스 요금 + 제품 할부금)를 청구하는 방식이다. 우리가 핸드폰 가입 시 2년 혹은 3년 약정을 하면서 단말기 할부를 하는 것과 비슷하다. 개인들에게는 일반적이지 않지만, 기업 통신을 위한 IT 혹은 네트워크 솔루션의 공급 방식은 수년 전부터 관리형 서비스(managed service) 형태로 제공되어 오고 있다. 이는 고가의 IT 솔루션이나 네트워크 장비에 대한 초기 구매 부담을 줄이는 대신, 장기간 고객을 묶어두는 효과를 가져다 준다.

아마존의 킨들(Kindle)도 이와 유사한 접근법을 취하고 있다. 앞에서도 소개했던 것처럼, 킨들은 성능이 개선된 새로운 모델이 출시될 때마다 오히려 가격이 더 떨어졌다. 삼성전자나 애플에서 출시되는 새로운 스마트폰이나 태블릿과는 정반대의 모습이다. 이게 가능한 것은 킨들 이용자들이 종이책보다 원가가 훨씬 저렴한 전자책을 꾸준히 구매해 주기 때문이다. 즉, 전자책에서 추가로 발생한 이익을 단말기를 구입할 때 미리 지원하는 셈이다. 초기에 전자책에서 시작했던 판매 대상이 동영상이나 기타 제품으로 확대되면서 새로운 단말기에 대한 보조금 지급 규모는 더 커질 수 밖에 없었던 것이다. 아마존은 교차 보조(cross subsidization) 개념을 잘 활용하고 있는 것이다 [23].

이러한 움직임은 일반 생필품을 대상으로도 나타나고 있다. Part 3에서 다시 소개하겠지만, 최근에 새롭게 출시된 아마존의 대쉬(Dash)는 아예 무료로 제공된다. 물론, 아마존 프레쉬 프라임(Amazon Fresh Prime) 회원들에 한정되기는 하지만, 일정 수준 이상 구매할 것으로 기대되는 고객들에게는 단말기를 무료로 제공함으로써 아마존 서비스(생필품 판매)의 활성화를 유도하고 있다.

서비스 형태의 판매(as a Service)와 교차 보조의 개념은 플랫폼 기반의 양면 시장(two-sided market) 형태로 발전되어 나타나기도 한다. 양면 시장이라는 것은 네트워크 효과를 이용하여 동일한 플랫폼을 이용하는 판매자와 구매자 모두에게 혜택이 돌아가게 하는 시장을 말한다. 즉, 네트워크 효과로 인해 규모의 경제를 형성해 줌으로써, 판매자들은 더 많은 고객을 대상으로 판매를 할 수 있고, 그럼으로써 구매자는 더 저렴한 가격에 상품이나 서비스를 구매할 수 있을 것이다.

플랫폼 기반의 양면 시장에서는 구매자가 공급자 혹은 판매자가 되기도 한다. 세계적인 미래학자인 앨빈토플러(Alvin Toffler)가 그의 저서 〈제3의 물결〉에서 말했던 '프로슈머(Prosumer)'가 되는 것이다. 앨빈토플러의 프로슈머는 소비자가 제품의 개발에 참여하는 이른바 '생산적 소비자'를 말하는데 [24], 사물인터넷 시대의 프로슈머는 생산자(Producer)의 성격보다는 서비스 제공자(Provider)의 성격이 훨씬 강하다는 것이 차이라면 차이일 것이다.

이러한 현상이 두드러지게 나타나고 있는 것이 **공유경제**(*Sharing Economy*) 기반의 비즈니스다. 공유경제 서비스는 자신이 소유하고 있는 물건이나 공간 혹은 무형의 자산을 임대 형태로 빌려주는 서비스를 말한다. 즉, 공유경제 플랫폼을 이용하여, 전문 사업자는 물론 개인들이 서비스의 제공가자 되기도 하고 이용자가 되기도 한다. 자신이 소유하고 있는 생활용품을 빌려주는 질락(Zilok)이나 빈 방을 공유하는 에어비앤비(AirBnB), 더 나아가 자신의 자동차를 빌려주는 집카(Zipcar) 같은 서비스들이 대표적이다. 다른 분야는 모르겠지만, 자동차나 주차장의 공유는 사물인터넷 기술과도 밀접하다. 국내에서는 코자자(Kozaza)나 비앤비히어로(BnB Hero), 그린카(Green Car), 쏘카(So Car), 모두의 주차장 등이 대표적이며, 지금은 문을 닫았지만 한때 필자가 참여했던 '원더랜드(Wonderland)'도 있었다.

이러한 트렌드는 사물인터넷 비즈니스를 준비하는 기업들에게도 시사하는 바가 크다. 표준화와 모듈화, 개방화로 인해 누구나 하드웨어 공급자가 될 수 있는 세상에, 단순히 미투(me-too) 제품을 만드는 것만으로는 지속적인 상품 경쟁력을 확보하는 것이 불가능하기 때문이다. 그 제품이 만들어내는 데이터를 활용하여 제품의 서비스화를 꾀하는 노력을 함께 경주해야 할 것이다.

기술적 측면의 사물인터넷 활성화 배경

필자는 1991년에 거금 280만원을 주고 286 AT 컴퓨터를 구입한 적이 있었다. 10 MHz의 CPU 속도에 터보 버튼을 누르면 16 MHz로 동작했다. 남들이 1MB 메모리를 쓸 때, 필자는 2 MB 메모리를 장착해서 말 그대로 훨훨 날아다니는 컴퓨터였다. 그러나, 2014년 현재 4 GHz로 동작하는 인텔의 코어 i7 프로세서(Intel Core™ i7 Processor)를 탑재한 최신형 고사양 노트북 가격은 200만원 내외다. CPU의 성능은 250~400배 좋아졌음에도 가격은 오히려 2/3 수준으로 떨어졌다. 게다가 두께는 1.5cm도 채 되지 않는다.

이와같은 기술의 발달과 그로 인한 가격의 인하는 사물인터넷의 활성화에도 아주 중요한 역할을 할 것으로 기대된다. 사물인터넷과 관련하여 2013년에 실시된 이코노미스트(The Economist)의 시장현황조사 보고서에 따르면, RFID 태그의 가격은 2013년 4월을 기준으로 최근 18개월간 40% 가량 하락하였으며, MEMS의 가격은 지난 5년간 80~90% 하락했다고 한다 [25]. G. Fleisch가 작성한 Auto-ID Lab의 백서에서도 사물인터넷의 처음 3단계는 널리 알려진 센서 기술의 발전으로 인한 관련 장비 도입 비용의 전반적인 하락이 사물인터넷 확산의 주요 동력이라고 지적하고 있다 [26].

필자는 기술적인 측면의 사물인터넷 활성화 요인으로 저가격화, 소형화 및 저전력화, 그리고 개방화를 꼽는다. 저가격화와 관련된 내용은 컴퓨터의 사례 및 이코노미스트와 Auto-ID Lab의 자료로 대신하기로 하고, 이곳에서는 소형화와 저전력화 및 개방화 측면에 대해서만 살펴보도록 하자. 다만, 저가격화가 단순히 하드웨어적인 부분에서만 발생하는 것이 아니라, 데이터 통신을 위한 비용 및 클라우드 서비스를 이용하는 비용 등 전방위적으로 나나타고 있음은 지적하고 넘어가고자 한다.

전자제품의 소형화는 그 안에 들어가는 부품의 소형화에 의해 가능해지며, 부품의 소형화는 '**황의 법칙**(*Hwang's Law*)'을 빼고는 이야기할 수 없을 것이다. 다들 알고 있겠지만, 황의 법칙은 2002년 당시 삼성전자 기술총괄 사장이던 황창규씨가 제안한 것으로, 메모리 반도체의 집적도가 1년에 두 배씩 늘어난다는 이론이다. 비록 2008년부터는 그 이론을 입증하지는 못했고 황의 법칙이 메모리 반도체에 한정되어 적용되는 것이긴 하지만, 여전히 그에 못지 않은 속도로 반도체의 크기는 작아지고 있다. 그럼에도 불구하고, 반도체 소자들의 성능은 꾸준히 좋아지고 있다. 18개월마다 반도체 소자의 성능이 2배로 증가한다는 '무어의 법칙(Moore's Law)'를 굳이 언급할 필요가 없을 정도로 우리는 새로 출시되는 전자제품들에서 이 두 법칙의 건재함을 확인할 수 있다.

이처럼 반도체 소자의 집적도가 지속적으로 개선되고 소형화가 가능한 것은 나노기술(Nano Technology)과 MEMS(Micro Electro-Mechanical Systems) 기술 덕분이다.

나노기술은 원자나 분자 정도의 작은 크기 단위에서 물질을 합성하고, 조립, 제어하며 혹은 그 성질을 측정하거나 규명하는 기술을 말한다 [27]. 보통 1~100 nm 영역에서 원자와 분자의 배열을 제어함으로써 특별한 기능을 가지는 소재나 소자를 만들 수 있게 한다. 의료, 환경, 소재 등 다양한 분야에서 활용되는 나노기술은 전자나 통신 분야에서는 초집적 메모리나 나노구조의 마이크로프로세서, 나노센서 등을 만드는데 주로 활용된다.

Part 2에서도 소개되는 MEMS 기술은 전자회로와 기계부품이 같은 칩(chip) 위에 집적된 초소형 전자기계 시스템을 말한다. 기존에 반도체 칩을 만드는 실리콘 가공 기술을 응용하여 실리콘 기판에 밸브, 모터, 펌프, 기어 등의 미세한 기계요소 부품을 3차원 구조로 만든 것이다. MEMS 기술도 나노기술과 마찬가지로 생물, 의학, 광학 등 다양한 분야에 활용되고 있으며, 전기 및 통신 분야에서는 초소형 RF 모듈이나 엑추에이터를 만드는데 주로 활용된다.

이처럼 나노기술과 MEMS 기술에 의해 만들어지는 소자들의 대표적인 특징은 크기가 작다는 것 외에 전력소모가 매우 낮다는 것이다. 또한, 일괄 공정에 의해 대량 생산이 가능하기 때문에 가격도 저렴해지게 된다.

초소형 소자를 만드는 기술들과 더불어 저전력 통신 기술들도 개발되고 있다. 대표적인 것이 지그비(ZigBee)와 블루투스 LE(Bluetooth Low Energy) 기술이다. [표 4]에 보이는 것처럼 이들의 최대 전력 소모량은 40 mA와 12.5 mA로 LTE 대비 1/30~1/100 수준에 불과하다. 특히, Idle 상태의 전력 소모량은 수 mA 밖에 되지 않는다. 낮은 전력 소모량은 디바이스에 이용되는 배터리의 크기를 줄임으로써 전체 디바이스의 크기를 줄이는데도 중요한 역할을 한다.

최근에 다양한 형태의 사물인터넷 기기들이 나오는 것은 소프트웨어, 하드웨어, 프로토콜, 그리고 플랫폼 등에 있어서의 개방화(open)의 흐름과도 무관하지 않다. 누구나

표 4 무선통신기술별 최대전력소모량 비교

구분	LTE	Wi-Fi	ZigBee	BLE	NFC	IrDA
최대전력소모량	1200 mA	116 mA	40 mA	12.5 mA	50 mA	10.2 mA

무료로 가져다 이용할 수 있다는 개방화의 개념이 항상 옳고 편리한 것은 아니지만, 적어도 사물인터넷과 관련된 하드웨어 제품이나 응용 서비스를 개발하는 시간과 비용과 노력을 줄여주는 것임에는 틀림이 없다.

개방화는 다양한 기술 분야에서 나타나고 있다. 오픈소스 플랫폼, 오픈소스 하드웨어, 오픈 프로토콜 등으로 이야기되는 것들이 대표적이다. 오픈소스 플랫폼은 사물인터넷과 관련된 서비스의 개발을 용이하게 해주는 개방형 플랫폼으로 전자부품연구원(KETI)이 개발하고 있는 '모비우스(Mobius)'와 RFID 코드 및 QR 코드를 담당하는 국제 표준기관인 GS1이 개발하고 있는 올라잇(Olite) 등이 있다.

오픈소스 하드웨어 플랫폼은 센서 등 주변장치만 추가하면 원하는 기능의 IT 기기를 만들 수 있게 해 놓은 개발 보드다. 오픈소스 소프트웨어처럼 특정한 기능의 IT 기기에 대한 개발 코드 및 하드웨어 디자인을 모두 공개하고 있어서, 누구나 관련 자료를 활용하여 개발할 수 있다. 대표적인 것으로는 '아두이노(Arduino)', '라즈베리파이(Raspberry Pi)', '비글본 블랙(BeagleBone Black)', 그리고 인텔의 '갈릴레오(Galileo)' 등이 있다.

또한, 다양한 사물인터넷 응용 분야에 사용되는 어플리케이션 프로토콜도 무료로 가져다 이용할 수 있다. AMQP, MQTT, XMPP, CoAP 등이 대표적이다. 이들 오픈소스 하드웨어 플랫폼 및 오픈소스 프로토콜에 대해서는 Part 2에서 자세히 소개할 예정이다.

이 외에도, 올씬 얼라이언스(AllSeen Alliance) 프로젝트의 경우 기업들의 독자적인 기술이나 통신 프로토콜과 관계없이 기기가 스스로 주변 제품을 발견해 상호 작용할 수 있도록 지원하는 올조인(AllJoyn) 오픈소스 코드를 공동으로 개발 및 공유하고 있다.

창조경제 구현을 위한 정책적 지원

어떠한 산업의 활성화는 산업적인 측면이나 기술적인 측면이 성숙한다고 이루어지는 것이 아니다. 이를 뒷받침하기 위한 정책적인 부분도 반드시 필요하다. 이러한 관점에서, 사물인터넷 관련 산업의 활성화를 위한 우리 정부의 역할은 매우 중요하다 할 것이다.

박근혜 대통령은 2013년 2월에 새 정부 출범과 동시에 침체된 경제에 활력을 불어넣기 위한 방안 중의 하나로 '창조 경제'의 개념을 제시했다. 박근혜 정부는 창조경제 실현의 핵심수단으로 ICT와 타산업의 융합을 생각하고 있다. 이를 통해 새로운 산업과 일자리를 창출하는 것을 목표로 하고 있으며, 사물인터넷을 중요한 수단으로 생각하고 있다.

창조경제에 대해 "창조경제는 과감한 패러다임의 전환을 의미한다. 창의성을 우리경제의 핵심 가치로 두고 과학기술과 ICT(정보통신기술) 융합을 통해 산업과 산업이 융합하고, 산업과 문화가 융합해서 새로운 부가가치를 창출하고, 일자리를 만들어내고, 성장동력을 만들어 내는 것이다."라고 박근혜 대통령은 정의했다. 뭔가 친절한 느낌은 있지만, 매우 추상적이어서 그런지 그다지 우리를 매혹시키지는 못하는 것 같다.

애당초 창조경제라는 말은 영국의 경영 컨설턴트인 존 호킨스(John Howkins)가 만든 용어다. 그는 2001년에 출간한 'The Creative Economy: How People Make Money from Ideas'라는 저서에서 '창조경제란 새로운 아이디어, 즉 창의력으로 제조업과 서비스업, 유통업, 엔터테인먼트산업 등에 활력을 불어넣는 것'이라고 정의했다 [28].[2]

그러나, 창조경제의 개념은 사물인터넷의 그것보다 더 애매모호하다. 애매모호한 두 개념을 한데 묶어서 설명하자니 다소 무모해 보이기까지 한다. 그러나, 한 가지 분명한 것은 창조경제는 하루아침에 이루어지는 일이 아니라는 것이다. 다양한 형태의 정책적 지원을 하고 지속 가능한 성장 모델을 발굴해야 한다는 추상적인 말보다는 지금 당장 눈에 보이는 것들부터 해결할 수 있어야 할 것이다.

그런 관점에서 필자는 '성공사례(best practice)의 공유'를 중요한 요인으로 생각한다. 모범적인 성공사례를 발굴하거나 혹은 만들어서 기업가들이나 국민들을 이해시키고 나도 할 수 있다는 자신감을 심어줘야 할 것이다. 그러나, 아쉽게도 정부의 관련 부처들이 준비하는 정책들은 '보고를 위한' 것이거나 '보이기 위한' 것이라는 지적이 많다. 대부분의 정책이나 사업들이 얼마의 재원을 얼마나 많은 기업에 지원해서 일자리를 몇 개나 창출하겠다는 방식이다. 앞에서 언급한 페블이나 오큘러스와 같은 성공적인 사례를 만들겠다는 내용은 어디에서도 찾아볼 수 없다.

사물인터넷과 관련하여 그동안 발표된 정책이나 사업들에는 '사물인터넷 기본계획', '사물인터넷(IoT) 혁신센터', '사물인터넷 육성사업', '사물인터넷(IoT) 글로벌 파트너십 프로그램 지원사업', 'RFID 등 센서 시범사업', '사물인터넷 실증 단지 조성', 그리고 '사물인터넷 진흥법 제정' 등과 같은 것들이 있다. 정부가 발표한 정책이나 추진하는 사업들이 너무 많다 보니, 이곳에서는 사물인터넷 기본계획만 간단히 소개하고 나머지는 관심 있는 독자들에게 맡기기로 한다.

2014년 5월에 발표된 '사물인터넷 기본계획'은 사물인터넷과 관련된 다른 정책이나

2 존 호킨스는 2009년에 '창조경제'의 후속작으로 '창조생태계(Creative Ecologies: Where Thinking is a Proper Job'을 저술하기도 했다. '창조생태계'에서는 창조가 일자리와 연결되는 경제 생태계를 집중 조명했다.

표 5 사물인터넷 기본계획의 3대 분야 및 주요 추진 과제

3대 분야	12개 세부 추진 과제
창의적 사물인터넷(IoT) 서비스 시장 창출 및 확산	① 유망 사물인터넷 플랫폼 개발 및 서비스 확산
	② ICBM 융합 新서비스 개발
	③ 이용자 중심의 창의적 서비스 개발
글로벌 사물인터넷(IoT) 전문기업 육성	④ 개방형 글로벌 파트너십 추진
	⑤ 스마트 디바이스 산업 육성
	⑥ 스마트 센서 산업 육성
	⑦ 전통산업과 소프트웨어 신산업 동반성장 지원
	⑧ 생애 전주기 종합 지원
안전하고 역동적인 사물인터넷(IoT) 발전 인프라 조성	⑨ 정보보호 인프라 강화
	⑩ 유무선 인프라 확충
	⑪ 기술 개발, 표준화 및 인력 양성
	⑫ 규제 없는 산업 환경 조성

사업들의 기반이 되는 청사진 성격의 사물인터넷 정책이다. 사물인터넷 기본계획은 사물인터넷 생태계 참여자 간의 협업을 강화하고, 오픈 이노베이션을 통한 개방형 생태계를 구축하며, 글로벌 시장을 겨냥한 서비스를 개발하고 기업의 규모 및 유형에 따라 맞춤형 지원을 통해 2013년 기준 2.3조원 수준인 시장규모를 2020년까지 30조원 규모로 키우겠다는 것이다. 이를 위한 주요 추진 과제로는 창의적 사물인터넷 서비스 시장 창출 및 확산, 글로벌 사물인터넷 전문기업 육성, 안전하고 역동적인 사물인터넷 발전 인프라 조성이며, 이하 12개의 세부 추진 과제로 구성되어 있다.

사물인터넷 기본계획과 관련한 세간의 평은 엇갈린다. 사물인터넷 기본계획에 관계부처의 '많은 고민이 녹아 있다'는 평가가 대부분이지만, 사물인터넷 기본계획의 세부 추진 과제들은 지금까지 해오던 것과 별반 다르지 않다는 것이다. 즉, 창조경제를 위한 핵심 사업의 내용들은 그다지 창조적이지 못하다는 것이다. 달리 말하면, 사물인터넷 관련 기업들에게는 도움이 되는 정책과 사업들이지만, 실질적으로는 큰 도움이 되지 못하는 정책과 사업들이라는 것이다. 정부의 관계부처는 현장의 목소리에 더욱 귀를 기울이고 정부의 지원뿐만 아니라 민간의 지원도 함께 유도하기 위한 고민을 해야 할 것이다.

시장 현황과 전망

지금까지 사물인터넷의 개념과 역사, 그리고 최근에 사물인터넷이 활성화되고 있는 배경에 대해 살펴보았다. 이번 장에서는 실제로 사물인터넷과 관련된 비즈니스를 위해 국내외의 기업들과 각국 정부들은 어떤 준비를 하고 있는지 살펴보도록 하자. 또한, 시장 조사기관들은 사물인터넷 관련 시장의 미래에 대해 어떻게 전망하고 있는지 살펴보기로 하자.

국내 시장 동향 및 전망

요즘 국내 사물인터넷 시장은 마치 이동통신사나 삼성전자 혹은 LG전자와 같은 대형 디바이스 제조사에 의해 주도되는 것처럼 보인다. TV CF나 신문의 IT 섹션을 모두 이들 기업들의 움직임이 장식하고 있기 때문이다. 그러나, 조금만 더 시간을 거슬러 올라가면 시스템 통합(System Integration, SI) 사업자가 우리나라 사물인터넷의 초기 시장을 형성하는데 주도적인 역할을 했음을 알 수 있다.

2000년대 초중반의 경우 생산라인 자동화로 대표되는 공장 자동화(Factory Automation) 혹은 산업 자동화(Industry Automation)가 사물인터넷의 주된 영역이었다. 대부분 폐쇄적이고 지역적인 형태로 구축되고 운영되었을 뿐더러 대부분 기계와 기계들이 중앙제어실(Control Center)의 컴퓨터와 연결되는 방식이었다. 따라서, 사물지능통신(M2M)이라 불리웠으며, 지금의 사물인터넷과는 다소 다른 부분들이 존재했다.

2000년대 중반부터는 공장 자동화의 개념을 건설 분야로 확장하여, 홈오토메이션(Home Automation)이나 빌딩오토메이션(Building Automation) 분야에서 IT와 결합한 솔루션들이 공급되기 시작했다. 대표적인 것이 초기 스마트 아파트에 사용되었던 월패드다. 월패드는 인터폰 기능은 물론 가정의 낸낭방이나 조명, 출입제어 등이 주된 기능이었다. 빌딩 자동화의 경우도 냉난방, 조명, 공조, 출입제어가 주된 적용 분야였으며, 일부 건물에서는 주차관리 분야에 활용되기도 했다.

2000년대 중반부터는 RFID나 USN 기술을 기반으로 사물인터넷 관련 사업을 전개하기 시작했다. RFID의 경우 대부분 물류나 유통 분야에 집중되었다. 대표적인 사업들로는 양주나 명품의 진품확인 서비스, 의류의 유통정보 서비스, 자산관리, 농축산물

그림 19 초기 스마트 아파트에 사용된 월패드(Wall-Pad)

그림 20 싱가폴 항만에서 선적 중인 자동차들

이력관리 등이 있다. USN은 RFID의 서비스 커버리지가 확대된 일종의 능동형 RFID 기술로 이해할 수 있으며, 자체적인 라우팅 기술을 이용하여 넓은 지역을 서비스 대상으로 한다는 특징이 있다. 주로 화재나 홍수 등과 같은 환경 감시, 어린이나 치매 노인들에 대한 위치 확인, 고가 의료기기에 대한 자산 관리 등의 분야에 주로 활용되었다. 필자의 경우도 실버타운에서 응급상황 발생 시 환자의 실시간 위치를 확인하는 사업이나 항만 야적장에 하적된 자동차를 목적지별로 선별하여 선적하는 사업에 USN 기반의 위치추적 솔루션을 적용한 적이 있다.

이동통신사들도 솔루션 통합 사업자들과는 별개로 2000년대 초중반부터는 사물인터넷 분야에 진입하기 시작했다. 이 즈음에는 가입자 포화나 ARPU 감소의 이슈보다는 솔루션 통합 분야로의 사업 영역 확대 성격이 강했다. 즉, 이동통신과 결합한 솔루션을 제공하기 시작한 것이다. 대표적인 사례가 모바일 결제, 텔레매틱스, 보안, 전력 관리 등과 같은 분야였다. 대부분이 유선 기반의 통신 회선을 공급하기 어려운 사업 분야이거나 혹은 발생하는 패킷의 양이 적어 오히려 이동통신 회선을 제공하는 것이 더 저렴한 경우에 해당된다.

2003년 11월에 시작된 현대차의 모젠(Mozen) 서비스는 이동통신사가 사물인터넷 분야에 뛰어들기 시작한 대표적인 사례로, 텔레매틱스 기능이 결합된 차량종합정보 서비스였다. 자동차 내에 장착된 GPS와 통신단말기를 이용해 자동차에서 발생하는 각종 현상을 분석하고 주행거리 등을 바탕으로 소모품의 교체시기를 알려주는 기본 기능은 물론, 지금처럼 정확하지는 않았지만 교통정보를 반영한 길안내 서비스나, 차량 도난 방지, 긴급 상황 발생 시 SOS 서비스 제공 등과 같은 서비스를 제공하기도 했다.

미래창조과학부에 따르면 이동통신사의 사물인터넷(M2M) 가입자수는 2013년말 기준으로 240만 가량이다. 2011년 146만 대비 1.63배 증가한 수치로, M2M 가입자 증가 추이는 더욱 빨라질 것으로 예상하고 있다. 대부분이 모바일 결제나 커넥티드카, 보안 및 전력 분야 가입자이며, 최근 들어서는 자판기나 디지털사이니지 등의 분야에서도 조금씩 시장이 형성되고 있다.

이후 2000년대 중후반부터는 시스템 통합 사업자 및 이동통신사 모두 솔루션에 정보기술과 통신기술까지 결합시킨, 즉 ICT(Information & Communications Technology)와 결합한 솔루션을 제공하기 시작하면서 본격적인 사물인터넷 시대를 전개해 나가고 있다. 그러나, 최근의 사물인터넷 시장은 마치 이동통신사가 주도하는 것처럼 보인다. 아

표 6 국내 이통3사의 M2M 가입자수 증가 추이

구분	2011년	2012년	2013년
SKT	650(44.6%)	739(39.5%)	1,008(42.3%)
KT	329(22.6%)	536(28.7%)	671(28.2%)
LG U+	479(32.9%)	595(31.8%)	702(29.5%)
합계	1,458	1,870	2,380

자료: 미래창조과학부, ( )는 사업자별 가입자 비중 (단위:천명, %)

무래도 TV 등을 활용한 마케팅 효과 및 이통사가 주로 일반 소비자를 상대로 사업을 전개하기 때문으로 보인다. 어쨌거나, 사물인터넷과 관련해서는 시스템통합 사업자들에 비해 이동통신 사업자들이 더욱 절실한 상황임에는 틀림없어 보이며, 이동통신 시장의 성장 한계를 극복하기 위한 새로운 사업영역으로 사물인터넷을 인식하고 있기 때문인 것으로 보인다.

이동통신사 외에 최근에 두각을 나타내고 있는 곳은 삼성전자나 LG전자와 같은 대형 디바이스 제조사들이다. 이들은 스마트폰과 태블릿은 물론, 스마트 시계, 스마트밴드, 스마트 이어폰 등과 같은 웨어러블 디바이스, 그리고 TV, 에어컨, 냉장고 등의 스마트 가전을 생산하며 관련 생태계를 이끌고 있다. 물론, 이들 기업 외에도 스마트밴드나 비콘 센서 등을 만드는 국내 기업들도 다수 존재한다. 또한, 이들 제조사에 센서 등 관련 부품을 제공하거나 소프트웨어 모듈, 혹은 클라우드 서비스를 제공하는 기업들도 일부 등장하고 있다.

대표적인 기업들의 움직임을 살펴보도록 하자. 삼성그룹의 경우 삼성전자, 삼성SDS, 삼성전기 등을 중심으로 사물인터넷 시대를 준비하고 있다. 사물인터넷 시대를 대비한 삼성의 움직임은 크게 사물인터넷 표준화 선점, 기술 동맹, 그리고 인수합병을 통해 세를 불리는 형태로 나타나고 있다.

삼성은 사물인터넷 시대를 체계적으로 준비하기 위해 2013년 11월에 그룹차원에서 'SAMI(Samsung Architecture for Multimodal Interactions)'라는 이름의 사물인터넷 전담팀을 만들었다. 사물인터넷의 핵심인 데이터 전송 기술 표준을 삼성 스타일로 만들어 시장을 선점하겠다는 의지를 내보인 것이다.

삼성전자의 경우 2014년 2월에는 세계적인 포털 업체인 구글과 포괄적 특허 공유 계약을 체결하였고 3월에는 세계적인 네트워크 장비 및 시스템통합(SI) 업체인 시스코와 향후 10년간 특허를 공유하기로 했다. 장기적으로 제조사와 포털회사, 통신서비스업체가 경쟁하는 상황도 배제할 수 없기 때문이다. 삼성전자의 타이젠은 구글의 안드로이드와 경쟁해야 하며, 구글도 삼성전자가 주력으로 삼고 있는 스마트폰과 태블릿PC 제품을 선보이고 있기 때문이다. 웨어러블 디바이스 시장이 커지고 사물인터넷이 현실화되면 삼성전자, 구글, 시스코도 특허 전쟁을 치러야 할 수도 있으므로, 이러한 상황에 미리 대비하기 위한 포석으로 보인다.

이를 위해 삼성전자는 2012년 스웨덴의 나노라디오와 영국 CSR의 모바일 부문을 인수하기도 했다. 스마트폰의 두뇌인 어플리케이션 프로세서(AP) 분야의 역량을 강화하면서 유무선 네트워크로 연결될 각종 기기가 정보를 공유하는 환경인 사물인터넷 관련 기술을 선제적으로 확보하기 위함이다. 이들 업체가 가지고 있는 블루투스 등의 기술은 스마트폰뿐만 아니라 사물인터넷 분야에서도 유용하게 쓰이기 때문이다.

또한, 2014년 7월에는 아트멜(Atmel), 브로드컴(Broadcom Corporation), 델(Dell), 인텔(Intel Corporation), 윈드 리버(Wind River) 등과 같은 주요 글로벌 기업들과 사물인터넷 기기들의 연결성을 확보하기 위해 오픈 인터커넥티드 컨소시엄(Open Interconnected Consortium)을 구성하기도 했다. 사물인터넷 시대에 운영체제와 서비스 공급자가 달라도 기기간의 정보 관리 및 무선 공유가 가능하도록 하기 위한 공통 운영 체제를 규정하기 위함이다.

삼성전자는 스마트폰을 중심으로 자사가 제조한 가전제품을 한데 묶을 수 있는 '스마트홈'이라는 서비스에 승부수를 던지고 있다. 집안에서 '영화'라고 말하면 소명이 어둡게 바뀌고, 갤럭시 기어에 '지금 집에 가'라고 하면 집에 있는 TV와 전등이 자동으로 켜지는 방식이다. 통합 플랫폼과 전용 서버 안에 생활가전과 스마트TV, 스마트폰, 태블릿은 물론 웨어러블 기기인 갤럭시 기어까지 하나의 채널로 연결된다. 즉, 여러 가전제품을 하나의 어플리케이션으로 통합해서 관리하는 서비스다. 장기적으로는 개인 맞춤화된 컨시어지형 서비스로 진화 발전시켜 나갈 것으로 보인다. 이를 위해 스마트홈에 타이젠 OS를 적극 활용할 예정이며, 서버 기반으로 구축한 개방형 스마트홈 통합 플랫폼인 SHP(Smart Home Protocol)도 곧 선보일 계획이다.

스마트홈과 더불어 집중 육성하는 분야는 모바일 헬스케어 분야다. 모바일 헬스케어는 세계 스마트폰 시장의 성장 둔화 속에서 스마트 시계, 스마트밴드 등의 웨어러블 헬스케어 디바이스들을 새로운 성장 엔진으로 집중 육성하는 것에 초점이 맞춰져 있다. 특히 모바일 헬스케어 분야는 원격의료 등의 이슈와 맞물려 있으며, 삼성이 2010년에 신수종 사업으로 선정한 의료기기 및 바이오 사업 등과도 연계성이 높다.

독자적인 모바일 운영체제(OS)인 '타이젠'의 확산에도 적극적이다. 그러나, 안드로이드를 제공하는 구글과의 충돌 등의 이슈가 있어, 타이젠을 활용한 사물인터넷 사업을 본격화하는 데는 다소 시간이 걸릴 것으로 전망하고 있다. 이에 단기적으로는 삼성전자 미디어솔루션센터(MSC)를 중심으로 마이크로소프트(MS), 아마존 등과 물밑 교류를 펼쳐 상용화가 가능한 새 서비스를 일단 내놓는 투트랙 전략을 쓸 것으로 예상된다.

삼성SDS는 2012년 말 경기도 수원에 클라우드 센터를 개설하였고 2014년 초에는 미국 버지니아에 클라우드 센터를 구축하고 그룹차원의 사물인터넷 사업을 펼쳐나갈 계획이다. 시장점유율 세계 1위의 스마트폰과 스마트홈 솔루션에서 발생하는 빅데이터를 활용해 사물인터넷 생태계를 구축하고, 여기서 나오는 데이터를 가공해 2차 비즈니

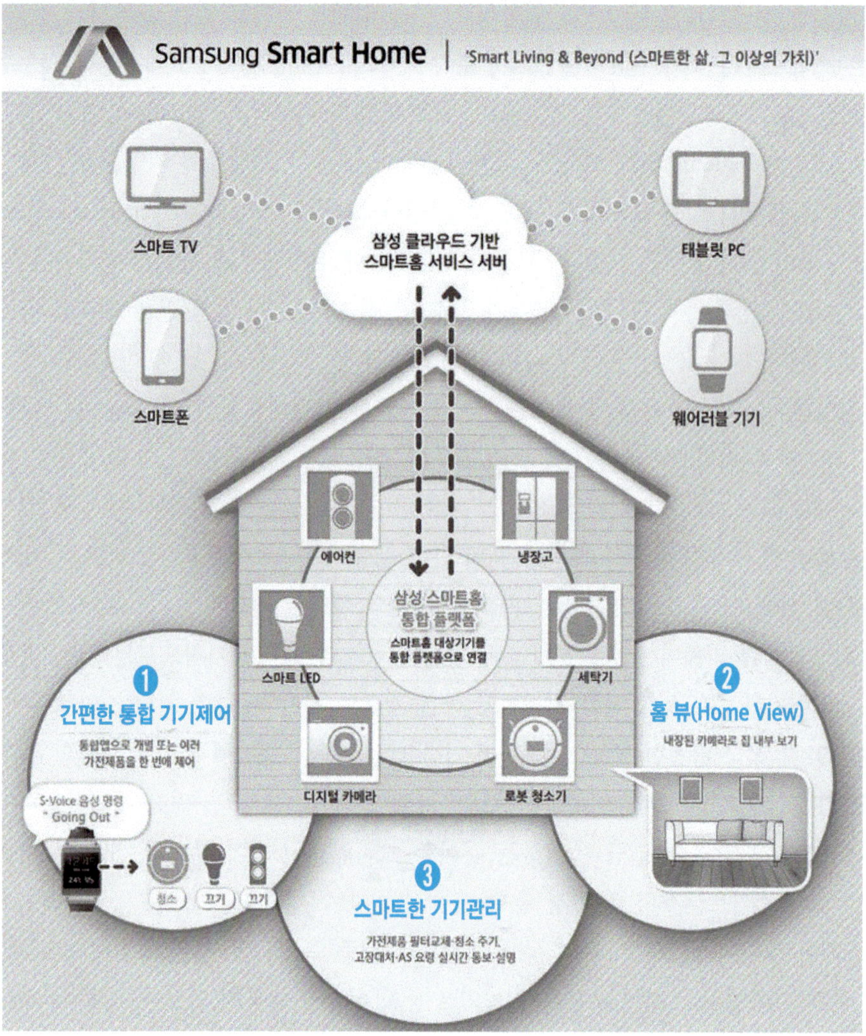

그림 21 삼성전자의 스마트홈 개념도

스를 만들겠다는 것이다.

삼성전기의 경우 박막터치 모듈이나 지그비(Zigbee) 통신 모듈과 같은 센서 및 통신 모듈을 신수종 사업으로 육성하고 있는 가운데, 최근에는 전자가격표시기(ESL)에도 많은 관심을 보이고 있다. 단순히 부품이나 모듈을 제공하는 것을 넘어서 기업의 경영 혁신의 도구가 될 수 있는 사물인터넷 사업의 발판으로 생각하고 있다. 전자가격표시기에 대해서는 Part 3를 참조하기 바란다.

LG그룹의 경우 LG전자, LG유플러스, LG이노텍을 중심으로 사물인터넷 시대를 대비하고 있다. LG전자의 경우 삼성전자와 비슷한 전략을 취하고 있다. 스마트홈을 중심으로 스마트폰과 스마트 가전을 한데 묶어 서비스를 제공하며, 스마트 시계와 같은 웨어러블 디바이스를 바탕으로 포스트 스마트폰 시대를 대비하겠다는 생각이다.

LG전자가 제공하는 스마트홈 전략은 '홈챗(HomeChat)'으로 대표된다. 2014년 4월에 공개된 홈챗은 [그림 22]에 보이는 것처럼 인터넷 메신저로 사람들이 대화하듯이 집안에 있는 가전제품들과 대화를 하는 컨셉을 구현해 놓은 것이다. 에릭슨이 2011년에 공개한 "The Social Web of Things"의 개념을 구현해 놓은 느낌이다. 현재는 '라인(Line)'이나 '카카오톡'과 같은 모바일 메신저 서비스를 통해 이용할 수 있다.

LG유플러스는 LG전자와 함께 스마트홈 서비스를 공동 개발하고 있다. 가정용 CCTV 서비스는 스마트폰에 설치한 앱을 통해 집안 상황을 실시간으로 감시할 수 있다. 외출했을 때 수상한 움직임이 감지되면 문자 메시지로 알림을 받고, 바로 경보를 울리거나 비상 연락처로 연결을 할 수도 있다. 또한, 원격으로 카메라를 상하좌우로 제어할 수도 있다.

이 외에도 LG유플러스는 음식물 쓰레기 종량제 분야에서 업계 1위를 달리고 있다. 또한, 2013년 말부터는 단체급식 위생관리솔루션인 'U+ 비즈 스마트프레시'를 출시하기도 했다. U+ 비즈 스마트프레시를 활용하면, 식단구성, 잠재적으로 위험한 식단관리, 식재료 검수, 냉장고 온도, 조리과정, 운반 및 배식, 세척 및 소독 등 8가지 분야를 태

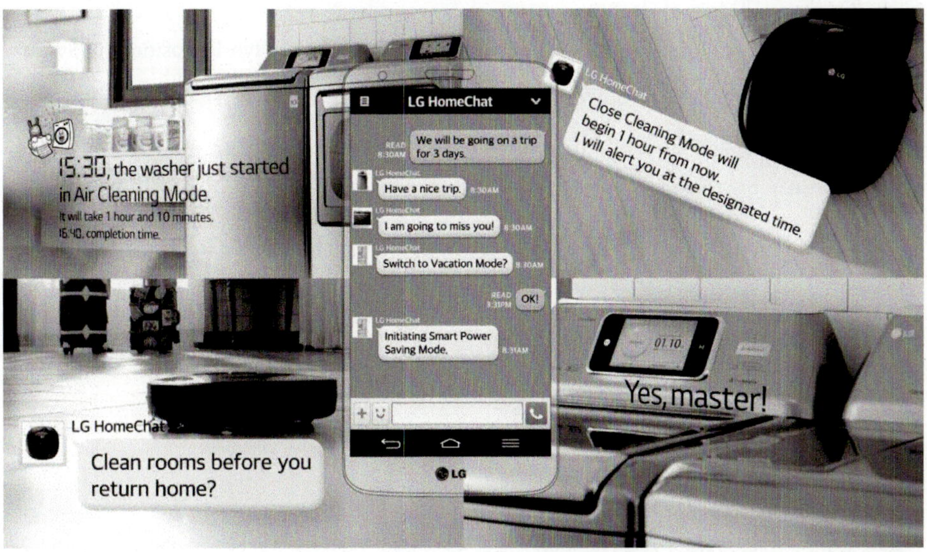

그림 22　LG전자의 '홈챗(HomeChat)' 개념도 (출처: LG전자)

블릿 PC를 활용해 관리할 수 있다.

SK텔레콤은 자동차(Automotive), 자산(Asset), 그리고 농업(Agriculture)을 의미하는 '3A' 영역을 대상으로 사물인터넷 역량을 집중해 솔루션 사업을 성장시킬 계획이다. SK텔레콤은 현재 스마트 차량운행기록장치(Smart DTG), 통신형 블랙박스, 고압 검침, 가로등 관제, 차량 관제 등의 사업 영역에서 40여 개의 상품을 제공하고 있다.

자동차와 관련해서는 2014년 1월에 발표한 '티카(T Car)' 서비스가 대표적이다. 티카는 고객의 스마트폰을 이용해 원격 시동, 셀프 배터리 충전, 주행 기록 관리, 선루프 원격제어 등 실시간 차량 상태 체크는 물론, 블랙박스 연동 서비스 등을 지원한다.

자산 관리와 관련해서는 LG히다찌와 함께 '종합 자산 관제 서비스(Total Asset Visibility Service, TAVs)'를 제공하고 있다. TAVs는 주요 자산의 위치와 상태를 확인하여 주기적으로 정보를 제공하는 서비스로, 적용 분야에 따라서 생산관리(In Process Visibility), 물류관리(In Transit Visibility), 그리고 창고관리(In-Storage Visibility) 등으로 구분된다.

TAVs에는 RFID, NFC, LBS, 바코드 등 다양한 사물인터넷 기술들이 적용되며, 이용 대상은 컨테이너, 건설중장비, 기계설비 등으로 고가(高價)의 제품들이 해당된다. 위치와 상태 모니터링이 절실한 컨테이너를 우선 적용 대상으로 선정하여, 차량을 이용한 국내 물류와 선박을 이용한 해상물류에 적용한 후에 철도를 이용한 내륙 물류에도 적용한다는 계획이다.[3] 이를 통해 데이터 기반의 수급 예측 등 물류 산업 경쟁력을 증대시킬 것으로 기대하고 있다.

이 외에도 SK텔레콤은 '차세대 복합 측위 시스템(enhanced Hybrid Positioning System, eHPS)' 등 차별화된 위치 추적 관련 솔루션을 적용하여 다양한 자산 유형 및 적용 환경에 유연하게 대응한다는 전략이다. 이러한 솔루션에는 UWB(Ultra-WideBand) 기술을 이용한 초정밀 위치 측위 솔루션과 Wi-Fi를 이용한 측위 솔루션 등이 있다.

농업 분야에 있어서는 '스마트팜(Smart Farm)' 서비스를 제공하고 있다. 스마트팜은 경작지와 축사 등에 센서를 장착해 내부 습도와 온도 등을 원격으로 모니터링하며, 급수 및 배수 등을 원격으로 제어할 수 있도록 한다. 현재 제주도 서귀포와 경북 성주 지역에서 시범 서비스를 진행하고 있다.

3 국내 컨테이너 물동량은 2012년 기준 2,255만 TEU에 달하며, 매년 평균 7% 가량 증가하고 있다. 특히 테러 등 국제화물에 대한 위험요소가 증가함에 따라, 물류보안 정책이 강화되고 있어 향후 'TAVs'에 대한 수요는 커질 것으로 예상된다.

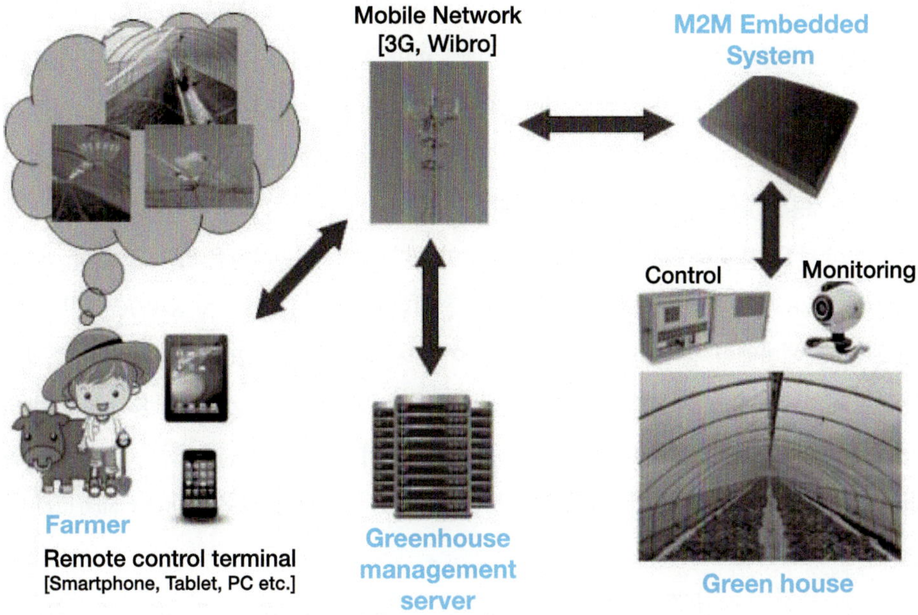

그림 23 SK텔레콤의 스마트팜 서비스 개념도

그림 24 SK텔레콤에 공급되는 사물인터넷용 LTE 통신 모듈 (출처: 모바일에코)

SK텔레콤은 3A 영역을 집중 육성하고 이러한 과정에서 얻어진 노하우를 바탕으로 위험물차량관제, 초정밀 위치 관제 등 20개 이상 상품을 추가 출시한다는 방침이다. 에너지, 사회복지, 시설물 환경 등도 사물인터넷 사업 확장을 계획하고 있는 분야다. 또한, 성과를 보이고 있는 헬스케어 부문에서는 의료용 체외진단기기 개발, 건강관리 서비스, 병의원 대상 스마트 병원 솔루션 등의 사업을 추진하고 있다.

SK텔레콤은 다수의 협력사들과 함께 사물인터넷용 라우터와 통신 모듈을 개발하여 향후 시장확대에 대비하고 있으며, 다양한 B2B 솔루션 기업들과의 연계도 강화하고 있다. 또한, 2014년 초에는 아시아태평양 지역 10개 주요 이동통신사와 '브리지 사물통신 얼라이언스(Bridge M2M Alliance)'를 출범시켰다. 이 외에도 영국 반도체 설계업체인 ARM과 사물인터넷 공동 연구를 추진하기도 했다.

KT의 경우 전통적으로 텔레매틱스와 스마트카 분야에서 강점을 보이고 있다. 2004년 현대차와 함께 텔레매틱스 서비스를 첫 출시한 이래, 이듬해에는 K-WAY 네비게이션과 쌍용 에버웨이 등을 내놓은 바 있다. 이후 사업을 확대해 2010년에는 아웃소싱형 브랜드 택시 사업, 금호렌터카 인수, 올레 내비 서비스 제공 등을 통해 솔루션 기반의 서비스를 늘려가고 있다. 2013년 5월에는 전기자동차에 IT 솔루션을 접목한 '스마트 올레 전기택시' 기술을 선보이기도 했다. 또한, 통신3사 중에서 카쉐어링(Car Sharing) 분야에도 가장 적극적이다.

KT는 특히 황창규 회장의 취임과 더불어, 커머스, 오토모티브, 유틸리티, 시큐리티, 일렉트로닉스, 헬스 등 6대 분야를 중심으로 사물인터넷 기반의 융합 비즈니스를 만들어 나가겠다는 전략이다. 그동안 B2B 분야에 집중했던 것에서 벗어나, 일렉트로닉스와 헬스케어 등을 중심으로 B2C 쪽으로 시장을 확대해 나갈 계획이다.

지금까지 소개한 주요 기업들 외에도 여러 기업들이 사물인터넷과 관련된 제품이나 서비스를 출시하고 있다. 그러나, 지면 관계상 다른 기업들의 사물인터넷 관련 전략 및 움직임에 대해서는 소개하지 않기로 한다. 관심 있는 독자들은 필자의 블로그나 네이버 사물인터넷 카페(cafe.naver.com/iotioe)를 참고하기 바란다.

앞서 소개한 것처럼, 우리 정부는 사물인터넷을 창조경제 구현을 위한 핵심 수단으로 생각하고 정책적인 지원을 아끼지 않고 있다. 무엇보다도 사물인터넷 관련 산업만큼은 추격형(fast-follower)이 아닌 선도형(first mover)으로 키워 경제성장을 이루어 나갈 예정이다. 이를 바탕으로 2013년 현재 2조 3000억원 규모의 사물인터넷 관련 시장 규모를 6년 후인 2020년에는 지금보다 13배 커진 30조 규모의 시장으로 확대할 예정이다. 특히, 해외 수출을 중심으로 하는 중소·중견 기업들을 적극 육성할 계획이다.

해외 시장 동향 및 전망

국내에서는 2013년부터 본격적으로 사물인터넷의 개념과 관련 산업에 대한 논의가 집중적으로 이루어지기 시작한 반면, 해외의 경우는 우리보다 4-5년 먼저 관련 논의가 시

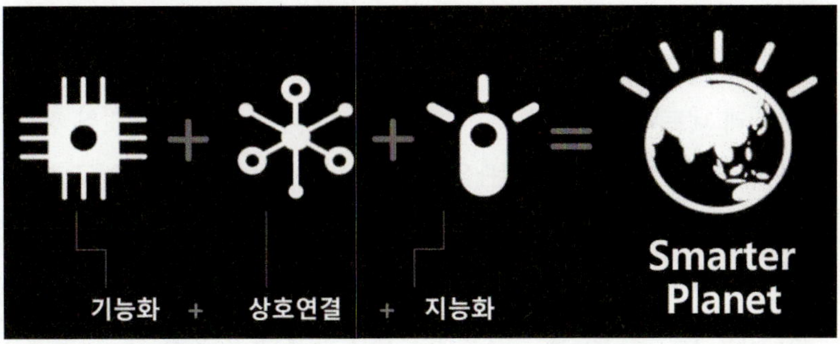

그림 25 IBM의 '스마터 플랫닛(Smarter Planet)' 개념

작되었다. 물론, 사물인터넷의 개념이 등장하고 사물지능통신(M2M) 기반의 사업이 본격적으로 활성화된 것은 그보다 훨씬 전의 이야기지만, 업계나 정부 차원에서 적극적인 대응에 나선 것은 금융위기 직후인 2008년으로 보는 시각이 많다.

생태계 차원에서 가장 먼저 사물인터넷과 관련된 논의를 시작한 기업은 IBM이었다. 그동안 '똑똑하게 생각할 것(Think Smart)'을 주문하던 IBM은 2008년 말 '더 똑똑한 세상(Smarter Planet)'에 대해서 고민을 하기 시작한다. 가정, 기업, 도시 등 우리가 살고 있는 모든 세상이 복잡한 시스템, 즉 시스템의 시스템으로 구성되어 있다고 규정하고, 세상이 더 똑똑해지기 위해서는 이러한 시스템과 프로세스가 보다 기능화, 지능화되어야 하고 상호 연결되어야 한다고 주장한다.

처음에 IBM은 사물인터넷이라는 용어를 사용하지 않았지만, [그림 25]에 보이는 것처럼 '스마터 플래닛'의 개념에는 사물인터넷의 모든 요소들을 포함하고 있다. 즉, 세상의 모든 사물에 전자식별이 가능한 태그와 센서가 부착되는 방식으로 세상은 기능화되고 있으며, 인터넷을 통해 이러한 사물과 사람과의 정보가 서로 연결되고 있다고 말한다. 또한, 첨단 IT 기술은 엄청난 양의 데이터를 의미 있는 지능으로 변환하여, 우리가 사는 세상을 더욱 똑똑한 곳으로 만든다는 것이다. 사물인터넷의 개념과 정확히 일치한다고 할 수 있다.

이러한 움직임이 IBM에서만 나타났던 것은 아니다. 스웨덴의 통신장비 제조사인 에릭슨(Ericsson)은 2011년부터 '네트워크 사회(Networked Society)'를 미래 비전으로 제시하고 발전시켜 나가고 있다. 네트워크 사회에서는 사람뿐만 아니라 사물이나 장소 등 모든 것이 연결되어 상호작용하면서 다양한 산업과 사회에 새로운 혜택과 가치를 제공하게 된다. 이 같은 사회에서는 정보통신기술(ICT)을 바탕으로 현재 발생하는 다양한 사회 문제를 해결해 우리 삶을 더욱 윤택하게 만들고 많은 비즈니스 기회가 창출될 것이라고 예측하고 있다.

이러한 비전을 구체화하기 위한 노력의 일례로 에릭슨은 2012년 여수에서 열린 세계 박람회에서 미래 네트워크 사회의 모습과 혜택을 보여주는데 초점을 맞춰 전시관을 구성하기도 했다. 또한, 2013년에는 국내의 주요 고객사들을 대상으로 ICT 기반의 지능화된 메가시티 모델과 더불어 다양한 제조기업들과 협력해 추진하고 있는 네트워크 사회 관련 시범사업을 소개하기도 했다.

대표적인 시범사업으로는, 볼보 자동차 그룹과 함께 진행 중인 커넥티드카 관련 협력 사업인 '커넥티드 비히클 클라우드(CVC, Connected Vehicle Cloud)', 대규모 해운 사업자인 머스크(Maersk Line)와 진행 중인 화물선적 분야의 '커넥티드 베셀(Connected Vessel)' 등이 있다. 특히, CVC 사업의 경우 사물인터넷 플랫폼을 기반으로 자동차 산업 생태계의 다양한 기업들이 이용할 수 있도록 함으로써 시장에 대한 영향력을 확대해 나가고 있다.

시스코의 경우 2012년에 '만물인터넷(Internet of Everything)'을 미래 비전으로 수집하고 전세계적으로 만물인터넷 캠페인을 적극적으로 벌이고 있다. 향후 10년간 만물인터넷으로 인해 공공 및 기업에서 창출할 수 있는 경제적 가치가 무려 19조 달러에 달할

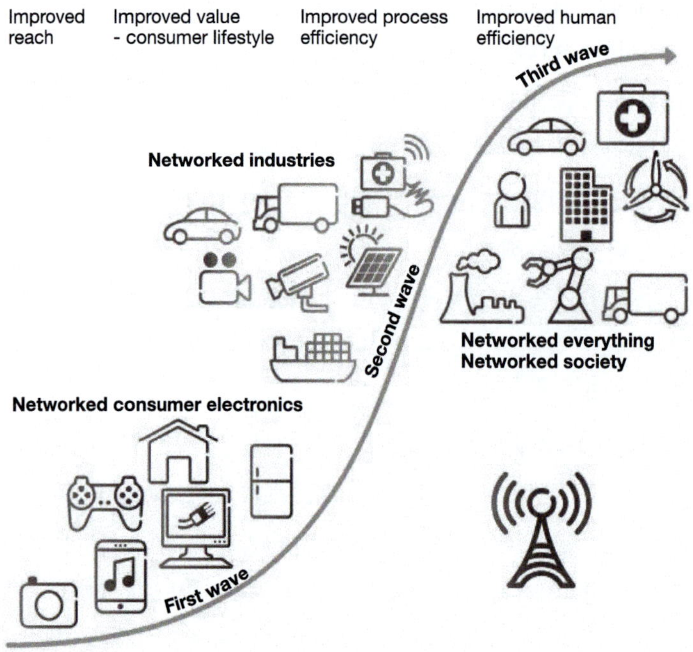

그림 26 에릭슨이 바라보는 사물인터넷 [35]

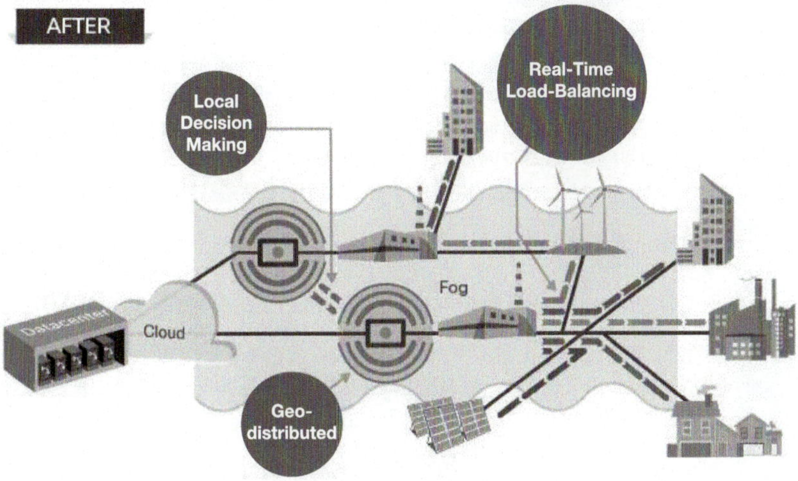

그림 27 시스코의 포그컴퓨팅(Fog Computing) 개념도

것이라는 전망을 하면서 만물인터넷 비전의 구체화를 위해 노력하고 있다.

2013년부터는 만물인터넷 환경에 초점을 맞춰, 데이터센터와 엔터프라이즈 아키텍처와 제품 전략을 재정비하기도 했으며, 사물인터넷 시장 생태계를 형성하기 위해 다양한 파트너들과 협력하여 시범사업을 진행 중에 있다. 스마트시티와 관련해서 러시아, 스페인, 독일 등을 포함하여 인천 송도에 구축 중에 있는 '스마트시티 글로벌 연구개발 센터(GCoE)'도 이러한 노력의 일환이다.

최근 들어 시스코는 사물인터넷 환경에서 폭증하는 데이터를 효과적으로 지원·처리하기 위해 네트워크 에지(Network Edge)를 분산 컴퓨팅 인프라로 전환하는 '포그 컴퓨팅(Fog Computing)' 비전을 제시하기도 했다. 포그 컴퓨팅은 [그림 27]에 보이는 것처럼 어플리케이션을 효과적으로 지원하기 위한 클라우드 컴퓨팅을 확장하는 개념으로, 에지 네트워크 분야의 사업 강화를 위한 전략의 일환으로 보인다.

앞에서 소개한 기업들 외에도 구글이나 애플, 오라클, GE, 퀄컴, 인텔, ARM 등 세계 유수의 기업들은 독자적인 방식으로 사물인터넷 시대를 위한 준비를 하고 있다. 사물인터넷과 관련된 해외 기업들의 움직임이나 사례들은 다양한 세미나나 신문의 보도 기사를 통해 지속적으로 소개되고 있고 각 기업의 사물인터넷 페이지에 소개되어 있으므로, 해당 자료들을 참고하길 바란다.

사물인터넷 산업의 활성화와 국가 경쟁력 강화를 위한 각국 정부의 지원 노력도 우리보다 5년 정도 빠른 2008년을 전후해서 나타나고 있다. 미국의 경우 2008년에 사물

표 7 해외 주요국가의 사물인터넷 관련 추진 정책 (출처: 사물인터넷 기본계획)

주요국가	사물인터넷 관련 정책
미국	• 2025년까지 국가 경쟁력에 영향을 미칠 수 있는 '6대 혁신적인 파괴적 기술' 중 하나로 사물인터넷을 선정하여 기술로드맵 수립('08년) • ReshoringInitiative(제조업 본국회귀)로 사물인터넷을 활용한 제조업 혁신 추진 중('10년)
유럽	• EU는 사물인터넷 액션플랜 수립('09) • 영국은 사물인터넷 연구개발에 4,500만 파운드 투입 발표('14.3) • 독일은 Industry 4.0을 통해 사물인터넷을 활용한 제조업 생산성 30% 향상 추진
중국	• 12차 5개년(2011~2015) 계획에 '사물망 12-5 발전계획'을 발표('11) • 감지(感知) 중국의 전략으로 사물인터넷과 클라우드 등을 타겟으로 한 사물인터넷 시범단지(우한시 등 193개) 등 추진
일본	• u-Japan 전략('04), i-Japan 2015 전략('09), Active Japan ICT 전략('12) 등을 통해 사물인터넷 산업정책 추진중

인터넷을 다양한 분야에서 미국의 국가경쟁력에 영향을 미칠 수 있는 6대 와해성 기술(Disruptive Civil Technologies) 중의 하나로 선정하여 지원하고 있다. 특히, '제조업 본국회귀(Reshoring Initiative)'의 일환으로 사물인터넷을 활용한 제조업 혁신에 나서고 있다. 시장조사기관인 IDC에 따르면, 미국 정부는 2017년까지 1.2조 달러의 비용을 사물인터넷 관련 분야에 지출할 것으로 전망하고 있다.

유럽연합(EU)는 2009년 7월에 14개의 사물인터넷에 관한 액션 플랜을 발표한 바 있다. 이 액션 플랜에는 사물인터넷 거버넌스와 연구개발, 민관 파트너십 및 국제 협력 방법 등이 포함되어 있다. 아울러, 사물인터넷의 위험요소와 개인정보보호를 위한 모니터링 등도 담겨 있다.

제조업 강국인 독일은 2013년부터 앙겔라 메르켈 총리 주도로 '인더스트리 4.0'이라는 정책을 추진하고 있다. 국내 제조업이 점차 하락하는 것과 미국, 일본 등 경쟁국들이 제조업을 강화하는 정책에 대응하기 위한 것으로, 사물인터넷 기반의 스마트그린공장 등을 통해 제조업의 생산성을 30%까지 향상시킬 것으로 전망하고 있다.

영국은 2011년부터 시스코와 함께 빅(BIG: British Innovation Gateway) 프로그램을 진행하며 사물인터넷 관련 벤처기업들을 적극 육성하고 있다. 영국의 데이비드 캐머런 총리는 2014년 5월에 정보통신기술(ICT) 분야에서 세계 톱이 되기 위한 일환으로 사물인터넷 R&D 분야에 4500만 파운드를 추가 투입하기로 했다고 발표하기도 했다.

중국은 2012년 12차 5개년 계획에 '사물망 발전계획'을 포함하였으며, 사물인터넷을 국가 5대 신흥 전략산업으로 선정한 바 있다. 2014년 2월에는 시진핑 주석이 "중국을 인터넷 대국에서 강국으로 발전시켜야 한다"면서 이를 위한 주요 키워드의 하나로 사물인터넷을 꼽기도 했다. 중국은 2020년까지 6000억 달러를 사물인터넷 부문에 지원하는 등 세계 시장 장악에 적극 나서고 있다.

일본은 센서네트워크 기반의 M2M 기술 및 서비스에 초점을 맞추고 있는 u-Japan 전략을 2004년 12월에 발표한 것을 시작으로 2009년 i-Japan 2015 전략, 그리고 2012년에는 Active Japan ICT 전략을 통해 꾸준히 사물인터넷 관련 정책을 계승 발전시켜가고 있다.

향후 시장 전망

글로벌 IT 시장 조사 기업인 가트너(Gartner)는 2013년말을 기준으로 인터넷에 연결된 사물의 수는 26억개로 현재 존재하는 전체 사물의 1% 미만에 불과하지만, 오는 2020년에는 10배가 늘어난 260억개가 될 것으로 예상한 바 있다 [29]. 이 수치는 PC, 스마트폰, 태블릿을 제외한 사물인터넷 디바이스만의 수치로, 이들까지 포함하면 330억개가 넘어설 것으로 예상된다.

한편, 세계 최대 네트워크 장비업체인 시스코는 인터넷에 연결된 기기가 2012년 87억개에서 2020년까지 500억개로 늘어날 것이라고 전망했다. 가트너의 전망치보다도 2배나 많은 숫자다. 특히, 2018년 모바일 사용자 수는 50억명에 달하고, 인터넷에 연결되는 모바일 기기의 수는 100억대를 넘을 것이라는 예상치를 내놓기도 했다.

에릭슨(Ericsson)도 시스코와 마찬가지로 2020년까지 500억개의 사물이 인터넷에 연결될 것으로 전망하고 있다 [35]. 시장조사기관인 IDC는 가장 많은 수의 디바이스가 인터넷에 연결될 것으로 전망하고 있는데, 2020년까지 무려 2000억개의 디바이스가 인터넷에 연결될 것으로 예상하기도 했다.

시장조사업체인 BI인텔리전스(BI Intelligence)는 사물인터넷 디바이스가 2013년 19억개에서 2018년 90억개로 늘어날 것으로 예상했다. 스마트폰이나 태블릿, PC 등을 모두 포함하는 경우 180억개 이상이 될 것으로 예상했다. 다른 조사기관의 결과에 비하면 다소 보수적인 편이다. 하지만, 사물인터넷 시장이 확대되면서 사물인터넷 시장은 2013년 PC, 2014년 스마트폰을 넘어서 2015년 이후 인터넷 연결기기 중 최대 규모로 성장할 것으로 전망한 것은 주목할 만하다 [36].

시스코의 인터넷 비즈니스 솔루션 그룹(Cisco IBSG)이 지난 2011년에 발표한 자료에

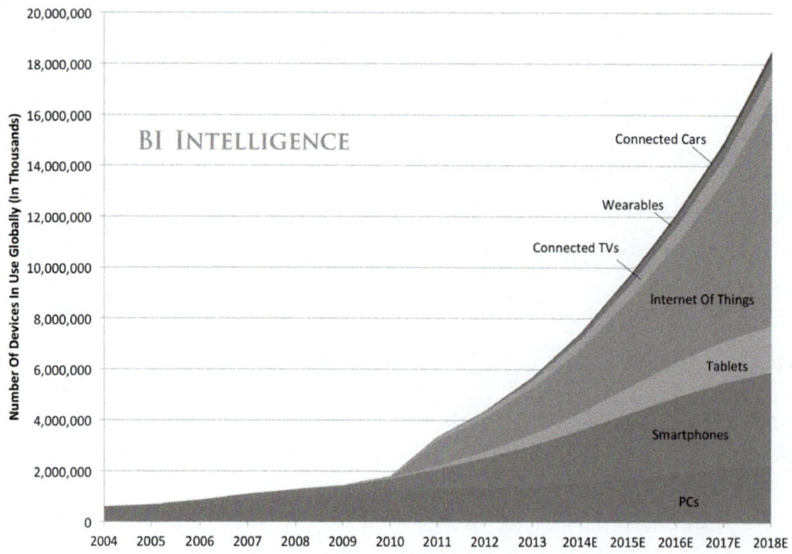

그림 28 전세계 인터넷 연결 기기 전망 (출처: BI Intelligence)

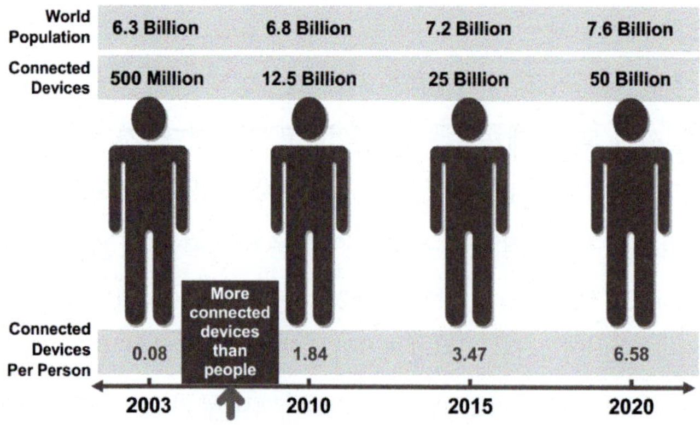

그림 29 1인당 연결되는 디바이스의 개수 [37]

따르면, 2020년 1인당 사용하는 디바이스의 평균 개수는 6.58대로 2010년의 1.84대에 비해 무려 3.6배나 증가할 거라고 한다 [37]. 필자의 경우만 해도 3명의 가족이 이미 20여 대의 인터넷에 연결되는 장치들을 사용하고 있으니, 틀린 전망만은 아닐 것같다.

시장 규모와 관련해서도 다양한 전망이 나오고 있다. IDC의 분석에 따르면, 2020년까지 전세계 사물인터넷 시장 규모는 7조 1000억 달러 규모로 커질 것으로 내다봤다. 2013년 시장 규모가 1조 9천억 달러였으니 7년 동안에 3.73배 성장하는 셈이다. 가트너의 경우 사물인터넷 서비스 분야로 한정하여 시장 규모가 3000억 달러에 달할 것으로 예측하기도 했다.

시스코는 사물인터넷이 2020년까지 전세계 기업 총이익을 21% 성장시킬 수 있는 잠재력을 가지고 있으며, 2022년까지 약 19조 달러의 경제효과를 가져올 것이라고 예상하고 있다. GE는 2025년 사물인터넷 관련 시장 규모가 82조 달러에 달할 것으로 예상하고 있는데, 이는 세계 경제 규모의 절반에 해당하는 수준이다 [38].

지금까지 살펴 본 것처럼, 세계 유수의 시장조사기관이나 통신 관련 전문기업들은 사물인터넷과 관련된 향후 시장에 대해 각자의 전망을 내놓고 있다. 시장 전망에 대한 기준이나 가정이 서로 다르기 때문에, 누가 옳고 누가 그르다고 할 수는 없다. 그러나, 분명한 것은 2020년에는 지금보다 적어도 10배 이상의 시장이 전개될 것이라는 것이다.

반면, 시장 규모에 대한 전망에는 이견이 많다. 이 책에 소개하지 않은 전망 중에는 2020년 시장규모가 1조 달러 혹은 1조 2000억 달러 수준으로 전망한 보고서들도 있다. 19조 달러에 비하면 거의 20분의 1 수준이다. 물론, 19조 이상의 시장이 형성될 수도 있으나, 대부분의 경우 사물인터넷과 조금이라도 관련이 있으면 전체 시장을 사물인터넷 시장으로 포함시키기 때문일 것이다. 예를 들어, 2020년 전세계 자동차 시장의 규모가 3조 달러이고, 그 중에서 자동차용 전자기술 시장 규모가 2,770억 달러, 지능형 자동차 시장 규모가 827억 달러라면 스마트카 시장 규모로 3조 달러를 인용하는 식이다.

이러한 모습은 가트너(Gartner)가 매년 발표하는 Hype Cycle에서도 발견된다. [그림 30]는 가트너가 2011년부터 2013년 사이에 발표한 자료를 바탕으로 필자의 2014년과 2015년 전망을 더한 그림이다. 필자의 전망은 틀릴 수 있겠지만, 중요한 것은 사물인터

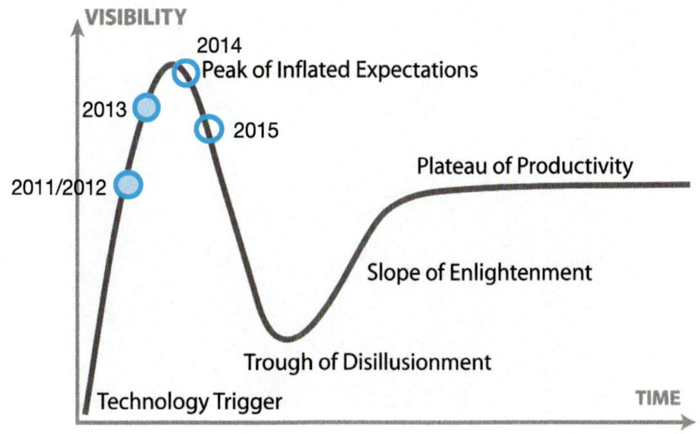

그림 30 Gartner의 Hype Cycle에서 사물인터넷의 위치 (2014/2015는 저자의 추정)

넷 시장에 대한 기대가 2013년과 2014년 사이에 정점을 찍고 조금씩 현실적으로 바뀔 거라는 것이다. 그동안의 추세를 감안하면, 사물인터넷 시장은 향후 2~3년간의 실망단계를 거치며 2017~2018년을 전후해서 본격적으로 확산될 것으로 예상된다.

향후 2~3년간 실망단계를 거칠 것으로 예상되는 징후들도 곳곳에서 발견된다. 첫째, 사물인터넷에 대한 일반 소비자의 인식이 매우 낮다는 것이다. ISACA(Information Systems Audit and Control Association)가 2013년 11월 발표한 자료에 따르면, 60%에 달하는 아시아 태평양 지역의 기업들은 사물인터넷에 투자를 하려 하지만 일반 소비자의 16%만이 '사물인터넷(IoT)'라는 용어를 알고 있을 정도로 소비자의 인식은 낮다 [39]. 즉, 아직까지는 사물인터넷에 대한 시장 저변이 형성되어 있지 않다고 말할 수 있다.

또 다른 이유는, Part 3에서도 논의되겠지만, 초기 사물인터넷 제품과 서비스들이 일반 소비자들을 실망시킬 것이기 때문이다. 실제로 현재 시장에 출시된 스마트 디바이스들 중에 스마트폰이나 태블릿을 제외하면 대부분이 기존의 센서 디바이스에 통신 기능을 추가한 것들이라서 지속적으로 이용자의 관심을 끌지 못하고 있다. 초기 스마트밴드 구매자들의 평균 이용기간이 1개월 수준이라는 것이 이를 반증하고 있다. 이는 초기 스마트 디바이스나 사물인터넷 서비스들이 기술수용주기(Technology Adoption Life Cycle) 모델에서 얼리어답터(Early Adoptor)에서 얼리머저리티(Early Majority)로 이어지지 못하고 있음을 의미한다. 제프리 무어(Geoffrey A. Moore)가 말하는 캐즘(Chasm)을 극복하지 못하고 있는 것이다 [40].

그렇다면, 사물인터넷 관련 산업이 이러한 캐즘을 극복하고 활성화되기 위해서는 어떻게 해야 할까? 실용주의자들인 얼리머저리티들을 현혹할만한 킬러 서비스와 킬러 디

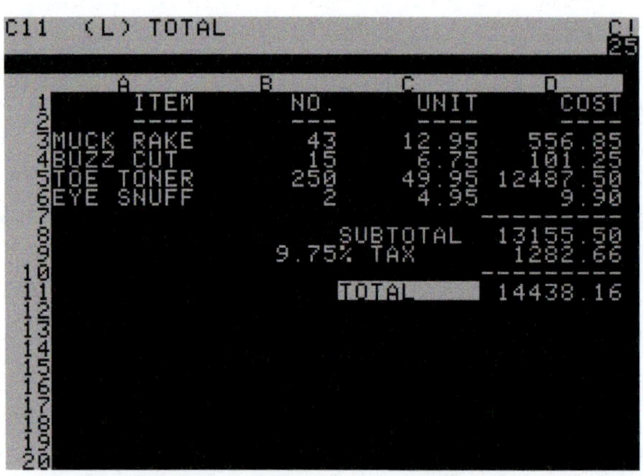

그림 31 초기 개인용 컴퓨터인 애플 II와 IBM PC에 사용된 스프레드시트인 '비지캘크(VisiCalc)' (출처: Wikipedia)

바이스가 나와야 할 것이다. 그것이 스마트 시계가 될지 스마트밴드가 될지는 모르겠다. 또한, 어떤 형태의 서비스가 될지도 모르겠다. 그러나, 필자는 이러한 서비스들이 2-3년 사이에 등장할 것으로 확신한다.

사실, 이러한 확신의 근거는 필자의 경험과 기억에 의존한다. 과거 개인용 컴퓨터(PC)도 그랬고 초고속 인터넷(ADSL/VDSL)도 그랬듯이, 어떤 산업의 융성은 이러한 제품이나 서비스를 확산시킬 킬러 서비스의 등장과 함께 한다. 개인용 컴퓨터의 경우 스프레드시트(spread-sheet)나 문서편집기(word processor)가 킬러 서비스였고, 초고속 인터넷의 경우 성인용 동영상과 '스타크래프트(Star Craft)'와 같은 네트워크 게임이 있었다.

사물인터넷 관련 산업도 예외는 아닐 것이라고 생각한다. 다만, 차이가 있다면 스프레드시트나 워드프로세스처럼 한두 가지 수요 요인에 의해 활성화가 되지는 않으리라 생각한다. 이러한 변화는 스마트폰의 확산 과정에서도 먼저 확인되고 있다. 어느 누구도 '카카오톡'이나 '유튜브(YouTube)'와 같은 특정 서비스만을 이용하기 위해 스마트폰을 구매하지는 않을 것이다. 필자처럼 이메일이나 일정관리, 클라우드 기반의 스토리지 서비스 때문에 구매하는 사람들도 있을테고, 웹서핑을 하거나 실시간으로 드라마나 스포츠 중계를 시청하기 위해서 구매하는 사람들도 있을 것이다. 즉, 사물인터넷 관련 산업도 스마트폰의 경우처럼 다양한 킬러 디바이스와 서비스가 동시 다발적으로 나타나면서 확산될 것으로 필자는 보고 있다.

정부의 정책적인 부분에 있어서 사물인터넷 산업 활성화를 위한 정책 마련, 불합리한 규제의 철폐, 사물인터넷 관련 기업의 지원 등은 산업 초기에 필수 불가결한 일들일 것이다. 그러나, 이러한 노력들은 대부분 사물인터넷 제품이나 서비스를 제공하는 공급자 중심의 정책이다. 공급자 지원 정책도 중요하지만, 사물인터넷 컨셉을 적극 활용하는 수요자에 대한 지원도 아끼지 말아야 한다고 생각한다. 수요가 공급을 견인하지 못한다면, 이는 밑빠진 독에 물붓는 격이 될 것이기 때문이다.

사물인터넷 기업에 대한 재정적 지원과 관련해서는 많은 기업을 지원하려고 하기 보다는 성공적인 기업의 수를 늘리기 위해 노력해야 할 것이다. 또한, 지원 기업 선정의 투명성을 확보하고 벤처캐피털 등의 투자를 적극 유도해야 할 것이다. 이를 위해서는 크라우드 펀딩 기반의 벤처캐피털 레버리지 방식을 생각해 볼 수도 있을 것이다. 즉, 일정 기준 이상으로 일반인 혹은 벤처캐피털리스트들의 지원을 받는 사업 아이템에 대해서는 정부가 그에 비례하는 추가 지원을 하는 방식이다.

또한, 사물인터넷 산업의 활성화를 위해서는 초기부터 표준화와 보안에 관해서도 관심을 기울여야 할 것이다. 다행스럽게도 사물인터넷 관련 표준화를 위해서는 [그림 32]

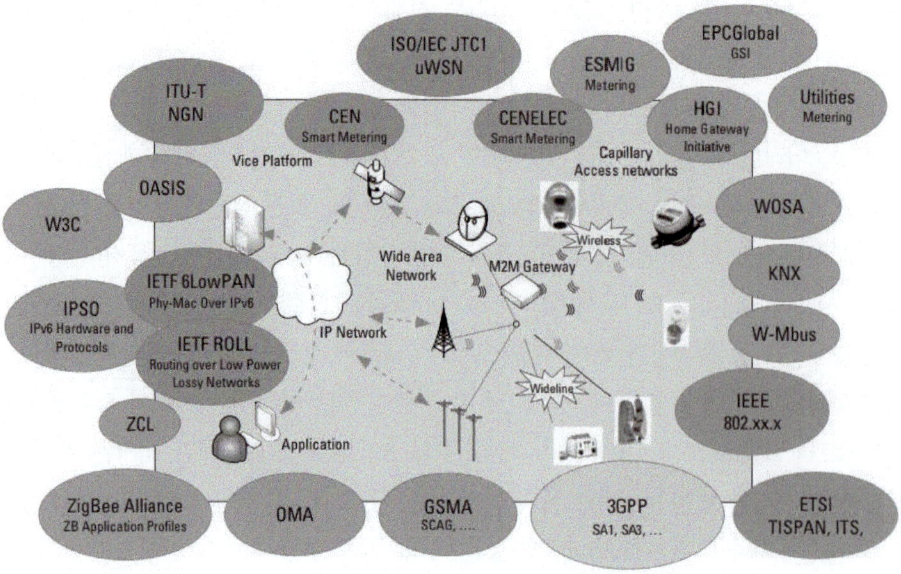

그림 32 M2M/IoT 관련 표준화 단체 [41][42]

에 보이는 것과 같이 학계와 산업계가 다양한 노력을 기울이고 있다. 특히, 유럽의 경우 일찍부터 EU 차원에서 사물인터넷 관련 시범사업과 함께 사물인터넷 표준화를 지원하고 있다.

산업계에서는 2013년 12월에 결성된 올신 얼라이언스(AllSeen Alliance)와 2014년 3월에 결성된 산업인터넷 컨소시엄(Industrial Internet Consortium), 그리고 2014년 7월에 결성된 오픈 인터커넥트 컨소시엄(Open Interconnect Consortium) 등을 중심으로 사물인터넷 표준화 주도권 경쟁을 벌이고 있다. 세 단체 모두 사물인터넷을 비롯한 모든 기기들 사이의 개방화된 연결 표준을 확립하는 것을 목표로 한다.

사물인터넷 디바이스들은 무선통신 기술 기반의 인터넷 연결을 기본으로 하기 때문에, 보안 이슈는 무엇보다도 중요하다. 그러나, 상당수의 사물인터넷 디바이스들은 이용할 수 있는 시스템 자원이 제한되어 있기 때문에 보안과 관련된 부분이 빠져 있거나 가벼운 형태로 구성된 운영체제를 이용하고 있다. 이러한 이유로 벌써부터 다양한 유형의 사물인터넷 보안 사고들이 보고되고 있다.

예를 들면, 스마트 가전제품이 75만여 건의 피싱 및 스팸메일을 발송한 사건은 대표적이다. 가정용 CCTV가 해킹되어 CCTV 영상이 실시간으로 인터넷에 유포되기도 했고, 신용카드 결제 시스템(POS)이 해킹되어 1억 1000만 명에 달하는 고객들의 신용카드 정보와 개인정보가 유출된 사고도 발생했었다. 또한, 2013년 4월의 미국 보스턴 마라톤 테러 사건도 스마트폰을 이용하여 압력솥 폭탄을 터뜨린 사례다.

지난 2013년 미국 라스베이거스에서 열린 '블랙햇(Black Hat USA) 2013'에서는 커넥티드카의 해킹 기법이 소개되기도 했으며, 아직 보고된 바는 없지만 DOS(Denial of Service)와 같은 보안사고는 언제든지 일어날 수 있을 것으로 보인다. 사물인터넷 디바이스와 관련된 데이터를 가로챔으로써 언제든지 개인의 프라이버시와 관련된 사고도 발생할 수 있을 것으로 우려되고 있다.

그러나, 사물인터넷 보안에 대한 학계나 관련 업계의 노력은 제한적이다. 기존의 인터넷 보안 기술을 확대 적용하거나, 클라우드 기반의 모바일 보안 기술이 새롭게 등장하는 정도다. 일부 기술적인 이슈도 있겠지만, 사물인터넷 산업의 초기 활성화를 가로막을 수도 있을 거라는 우려 때문일 수도 있다. 그런 면에서, '적들에 의한 사물인터넷 시스템의 교란이 에너지, 교통 등과 같은 국가적인 시스템에 미치는 위협'에 대해 경고한 2012년 미국 '국가정보평의회(NIC)'의 지적은 시사하는 바가 크다 할 수 있다 [43].

PART

02

사물인터넷의 구조 및 구현 기술

아침에 눈이 내리자 자동차가 스마트폰을 통해 “밖에 눈이 내리니 히터 시스템을 가동할까요?” 라고 묻는다. 엄마의 손을 꼭 잡은 아이가 어두운 골목길을 지나가자 진행경로 상의 가로등들이 알아서 켜진다. 마지막 사람이 퇴근을 하자 사무실의 전등들이 알아서 꺼진다. 토양의 수분이 줄어들자 비닐하우스가 알아서 스프링클러를 가동한다.

2013년 하반기에 방영되었던 SK텔레콤의 사물인터넷 관련 TV CF이다. 아마도 이 광고를 보고 신기하다거나 재밌다고 생각했던 독자들이 많았으리라 생각한다. 제한된 시간에 많은 이야기를 전달해야 하는 TV CF이다 보니 아주 짧은 시간 동안에 4개의 상황을 특징만 잘 꼬집어 아주 단순히 표현하고 있지만, 각각의 상황을 만들어내기 위해서는 수많은 기술과 노력들이 수반되어야 한다.

자동으로 점등되는 골목길의 가로등을 예로 들어 설명해 보자. CCTV에 내장된 원적외선 센서는 끊임없이 골목길을 센싱하고 있어야 하며, 원적외선 이미지로부터 사람이 지나가는지 동물이 지나가는지 그리고 이동 속도는 얼마나 되는지를 분석해 내야 한다. 이러한 기능들이 CCTV에서 직접 이루어질 수도 있지만, 인터넷 상의 가로등 자동제어 서비스 플랫폼에서 분석되어 가로등으로 전송될 수도 있다. 사람임이 확인되면, 이동 방향과 이동 속도를 고려해서 앞쪽의 가로등은 순차적으로 켜고, 뒤쪽의 가로등은 순차적으로 꺼주어야만 한다. 이를 위해 CCTV는 이동통신망을 통해 서비스 플랫폼과 통신을 해야 하고 가로등들은 근거리 무선통시기술을 이용해 서로 연결되어야만

그림 33 사물인터넷 사회를 묘사한 TV CF 화면

한다. 서비스 플랫폼은 계절과 날씨 정보와 함께 요일별, 시간대별 유동인구수를 바탕으로 지속적으로 가로등을 켜놓을 지역을 결정할 수도 있을 것이다. 물론, 이 이외에도 이러한 시스템을 운영하기 위한 소형 시스템 운영 체제(OS) 및 효율적인 통신 프로토콜도 필요할 것이고, 내열 및 내습성이 강한 부품도 함께 개발되어야 할 것이다.

한 명의 주연 배우가 멋진 연기를 하기 위해 그 뒤에는 수많은 스탭이 존재해야 하는 것처럼, 사물인터넷 역시 하나의 멋있는 시나리오를 구현하기 위해서는 그 뒤에 수많은 첨단 기술들이 뒷받침 되어야만 가능해 진다. Part 2는 겉으로 드러나지 않지만 사물인터넷을 구체화하기 위해서는 반드시 필요한 사물인터넷 구현기술들(Enabling Technologies)에 대해 살펴보도록 할 것이다.

Part 2는 크게 4개의 부분으로 구성되어 있다. 사물인터넷의 구조와 기능 모델, 사물인터넷을 위한 센서와 스마트 디바이스, 사물인터넷을 위한 무선통신기술, 그리고 클라우드와 서비스 플랫폼이 그것이다.

Part 2에서 우리는 가장 먼저 사물인터넷의 구조를 살펴볼 것이다. 데이터가 생성되어 서비스로 제공되는 일련의 과정을 바탕으로, 사물인터넷의 구조를 데이터 생성 영역, 연결 영역, 데이터 처리 영역, 그리고 서비스 제공 영역으로 나누어 설명할 것이다. 또한, IoT-A 프로젝트의 사물인터넷 구조에 대한 기준 모델을 바탕으로 기능적인 관점에서도 사물인터넷의 구조를 이해하는 시간을 가질 것이다.

다음으로는 사물인터넷의 주요 요소인 센서와 스마트 디바이스에 대해 살펴볼 것이다. 센서의 경우 스마트폰에 이용되는 가장 보편적인 센서에서부터 소형 센서를 만드는데 이용되는 MEMS 기술까지 살펴볼 것이다. 또한, 다른 사물인터넷 관련 서적에서는 통신 기술로 분류하는 RFID나 NFC 기술들도 센서의 관점에서 소개할 것이며, 요즘 화두가 되고 있는 비콘 혹은 아이비콘에 대해서도 함께 소개할 것이다. 그리고, 모바일 라우터처럼 사물인터넷에서 거의 언급되지 않는 무선 연결 솔루션들과 사물인터넷 운영체제(IoT OS)에 대해서도 함께 살펴볼 것이다.

세번째 부분은 사물인터넷을 위한 무선통신기술과 프로토콜로 구성된다. 이동통신이나 인터넷 기술에 대한 이야기도 다루겠지만, 주로 WPAN(Wireless Personal Area Network)이라 일컫는 근거리 무선통신기술들과 디바이스들 사이의 직접적인 무선 연결을 제공하는 다이렉트 통신기술에 대해 살펴볼 것이다. WPAN 기술과 관련해서는 와이파이(Wi-Fi), 블루투스 LE(Bluetooth Low Energy), 지그비(ZigBee), 지웨이브(Z-Wave)에 대해 설명할 것이며, 다이렉트 통신기술로는 와이파이 다이렉트(Wi-Fi Direct)와 LTE

Direct에 대해 소개할 것이다. 또한, 통신 프로토콜로는 IPv6와 6LoWPAN에 대해 사물인터넷 관점에서 소개할 것이며, 사물인터넷을 위한 연결 프로토콜도 함께 소개할 것이다.

마지막으로는 사물인터넷 서비스 제공을 위한 클라우드와 서비스 플랫폼에 대해 살펴볼 것이다. 먼저, 클라우드 서비스의 개념 및 기술적 구성요소, 그리고 주요 클라우드 서비스에 대해 소개한 후, 클라우드 서비스의 기반이 되는 빅데이터와 서비스 플랫폼에 대해 살펴볼 것이다. 또한, 하둡(Hadoop)과 오픈소스 하드웨어플랫폼(OSHP)에 대해 소개하면서 두번째 Part를 마무리하고자 한다.

사물인터넷의 구조

사물인터넷의 구조를 이해하기 위해서는 센서가 측정한 데이터가 다양한 과정을 거쳐 최종적으로 하나의 서비스가 되어 고객에게 전달되는 과정을 이해하면 된다. 데이터가 서비스로 진화해 나가는 과정은 데이터를 생성하고 전달하고 수집한 후 가치를 만들어 내는 일련의 방법 및 기술들이 포함되어 있기 때문이다.

기능적인 측면에서 봤을 때, 사물인터넷과 관련된 기능은 크게 4가지로 설명된다. 데이터의 생성(Data Creation), 데이터의 전달을 위한 연결(Connection), 데이터의 수집, 저장, 가공을 포함하는 데이터의 처리(Processing), 그리고 이렇게 만들어진 사물인터넷 서비스의 제공(Presentation)이 바로 그것이다.

데이터의 생성 영역은 하드웨어와 관련된 영역으로 다양한 센서나 디바이스들이 환경 정보들을 측정하거나 물리적인 변화를 인지하여 서버로 전송하게 된다. 서버로 전송되는 데이터는 대부분 디지털화된 값으로, 센서 혹은 디바이스에서 디지털화된 값으로 변환된다. 과거에는 센서가 단독으로 존재하는 경우가 대부분이어서 통신 기능이 있는 장치를 함께 이용하기도 했으나, 최근에는 센서와 통신 기능이 모두 포함된 디바이스 형태를 취하는 것이 일반적이다. 유비쿼터스 센서네트워크의 관점에서는 다른 센서 노드로부터 전달받은 데이터도 데이터의 생성 관점에서 이해할 수 있다.

연결 영역은 센서나 디바이스가 생성한 데이터를 인터넷 상의 서버에 전달하는 부분이다. 이더넷이나 3G/LTE와 같은 이동통신 기술을 이용해서 디바이스가 직접 인터넷에 연결될 수도 있으나, 스마트폰이나 모바일 라우터와 같은 중개장치를 통해서 인터넷에 연결되기도 한다. 유비쿼터스 센서네트워크 관점에서는 센서 노드들이 다른 여러 개의 노드들을 경유하여 인터넷에 연결되기도 한다. 뒤에서 다루겠지만, 인터넷과 직

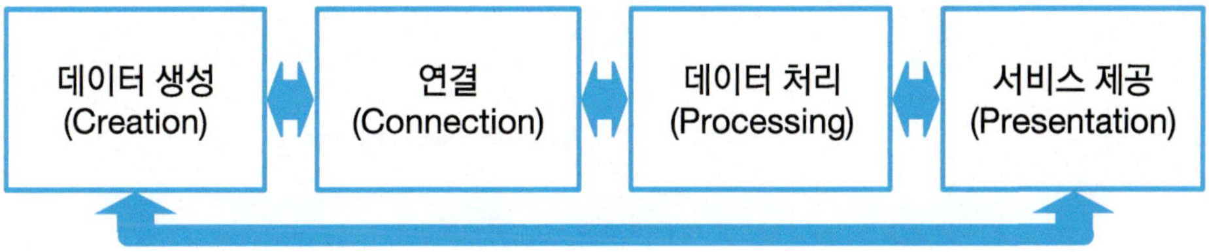

그림 34 사물인터넷의 구조

접 연결되어 다른 센서나 디바이스들이 생성한 데이터를 전달해 주는 장치들을 사물인터넷 게이트웨이(IoT GW)라고 한다. 센서나 디바이스가 사물인터넷 게이트웨이 역할을 하는 장치를 통해 인터넷에 연결되는 경우, 이들 사이에는 와이파이, 블루투스, 지그비 등과 같은 근거리 무선통신기술(WPAN, Wireless Personal Area Network)이 주로 이용된다.

데이터 처리 영역은 다양한 통신 기술 및 인터넷을 통해 전송된 센서 및 디바이스 데이터를 수집하고, 저장하고, 분석하고, 가공하는 역할을 하며, 서비스를 제공하기 위한 다양한 결정(decision)을 하기도 한다. 전송된 데이터들 중에서 의미 있는 데이터만을 걸러내는 데이터 필터링 기술, 서로 다른 포맷으로 전송된 데이터를 효율적으로 저장하고 가져다 쓰기 위한 데이터 저장 기술, 그리고 데이터로부터 지식(knowledge)을 추출하기 위한 데이터 과학(Data Science) 기술 등이 필요하다. 또한, 응용 서비스 제공을 위한 다양한 표준 인터페이스(API, Application Protocol Interface)를 제공한다.

마지막으로, 서비스 제공 영역은 분석되고 가공된 데이터를 사람 혹은 다른 사물이 이해할 수 있는 방식으로 나타내주는 역할을 한다. 사람을 대상으로 하는 경우 스마트폰이나 컴퓨터에서 사용되는 어플리케이션이나 웹의 형태가 될 수도 있고, 키오스크나 디지털 사이니지와 같은 전용 디스플레이 장치를 통해 전달될 수도 있다. 사물을 대상으로 하는 경우는 센서나 디바이스 혹은 액추에이터(actuator)에 직간접적으로 피드백을 제공하기도 하는데, 이 과정이 사람들에게는 보이지 않기 때문에 서비스 제공 영역을 따로 분리하지 않는 경우도 있다.

사물인터넷의 정의가 그러했던 것처럼, 사물인터넷의 구조도 사물인터넷을 보는 시각에 따라서 다소 차이를 보인다. 그러나, 통상적으로 적게는 3개, 많게는 5개의 영역

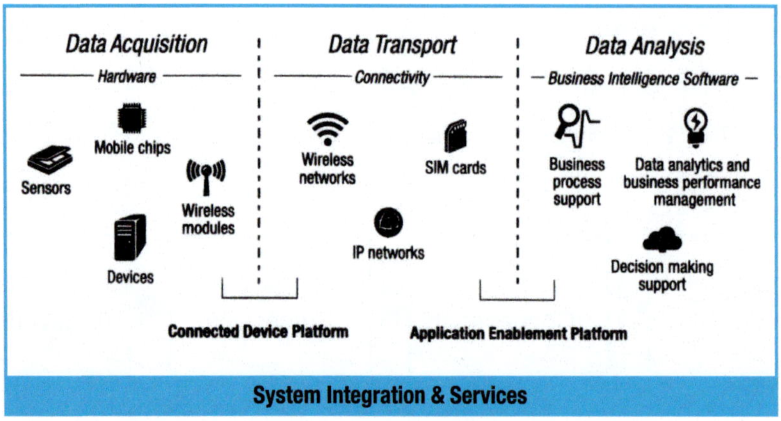

그림 35 M2M 기술 생태계 [30]

으로 구성된다고 보고 있다.

예를 들면, 참고문헌 [30]에서 저자들은 [그림 35]에 보이는 것처럼 M2M 기술 생태계를 데이터 생성(data acquisition), 데이터 전달(data transport), 그리고 데이터 분석(data analysis)의 세 영역으로 나눴다. 이 경우는 저자들이 굳이 'M2M'이라는 용어를 쓰고 있고, 앞에서도 언급한 것처럼 사물에 대한 서비스 제공 영역은 따로 분리하여 생각하지 않는다는 관점에서 필자가 바라보는 사물인터넷의 구성과 일맥상통한다고 할 수 있다.

IBM은 [그림 36]에 보이는 것처럼 5단계로 구성된 사물인터넷 생태계를 생각하고 있다. 사물인터넷과 관련해서 IBM은 데이터 처리 영역에 해당하는 클라우드 영역을 중시하고 있음을 한눈에 알아볼 수 있다. 즉, 다양한 사물인터넷 서비스를 위한 서비스 기반을 제공하겠다는 전략이 읽힌다. 특이한 점은 사물인터넷 게이트웨이 영역을 디바이스(데이터 생성)와 네트워크(연결) 영역 사이에 추가한 점이라는 것이다.

[그림 37]과 [그림 38]은 각각 오라클과 시스코가 바라보는 사물인터넷 혹은 만물인터넷의 구조를 도식화한 것이다. 오라클의 경우 Solutions & Applications 부분을 제외하면 IBM과 동일한 방식으로 사물인터넷을 이해하고 있음을 알 수 있다. 사실 [그림

그림 36 IBM이 생각하는 사물인터넷 생태계

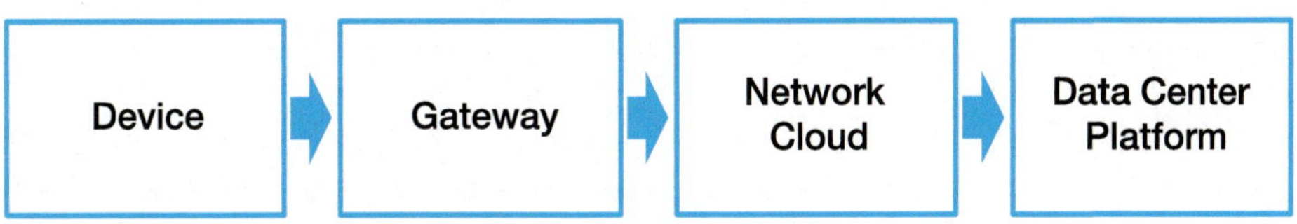

그림 37 오라클(Oracle)이 바라보는 사물인터넷의 구조

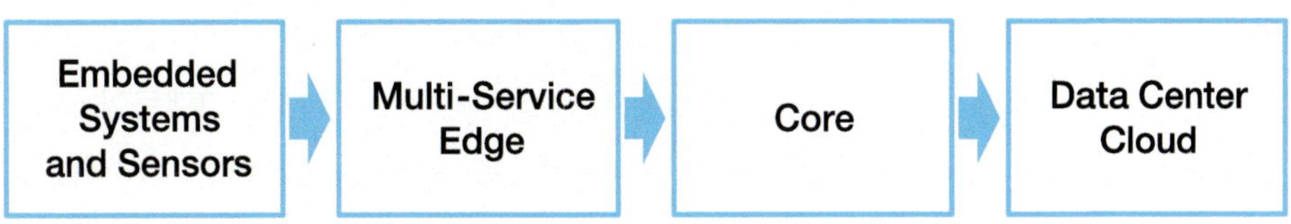

그림 38 시스코(Cisco Systems)가 바라보는 사물인터넷 구조

36]에서 Solutions & Architecture 영역은 형식적으로 표시되고 있고, [그림 37]의 Data Center Platform 부분은 두 개의 영역으로 세분화되어 있다는 점을 생각하면, 두 회사는 사물인터넷에 대한 구조를 매우 유사하게 이해하고 있음을 알 수 있다.

반면, 네트워크 장비 제조사겸 시스템 통합 사업자인 시스코 시스템즈의 경우 [그림 34]에서 보이는 서비스 제공 영역을 데이터 처리 영역과 묶어서 Data Center Cloud 영역으로 나타내고 있다. 네트워크를 통해 데이터를 전달한 이후 부분에 대해서는 그다지 큰 관심이 없음을 은연 중 드러내고 있다. 반면, 연결 영역에 해당하는 네트워크 부분은 Multi-Service Edge와 Core로 구분하여 네트워크 장비 및 솔루션 통합 분야에서 새로운 사업 기회를 도모하고 있음을 알 수 있다.

특히, 시스코는 [그림 27]에 보이는 것처럼 '**포그 컴퓨팅**(*Fog Computing*)'이라는 개념과 함께 네트워트 엣지단의 중요성을 강조하고 있다. 데이터, 컴퓨팅, 스토리지 및 어플리케이션 서비스를 엔드유저에게 제공한다는 개념에 있어서 포그 컴퓨팅은 클라우드 컴퓨팅의 개념과 동일하지만, 서비스가 제공되는 위치가 다르다. 즉, 인터넷 클라우드보다 엔드유저와 더 가까운 곳인 네트워크 엣지나 심지어 셋톱박스나 액세스 포인트 등 사용자 디바이스가 직접 사용되는 곳에서 호스팅이 된다는 것이 클라우드 컴퓨팅과는 큰 차이이다. 결과적으로, 포그 컴퓨팅을 도입하게 되면 서비스 지연을 줄이고 서비스 품질을 개선하여 최상의 사용자 경험을 누릴 수 있게 된다는 것이 시스코의 주장이다.

물론, 이 외에도 사물인터넷의 구조를 더 세부적으로 규정하기도 한다. 예를 들어, 프로스트앤설리반(Frost & Sullivan)은 [그림 34]의 데이터 생성 영역을 칩셋, 모듈, 디바이스 영역으로 세분화하기도 한다. 그러나, 이는 기능적인 구분이라기 보다는 밸류체인(value chain) 관점에서 사물인터넷을 이해하는 경우에 해당한다. 이러한 시도는 사물인터넷과 관련된 기업들이 시장전략 혹은 경쟁전략을 수립하는데 유용할 수 있을 것이다.

이러한 사물인터넷 구조는 대부분이 전통적인 ICT 서비스의 구조인 CPND 혹은 SPND의 그것과 크게 다를 바가 없다. 즉, Device, Network, Platform, 그리고 Contents/Service의 구조와 동일하다. 이는 사물인터넷에 있어서도 사람들은 여전히 센서나 디바이스가 생성한 컨텐츠나 서비스를 이용하는 주체라는 전통적인 시각과도 일치한다.

그러나, 필자는 Part 2에서 사물인터넷에 대한 개념을 정의할 때도 그랬듯이, 사물인터넷에서 사람은 디바이스와 같은 계위에 위치할 수도 있다고 생각한다. 따라서, [그림 34]에서는 서비스 제공 영역과 데이터 생성 영역이 상호 작용을 하는 것으로 표현하고 있다. 이는 사물인터넷 서비스가 지속적으로 서비스가 제공되면서 진화해 나감을 의미하기도 한다.

데이터 생성 영역

디바이스(Device) 영역이라고도 불리는 데이터 생성(Data Creation) 영역은 사물인터넷 서비스의 기반이 되는 미가공 데이터(raw data)를 생성해서 인터넷 상의 서버로 송수신하는 것을 기본 기능으로 한다.

데이터 생성 영역의 주된 기능을 요약하면 다음과 같다.

1. 주위 환경이나 물리적인 변화를 측정하여 데이터를 생성하는 기능
2. 센싱을 통해 만들어진 데이터 혹은 이용자들의 다양한 활동에 의해 만들어진 데이터를 수집하고 전달하는 기능
3. 자신 혹은 자신과 연결된 다른 디바이스를 제어하는 기능
4. 데이터나 정보를 텍스트, 소리, 이미지 등의 방법으로 표시하는 기능
5. 데이터나 제어정보를 송수신하기 위한 네트워크 기능

데이터 생성 영역을 구성하는 요소들에는 단독으로 존재하는 센서, 센서를 포함하고 있는 디바이스, 그리고 센서 및 디바이스에서 생성된 데이터를 모아서 인터넷으로 전송하는 사물인터넷 게이트웨이, 서버의 제어 정보에 따라 동작하는 액추에이터(actuator)와 디스플레이와 같은 정보표시장치(display)로 구성된다. 엄밀한 의미에서 액추에이터와 정보표시장치는 데이터 생성 영역보다는 서비스 제공(Presentation) 영역에 포함되는 것이 더 적합하다. 그러나, 엑추에이터나 정보표시장치들이 일반적으로 센서와 함께 동일한 장치에 위치하는 경우가 많기 때문에, 이곳에서 함께 다루기로 한다.

센서는 측정 대상물로부터 환경적인 값 혹은 물리적인 값을 감지해 전기적인 신호로 변환해 주는 장치다. 센서는 센서 소자 혹은 센서 모듈 형태로 단독으로 존재할 수도 있고, 보다 강력한 컴퓨팅 파워 및 통신 기능을 가지고 있는 디바이스에 임베디드된 형태로 존재할 수도 있다.

이러한 센서들은 온도, 습도, 열, 가스, 조도, 초음파를 측정하는 센서에서부터 소리, 맥박, 산소포화도, 혈당, 홍채, 지문 등과 같은 생체 정보를 측정하는 센서, 그리고 원격 감지, 레이더, 위치, 모션, 영상 등 유형 사물과 주위 환경으로부터 정보를 얻을 수 있는 물리적 센서들을 모두 포함한다. 필자는 여기에서 더 나아가 사전에 저장된 값을

제공하는 RFID나 NFC 태그, 그리고 비콘(Beacon) 등도 기능적인 관점에서 센서류에 포함시킨다. 센서들은 기본적으로 하나의 물리적인 값만을 측정하지만, 다른 센서와 결합하여 이용하게 되면 한층 더 지능적이고 고차원적인 정보를 추출할 수도 있다.

지금까지는 물리적인 센서 위주로 설명을 했지만, 물리적 센서들을 IT 관점에서 가상화시킨 가상 센서(Virtual Sensor)도 존재한다. 가상 센서는 이미 센싱한 데이터로부터 특정 정보를 추출해서 이용하거나, 2개 이상의 센서 데이터를 결합하여 만들어진 개념적인 센서다. 가상 센서에서 데이터는 하드웨어 센서에 의해 생성된 데이터를 소프트웨어 기술을 통해 가공해서 만들어지기 때문에, 소프트웨어 센서(Software Sensor)라고도 한다. 예를 들면, 온도센서와 습도 센서의 데이터를 결합하여 불쾌지수 센서를 만들 수도 있는 것이다. 가상 센서는 센서들이 측정한 데이터를 이용하여 만들어지는 것이기 때문에, 데이터 생성 영역 혹은 데이터 처리 영역에 존재하게 된다.

다음으로 엑추에이터에 대해 알아보자. 엑추에이터는 어떤 장치나 시스템을 움직이거나 제어하는데 사용하는 기계장치를 총칭한다. 따라서, 전기, 유압, 압축 공기 등을 이용하는 원동 구동장치는 물론 소형 장치에 사용되는 계전기(relay)나 서보모터, MEMS 등도 이에 포함된다. 엑추에이터는 센서와 같은 디바이스 혹은 시스템에 함께 존재하기 때문에, 센서에서 측정한 데이터 값에 따라 즉각적으로 반응을 하기도 한다. 그러나, 일반적으로는 수집된 센서 데이터를 서버에서 분석한 후 그 결과에 따라 반응을 하게 된다. 물론, 센서 데이터와 무관하게 사용자의 제어 명령에 따라 동작하기도 한다.

정보표시장치는 LED 램프에서부터 LCD 모니터와 같은 다양한 형태의 디스플레이 장치를 의미한다. 물리적인 움직임을 제외하면 정보표시장치도 엑추에이터와 동일한 기능을 한다. 즉, 센서와 같은 디바이스나 시스템에서 측정된 센서 데이터를 실시간으로 표시하기도 하고, 서버에서 분석된 결과를 표시하기도 한다. 혹은, 사용자가 요청한 정보를 표시하기도 한다.

데이터 생성 영역에서 고민해야 할 이슈 중의 하나는 센서나 디바이스가 생성한 데이터를 얼마나 자주 전송하느냐와 관련된 것이다. 예를 들어, 어떤 센서는 매 순간 몇 바이트의 데이터를 생성하는데, 셀룰러 네트워크를 통해서 한달간 전송을 하게 되는 경우 매우 많은 비용이 나올 수 있다. 이런 경우는 데이터에 큰 변화가 없는 경우 전송을 하지 않는 방식으로 전송되는 데이터의 양을 최대한 줄일 수 있도록 해야 한다. 즉, 데이터 필터링의 기능을 데이터 처리 영역이 아닌 데이터 생성 영역에서 수행하게 된다.

와이파이나 지그비처럼 저렴한 비용으로 통신을 할 수 있는 로컬 망에서도 무조건적인 데이터 전송은 바람직하지 않다. 다량의 데이터 전송은 그만큼 많은 데이터 저장 공간과 처리 비용을 필요로 하기 때문이다. 또한, 빈번한 데이터 전송은 로컬 무선 네트워크에서 간섭 이슈를 일으켜, 반드시 전달되어야 할 데이터가 제대로 전달되지 않게 할 수도 있다.

데이터의 전송 빈도는 배터리 수명과도 직접적으로 연관된다. 일반적으로 센서 디바이스는 배터리 교체 없이 적어도 6개월에서 많게는 수 년동안 동작을 해야 한다. 특히, 배터리 교환이나 충전이 용이하지 않는 환경 감시 혹은 시설 감시에 사용되는 경우는 더욱 그렇다. 그러나, 빈번한 데이터 전송은 그만큼 많은 전력을 소모하며, 센서의 배터리 교체 주기를 단축시키게 된다.

이러한 문제를 해결하기 위해, 측정된 데이터들을 일정 기간동안 모았다가 한꺼번에 전송하는 방식을 쓰기도 한다. 이 경우 데이터의 전송 효율을 높일 수 있으며, 그만큼 데이터 전송 비용이나 배터리 소모를 줄일 수 있다. 그러나, 이 방법은 실시간 특성을 요하는 분야에는 적용하기 어려울 수도 있다.

국내의 경우 센서 관련 산업은 매우 취약하다. 스마트폰에 들어가는 광학센서를 제외한 대부분의 센서들이 외국 기업들에 의존하고 있다. 예를 들면, 삼성전자의 스마트폰인 '갤럭시S5'의 지문센서는 미국 시냅틱스사의 제품을 이용하고 있으며, 심박센서가 달린 이어폰인 '아이리버온(iriverOn)'에 사용된 심박센서도 미국 발렌셀(Valencell)사의 '퍼폼텍(PerformTek)'이라는 센서 기술이 사용된 것이다.

물론, 광학 분야 외에 국내 센서 산업이 전무한 것은 아니다. 홍채인식 센서 기술을 보유한 삼본정밀전자는 2010년부터 홍채인식 전문 기업인 미국 아이리테크와 기술제휴를 맺고 홍채인식센서를 개발하고 있으며, 크루셜텍이나 파트론이 지문센서 및 센서 모듈을 개발하고 있다.

이처럼 국내 센서 산업이 활성화되지 못한 이유는 센서의 가격 경쟁력 때문이다. 센서의 경우 아주 낮은 단가가 중요하다. 그러나, 국내 시장이 매우 작기 때문에 규모의 경제를 통한 낮은 가격의 센서를 개발하는 것이 쉽지 않은 상황이다. 게다가, 대부분의 센서 제조사들이 중소기업이라서 해외 시장을 개척하는 것도 쉽지만은 않은 상황이다.

따라서, 국내 기업들은 자체적으로 센서 소자를 개발하기보다는 외산 센서를 도입해 센서에 통신 기능을 결합하거나 표준인터페이스와 결합한 센서 모듈을 만드는 것이 시장 경쟁력을 확보하는 방법이라 생각된다. 그렇지 않다면, 적극적으로 해외시장을 개척해야 할 것이다.

연결(Connection) 영역

네트워크는 각 디바이스에서 생성되는 데이터를 인터넷 상의 플랫폼으로 모아주는 통로다. 사물인터넷에서 네트워크는 여러 디바이스들과 사물인터넷 게이트웨이를 연결하는 디바이스 네트워크(Device Network)와 디바이스 혹은 게이트웨이와 서버를 연결하는 백본 네트워크(Backbone Network)로 구성된다. 디바이스 네트워크에서는 주로 근거리 통신 기술을 이용하여 이웃하는 디바이스들끼리 혹은 디바이스와 게이트웨이 사이에서 센싱된 데이터의 교환이 이루어지며, 백본 네트워크에서는 인터넷이나 모바일 통신 기술을 통해 디바이스/게이트웨이와 서버 사이에 데이터 교환이 이루어진다.

디바이스 네트워크는 주로 특정한 지역에서 디바이스와 디바이스 혹은 디바이스와 사물인터넷 게이트웨이(IoT GW) 사이를 연결해 주는 기능을 한다. 사물인터넷용 디바이스들의 경우 대부분 제한된 양의 배터리를 사용하고 있기 때문에, 대용량의 데이터를 고속으로 멀리 전달하는 것이 불가능하기 때문이다. 실제로 디바이스 네트워크를

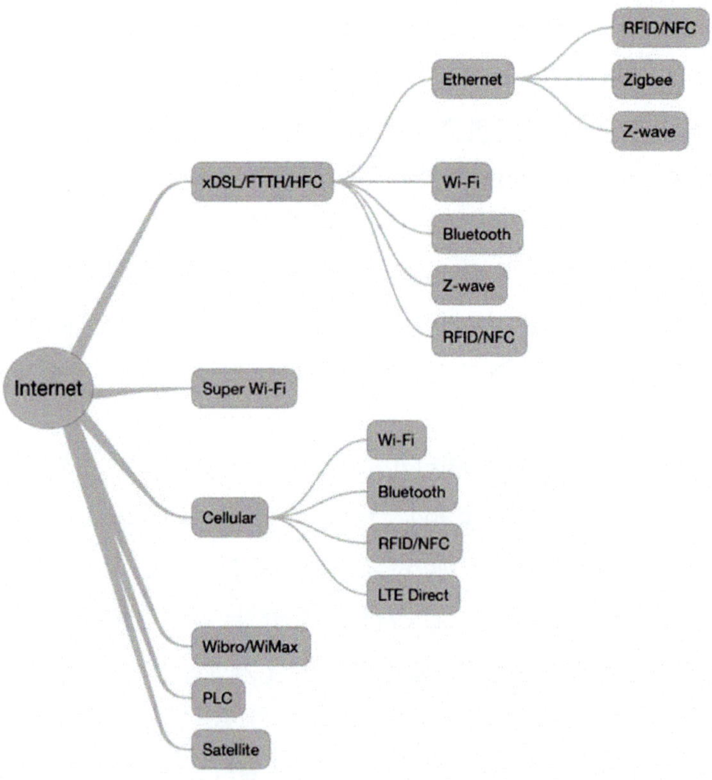

그림 39 인터넷 접속을 위한 다양한 백본 및 디바이스 네트워크 기술

구성하는 디바이스들은 센서를 통해 생성한 수~수십 바이트 수준의 데이터를 몇 십 미터 범위에서 전송한다.

물론, 경우에 따라서는 태양전지와 같은 자체 전원을 이용해서 수백 미터에서 수 킬로미터에 이르는 범위에서 데이터를 전송하기도 하지만, 섬이나 산간 오지에 설치된 기기와의 통신 등 특수한 경우에 한정된다.

디바이스 네트워크에 사용되는 통신 기술에는 Wi-Fi, ZigBee, Z-Wave, Bluetooth, 적외선 통신, PLC와 같은 기술들이 있다. 이러한 통신 기술들은 주로 사람의 행동 반경을 커버한다는 관점에서 PAN(Personal Area Network) 기술이라 불리며, PLC를 제외하고는 대부분 무선 통신 기술이라서 WPAN(Wireless PAN) 기술이라 불리기도 한다.

디바이스 네트워크가 특정 지역을 중심으로 하는 로컬 네트워크의 성격이라면, 백본 네트워크는 디바이스/게이트웨이와 서버 사이의 장거리 통신을 위해 사용된다. 백본 네트워크에 사용되는 기술에는 Frame Relay, X.25, ATM 등과 같은 패킷교환망 기술 및 HDLC(High-level Data Link Control)나 PPP와 같은 회선교환망 혹은 전용선 기술 등이 있다. 이 외에도 모바일 통신 기술(2G/3G/WiMax/LTE), 위성통신기술, Microwave 등과 같은 무선 WAN 기술들이 있다. WAN 기술과 관련해서는 이 책의 범위를 넘어서므로 따로 다루지는 않을 예정이다. 그러나, 최근에 구축 움직임이 있는 사물인터넷 전용 통신망에 대해서는 간략히 소개하고 넘어갈 것이다.

연결 영역에 있어서는 통신 기술 못지 않게 중요한 것이 통신 프로토콜이다. 통신 프로토콜의 경우 OSI 7 레이어(Layer)의 네트워크 레이어(Network Layer)에서 어플리케이션 레이어(Application Layer)에 이르는 다양한 계층에서 발견된다. 대표적인 것이 IP 프로토콜이며, IEEE 802.15.4 기반의 통신 기술 위에서 IPv6를 지원하기 위한 6LoWPAN과 사물인터넷을 위한 어플리케이션 계층의 프로토콜도 다수 존재한다.

데이터 처리(Processing) 영역

네트워크를 통해 서버로 전달된 센서 데이터는 서비스로 제공되기 위해 저장, 추출, 분석, 가공된다. 이러한 기능들은 기능에 따라 개별적인 시스템 형태로 존재하기도 하고, 하나의 시스템에서 모든 기능들이 수행되기도 한다. 시스템의 형태가 어떻든 간에, 수집된 데이터를 이용하여 서비스를 제공할 수 있도록 하는 주체를 서비스 플랫폼 혹은 간단히 플랫폼이라고 한다.

사물인터넷 플랫폼을 좀 더 세분화해서 살펴보면, 플랫폼은 디바이스 소프트웨어,

미들웨어, 데이터베이스(DB), 분석 소프트웨어로 구성된다. 여기에 오라클(Oracle)은 우리가 데이터 생성 영역에서 언급했던 게이트웨이(Gateway)를 추가로 포함시키기도 하는데, 이는 네트워크를 통해 다양한 사물인터넷 디바이스들의 데이터를 전송하기 전에 1차적으로 데이터를 처리하거나 관리하는 것이 중요하다고 생각하기 때문이다.

사물인터넷 플랫폼은 다양한 사물인터넷 디바이스들과 효과적으로 연결하기 위해 미들웨어를 두며, 전용 프로토콜을 이용하여 데이터의 안정적인 전송 및 수집을 보장하고 통신사 네트워크에 대한 의존도를 줄이기도 한다. 사물인터넷 전용 프로토콜들은 응용 분야의 특성에 따라 다양한 형태로 존재한다.

미들웨어의 경우, 데이터 변환을 체계화 함으로써 여러 사물인터넷 서비스를 매끄럽게 연결하고 서비스 상태를 모니터링 하면서 대량의 데이터를 처리하기 위해 서비스지향형 구조(Service-Oriented Architecture)로 구성하기도 한다. 또한, 사물인터넷에서는 24시간 365일 실시간으로 데이터가 생성되므로, 이러한 데이터를 손실 없이 수신하고 처리하기 위해서 미들웨어는 정지되어서는 안 된다.

데이터베이스는 미들웨어와 연결되는 핵심 소프트웨어이다. 데이터베이스는 데이터를 안정적으로 저장하고 쉽게 분석할 수 있도록 해주어야 한다. 데이터베이스에 저장되는 데이터는 정형 데이터보다는 비정형 데이터의 비중이 더 클 것으로 예상되므로, 빅데이터(Big Data) 기술이 요구된다. 하둡(Hadoop)과 같은 대용량 병렬처리 기술은 물론 다양한 속성 및 유형의 데이터를 빠르고 다양하게 분석할 수 있는 분석 도구가 필요하다.

분석된 데이터는 그 자체로도 어떤 의미를 가질 수 있으며 최종 사용자들에게 어떤 가치를 제공할 수 있다. 그러나, 사물인터넷 서비스별로 요구되는 정보의 종류나 최종 사용자에게 제공되기 위한 형태에 맞도록 추가적으로 가공되기도 한다. 또한, 2개 이상의 서로 다른 플랫폼에서 분석 및 가공된 정보들이 결합되어 이용되기도 한다.

이러한 사물인터넷 플랫폼은 개별 기업이나 통신사에 인프라로 구축되고 운영될 수도 있으며, 클라우드 서비스 형태로 운영될 수도 있다. 개별적으로 구축되는 플랫폼의 경우 구축 및 운영 부담은 크지만, 뛰어난 품질의 서비스를 지연 없이 제공하는 것이 가능하다. 반면, 클라우드 기반의 사물인터넷 플랫폼은 전반적인 시스템의 구축 및 운영 부담을 줄일 수 있으며 자원의 유동적인 관리가 용이하다는 장점을 가지고 있다. 사물인터넷 플랫폼은 스마트폰이나 태블릿과 같은 사용자 디바이스에도 구현될 수 있다.

[그림 40]은 사물인터넷 데이터의 처리 및 서비스가 제공되는 위치를 비교해서 보여주고 있다. 그림 중앙의 센서와 서비스 디바이스(스마트폰)의 경우, 센서 데이터가 인터

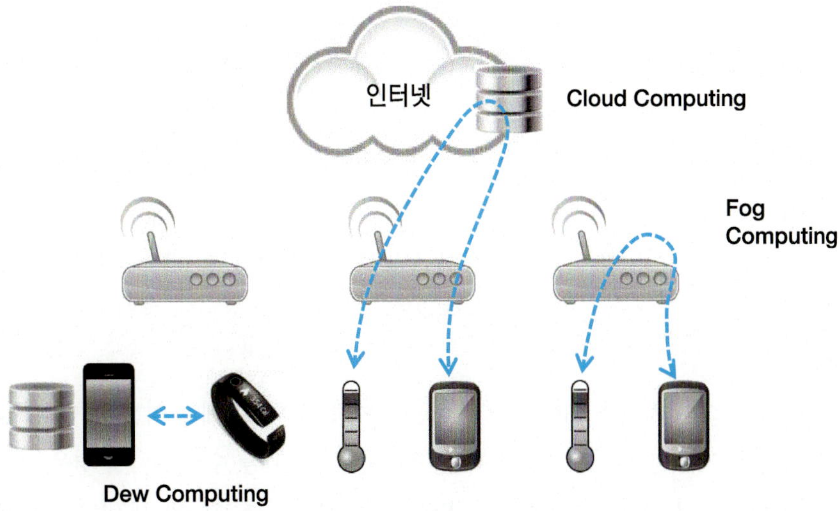

그림 40 데이터의 처리 및 서비스가 제공되는 위치

넷 상의 서버까지 전달된 후 서비스가 이루어지는 클라우드 컴퓨팅(Cloud Computing)의 모습을 보여주고 있다. 그림의 오른쪽은 네트워크 에지(Network Edge) 단에서 서비스가 이루어지는 포그 컴퓨팅(Fog Computing)을 나타나며, 왼쪽의 경우처럼 센서 데이터가 사용자의 스마트폰으로 직접 전달되어 서비스가 이루어지는 경우를 '듀 컴퓨팅(Dew Computing)'이라 할 수 있다.

듀 컴퓨팅의 개념은 전혀 새로운 것은 아니지만, 필자가 클라우드 컴퓨팅이나 포그 컴퓨팅과 구분하기 위한 차원에서 처음으로 제안하는 용어다. 기존에는 사용자 디바이스들의 성능이 제한적이어서 직접 다양한 센서 데이터를 수집하고 처리하는 것이 불가능했지만, 프로세스의 성능이 좋아지면서 조금씩 상황이 달라지고 있다. 앞으로는 경우에 따라서 클라우드 컴퓨팅과 듀컴퓨팅이 함께 이용되는 시나리오도 생각해 볼 수 있을 것이다.

서비스 제공(Presentation) 영역

사물인터넷의 서비스 제공 영역은 데이터 처리 영역에서 처리된 결과를 바탕으로 실제 서비스가 가시화되는 어플리케이션을 지칭한다. 이들은 디바이스에서 수집된 데이터를 이용하여 다음과 같은 기능들을 수행한다.

1. 서비스 디바이스를 통해 어플리케이션/서버의 목적에 맞는 서비스를 제공한다.

2. 사물인터넷에 연결된 디바이스들을 관리하고 제어한다.

[그림 34]이나 [그림 36]에 보이는 사물인터넷의 구조에 따르면, 마치 센서 데이터를 생성하는 디바이스 영역과 사용자에게 서비스를 제공하는 서비스 제공 영역이 반대편에 따로 존재하는 것처럼 보이지만, 실제는 그렇지 않은 경우가 많다. 물론, 많은 경우 센서 역할을 하는 디바이스와 서비스 디바이스들은 구분되지만, 경우에 따라서는 이들이 동일한 장치인 경우도 있다. 디바이스들의 성능이 좋아짐에 따라 특수 목적을 위해 사용되는 장치들보다는 스마트폰이나 태블릿처럼 범용으로 이용되는 장치들이 늘어났기 때문이다.

센서 디바이스와 서비스 디바이스가 동일한 예로 [그림 41]에 보이는 것처럼 스마트폰으로 실내 위치추적 서비스를 이용하는 경우를 생각해 볼 수 있다. 이 경우, 스마트폰은 실내에 설치된 다수의 와이파이 AP들로부터 수신된 신호들의 세기(RSSI)를 측정한 후 이동통신망을 통해 와이파이 측위 서버에 접속을 해서 자신의 위치를 확인하게 되며, 그 결과는 다시 스마트폰의 화면 상에 나타나게 된다.

물론, 이 외에도 스마트폰에 있는 가속센서나 관성센서 등을 이용하여, 스마트폰 소유자의 움직임이나 칼로리 소모량을 분석하는 어플의 경우, 네트웍이나 인터넷 상의 서비스 플랫폼에 접속할 필요도 없이 스마트폰에서 센서 데이터를 생성한 후 직접 서비스를 제공하기도 한다.

사물인터넷 서비스가 제공되는 방식은 서버나 서비스 플랫폼을 통해서 제공되는 방

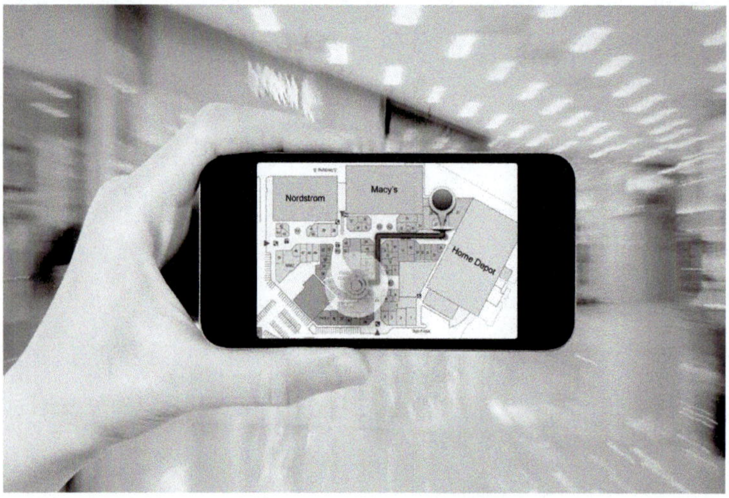

그림 41 스마트폰을 이용한 실내 위치추적 (출처: Broadcom)

표 8 사물인터넷 서비스 제공 방식

센서 Dev.와 서비스 Dev. 관계	서비스 제공 주체
동일	서비스 플랫폼
동일	서비스 디바이스
상이	서비스 플랫폼
상이	서비스 디바이스

식과 서비스 디바이스에서 전용 어플리케이션을 이용해서 직접 제공되는 방식으로 나누어 생각해 볼 수 있다. 먼저, 서비스 디바이스가 서비스를 제공하는 경우는 주로 다음과 같은 경우에 해당한다.

1. 센서 디바이스와 서비스 디바이스가 동일하거나 센서 디바이스가 서비스 디바이스에 직접 연결된 경우
2. 센서 디바이스를 통해서 수집되고 처리되어야 하는 데이터의 양이 적은 경우
3. 동시에 다수의 서비스 디바이스를 통해 서비스를 제공해야 할 필요가 없는 경우
4. 사용자의 프라이버시와 관련된 서비스인 경우

반면, 다음과 같은 경우에는 서버나 플랫폼을 바탕으로 사물인터넷 서비스가 제공된다.

1. 센서 디바이스를 통해서 수집되고 처리되어야 하는 데이터의 양이 많은 경우
2. 동시에 다수의 서비스 디바이스를 통해 서비스를 제공해야 하는 경우
3. 센서 디바이스들이 연결된 네트워크의 종류에 무관하게 서비스를 제공해야 하는 경우
4. 사물인터넷 서비스를 다양한 어플리케이션을 통해 제공해야 하는 경우

물론, 특정한 서비스가 서비스 사업자의 필요에 따라 서비스 플랫폼을 이용하여 제공될 수도 있고, 서비스 디바이스의 컴퓨팅 능력을 이용하여 제공될 수도 있다. 요약하면, 서비스 제공 방식은 [표 8]에 보이는 것과 같이 크게 4가지로 구분할 수 있다.

사물인터넷 기능 모델

IoT-Architecture(IoT-A) 프로젝트에서는 [그림 34]에 보이는 사물인터넷의 구조를 기능적인 관점에서 기능그룹(FG, Functionality Group)이라 일컫는 작은 서브 시스템들로 나

누어 정의하고 있다. 이렇게 하면 사물인터넷의 복잡한 시스템을 이해하고 설명하는 것도 쉬워질 뿐만 아니라, 시스템의 개발 및 관리도 용이해 지기 때문이다. [그림 42]는 IoT-A 프로젝트에서 정의하는 사물인터넷의 기능모델들을 도식화한 것으로, 사물인터넷 구조에 대한 레퍼런스 모델(IoT ARM, IoT Architecture Reference Model)이라 한다 [48][85].

그림에서 보이는 것처럼, 사물인터넷 기능모델은 7개의 기능그룹(Device, Communication, IoT Service, Virtual Entity, IoT Business Process Management, Application, 그리고 Service Organization)과 이들을 보완하는 2개의 기능그룹(Management, Security)으로 구성되어 있다. 기능그룹들 사이의 관계는 화살표로 표시되어 있다. 관리 및 보안 기능그룹의 경우 대부분의 다른 기능그룹들과 인터페이스를 하기 때문에 엄격하게 표시되어 있지는 않다. 이 장에서는 참고문헌 [85]에 소개된 내용 중 일부를 별도의 표시 없이 인용함으로써 사물인터넷의 기능모델에 대해서 소개하고자 한다.

사물인터넷 비즈니스 프로세스 관리(IoT BPM, IoT Business Process Management) 기능그룹은 전통적인 비즈니스 프로세스 관리 시스템의 통합과 관련이 있다. 이 기능그룹의 전체적인 목적은 기능적인 개념과 전통적인 비즈니스 프로세스를 사물인터넷 세상에서 독특하게 나타나는 것들과 통합하는데 필요한 인터페이스들을 제공하는 것이다. 결과적으로 기업들은 공통 표준 및 베스트 프랙티스(best practice)를 기반으로 효과적으로 사물인터넷 서브시스템을 이용할 수 있으며, 개별적이며 독자적인 사물인터넷 솔루션을 구축하는데 드는 비용과 노력을 줄일 수 있다.

비즈니스 프로세스 관리 기능그룹은 개념적으로 서비스 구성(Service Organization)

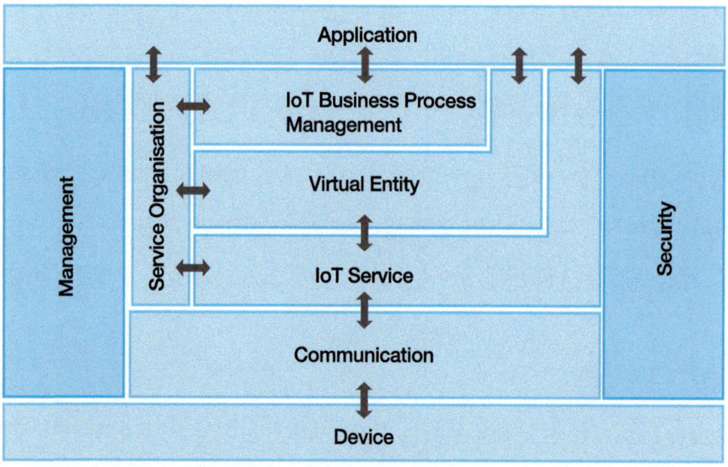

그림 42 IoT-A의 사물인터넷 기능 모델(IoT Functional Model) [48][85]

기능그룹과 밀접하게 연관되어 있으며, 사물인터넷 구조를 통합하기 위해 필요한 어플리케이션들과의 접촉면 역할을 한다. 어플리케이션들은 비즈니스 프로세스 관리 기능그룹에 대해 정의된 도구와 인터페이스들을 이용할 수 있다.

서비스 구성 기능그룹은 여러 다른 기능그룹들 사이에 통신 허브와 같은 역할을 하는 중요한 기능그룹이다. 사물인터넷 구조 레퍼런스 모델 내에서 통신의 가장 기본적인 개념이 '서비스'이므로, 서비스 구성은 서로 다른 수준의 추상화를 이용해서 서비스를 구성하고 조직하는데 사용된다. 서비스 구성 기능그룹은 레퍼런스 구조 내에서 사물인터넷 비즈니스 프로세스 관리 기능그룹이나 혹은 더 외부의 어플리케이션과 같은 높은 수준의 기능그룹으로부터의 서비스 요구들을 사물인터넷 자원(IoT Resource) 기능그룹이 제공하는 기본적인 서비스들에게 효과적으로 연결해주며 가상 개체(Virtual Entity) 기능그룹을 사용하는 서비스들과 개체들을 연결시킨다.

가상 개체(Virtual Entity) 기능그룹과 사물인터넷 서비스(IoT Service) 기능그룹은 각각 가상 개체 및 사물인터넷 서비스의 추상화 레벨들과 상호작용하는 것과 관련된 기능들을 포함한다. [그림 43]은 추상화 레벨들과 이들이 어떻게 상호 연관되어 있는지를 이해하기 쉽게 보여준다. 그림의 왼편에는 수많은 센서와 엑추에이터가 있는 실제 세계가 그려져 있다. 이들은 각각 실제 세상의 특정한 측면들의 변화를 포착하거나 변화를 용인한다. 센서 및 엑추에이터와 관련된 자원들은 사물인터넷 서비스(IoT Service) 레벨에서 사물인터넷 서비스들로 나타내어진다.

"센서 456의 값을 달라(Give me the value of Sensor 456)" 혹은 "엑추에이터 867을 ON으로 설정하라(Set Actuator 867 to On)"와 같은 추상화 레벨에서의 어플리케이션과 IoT System 사이의 상호작용의 예를 생각해 보자. 어플리케이션들은 이러한 서비스들과 의미있는 방식으로만 상호작용을 하게 된다. 만약 어플리케이션들이 센서가 측정한 값의 의미를 이미 알고 있다면, 그 어플리케이션은 이 값은 Room 123호의 실내 온도를 알고 있는 방식으로 프로그램되거나 구성되어야만 한다. 따라서, 이 레벨에서는 어떤 어의적인 것도 정보에 포함되어 있지 않을 뿐더러, IoT System도 이 정보를 가지고 있지 않다. 이 정보는 센서와 어플리케이션 사이에 사전에 공유되어야만 한다.

IoT Service 레벨에서의 상호작용은 특정한 환경에 대해 프로그램되거나 설정된 어플리케이션들에 있어서 유용하다. 반면에, 충분히 변화하는 환경에서 적합한 서비스를 사용하고자 하는 어플리케이션들도 있다. 이러한 유형의 어플리케이션들과 특히 그런 어플리케이션의 사용자들에 대해, Virtual Entity 레벨은 서비스를 찾아내는데 사용될

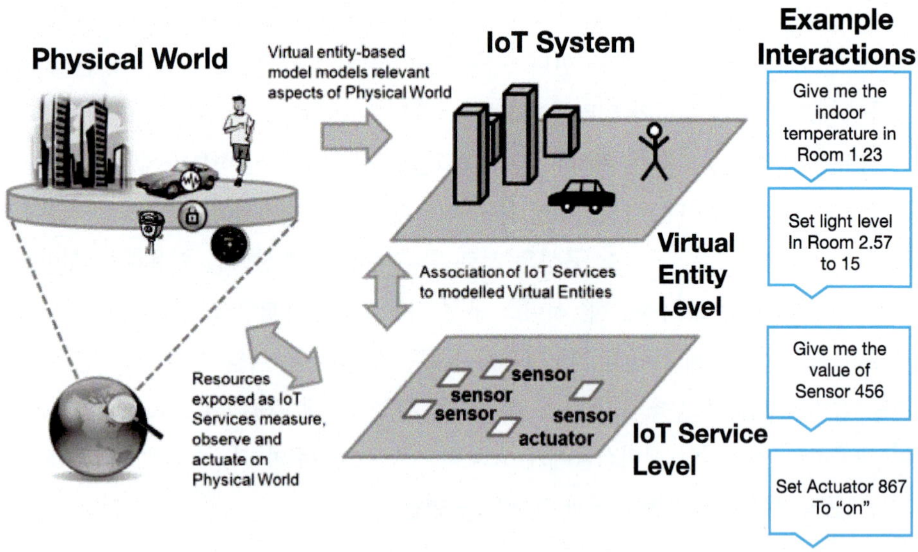

그림 43 사물인터넷 서비스 및 가상 개체 추상화 레벨 [85]

수 있는 실제 세계의 고차원적인 측면을 직접적으로 모델링한다.

"Give me the indoor temperature in Room 1.23" 혹은 "Set light level in Room 2.57 to 15"와 같은 추상화 레벨에서의 어플리케이션과 IoT System 사이의 상호작용의 예를 생각해 보자. Virtual Entity 레벨에서의 상호작용을 지원하기 위해서 IoT Services와 Virtual Entities 사이의 관계는 모델로 만들어질 필요가 있다. 이는 관계(association)의 형태로 이루어진다. 예를 들어, 어떤 관계는 Room 1.23의 실내 온도가 Sensor 456에 의해 제공된다는 정보를 포함할 것이다.

Virtual Entity 기능그룹은 VE들에 관한 정보를 제공하거나 VE들과의 상호작용을 허용할 수 있는 서비스를 발견하거나 찾는 기능들뿐만 아니라 VE들을 기반으로 IoT System과의 상호작용에 대한 기능을 포함한다. 더군다나, VE 기능그룹은 동적으로 새로운 관계를 찾고 그들의 유효성을 감시하는 것뿐만 아니라 관계를 관리하기 위해 필요한 모든 기능들을 포함한다.

IoT Service 기능그룹은 사물인터넷 서비스들의 발견, 조회, 이름 결정 등과 같은 기능들뿐만 아니라 IoT Service들을 포함한다.

Communication 기능그룹은 사물인터넷 구조를 따르는 시스템들의 모든 통신 니즈를 처리하는 것을 목적으로 한다. 데이터 평면과 제어 평면 모두가 고려의 대상이다. 이 기능그룹은 다양한 통신 모드를 지원하고 홉투홉(hop-to-hop) 통신의 제약을 우회하기 위해 주소를 할당하고 경로를 전달한다. 또한, 신뢰할 수 있는 통신 및 흐름 제어를 보장하고 서비스 품질을 적용하며 여러 데이터 플로우(flow)로도 확장된다. Communication 기능그룹은 무선 채널 제어뿐만 아니라 어플리케이션 차원의 듀티 사이클(duty cycle)을 처리하는 기능을 수행함으로써 에너지 최적화도 보장한다. 마지막으로, 이 기능그룹은 디바이스들로 하여금 네트워크 진입점과 같은 역할을 하도록 함으로써 서로 다른 네트워크를 연결해 준다. 이를 위해 데이터 포워딩, 필터링, 연결 추적, 패킷 통합 기능들을 실행하게 된다. 이러한 모든 기능들은 에러 검출 및 정정을 위한 부분들에 의해 잘 지원된다.

Device는 디지털 세상과 실제 세상 사이의 접속점을 제공하는 것을 의미하는 기술적인 가공품이다. 따라서 Device는 실제 물리적인 세상과 디지털 세상 모두에서 동작할 수 있어야 한다. 그러므로 Device에 포함되는 하드웨어는 매우 중요하며 사물인터넷의 목적을 위해 적어도 약간의 통신 능력과 계산 능력, 그리고 저장 능력을 가지고 있어야 한다. 더 나아가, 이러한 장치들이 독자적으로 동작하기 위해서는 전력 자원이 매우 중요하다. 많은 기술들과 제품들이 가용하며 이들의 능력은 매우 다양하다.

통신 능력은 Device와 교환되는 데이터의 유형(즉, ID, ID + 데이터, 센서 데이터, 혹은 커멘드)과 통신 토폴로지(즉, 네트워크, 리더-태그 혹은 피어투피어)에 대해 상대적이다. 이러한 측면들은 사물인터넷이라는 문맥에서 매우 중요하며 에너지 소모, 데이터 수집 주기, 그리고 전송되는 데이터의 양에 매우 큰 영향을 끼친다. 일반적으로 보안 특성들은 통신에 있어서 꾸준한 부하를 주기 때문에, 보안 특성도 통신 능력에 영향을 준다.

한편, 계산 능력은 선택되는 구조, 구현 가능한 보안 특성, 그리고 디바이스의 전력원에 엄청난 영향을 준다. 계산 능력은 디바이스 상의 자원의 가용성과 복잡성과 관련된다.

Application/Service는 소프트웨어로 구현되는 기술적인 서비스로 국한된다. 즉, 서비스는 어떤 시스템의 사물인터넷 측면들과 일반적인 IT 이슈들 사이의 관계를 제공한다. 사물인터넷과 관련된 서비스들과 사물인터넷과 무관한 서비스들은 함께 완벽한 시스템을 구성할 수 있다.

참고문헌 [86]에서 지적된 것처럼, 사물인터넷과 관련된 서비스는 잘 정의되고 표준화된 인터페이스들을 제공한다. 이는 다양한 자원들에 대한 접근의 복잡성으로부터 우리를 자유롭게 해준다. 물리적인 개체와의 상호작용은 그에 상응하는 가상적인 개체(Virtual Entity)와 관련된 하나 혹은 그 이상의 서비스들에 의해 수행된다. 이러한 관계는 서비스의 조회(look-up)나 발견 과정에서 중요하다. 따라서, 어떤 사물인터넷 서비스는 실제 세상과의 상호작용을 가능하게 하는 서비스의 유형으로 정의될 수 있다.

참고문헌 [86]에 따르면, 사물인터넷 서비스는 추상화의 정도에 따라 다음과 같이 구분될 수 있다.

- **Resource 차원**의 서비스는 어떤 디바이스가 관리하고 있는 자원에 접근함으로써 그 디바이스의 기능들을 노출한다. 이러한 유형의 서비스는 단일 리소스라고 일컬어진다. 자원의 기능을 노출하는 것에 더해, 의존성, 접속 제어와 같은 보안, 가용성과 같은 의존성, 그리고 성능과 같은 기능적이지 않은 측면을 다룬다.
- **Virtual Entity 차원**의 서비스는 가상 개체 차원의 정보로의 접근을 제공한다. 이들은 관계(association)를 시작하기 위해 특성 정보를 읽거나 업데이트하기 위해 특성값들에 접속하도록 하는 하나의 가상 개체와 관련된 서비스들일 수 있다. 다른 대안으로는 하나의 공통된 가상 개체 차원의 서비스에 서로 다른 가상 주체들의 특성값들에 접근하기 위한 인터페이스를 제공하는 것이다.
- **통합 서비스**(*Integrated Service*)는 리소스 차원의 서비스와 가상 개체 차원의 서비스의 결합뿐만 아니라 이들의 서비스 합성의 결과다.

Management 기능그룹은 하나 혹은 그 이상의 기능그룹들을 포함시키는 액션들에 대한 합성과 추적을 담당한다. 예를 들면, 배터리를 충전하는 동안은 IoT System 전체를 슬립 모드로 전환시킬 수 있다. 더 나아가, Application 혹은 Device 기능그룹의 상호작용이 적어도 2개 이상의 기능그룹에서의 합성이나 추적을 필요로 한다면, 이 역시 Management 기능그룹의 책임 영역에 포함된다.

반면에, 특정한 기능그룹에만 관련된 활동들은 Management 기능그룹의 범주에 포함되지 않는다. 예를 들면, Security 기능그룹에서의 권한부여 관리가 이에 해당된다. 또한, 외부의 중재가 필요하지 않은 기능그룹들 사이의 상호작용 관리도 Management 기능그룹의 범주에 포함되지 않는다.

Security 기능그룹은 사물인터넷 구조를 따르는 시스템의 보안과 개인정보를 보장하는 역할을 한다. 네트워크에 접속하려는 클라이언트들의 초기 등록을 처리하는 일을 담당하며, 합법적인 클라이언트들만이 사물인터넷 인프라에 의해 제공되는 서비스에 접근할 수 있도록 허용한다. 이 기능그룹은 익명성을 보장하는 방식으로 사용자의 사적인 파라미터들을 보호하는 역할도 한다.

Security 기능그룹은 통계적으로 서로 상호작용하도록 승인되었거나 혹은 서로 신뢰하고 있는 두 주체들 사이에서 합법적인 상호작용이 발생할 수 있도록 보장한다. 이는 지정된 권한부여 기능을 사용하거나 신뢰 및 평판 모델에 의존해서 이루어지며, 신뢰할 수 있는 상대를 규정할 수 있게 한다. 마지막으로, 이 기능그룹은 서로에 대한 초기 지식이 없는 상태에서 두 주체들 사이의 무결성과 은밀성을 관리함으로써 주체들 사이의 안전한 통신을 보장한다.

다시 한번 밝히지만, 이 장의 내용은 참고문헌 [85]의 내용 중 필요한 부분들을 별도의 인용 없이 재구성해 놓은 것이다. 따라서, 사물인터넷 구조의 레퍼런스 모델 및 이와 관련된 자세한 내용에 대해서는 해당 참고문헌을 참고하기 바란다.

센서와 사물인터넷 디바이스

사물인터넷 디바이스의 주요 특성 중 하나는 상황(context)에 대한 인식이 가능하다는 것이다. 사물인터넷 디바이스는 주변 환경이나 물리적인 변화, 센서를 포함하는 디바이스의 다양한 리소스, 또는 다른 디바이스에 대해서 실시간으로 인식하고 제어하는 것이 가능하므로 빠르게 변화하는 외부조건에 대해서 능동적이며 지능적으로 대응할 수 있다.

상황 인식에 있어서 제일 중요한 요소는 디바이스가 수집하는 데이터이며, 이 데이터를 어떻게 유용한 정보로 변환하여 사용하느냐가 사물인터넷 서비스의 성공을 위한 중요한 열쇠라 할 수 있다. 이 장에서는 사물인터넷을 구성하는 기본 요소인 사물인터넷 디바이스와 그러한 디바이스에서 상황인식을 위해 사용되는 센서에 대해 살펴볼 것이다. 먼저 센서에 대해 살펴보도록 하자.

사물인터넷 센서

1996년에 개봉된 영화 '트위스터(Twister)'에서 주인공인 조(Jo)와 빌(Bill)은 '트위스터'라는 회오리바람으로부터의 피해를 최소화하고 인명을 구하기 위해 토네이도의 발생과 이동 경로를 보다 정확하게 예보할 수 있는 시스템인 '도로시(Dorothy)'를 만들었다.

목숨을 걸고 토네이도를 쫓아다니던 이들은 마침내 토네이도 계측기인 도로시를 이용하여 수백 개의 날씨 센서를 토네이도 안에 밀어넣는데 성공하게 되고, 지금까지 아무도 알지 못했던 토네이도의 실체를 밝히려 한다. 토네이도 내부의 풍속이나 기온 그

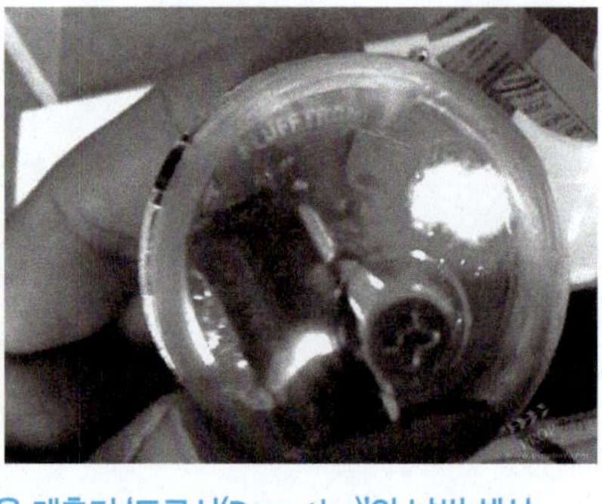

그림 44 영화 '트위스터(Twister)'에 나온 계측기 '도로시(Dorothy)'와 날씨 센서

리고 압력 등의 수치를 자료화하여 토네이도의 형성과 실체를 밝혀 지금보다 훨씬 나은 예보 체계를 세워 인명을 구하려는 것이다. 이처럼 주변의 정보를 수집할 수 있는 장치들을 센서(Sensor)라 한다.

센서는 환경 정보를 만들어내는 센서 소자가 있고, 이렇게 만들어진 정보를 클라우드나 다른 장치로 전달하는 센서 디바이스가 있다. 센서 소자의 경우 과거에는 그 크기가 상당히 컸으나, MEMS 기술 및 나노기술 등의 발전으로 이제는 좁쌀만한 크기의 센서도 존재한다.

센서의 종류는 매우 많아서 일일이 언급할 수가 없다. 최신형 스마트폰에 들어가는 센서의 종류만 해도 20가지 내외이며, 항공기 엔진 하나에 들어가는 센서의 개수는 무려 1,800개에 달할 정도다. 또한, 대부분의 사물지능통신(M2M) 관련 시적들에서 무신통신기술 영역으로 분류하는 RFID나 NFC 태그도 엄밀한 의미에서는 센서에 해당하며, 요즘 세간의 관심을 끌고 있는 블루투스 LE 기반의 비콘(beacon)도 센서의 일종이다. 일반적인 센서들이 1차원에서 수 차원에 이르는 배열(array) 형태의 데이터 값을 생성하는데 비해, RFID나 NFC, 그리고 비콘은 사람이나 다른 장치에 의해 저장된 데이터나 혹은 그 자체로 의미가 있는 정보를 저장하기도 한다는 것이 큰 차이이다.

이곳에서는 스마트폰에 사용되는 센서를 시작으로, RFID와 NFC, 그리고 비콘에 대해 차례대로 알아볼 것이다. 또한, 사물인터넷에서는 거의 다루지 않는 엑추에이터(actuator)도 센서의 관점에서 함께 다루기도 한다.

스마트폰에 사용되는 센서

[표 9]는 안드로이드 기반의 스마트 디바이스에 사용되는 센서들을 센서의 유형에 따라 분류해 놓은 것이다. NFC는 뒤에서 따로 다루겠지만, 센서 역할을 하는 카메라와 마이크 그리고 지문인식 센서는 포함시키지 않았다. 또한, 다양한 센서 디바이스에 이용되는 가스 센서나 화학센서, 생체인식 센서, 바이오 센서 등도 따로 다루지 않을 예정이다. 이러한 센서들의 특징이나 자세한 동작 원리, 이용 방법 등이 궁금한 독자들은 [49]~[51]와 같은 문헌들을 참조하기 바란다.

동작인식 센서로 분류되는 센서들은 [그림 45]에 보이는 것처럼 3축에 대해 가속력(Acceleration Force)과 회전력(Rotational Force)을 측정하여 스마트 디바이스의 움직임을 알려주는데 이용된다. 가속도 센서, 중력 센서, 선형 가속도 센서, 자이로 센서, 회전 벡터 센서가 이에 포함된다. 이 중에 가속도 센서와 자이로 센서는 항상 하드웨어 형태를 취하고 있으나, 나머지 세 가지 센서는 하드웨어일 수도 있고 소프트웨어적인 것일

표 9 스마트 디바이스에 사용되는 센서의 종류

센서 유형	센서 종류
동작인식 센서 (Motion Sensor)	• 가속도 센서(Accelerometer Sensor) • 중력 센서(Gravity Sensor) • 선형 가속도 센서(Linear Acceleration Sensor) • 자이로스코프(Gyroscope Sensor) • 회전 벡터 센서 (Rotation Vector Sensor)
위치 센서 (Position Sensor)	• GPS 모듈(Global Positioning System Module) • 지자기 센서 (Magnetic Field Sensor) • 방향 센서(Orientation Sensor) • 근접 센서(Proximity Sensor)
환경 센서 (Environment Sensor)	• 주변 온도 센서(Ambient Temperature Sensor) • 온도 센서(Temperature Sensor) • 조도 센서(Light Sensor) • 기압 센서(Pressure Sensor) • 상대습도 센터(Relative Humidity Sensor)

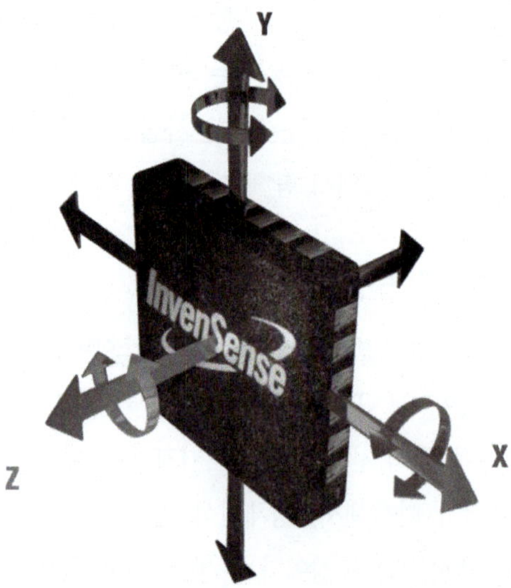

그림 45 동작인식 센서의 원리
(출처: InvenSense)

수도 있다. 소프트웨어적이라는 것은 하드웨어 센서의 측정값 중에서 필요한 것들만을 가져다가 소프트웨어 알고리즘을 통해 신호처리를 해서 원하는 센서 값을 얻어내는 것을 말한다. 모든 동작 센서들은 다차원 배열 형태의 센서 값들을 제공한다.

» 가속도 센서(Accelerometer Sensor)

가속도 센서는 단위 시간당 직선운동에 대한 속도의 변화를 측정하는 센서다. 가속도 센서로 측정되는 가속도 값은 보통 동적 가속도 값과 정적 가속도 값을 함께 이용한다. 여기서 동적 가속도는 진동이나 충격에 의해 발생하는 가속도이고 정적 가속도는 중력 가속도라 생각하면 된다.

» 중력 센서(Gravity Sensor)

중력 센서는 중력이 어느 방향으로 작용하는지를 탐지하는 센서로, 가속도 센서의 정보를 소프트웨어적으로 가공하여 중력 가속도를 산출해 내게 된다. 중력이 작용하는 방향을 탐지하여 기기 사용자의 편의를 돕는데 주로 이용된다. 예를 들면, 중력이 작용하는 방향을 판단하여 핸드폰의 화면을 가로로 표시할 지 혹은 세로로 표시할 지를 결정하게 된다.

» 선형 가속도 센서(Linear Acceleration Sensor)

선형 가속도 센서는 가속도 센서가 제공하는 값 중에서 중력 값을 뺀 값을 제공한다. 즉, 중력 값을 뺀 3차원 벡터 값을 제공한다. 따라서, 일반적으로 선형 가속도 센서도 중력 센서와 마찬가지로 가속도 센서의 정보를 소프트웨어적으로 가공하여 이용한다.

» 자이로 센서(Gyroscope)

자이로 센서는 한 축 또는 여러 축의 회전 움직임의 각 변화량, 즉 각속도를 측정한다. 자이로 센서는 움직이는 물체의 기본축에 대한 회전과 방향을 정확하고 정밀하게 측정할 수 있다. 또한, 자이로 센서는 가속도 센서와 지자기 센서와 다르게, 중력이나 자기장과 같은 외부의 힘에 영향을 받지 않고 독자적으로 동작한다. 이 센서는 아이폰4 이후로 스마트폰 탑재가 일반화되었으며, 보통 스마트 디바이스에서 동작을 감지하는 메인 센서로 사용된다.

» 회전 벡터 센서(Rotation Vector Sensor)

회전 벡터 센서는 각(angle)과 축(axis)의 조합으로써 디바이스의 방향을 나타내는데 이용되는 센서다. 가속도 센서, 지자기 센서, 자이로 센서의 값들을 합성해서 이용한다. 지자기 값을 이용하지 않는 회전 벡터 센서도 있는데, 이는 게임 회전 벡터 센서(Game Rotation Vector Sensor)라 한다.

위치 센서(Position Sensor)로 분류되는 센서들은 디바이스의 물리적인 위치를 측정하는 역할을 한다. 이 카테고리에 속하는 센서에는 GPS, 지자기 센서, 방향 센서, 근접 센서 등이 있다. 지자기 센서와 근접 센서는 하드웨어 기반의 센서이며, 방향 센서는 소프트웨어 센서다. 지자기 센서와 방향 센서는 다차원 배열 형태의 값을 반환하는 반면, 근접 센서는 일차원 값을 반환한다.

» 지자기 센서(Magnetic Field Sensor)

지자기 센서는 지자계를 이용하여 절대적인 방향을 측정하기 위해 사용되며, 네비게이션이 내장한 지도에서 정확한 방향을 알려주기 위해 사용된다. 또한, 지자기 센서는 방향 정보를 위해서도 사용된다. 하지만, 지자계의 세기가 작기 때문에 센서 데이터는 주위의 다른 자기 성분에 쉽게 영향을 받게 된다. 이러한 이유로 인해 정확성을 유지하기 위해 지자기 센서는 잦은 보정을 필요로 한다.

» 방향 센서(Orientation Sensor)

방향 센서는 x, y, z 3축에 대해 변화하는 회전각을 측정하는 센서로, 가속도 센서와 지자기 센서의 조합으로 이루어진 소프트웨어 센서다.

» 근접 센서(Proximity Sensor)

근접 센서는 디바이스에서 측정 대상까지의 근접도를 측정하는 센서로 디바이스와 측정 대상 사이의 거리를 센티미터(cm) 단위로 측정한다. 스마트폰에서 스마트폰과 이용자의 귀 사이의 거리를 측정해서 스크린을 끄거나 얼굴이 터치스크린에 닿아 발생하는 불필요한 입력을 막는데 주로 이용된다.

환경 센서(Environment Sensor)로 분류되는 센서들은 주변 온도(Ambient Temperature), 조도(Illumination), 기압(Pressure), 습도(Humidity) 등과 같은 다양한 환경적 요소를 측정하는데 이용된다. 동작인식 센서와는 달리, 환경 센서 카테고리에 속하는 모든 센서들은 하드웨어 기반의 센서들이다. 그리고, 동작인식 센서나 위치 센서들이 다차원 배열 형태의 측정 값을 반환하는 반면, 환경 센서는 일차원의 값을 반환한다. 또한, 동작인식 센서나 위치 센서는 하이패스(high-pass) 혹은 로패스(low-pass)와 같은 데이터 필터링이나 데이터 프로세싱을 필요로 하지만, 환경 센서는 이런 것들을 필요로 하지 않는다.

» 주변 온도 센서(Ambient Temperature Sensor)

스마트 디바이스 주변의 온도를 측정하는데 이용하는 센서로, 주변온도를 섭씨온도(℃)로 반환한다.

» 온도 센서(Temperature Sensor)

온도 센서는 디바이스의 온도를 측정하는 센서로, 디바이스 내부에 있는 CPU의 발열량을 측정하기 위한 목적으로 만들어졌다. CPU의 발열량 정보를 바탕으로 프로세서의 처리 속도를 조절하는데 제한적으로 이용되며, 최근에는 주변 온도 센서로 대체되어 더는 이용되지 않는다.

» 조도 센서(Light Sensor)

조도 센서는 디바이스 주변의 빛의 밝기를 측정하는 센서다. 센서 표면에 닿는 광자(photon)를 측정해서 빛의 밝기를 측정하며 그 값을 룩스(lx) 단위로 반환한다. 일반적으로 1 lux에서 30,000 lux 사이의 측정 범위를 갖는다. 스마트폰 등의 스크린의 밝기를 제어함으로써 전원 절감 효과를 얻기 위해 주로 이용된다. 조도의 급격한 변화 등을 검출하여 근접 센서가 없는 디바이스에서는 제한적이지만 근접 센서 역할을 할 수도 있다.

» 기압 센서(Pressure Sensor)

기압 센서는 대기압(air pressure)을 측정하는 센서로 측정된 값은 hPa 또는 mbar 단위로 반환된다. 기압 센서는 고도와 기상 상태를 가늠할 수 있는 정보로 기상 상태에 따라 수시로 변하는 물리량이다. 중력 가속도와 마찬가지로 해수면 고도를 0으로 하는 기준치를 갖고 있다. 고도 정보는 GPS 신호를 보정하거나, GPS 신호가 없을 때 단독으로 사용되어 고도의 변화를 감지하는데 사용된다.

» 상대 습도 센서(Relative Humidity Sensor)

상대 습도 센서는 공기 중에 포함되어 있는 수분의 양 또는 비율을 측정하여 백분률(%)로 반환한다. 주변 온도 센서의 측정값과 함께 이슬점(dew point)이나 절대 습도(absolute humidity)를 계산하는데 이용된다.

MEMS(Micro-Electro-Mechanical System)

MEMS(Micro-Electro-Mechanical System)는 미세가공기술을 이용하여 만들어지는 소

형화된 기계 및 전기기계 소자에 사용되는 기술이다. 간단히 디지털 기술이 결합된 소형 기계 소자라고 이해하면 된다. MEMS 이외에도 마이크로시스템 기술(Microsystems Technology) 혹은 마이크로머신 장치(Micromachined Devices)라고도 불린다. 약 20여 년 전에 처음 등장한 MEMS는 물리적인 값들을 전기적인 신호로도 변환해 주기 때문에 센서로 구분되기도 한다.

MEMS 장치의 크기는 마이크로미터(μm) 이하부터 수 밀리미터(mm)에 이르기까지 다양하며, MEMS 장치의 유형 또한 움직이는 소자를 가지고 있지 않은 아주 단순한 구조를 띤 것에서부터 초소형 전자공학 기술의 제어를 받는 여러 개의 움직이는 소자를 포함한 매우 복잡한 전기기계까지 아주 다양하다. MEMS의 중요한 기준 중의 하나는 그것이 움직이든 움직이지 않든간에 기계적인 기능들을 가진 소자를 적어도 몇 개나 가지고 있느냐 하는 것이다.

MEMS의 기능 요소는 소형화된 구조(Micro-Scructures), 센서(Micor-Sensors), 액츄에이터(Micro-Actuators), 그리고 초소형 전자공학(Micro-Electronics)을 포함한다. 하지만, 이 중에서 가장 주목할만한 요소는 마이크로센서와 마이크로 액츄에이터일 것이다. 마이크로센서와 마이크로엑츄에이터는 에너지의 형태를 바꿔주는 장치인 변환기(transducer)로 분류된다. 마이크로센서의 경우 전형적으로 측정된 기계적 신호를 전기전 신호로 변환해 준다.

지난 20여 년간 MEMS 연구자들은 온도, 압력, 관성력, 화학 성분, 자기장, 방사능 등 가능한 모든 상태를 측정할 수 있는 다양한 센서들을 개발해 왔다. 놀랍게도, 이러한 미세기계 센서들 중 상당수는 일반적인 크기의 센서들보다 더 뛰어난 성능을 보이기도 했다. MEMS 장치들의 성능이 이례적으로 우수할 뿐만 아니라, 이들의 생산 방법도 집적회로(IC) 산업에서 사용되는 일괄제작(batch fabrication) 기술을 이용한다. 이는 디바이스의 생산 단가를 낮게 만드는 등 여러 혜택을 가져다 준다.

최근에는 가스나 액체의 흐름을 제어하는데 사용할 수 있는 마이크로 밸브, 빛의 방향을 바꾸거나 변조하기 위한 광학 스위치나 광학 거울, 디스플레이를 위한 개별적으로 제어되는 마이크로 거울 배열(micro mirror array), 유압을 증가시키기 위한 마이크로 펌프, 날개에서 공기의 흐름을 바꾸기 위한 초소형 덮개(microflaps) 등을 포함한 다양한 마이크로 엑츄에이터가 개발되고 있다.

마이크로 센서와 마찬가지로 마이크로 엑츄에이터들도 매우 작지만 큰 것들보다 더 효과가 뛰어난 것들이 많다. 예를 들면, 비행기의 날개 끝에 여러 개의 마이크로플랩을

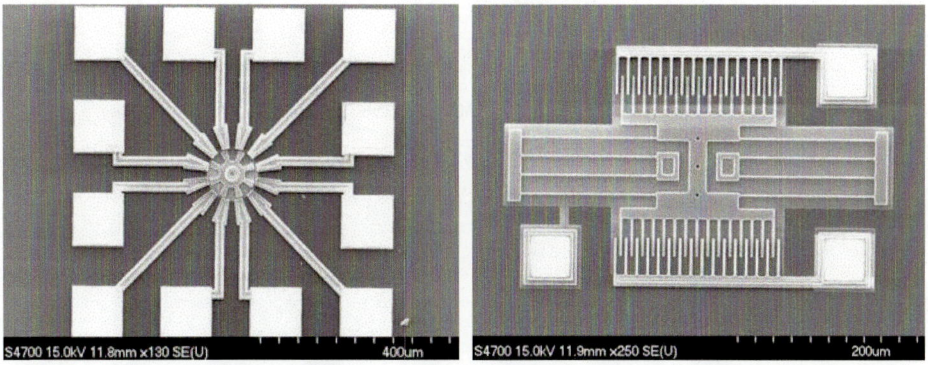

그림 46 MNX가 제작한 마이크로 모터(micromotor, 왼쪽)와 마이크로 공진기(micro resonator, 오른쪽)의 표면 사진 (출처: https://www.memsnet.org/mems/what_is.html)

사용함으로써 비행기를 조정하기도 한다.

MEMS의 진정한 잠재력은 이러한 소형화된 센서, 엑츄에이터, 그리고 구조가 집적회로와 함께 하나의 실리콘 기판에 통합될 때 나타난다. 전자회로가 CMOS, Bipolar, BICOMS 프로세스와 같은 집적회로 프로세스를 이용해서 만들어지며, 초소형 기계 소자들은 이와 함께 이용할 수 있는 마이크로머시닝(micromachining) 프로세스를 이용하여 만들어진다. 마이크로머시닝 프로세스는 실리콘 웨이퍼의 일부를 선택적으로 식각(etch)해서 없애버리거나 기계적 혹은 전기기계적 장치를 만들기 위해 새로운 구조층을 더하는 프로세스를 말한다.

만약 MEMS가 미세 전자공학(microelectronics)뿐만 아니라 광학이나 나노기술 등과 같은 다른 기술들과 결합될 수 있다면, 더욱 흥미로와진다. 흔히 이런 것을 이종 결합(heterogeneous integration)이라고 하는데, 이러한 기술들에 대한 다양한 시장 기회가 있을 것으로 기대된다.

» 센서 시장 전망

사물인터넷 시대가 본격화하면서 센서 기술은 더욱 중요해지고 그만큼 관련 시장도 꾸준히 성장할 것으로 예상된다. 시장조사업체 가트너에 따르면, 2014년 세계 센서 시장은 351억 달러로, 전체 반도체 시장의 11% 정도를 차지하는 것으로 추정되고 있다. 이는 반도체 D램 시장과 비슷한 규모이다. LG경제연구소에 따르면, [그림 47]에 보이는 것처럼 세계 센서 시장은 2017년까지 56% 이상 성장할 것으로 예측된다.

국내의 경우, 센서 관련 기업 대부분이 광학 센서 등 특정 분야에만 편중돼 있다. 삼

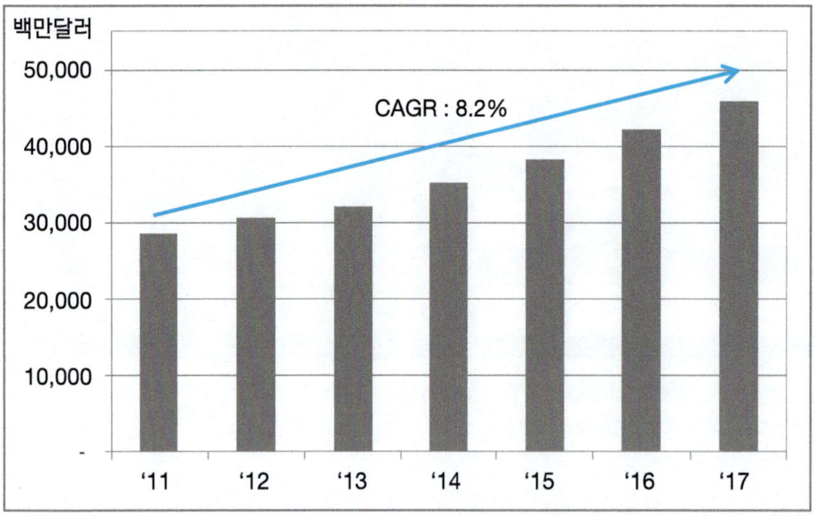

그림 47 센서 시장 전망 (출처: LG경제연구소)

성전자나 SK하이닉스 등은 스마트폰 카메라에 쓰이는 CMOS 이미지 센서 기술을 보유하고 있다. 그러나, 압력, 가속도, 온도, 생체신호 및 주파수 관련 기술들은 전무한 상황이다. 이에 산업통상자원부는 첨단 스마트 센서와 관련된 원천 기술을 확보하고 고급 인력 양성 및 유망 제품의 개발에 향후 6년간 1500억원을 투입할 예정이다. 미래창조과학부도 11개 사물인터넷 시범사업을 선정하고 센서 기술을 보유한 기업들을 지원하고 있다.

RFID(Radio Frequency IDentification)

» RFID의 역사

RFID(Radio Frequency IDentification)는 사물인터넷을 위해 일찌감치 사용되었던 핵심 기술 중의 하나로, 태그 리더가 방출하는 전자기 신호에 반응하는 작은 태그를 말한다. RFID 기술은 원래 제2차 세계대전 당시 영국군이 아군 전투기(Spitfire)와 적군 전투기를 구분하기 위해 처음으로 사용하였다 [88]. 즉, 전투기에 신호 발생기를 부착하여 지상의 레이더를 통해 구분할 수 있게 한 것이다.

제2차 세계대전 당시, 독일, 일본, 미국, 영국은 모두 수 마일 떨어진 곳에서 접근하는 전투기를 경고하기 위해 레이더를 사용하고 있었다. 문제는 어떤 전투기가 임무를 마치고 복귀하는 자국의 전투기고 어떤 전투기가 공격을 하기 위해 다가오는 적의 전투기인지를 구분할 수가 없었던 것이다.

이에 독일군은 기지로 귀환하는 자국의 전투기를 파악하기 위해 파일럿들로 하여금 전투기를 좌우로 롤링하도록 했다. 설마 하는 생각이 들지 모르겠지만, 이 방법은 반사되는 레이더의 신호를 변화시켰고 지상의 레이더 담당자에게 독일군 전투기임을 알릴 수 있었다. 나중에 설명하겠지만, 이는 근본적으로는 최초의 수동형 RFID 시스템이었던 것이다.

이즈음 영국은 1935년에 최초로 레이더를 발명한 스코틀랜드의 물리학자인 Robert Alexander Watson-Watt로 하여금 IFF(Identifi Friend or Foe)라는 최초의 능동형 RFID 시스템을 개발하는 프로젝트를 비밀리에 진행시켰다. 즉, 모든 영국군 전투기에 신호 발생기를 장착하도록 한 것이다. 이 신호 발생기는 지상의 레이더 기지로부터 신호를 수신하면, 해당 비행기가 자국의 비행기임을 규명하는 신호를 되돌려 보냈다.

RFID는 이와 동일한 방식으로 동작한다. 어떤 신호가 응답기(transponder)로 전송되면, 그 응답기는 깨어나게 되고 수신한 신호를 반사하거나 혹은 어떤 신호를 브로드캐스트하게 된다. 전자는 수동형 RFID에 해당하고 후자는 능동형 RFID에 해당된다.

이후 레이더와 RF 통신 기술의 진보는 꾸준히 이어졌고, 어떤 물건이 비용이 지불된 것인지 아닌지를 결정하는데 라디오 주파수를 이용하는 도난 방지 시스템에 최초로 상업적으로 이용되기 시작했다. 이 시스템은 1-bit의 메모리를 갖는 전자식 도난방지 감시(Electronic Article Surveillance) 태그를 이용하고 있다.

1970년대 이후부터는 현재 우리가 말하는 RFID 시스템들이 속속 만들어지기 시작

그림 48 레이더를 최초로 발명한 Robert Alexander Watson-Watt 경 (출처: Wired.com)

했다. 미국 정부는 방사능 물질을 운반하는 차량에 RFID 태그를 부착하고 안전시설의 출입문에 리더를 달아 승인된 트럭과 운전자만이 통과할 수 있도록 했다. 이 시스템은 이후 1980년대 중반에 지금 우리가 사용하는 하이패스(HiPass)와 같은 고속도로 이용료 자동정산 시스템에 도입되기 시작했다.

이후 목장에서 소에게 호르몬이나 약을 정확하게 주사하기 위해 수동형 RFID 태그가 개발된다. 각각의 소에게 적당한 양을 주사하고 실수로라도 두 번 주사하는 것을 막기 위함이었다. 이를 위해 UHF 주파수를 이용하는 수동형 RFID 시스템이 개발되었는데, 이 장치는 리더로부터 에너지를 얻어낸 후 후방산란(backscatter)이라는 기술을 이용하여 변조된 신호를 리더에게 재전송하게 된다.

이후 UHF보다 작은 응답기를 사용하는 저주파(low-frequency) 시스템이 개발된다. 125 KHz를 사용하는 이 시스템은 유리로 된 케이스에 넣어서 소의 피부에 삽입되어 이용되기 시작했으며, 아직까지도 이용되고 있다. 또한, 현재는 신용카드나 건물 출입용 신분증 등에 이용되고 있다.

125 KHz 시스템을 상업화한 기업들은 13.56 MHz 대역으로 이동했다. 이 주파수 대역은 당시 전세계적으로 거의 사용되지도 않았고 아무런 규제도 없었다. 고주파 대역이기 때문에 더 넓은 대역과 빠른 데이터 전송 속도를 제공할 수 있었다. 특히, 유럽에 있는 기업들은 컨테이너나 기타 자산의 위치를 추적하는데 이 시스템을 이용했다. 오늘날에도 13.56 MHz의 RFID 시스템은 출입 제어, 결제 시스템, 그리고 비접촉식 스마트카드 등에 사용된다.

1990년대 초에 IBM의 연구자들은 UHF 대역을 이용하는 RFID 시스템을 개발했다. UHF 대역은 더 멀리 떨어진 곳에 있는 태그를 인식할 수 있었으며, 데이터 전송 속도도 더 빨랐다. IBM은 1990년대 중반에 Wal-Mart와 파일럿 프로젝트를 실시하였으나 상업화되지는 않았다. 1999년에 Uniform Code Council, EAN International, Procter & Gamble, Gillette 등이 MIT 대학교에 Auto-ID Center를 설립하기 위해 투자를 하기 시작하면서 힘을 받기 시작한다. 이때, Kevin Ashton이 '사물인터넷(Internet of Things)'이라는 말을 처음 이용하게 되었다.

2003년이 될 때까지, Auto-ID Center는 주요 RFID 장비 제조사 및 100여 개 이상의 대기업 그리고 미국 국방성의 지원을 받게 되며, 호주, 영국, 스위스 등에 연구소를 개소하게 된다. 또한, 두 개의 air interface protocol인 Class 1과 Class 0, 전자제품코드(EPC, Electronic Product Code) 할당 체계, 그리고 인터넷을 통해 RFID 태그와 관련된 정보를 검색하는 네트워크 구조를 개발하게 된다.

이후 EPC 기술은 EPCglobal에 의해 상용화가 되고 월마트, 테스코, 타겟 등과 같은 대형 할인마트 및 미국 국방성에 의해 제품의 유통 과정을 확인하는데 사용되기 시작한다. 또한, 제약, 타이어, 국방 및 다른 산업에서도 이 기술을 적용하기 시작했다.

» RFID의 동작

RFID 시스템은 [그림 49]에 보이는 것과 같이 태그, 리더, 그리고 RFID 미들웨어의 세 가지 요소로 구성된다.

RFID 태그는 다시 칩(chip)과 안테나(antenna)로 구성된다. 칩은 내장하고 있는 메모리의 유형에 따라 고유한 일련번호나 다른 정보들을 저장한다. 태그의 메모리 유형은 읽기만 가능(read-only), 읽기-쓰기 가능(read-write), 혹은 한 번만 쓰기 가능(write-once and read-many)과 같은 세 가지 유형으로 구분된다 [89]. 읽기만 가능한 태그는 훨씬 저렴하게 생산할 수 있으며, 현재 대부분의 응용 분야에 이용되고 있다. 읽기-쓰기가 모두 가능한 태그는 태그에 저장되는 정보가 갱신될 필요가 있을 때 유용하다. 안테나는 칩으로부터 리더로 정보를 전송하는데 사용되며, 안테나의 크기가 크면 클수록 더 멀리 떨어진 곳에서 신호를 수신할 수 있게 된다.

RFID 태그는 식별하고자 하는 사물에 부착될 수도 있고 그 물체에 장착될 수도 있다. 또한, RFID 태그는 이동 가능한 리더 및 고정되어 있는 리더를 사용해서 스캔될 수 있다.

RFID 태그는 수동형 태그(passive tag), 능동형 태그(active tag), 그리고 반수동형 태그(semi-passive tag)와 같은 형태로 존재한다.

수동형 태그는 가장 단순한 RFID 태그의 유형으로 배터리와 같은 자체적인 전력원(power source)을 가지고 있지 않기 때문에, 먼저 리더와의 통신을 시작할 수 없다. 수

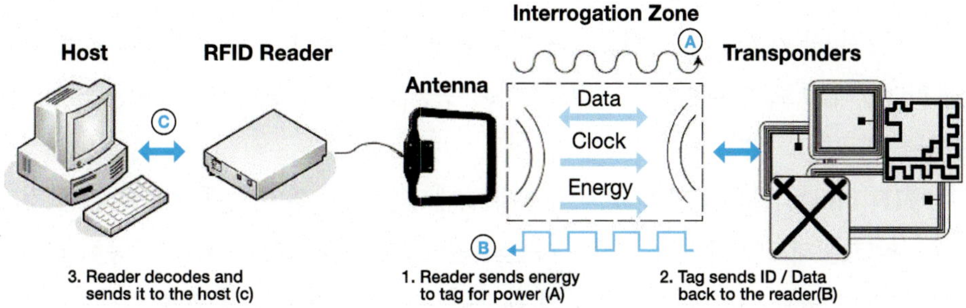

그림 49 RFID 시스템의 구성요소 및 동작

동형 태그는 리더로부터 전송된 에너지 파로부터 전력을 유도해서 응답하게 된다. 따라서, 수동형 태그는 전적으로 전력원을 리더에 의존하게 된다.

수동형 태그는 제한된 에너지를 이용해야 하므로 태그가 부착된 사물에 대한 고유한 식별자를 최소한으로 저장해야 하며, 이상적인 조건 하에서는 3~6미터 거리에서 읽혀질 수 있어야 한다. 수동형 태그는 생산 단가가 낮기 때문에, 세제통과 같이 쓰고 버릴 수 있는 저렴한 제품들에 적용될 수 있다.

수동형 태그의 가격은 사용되는 주파수, 저장 공간의 크기, 그리고 안테나의 디자인 등에 의해 달라진다. 수동형 태그는 저주파, 고주파, 초고주파, 극초단파 주파수 영역에서 동작할 수 있다. 수동형 RFID 태그는 주로 대규모로 사용될 목적으로 개발된다. 예를 들면 대중교통카드, 건물출입카드, 그리고 소비재 등이 해당된다.

능동형 태그는 수동형 태그와 달리 칩과 안테나 외에 자체적인 전력원과 송신기를 가지고 있다. 능동형 태그는 전형적으로 읽기/쓰기 기능을 모두 가지고 있어서 태그의 정보가 다시 씌여지거나 수정될 수 있다. 능동형 태그는 리더와의 통신을 개시할 수 있으며, 배터리의 전력에 따라 최대 200미터 이상의 거리에서도 통신을 할 수 있다.

능동형 태그는 수동형 태그보다 더 많은 하드웨어를 포함하고 있기 때문에 훨씬 비싸며, 따라서 먼 거리에서도 정보를 읽어야 하는 고가(高價) 제품들을 위해 사용된다.

반능동형태그(*semi-active tag*)라고도 불리는 반수동형 태그는 능동형 태그처럼 자체 배터리를 내장하고 있지만, 리더와의 통신을 먼저 개시하지 않는다. 반수동형 태그가 배터리를 포함하고 있는 이유는 외부의 환경 조건을 모니터링 한다든지 태그 내의 데이터 처리 등과 같은 기능들을 수행하기 위함이다. 배터리 수명을 유지하기 위해, 일부 반수동형 태그는 리더로부터 신호를 수신할 때까지 수면 상태로 있는다. 반수동형 태그는 컨테이너 안정 장치의 정보를 저장하는 경우처럼 센서에 연결될 수도 있다. 반수동형 태그의 가격과 통신 거리는 수동형과 능동형의 중간에 위치한다.

요약하면, 수동형 태그는 능동형 태그보다 훨씬 가볍고, 덜 비싸며, 사실상 무제한의 동작 수명을 제공한다. 단점으로는 능동형 태그보다 통신 거리가 짧고 더 높은 출력의 리더를 필요로 한다는 것이다. [표 10]은 수동형, 반수동형, 그리고 능동형 태그의 특징을 비교하고 있다.

RFID 리더는 일종의 판독 장치로 제대로 태그를 읽은 후 미들웨어에 그 값을 전달한다. 리더는 태그와 통신하기 위해 자신의 안테나를 이용한다. 안테나를 통해 라디오 신호를 쏘면(broadcast) 통신 범위 내의 태그들은 그 신호를 받고 응답을 하게 된다. 리

표 10 수동형 태그, 반수동형 태그, 능동형 태그의 특성 비교

	Passive Tags	Semi-Passive Tags	Active Tags
내장 배터리	없음	있음	있음
통신 거리	짧음(최대 6 m)	중간(최대 30 m)	김(최대 220 m)
통신 패턴	수동적	수동적	선제적
가격	저렴함	중간	비쌈
메모리 유형	Read-Only	Read-Write	Read-Write
태그 수명	최대 20년	2~7년	5~10년

더는 사용하는 주파수나 태그의 유형에 따라 보이지 않는 곳에 있는 태그와도 통신할 수 있다.

리더는 한번에 여러 아이템을 처리할 수 있다. 리더는 핸드헬드(handheld)형 디바이스와 같은 이동형일 수도 있고 POS 단말기와 같은 고정형일 수도 있다. 리더는 저장 용량, 처리 능력, 그리고 리더가 이용하는 주파수에 의해 구분된다.

RFID 리더는 RF 인터페이스와 제어부와 같은 기능 블록들로 구성된다. RF 인터페이스는 리더의 주요 부분으로 다음과 같은 세 가지 기능을 수행한다.

- 고주파 전력을 생성함으로써 RFID 응답기에 전력을 공급
- 신호를 변조하여 응답기로 전송
- 응답기로부터 신호를 수신하고 역변조

RFID 리더의 제어부는 다음과 같은 기능을 수행한다 [90].

- 응용 소프트웨어와의 통신과 응용 소프터웨어로부터의 명령 실행
- 태그와의 통신 제어
- 신호의 코딩과 디코딩
- 충돌방지 알고리즘의 수행
- 태그와 리더간에 전달될 데이터의 앙호화와 암호 해독
- 태그와 리더간의 인증 수행

일반적인 시스템에서 미들웨어(Middleware)는 시스템의 서로 다른 계층 사이에 존재하

여 상위계층이 다양하고 이질적인 장치나 네트워크 혹은 기능 모듈들 사이에서 데이터 교환이 가능하도록 해주는 소프트웨어를 말한다. RFID 시스템에서 미들웨어는 사용되는 RFID 리더의 유형에 상관없이 상위 어플리케이션이 서비스를 제공할 수 있도록 해주는 역할을 한다 [91].

RFID 미들웨어는 이기종의 RFID 리더를 관리하는 기능 외에도 RFID 데이터를 처리하는 기능 및 응용 시스템과의 연동 기능을 제공한다. 동시에 다수의 RFID 리더에서 전송되는 데이터를 처리하기 위해서는 실시간으로 대용량의 데이터를 수집하고 필터링한 후 처리할 수 있어야 한다. 또한, 다수의 RFID 리더를 지원하고 다양한 응용 시스템과의 연동을 위해서는 뛰어난 확장성과 데이터의 분산처리 능력, 장애 대응 능력 등이 요구된다.

» RFID 시스템의 동작 주파수

RFID 태그는 여러 주파수 대역에서 동작한다. 이용되는 주파수 대역 대부분은 ISM 대역에 포함된다. RFID 주파수들은 다음의 세 가지 영역으로 구분된다.

- *Low Frequency*(*LF*, **저주파**): 이 영역은 통상적으로 30~500 KHz 대역을 나타내지만, 125~134 KHz가 가장 일반적으로 사용되는 영역이다. 주로 가축 관리, 자동차 도난방지, 출입 관리, 자산 관리 등의 분야에 이용된다. 액체가 있거나 전기적인 잡음이 있는 곳 혹은 금속체에 태그가 부착되는 경우 LF 태그가 주로 이용되며, 빠르게 태그를 읽지 않아도 되는 경우에 적합하다. 대부분의 LF 시스템은 태그 내부에 내장 배터리 없이 동작하며, 따라서 가격이 싸고 통신 거리가 짧은 특징이 있다.
- *High Frequency*(*HF*, **고주파**): 10~15 MHz 영역이 고주파 영역에 해당되나, RFID 기반의 스마트 카드가 이용하는 13.56 MHz가 가장 많이 이용된다. HF 시스템의 가격은 비싸지 않으나 LF 시스템보다는 비싸며, LF 시스템보다 더 긴 통신 거리와 더 빠른 통신 속도를 제공한다. 출입 관리나 스마트 카드 등의 분야에 주로 사용된다.
- *Ultra High Frequency*(*UHF*, **초고주파**): 400~1000 MHz의 주파수 대역과 2.4~2.5 GHz의 극초단파 대역이 UHF 영역에 해당한다. UHF 시스템은 LF 나 HF 시스템에 비해 훨씬 비싸지만, UHF 태그는 인식 거리와 인식 속도 그리고 동시에 여러 태그를 읽을 수 있는 능력들 사이에서 가장 좋은 균형감을 제공하기

때문에 제품 단위의 추적에 가장 적합한 것으로 알려져 있다. 그러나, UHF 시스템은 다른 시스템들과는 달리 리더와 태그 사이에 가시선(line-of-sight)이 확보되어야만 한다. UHF 시스템은 인식 거리가 매우 길어 철도차량 추적이나 통행료 징수 등과 같은 분야에 사용된다. 극초단파 대역은 블루투스나 와이파이 등과 같은 다른 시스템에도 많이 사용되고 있다.

» RFID 시장

시장조사 및 IT 컨설팅 전문기업인 IDTechEx에 의해 실시된 조사에 따르면 태그, 리더, 소프트웨어, 서비스를 포함한 RFID 시장은 2013년 78.8억 달러 규모에서 2014년 92억 달러 규모로 17% 성장할 거라고 한다 [116]. 주로 능동형 RFID/RTLS 시스템 분야가 가장 큰 비중을 차지할 것이다. IDTechEx는 2024년 RFID 시장 규모는 2014년보다 3배 이상 큰 300억 달러에 달할 것으로 전망하기도 했다.

NFC(Near Field Communicaion)

NFC(Near Field Communication) 기술은 센서 기술로 분류되기도 하고 근거리 통신 기술로 분류되기도 한다. M2M 통신 기술을 다룬 책들에서는 대부분 통신 기술로 분류하고 있으나, 필자는 센서 기술로 분류하고자 한다. NFC를 센서로 봐야 하는 것은 NFC를 통해 데이터를 교환하는 것보다는 지정된 서비스나 기능을 기동(trigger) 시키는 역할이 더 크고 데이터의 전달은 아주 제한적이거나 혹은 그러한 행위의 결과로 수반되기 때문이다.

NFC는 13.56 MHz의 주파수 대역을 이용하는 RFID의 일종이다. 최대 424 Kbps의 속도로 통신이 가능하다. 일반적으로 RFID가 사물에 부착되는 것과는 달리, NFC는 사물뿐만 아니라 스마트폰을 비롯한 다양한 모바일 기기에 포함되어 10cm 이내의 아주 가까운 거리에서 비접촉식으로 통신을 할 수 있게 해준다. 또한, 기존의 비접촉식 스마트카드 기술 및 RFID와의 상호 호환성도 제공한다.

원래는 2002년에 Sony와 NXP에 의해 관련 기술이 개발되었으나, 2003년 NFC 통신규격에 대한 국제표준제정(ISO/ISE 18092)과 2004년 NFC포럼의 설립으로 비로소 NFC라는 용어가 공식적으로 사용되기 시작했다. 그 이전에는 비접촉식 스마트카드 기술의 범주에 포함되었는데, 당시 13.56 MHz 대역을 이용하는 무선통신기술들이 이에 해당되었기 때문이다.

블루투스나 와이파이와 같은 다른 무선 통신 기술들과 비교할 때, NFC는 더 느린 통신속도와 더 짧은 통신거리를 제공하지만, 비용이 싸고 별도의 전원이 필요 없는 장치와도 연결하여 이용할 수 있으며 장치간의 검색 및 페어링이 필요 없다는 장점을 가지고 있다. 또한, 동작 거리가 짧기 때문에 관심이 있는 이용자들만을 대상으로 효과적인 Pull형 마케팅을 할 수 있으며 [92], 안전하게 모바일 카드 결제까지 연계할 수도 있다는 것이 장점이다.

» NFC의 구성 및 동작

NFC 단말 내부에는 [그림 50]에 보이는 것처럼, NFC 칩, 안테나, NFC 기반 USIM 등이 탑재되어 있다. NFC 칩은 NFC와 관련된 데이터의 송수신 및 다른 어플리케이션이나 하드웨어의 제어를 담당한다. 안테나는 13.56 MHz의 RF를 송수신하는 역할을 한다. 보안 모듈(Secure Element)은 결제 및 이용자와 관련된 정보를 관리하는 기능을 담당한다.

NFC를 RFID 칩과 구분주는 것이 보안 모듈이라 할 수 있다. 따라서, 보안 모듈의 위치는 NFC에서 매우 중요한 이슈다. 먼저, 보안 모듈은 단말기 내부의 메모리나 NFC 칩에 탑재될 수 있다. USIM이 필요 없지만, 단말기를 변경하는 것이 매우 불편하다. 보안 모듈을 외장 메모리에 탑재할 수도 있는데, 통신사나 단말기 선택이 자유롭지만 별도의 슬롯에 장착이 되므로 분실 위험이 크다. 마지막 방식은 USIM에 보안 모듈을 포함시키는 방식인데, 보안성은 뛰어나지만 통신사에 종속되는 문제가 있다.

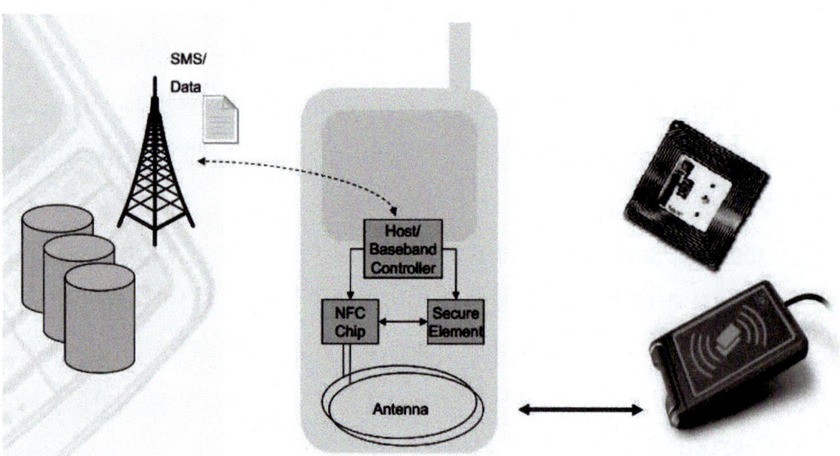

그림 50 NFC 디바이스의 구성 [95]

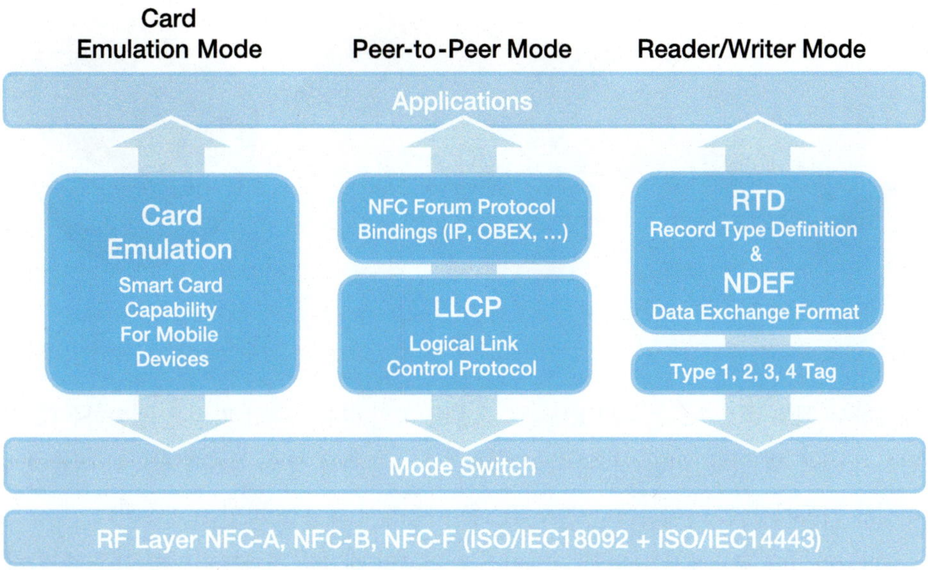

그림 51 NFC의 세 가지 동작 모드 (출처: NFC Forum)

NFC는 능동 통신 모드(Active Communication Mode)와 수동 통신 모드(Passive Communication Mode)를 지원한다. 능동 통신 모드에서는 리더(Reader)와 리더 사이의 통신이 이루어지며, 두 단말 중의 하나가 리더 역할을 하는 Initiator가 되고 나머지 단말이 태그 역할을 하는 Target이 된다. Initiator 역할을 하는 단말이 데이터를 송신할 때는 고주파 전자기장을 비활성화 시킴으로써 Target 기기처럼 동작하게 된다. 수동 통신 모드에서는 하나의 NFC가 RFID 태그와 같은 기능을 한다. 즉, RFID 태그 역할을 하는 Target 단말은 Initiator 역할을 하는 NFC 단말이 제공하는 전기장에 의해 전력을 공급받아 동작을 하게 된다.

NFC는 [그림 51]에 보이는 것처럼 데이터 교환(Data Exchange), 리더/라이터(Reader/Writer), 그리고 태그 에뮬레이션(Tag Emulation)과 같은 세 가지 모드로 동작한다.

NFC P2P 모드라고도 불리는 데이터 교환 모드에서는 디바이스들 사이에서 데이터를 교환하기 위해 양방향 커넥션이 설정된다(ISO 10892). 즉, 두 NFC 단말 모두 리더로 동작하여 단말들 사이에서 파일 교환 등 데이터 전송이 가능해진다. 두 대의 스마트폰을 이용하여 사진이나 음악 파일을 교환하는 경우가 이에 해당한다. 능동 통신 모드로써 데이터 전송을 위해 독자적인 RF 필드를 생성해야 하므로 전력소모량이 크다.

이 모드를 이용해서 대용량 파일을 교환하는 것도 물론 가능하다. 그러나, NFC가

그림 52 최근에 출시된 NFC 적용 제품

제공하는 최고 통신속도는 424 Kbps로 대용량 파일이나 다수의 파일을 전송하는데 적합하지 않을 수 있다. 이런 경우는 보통 NFC를 이용해서 상대 기기에 설치된 어플리케이션을 기동시킨 후 와이파이나 블루투스를 이용해서 대용량 파일을 전송한다.

리더/라이터 모드에서 모바일 디바이스는 외부의 태그나 스마트카드를 읽을 수 있다(ISO14443). 스마트폰을 이용하여 포스터나 버스정류장 안내판에 부착되어 있는 RFID 태그를 인식하는 경우에 해당한다.

태그 에뮬레이션 모드에서 스마트 디바이스를 마치 태그나 스마트카드처럼 보이게 한다. 따라서, 리더는 스마트 디바이스를 스마트카드로 인식하게 된다. 이 경우 스마트 디바이스는 여러 스마트카드를 포함할 수 있다. 교통카드가 대표적인 이용 사례다.

» NFC 표준화 현황

NFC의 주요 용도는 모바일 결제로써, 현재 모바일 결제와 관련된 표준화는 GSMA와 3GPP에서 추진 중에 있다. 소니, 노키아, 필립스 등이 2004년에 설립한 NFC 포럼은 은행, 통신업체, 제조업체를 중심으로 협업체제를 구축하여 표준화에 주도적인 역할을 하고 있으며, NFC 포럼에서 개발한 '무선접속 인터페이스/프로토콜' 등 관련 사항은 국제표준(ISO/IEC)으로 채택되기도 했다 [93].

표 11 NFC 표준화 동향 [94]

구분	내용
ISO/IEC 18092(2004.04)	NFC 인터페이스, 프로토콜 규격(NFCIP-1)
ISO/IEC 21481(2005.01)	확장 규격 및 구현 스팩(NFCIP-2)
ISO/IEC 23917(2005.11)	NFC 프로토콜 시험 방법

우리나라는 RFID 관련 사항에 대해 표준화 작업을 진행하고 있고, NFC 기반 기술과 관련된 직접적인 표준화 활동은 다소 미흡한 상황이다. 2006년 12월 기술표준원에서 NFC 프로토콜 구현 스팩, 시험에 대한 국제표준(ISO/IEC 21481, 23917)을 국가표준(KS)으로 도입하였고, 2014년까지 NFC 응용기술로 '무선전력전송 IT 연동 시스템' 표준을 TTA 709 PG에서 제정하기 위한 작업을 진행 중에 있다.

NFC 표준과 관련된 자세한 내용 및 이를 바탕으로 한 개발 관련 자료는 NFC Forum 홈페이지(http://nfc-forum.org) 및 OPEN NFC™(http://open-nfc.org)를 참조하기 바란다.

» 시장 동향 및 주요 사업자

NFC 기술은 스마트폰의 확산과 함께 애플 계열을 제외한 대부분의 스마트폰 및 태블릿 단말에 적용되고 있다. (애플도 아이폰6 이후의 모델부터 NFC를 채용하기 시작했다.) IDTechEx의 자료에 따르면 85%의 스마트폰과 태블릿이 NFC를 포함하고 있다. 모바일 지급결제, 정보 제공 분야에 주로 활용되고 있으나 SNS와 연계하거나 커머스에 연동되는 등 다양한 산업 분야로 확산되고 있으며, 최근에는 [그림 52]에 보이는 것처럼 LG전자의 포켓포토나 삼성전자의 프린터, 쿠첸의 압력밥솥 등 적용 분야가 확대되고 있다.

NFC 관련 칩셋은 NXP 반도체(舊 필립스), 브로드컴 등 소수의 제조업체가 전세계

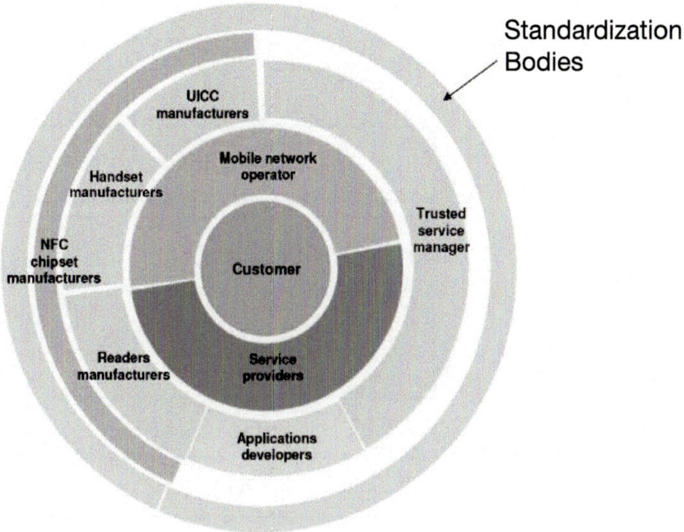

그림 53 NFC Ecosystem [95]

시장의 80%을 선점하고 있다. 또한, 반도체 어플리케이션 제조사인 STMicroelenic은 PC, 모바일, 패드에 적용 가능한 하드웨어 및 소프트웨어 통합 패키지 제품으로 세계 시장에 진출하였으나, 국내 교통카드 시장의 80% 정도를 점유하고 있는 것으로 파악된다 [93]. 또한, Inside Contactless는 휴대폰 외 가전제품, 스마트카드 등 다양한 단말에 최적화된 소프트웨어 및 보안기술을 제공하고 있다.

비콘(Beacon)

일반적으로 비콘(Beacon)은 무선 신호를 방송하는 작은 장치를 총칭하는 말이다. 능동형 RFID 태그처럼 일정한 주기로 정해진 신호를 방송하는 것으로 이해할 수 있다. 그러나, 사물인터넷 분야에서 비콘이라 함은 뒤에서 설명할 블루투스 LE(BLE) 기술을 이용하여 주기적으로 자신의 위치 정보 혹은 사전에 저장된 정보를 방송하는 장치들을 말한다.

비콘과 더불어 자주 언급되는 아이비콘(iBeacon)이라는 것이 있는데, 이 역시 블루투스 LE 기술을 이용하는 비콘의 일종으로 애플의 독자적인 스팩이 반영된 애플의 마케팅적인 용어(trademark)다. 물론 [그림 54]에 보이는 것처럼, iOS 어플리케이션들이 블루투스 LE 함수들을 손쉽게 이용할 수 있도록 블루투스 LE의 프로토콜 스택 위에 코어블루투스(Core Bluetooth)라는 클래스 집합을 두고 있다는 것은 블루투스 LE 기반의 일반 비콘과는 다른 점이다.

비콘 장치는 능동형 RFID 태그와 마찬가지로 주기적으로 비콘 신호를 방송함으로써 근처에 있는 블루투스 LE를 지원하는 다른 디바이스들에게 푸시 알림(push

그림 54 애플 아이비콘의 구조

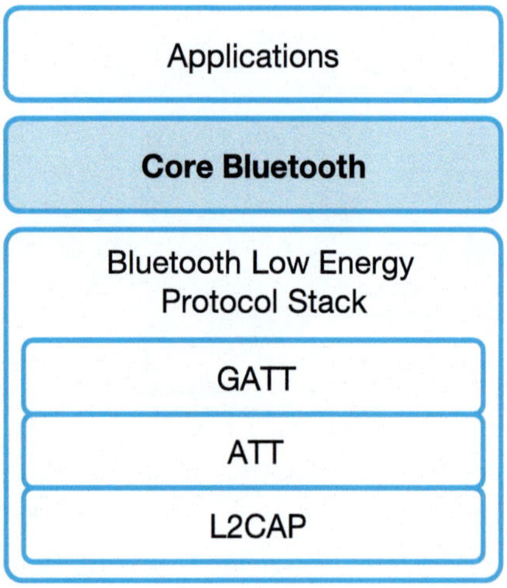

notification)을 보낼 수 있다. 즉, 비콘에서 일정 거리 안에 있는 블루투스 LE를 지원하는 스마트폰과 같은 장치들은 자신의 주변에 특정한 비콘 혹은 그 비콘과 연관된 사물이 있다는 것과 그 비콘이 스마트폰에 설치된 특정한 어플을 기동시키려 한다는 것을 알게 된다.

이러한 기능은 지역감시(region monitoring) 기능과 거리측정(ranging) 기능에 의해 가능해진다. 지역감시 기능은 일종의 인접확인(proximity aware) 혹은 지오펜싱(geo-fencing) 기능으로 블루투스 LE를 지원하는 장치 근처에 비콘이 존재하고 있는지를 알 수 있게 해주는 기능이며, 거리측정 기능은 비콘의 존재 여부가 확인된 이후에 얼마나 가까운 곳에 해당 비콘이 존재하는지를 알 수 있도록 하는 기능이다.

이러한 기능을 위해 블루투스 LE는 UUID(Universally Unique IDentifier)와 Major, Minor, RSSI(Received Signal Strength Indication)와 같은 값들을 이용한다. 128비트의 UUID는 비콘이 적용되는 동일한 지역에 대해 같은 값을 갖게 되며, 16비트의 Major 및 Minor 필드값을 이용하여 동일한 지역에 있는 비콘들을 구분하게 된다. 일반적으로, Major 값은 UUID가 가리키는 지역 내의 작은 지역을 구분하는데 이용되며, Minor 값은 UUID와 Major 값에 의해 구분되는 작은 지역 내의 더 작은 지역을 가리키는데 이용된다.

[그림 55]에 보이는 것처럼 코엑스몰과 같은 쇼핑몰을 예로 들면, 코엑스몰 내에 설치되는 비콘 장치들은 모두 동일한 값의 UUID를 갖게 된다. 즉, 쇼핑몰 입구, 매장1, 매장2(서점), 매장3 등 쇼핑몰 내에 설치된 모든 비콘의 UUID는 동일하다. 그리고, 쇼핑몰 내의 서점에 설치된 비콘들은 다른 비콘들과 구분되는 Major 값을 가짐으로써

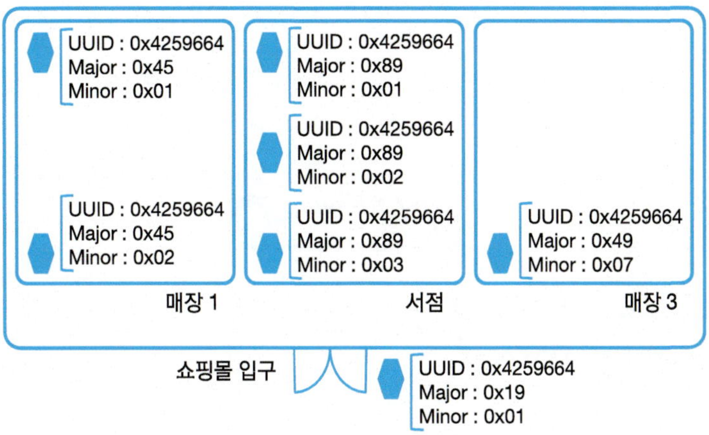

그림 55 비콘의 적용 예시

다른 매장들의 비콘들과 구분되게 된다. 또한, 서점 안의 특정한 코너들은 서로 다른 Minor 값에 의해 구분되게 된다.

지역 감시 기능은 동시에 20개의 비콘으로 한정되며 비콘 신호를 수신하는 장치에서 백그라운드로 동작할 수 있다. 이 기능을 이용하면, 비콘 신호를 수신하는 어플리케이션에게 해당 디바이스가 특정 지역으로의 진입 혹은 이탈하고 있음을 알려줄 수 있다. 이러한 기능은 어플리케이션이 백그라운드로 동작하거나 스마트폰이 잠겨 있어도 상관없다.

이와 같은 방식으로 스마트폰이 특정 비콘 주변에 진입하게 되면 그 때부터는 거리측정을 할 수 있다. 거리측정은 블루투스 LE의 수신신호, 즉 RSSI 값을 이용해서 이루어진다. 수신신호세기 값을 이용해서 거리를 구하는 방법은 아래에 보이는 자유공간에서 전파의 손실에 대한 Friis의 공식을 이용해서 구할 수 있다 [53][54][80].

$$RSSI = -(10nlog_{10}d + \mathrm{A})$$

그러나, 수신신호세기 값을 이용한 거리 측정은 그리 정확한 편이 아니다 [54][80]. 비콘이 설치된 주변 환경이나 비콘과 동일한 주파수를 이용하는 와이파이와 같은 다른 장치들의 간섭에 의해 크게 출렁일 수 있다. [그림 56]는 아이비콘 제품을 제공하는 Estimote에서 테스트한 결과로 비콘 신호를 이용한 거리추정 값이 시간에 따라 크게 요동치고 있는 것을 보여주고 있다. 필자의 경험에 의하면 비콘과 단말기 사이의 거리가 멀면 멀수록 오차의 크기도 더 커진다. 물론, 여러 비콘에서 수신되는 값을 이용하

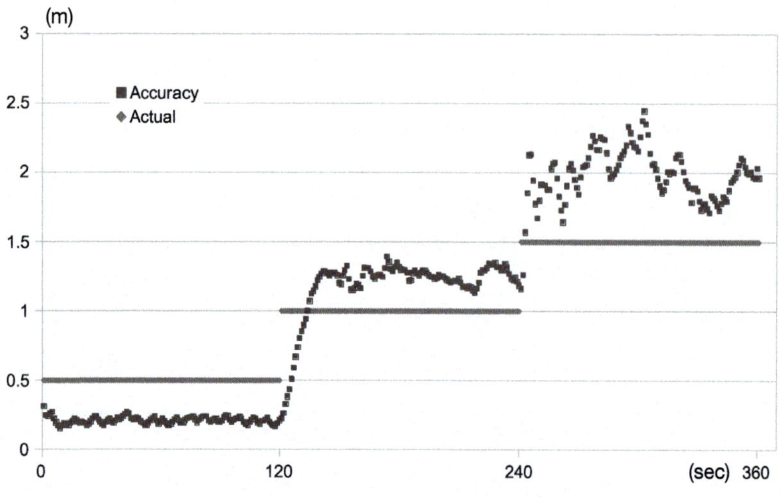

그림 56 비콘 신호를 이용한 거리 측정 (출처: The Shine blog)

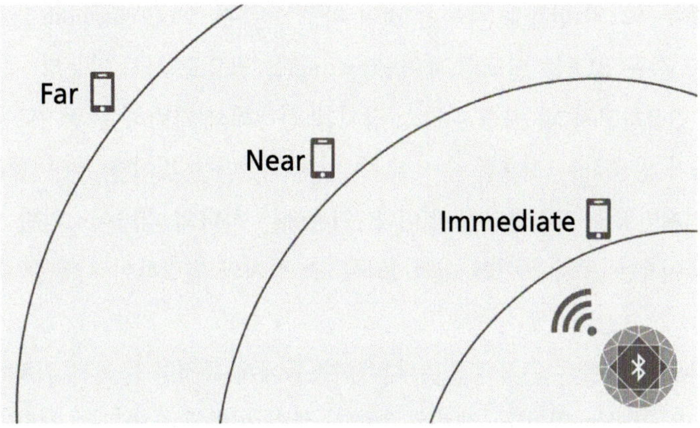

그림 57 블루투스 LE 기반의 비콘에서의 거리 구분

여 스마트폰의 더 정확한 위치를 확인하는 것도 가능하기는 하다.

따라서, 비콘을 이용하는 어플리케이션에서는 신호를 보내는 비콘과 수신 디바이스 사이의 거리가 몇 미터 떨어져 있다는 식으로 거리값을 이용하기 보다는, [그림 57]에 보이는 것처럼 두 디바이스의 거리를 아주 가까운(immediate), 근처의(near), 그리고 먼(far)과 같은 3개의 거리 영역으로 표현한다. 두 디바이스의 거리가 불과 몇 센티미터 밖에 되지 않는 경우 아주 가깝다고 하며, 수 미터 내외일 경우 근처에 있다라고 한다. 또한 10미터 이상 떨어져 있을 경우 멀다고 하는 식이다. 따라서, 비콘에 가까이 있는 정도에 따라 어플리케이션은 각각 다른 상호작용을 수신할 수 있다. 비콘의 최대 전송 거리는 50미터 정도라고 이야기되지만, 비콘 장치가 설치되는 장소나 위치 및 주변 장애물에 따라 크게 달라진다.

이러한 기능들은 비콘 장치가 일정한 간격으로 비콘 신호를 방송함으로써 가능해진다. 비콘 신호의 전송 빈도와 세기는 비콘의 설정에 따라 달라지며, 아무리 블루투스 LE가 저전력 기술이라고는 하지만 배터리 수명에 커다란 영향을 미친다. 또한, 빈번한 신호 전송은 다른 블루투스 장치들의 통신 품질에 심각한 영향을 미치는 간섭현상을 야기할 수도 있다. 따라서, 이러한 값들은 사전에 지정된 값을 이용하기도 하고 개발자에 의해 변경될 수도 있다. 보통 1초에 1회에서 10회 정도 신호를 송출한다.

사실 블루투스가 발표된 이래로 많은 회사들이 이러한 기능들을 이용하여 블루투스를 광고(마케팅) 목적으로 이용하는 것에 대해 관심을 가지고 있었고, 몇몇 기업들은 이를 실천에 옮기기도 했다. 하지만, 결정적인 문제가 있었으니, 기존의 블루투스 기술은 모르는 장치에 대해서는 메시지를 브로드캐스 하지 않는다는 것이다.

이러한 블루투스의 한계를 극복한 것이 바로 블루투스 LE(Bluetooth Low Energy)다. 블루투스 LE 혹은 BLE는 별도의 페어링(pairing)을 필요로 하지 않는다. 즉, 기존에 스마트폰에서 연결하고자 하는 블루투스 장치를 선택해서 클릭하는 번거로움 없이도 비콘 디바이스가 방송하는 신호를 수신할 수 있게 되었다는 것이다. 두 번째는 블루투스 4.0부터 멀티페어링을 지원한다는 것이다. 기존에는 하나의 디바이스와만 연결하여 이용하였으나, 이제는 동시에 여러 대의 블루투스 장치와 연결하여 사용할 수 있기 때문이다.

비콘의 유일한 역할은 근처에 있는 디바이스들에게 특정한 물리적 위치에 자신이 존재하고 있음을 알리는 것이다. 비콘은 정해진 주기 이외에는 별도로 알림 신호를 내보내지도 않으며 적극적으로 근처의 사용자들을 추적하지도 않는다. 비콘을 지원하는 디바이스 상의 어플이 근처의 비콘 신호를 탐지하게 되면, 그 이후의 모든 로직들을 처리해야만 한다. 그러나, 때때로 비콘의 포괄속성 프로파일(Generic Attribute Profile) 서비스로부터 배터리 잔량이나 제조사와 관련된 값들을 가져오기 위해 사용자 디바이스가 비콘에 연결되기도 한다.

블루투스 LE의 장점은 아주 적은 전력을 이용한다는 것이다. 작은 수은전지나 AA 배터리 하나만으로도 비콘 장치를 2년 이상 작동시킬 수 있다. 블루투스 LE 기술은 대부분의 스마트폰에 표준 사양으로 포함되고 있으며, iOS7을 지원하는 애플 계열의 단말 및 블루투스 4.0과 안드로이드 4.3 이후의 버전을 지원하는 안드로이드 장치 등에서 이용 가능하다. 또한, [그림 58]에 보이는 것처럼 블루투스 LE를 지원하는 다양한 비콘 장치들도 시장에 출시되어 있다.

비콘이 사용하는 블루투스 LE 기술은 분명히 배터리를 조금밖에 이용하지 않는 기술임에는 틀림이 없다. 그러나, 이것은 비콘 디바이스에 관련된 이야기일 뿐이다. 비콘

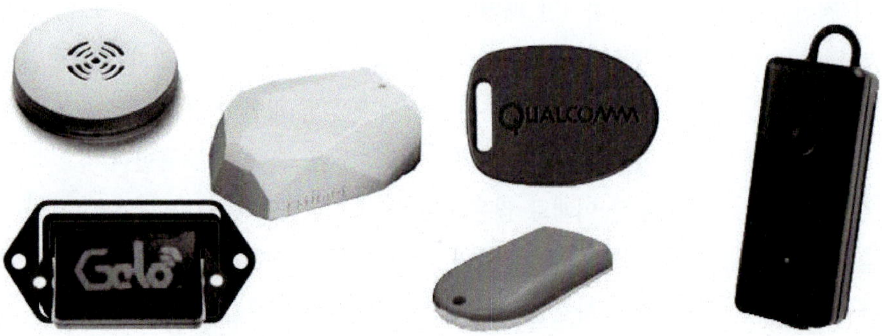

그림 58 블루투스 LE를 지원하는 다양한 비콘 장치

을 이용하기 위해 스마트폰의 블루투스를 활성화시키면, 스마트폰의 블루투스가 LE 모드뿐만 아니라 일반 모드에서도 동작할 수 있으며 생각보다 많은 배터리를 소모하게 된다.

비록 NFC의 이용 환경이 비콘의 그것과는 매우 다르고 응용분야들도 비콘과는 겹치지 않는 것들이 많지만, NFC는 비콘과 자주 비교가 된다. 그러나, NFC와 비콘은 여러 가지 다른 특성들을 가지고 있다. NFC의 최대 통신 거리는 약 20 cm이지만 실제로는 4~5 cm 이내의 거리에서 이용된다. 반면, 비콘은 이보다 훨씬 먼 거리에서 이용할 수 있다. 수동 혹은 능동 모드로 동작할 수 있는 NFC가 수동 모드일 때는 리더 장치로부터 NFC 태그에 전력이 전달된다. 반면, 비콘의 경우 항상 배터리를 이용해야만 한다. 따라서, 애플 계열의 아이폰을 제외하고는 최근에 출시되고 있는 대부분의 스마트폰은 블루투스 4.0 LE와 NFC를 모두 지원한다.

블루투스 LE의 대표적인 응용 분야는 상점에서 사용자의 위치를 정확히 찾아낼 수 있는 무선 센서 비콘이다. 비콘은 근처의 판매 중인 상품들이나 고객들이 찾고 있을지도 모르는 상품들에 대한 공지를 전달해 줄 수 있다. 또한, 대형 쇼핑몰과 같은 실내 공간에서 길안내(indoor navigation) 목적으로 이용될 수도 있다. 게다가, 어떠한 판매지점에서도 스마트폰에 저장된 신용카드 정보를 이용하여 손쉽게 결제할 수 있도록 함으로써, 고객의 지갑이나 신용카드를 꺼낼 필요 없이 비용을 지불할 수 있도록 한다. 따라서, 잠재적인 NFC의 경쟁자로 이야기되곤 한다.

이러한 이유로 많은 전문가들은 비콘 센서가 유통 산업에 커다란 영향을 미칠 것으로 기대하고 있다. 그러나, 필자의 생각은 조금 다르다. 블루투스 LE를 이용하지는 않았지만, 미국의 샵킥(ShopKick)이나 국내 LG유플러스의 딩동(DingDong)처럼 비콘과 동일한 개념의 장치 및 마케팅 솔루션들이 이미 존재하고 있고 대부분이 큰 성공을 거두지 못하고 있기 때문이다. 이러한 솔루션들이 비콘이 제공하는 것과 같은 기능들을 제공하지 못했기 때문에 성공하지 못한 것은 아니라고 생각한다.

비콘과 유사한 기존의 서비스들이 성공하지 못한 이유는 몇 가지 측면에서 생각해 볼 수 있다. 우선 비콘은 매장 방문자(서비스 대상)의 입장보다는 매장주(서비스 공급자) 관점에서 이야기되고 있다. 매장주들이 알리고자 하는 제품이나 프로모션과 관련된 정보들은 매장 방문자들에게는 정보가 될 수도 있지만, 동시에 스팸이 될 수도 있다. 쇼핑몰에 들어가는 순간 '우리 쇼핑몰에 오신 것을 환영합니다!'라는 메시지가 스마트폰에 뜬다면 사용자는 오히려 스마트폰의 블루투스 기능을 꺼버릴 가능성이 크다. 많은 쇼퍼들은 점원들의 간섭조차 꺼려하기 때문이다.

게다가, 포인트나 리워드를 받기 위해서 매장주들은 전화번호나 이메일 주소와 같은 개인정보를 요구하기도 한다. 아무리 개인정보가 인터넷에 떠돌아다닌다고는 하지만, 얼마 되지 않는 포인트나 리워드를 받기 위해 개인 정보를 제공하는 것을 달가워하지는 않을 것이다.

또 다른 이유는 배터리 소모다. 앞에서도 언급한 것처럼, 비콘 센서 자체는 저전력의 혜택을 톡톡히 볼 수 있을지 모르지만, 블루투스 지원 장치들은 (특히 블루투스 클래식 모드에서 동작할 때) 끊임없이 스마트폰의 전력을 갉아먹을 수 있다. 이는 사용자들로 하여금 불필요할 때는 블루투스를 꺼놓도록 만들 가능성이 크며, 결과적으로 매장주들이 원하는 만큼의 마케팅 효과를 얻기가 어려울 수도 있다. 물론, 최근 블루투스로 스마트폰과 연결되는 다양한 주변기기들이 등장하여 항상 블루투스를 켜놓을 수도 있지만, 비콘과 연동되는 기능들은 대부분 이용자가 해당 기능을 선택하는 옵트인(Opt-in) 방식으로 설계되며 언제라도 Disable 시킬 수 있어야 할 것이다.

마지막으로, 조심스러운 이야기이기는 하지만, 중소 유통업에 종사하는 매장주들의 경우 컴퓨터나 스마트폰 이용에 어려움을 많이 느낀다. 즉, 어떤 제품에 대한 정보나 프로모션 쿠폰을 제공하고자 하더라도, 비콘 센서 기반의 마케팅 툴을 이용하여 이러한 내용을 구성하고 소비자에게 전달하는데 큰 어려움을 겪는 일이 많다.

따라서, 막연한 기대만으로 비콘이 마케팅을 위한 유용한 솔루션이 될거라고 이야기하기 보다는 이곳에서 언급된 이슈들을 해결하기 위한 노력을 기울이는 것이 더 바람직할 것이다. 특히, 매장 방문자들의 경우 본인이 관심 있는 제품에 대해서는 사용자평이나 인터넷 상의 가격을 확인하는 용도로 활용할 가능성이 있으므로, o2O(online-to-Offline) 모델처럼 모바일 결제와 더불어 온라인과 오프라인을 잘 연계한다면 다양한 성공 기회를 발견할 수 있으리라 생각한다.

비콘 디바이스 제조와 관련해서는 벌써부터 많은 사업자들이 관련 제품을 출시하고 있는 상황이며, 이는 곧 급격한 가격 파괴를 불러오리라 예측한다. 현재 개당 3~5만원 정도 하는 비콘 디바이스의 가격은 조만간 몇 천원 수준으로 떨어질 것이며, 사업모델에 따라서는 무료로 비콘 디바이스를 제공하는 사업자들도 나타날 것으로 예상된다. 따라서, 기본적인 어플리케이션과 센서를 공급하기 보다는 매장주 및 매장방문자들에게 어필이 될 수 있는 솔루션 개발 및 비콘 디바이스 판매라는 단순한 사업모델에서 벗어나기 위한 노력을 해야 할 것이다.

엑추에이터(Actuator)

센서가 데이터를 생성하는 역할을 한다면, 엑추에이터(actuator)는 클라우드나 다른 디바이스에서 받은 데이터를 이용하여 디바이스를 움직이거나 제어하는데 사용되는 장치 혹은 소자를 말한다. 간단히 [그림 59]에 보이는 것과 같은 RC 완구에 들어가는 모터나 스마트폰의 진동 모터를 생각하면 된다.

전통적으로 엑추에이터는 어떤 기계장치나 시스템을 움직이는 데 사용되는 모터나 혹은 모터의 회전운동을 직선운동이나 왕복운동으로 변환시키는 장치들을 의미했다. 그러나, 최근에는 전기적인 신호는 물론 전자기(electro-magnetic)나 열전기(thermo-electric) 등에 반응을 보이는 모든 장치나 소자도 엑추에이터로 생각한다.

그림 59　일반적인 모터와 스마트폰용 진동 모터

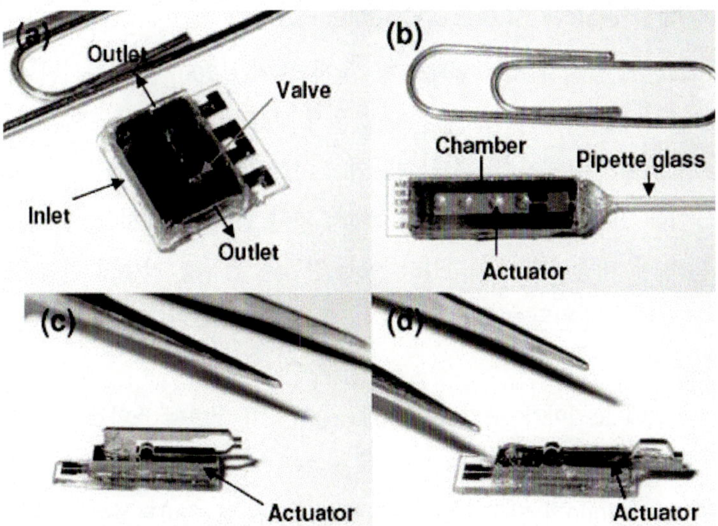

그림 60　마이크로 엑추에이터(microactuator) : (a) 밸브 (b) 피펫 (c) 집게 (d) 피펫 (출처: Imperial College London)

액추에이터에는 모터처럼 회전하는 소자는 물론, [그림 60]에 보이는 것과 같은 밸브나 집게와 같은 소자나 피스톤처럼 왕복운동을 하는 것들도 있다. 액추에이터는 종류도 다양하지만 크기도 다양하다. [그림 60]은 크기를 비교하기 위해 마이크로 액추에이터를 클립이나 핀셋과 함께 찍은 사진이다. 보통 수 밀리미터(mm)에서 수십 밀리미터 크기를 갖는 것이 일반적이지만, MEMS 기술을 이용한 액추에이터의 경우 1밀리미터도 안 되는 것들도 있다.

사물인터넷 디바이스

사물인터넷과 관련하여 센서와 통신 기능을 포함하고 있는 장치들을 총칭하여 스마트 디바이스(Smart Device)라 한다. 스마트 디바이스에는 스마트폰을 포함하여 스마트 자동차, 스마트 가전, 웨어러블 등 다양한 종류가 존재한다. 스마트 시계나 스마트 안경처럼 잘 알려진 것들도 있지만, 기저귀나 슬리퍼는 물론 심지어 여성 속옷이나 현미경, 청진기까지 전혀 생각하지 못한 것들도 있다.

이 장에서는 스마트폰을 시작으로 대표적인 스마트 디바이스들에 대해 간략히 소개하기로 한다. 그러나, 단순히 개별 디바이스를 소개하기 보다는 사물인터넷이라는 시대적 흐름과 비즈니스적인 관점에서 관련 시장의 움직임과 시장 전망에 대해서도 함께 소개할 것이다.

스마트폰과 태블릿(Smartphone and Tablet PC)

최초의 스마트폰이 출시된 것이 언제일까? 독자 중에는 2007년에 출시된 아이폰이 최초의 스마트폰이라고 생각하는 사람들도 있을지 모르겠다. 그러나, 스마트폰의 역사는 25년 정도 더 거슬러 올라간다. 세계 최초의 스마트폰은 [그림 61]에 보이는 IBM의 '사이먼(Simon)'이다. 1992년 미국 라스베가스에서 열린 컴덱스쇼에서 컨셉 제품으로 소개되었고 다음 해에 대중에게 공개되었다 [96]. 전화와 컴퓨팅 기능이 결합된 장치에 대한 개념이 1973년에 출원된 미국 특허에 최초로 소개되었으니, 약 20년 만에 꿈이 현실이 된 것이다 [97].

이후, 1996년에 노키아가 '노키아 9000'을 출시하며 첫번째 스마트폰 유형의 제품을 출시했다. '스마트폰(smartphone)'이라는 용어를 처음 사용한 것은 에릭슨이었다. 에릭슨이 1997년 노키아 9000의 뒤를 잇는 GS 88 'Penelope'를 스마트폰이라 부르면서, 이후 '컴퓨팅 능력을 가진 전화'를 의미하는 보통명사가 된 것이다.

그림 61　세계 최초의 스마트폰인 IBM의 '사이먼(Simon)'과 국내 최초의 스마트폰인 삼성전자의 'SCH-M100'

우리나라의 경우, 최초의 스마트폰에 대해서는 이렇다 할 자료가 없는 상황이라서 다소 이론의 여지가 있는 것 같다. 필자의 기억으로는 LG그룹의 경력사원 교육에서 LG전자가 국내에서 최초로 스마트폰을 개발했다고 교육받은 바 있긴 하지만, 공식적인 기록 상으로는 1999년에 삼성전자가 출시한 'SCH-M100' 혹은 'SPH-M1000'이 최초의 스마트폰이라 할 수 있다. '인터넷폰'이라는 이름으로 불렸던 이 단말은 '애니웹(AnyWeb)'이라는 자체 웹브라우저를 탑재하여 인터넷 서핑이 가능했으며, SMTP/POP3 계정을 사용하여 이메일을 송수신할 수도 있었다.

사물인터넷을 말하면서 스마트폰이나 태블릿PC를 소개하는 것에 대해, 다소 의아해 하는 독자들이 있을지도 모르겠다. 그러나, 스마트폰은 누가 뭐래도 대표적인 사물인터넷 디바이스임에 틀림이 없다. 스마트폰은 터치스크린, 마이크, 카메라, NFC를 포함하여 가속도 센서, 중력 센서, 자이로 센서, 빛 센서, 지문 센서 등 20개에 가까운 센서를 포함하고 있으며, 4G 혹은 3G, 와이파이, 블루투스 등 적어도 3가지 이상의 통신 방식을 지원한다. LTE-A를 지원하는 스마트폰의 경우 이론상 최대 600 Mbps의 속도로 통신할 수 있으며, 와이파이나 블루투스 4.0을 이용해서 동시에 10개에서 8 개 정도의 주변 장치를 무선으로 연결할 수도 있다.

스마트폰은 그 자체로 센서 디바이스 역할을 하기도 하고 엑추에이터의 역할을 하기도 한다. 또한, 센서 데이터 혹은 이들을 가공한 정보를 보여주는 디스플레이 장치의 역할도 하고, 다른 장치들을 제어하기 위한 제어 장치로 이용되기도 한다. 또한, [그림 62]와 [그림 66]에 보이는 것처럼 다른 장치와 결합하여 그 장치들을 스마트한 디바이스로 만들어주기도 하고, 다른 스마트 디바이스들을 위한 허브 혹은 게이트웨이 역할도

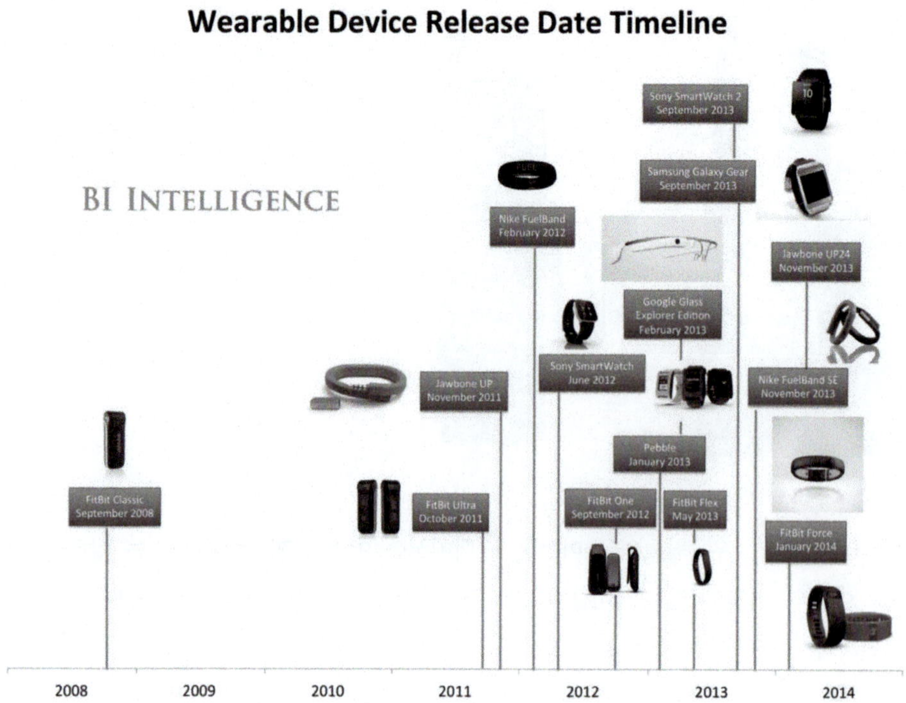

그림 62 웨어러블 디바이스의 출시 시점 (출처: Business Insider)

한다. 필자가 스마트폰이나 태블릿PC가 사물인터넷 디바이스에서 가장 중요한 역할을 한다고 말하는 이유가 바로 이것이다.

이러한 사실을 극명하게 보여주는 자료가 있어 소개하고자 한다. [그림 62]는 우리가 사물인터넷 디바이스라고 알고 있는 피트니스 디바이스나 스마트 시계와 같은 대표적인 웨어러블 디바이스들의 출시 시기를 정리해 놓은 것이다. 이들의 출시 시점을 보면 2008년에 '핏빗 클래식(Fitbit Classic)'이 출시되었고, 2010년에 '핏빗 울트라(Fitbit Ultra)'와 '조본업(Jawbone UP)'이 출시된 이후에 다양한 제품들이 출시되고 있다.

이러한 제품들의 출시 시점을 자세히 살펴보면, 아이폰이 최초로 출시된 2007년과 아이폰 3G와 안드로이드폰이 최초로 출시된 2009년 다음해라는 것이다. 흔히 '앱세서리(Appcessory)'라 불리는 이들 장치들은 스마트폰에 설치된 어플(app)들과 결합하여 사용되는 일종의 스마트폰 액세서리(accessory)로, 스마트폰이 등장하지 않았다면 출시되지 않았을 수도 있는 제품들인 것이다. 그만큼 스마트폰은 사물인터넷 디바이스에서 중요한 역할을 하고 있다고 말할 수 있다.

사실 스마트폰이 사물인터넷 시대에 핵심적인 역할을 하는 이유는 누구나 한대씩

그림 63 최신 스마트폰에 사용되는 퀄컴의 스냅드래곤 800 CPU

스마트폰을 가지고 있기 때문이다. 통신3사의 자료에 따르면, 2014년 4월말 기준 국내 스마트폰 이용자수는 3,840만명 수준으로 2014년 중에 국민의 80%에 가까운 4천만 명이 스마트폰을 이용할 것으로 예상되고 있다. 2014년 2분기부터 프리미엄급 스마트폰의 판매는 감소하고 대신 중저가 단말을 중심으로 판매가 확대되고 있다는 사실은 더 많은 사람들이 실용적인 관점에서 스마트폰을 이용하고자 함을 알 수 있다.

주목할만한 것은 스마트폰들이 웬만한 데스크탑 수준의 성능을 제공한다는 것이다. 예를 들면, 최근에 출시되는 스마트폰에 많이 사용되는 퀄컴의 스냅드래곤(Sanpdragon) 800 프로세서는 쿼드코어에 2.3 GHz로 동작을 하는데, 이는 3-4년 전의 고사양 데스크탑에 사용되던 인텔 CPU와 비슷한 성능을 제공한다. 올해 출시될 것으로 예상되는 스냅드래곤 810 프로세서의 경우는 64비트를 지원하는 Krait 64의 옥타코어 CPU로 2.5 GHz로 동작하며, 현재 데스크탑에 많이 사용되는 인텔 코어 i5 이상의 성능을 제공할 것으로 기대되고 있다.

스마트폰 결합형 디바이스(Smartphone-Combined Devices)

앞에서 살펴본 것처럼, 최신 스마트폰은 웬만한 컴퓨터 수준의 컴퓨팅 파워를 제공하며 20개에 가까운 다양한 센서를 가지고 있다. 반면에, 엑추에이터로 활용할 만한 것은 거의 존재하지 않는다. 고작 출력 인터페이스에 해당하는 디스플레이와 스피커 그리고 진동 모터가 전부다. 따라서, 스마트폰을 다양한 외부 장치와 결합해서 이용할 수 있도록 하는 디바이스들이 출시되고 있다.

가장 대표적인 유형은 스마트폰과 대형 디스플레이를 결합하는 형태의 제품들이다. 이러한 제품들은 스마트폰을 마치 태블릿처럼 이용할 수 있도록 해 준다. 물론, 여기에

그림 64　ASUS의 트랜스포머북 V

그림 65　ASUS가 2012년에 발표한 패드폰(PadFone)과 패드폰2(오른쪽)

별도의 키보드를 결합하면 마치 노트북처럼 이용할 수도 있다. [그림 64]에 보이는 제품은 ASUS가 '컴퓨텍스 2014'에서 공개한 '트랜스포머북 V(Transformer Book V)'로 노트북, 태블릿, 스마트폰으로 이용할 수 있는 제품이다. 기본적으로는 윈도우 8.1 기반의 노트북으로 이용되지만, 스마트폰이 결합되면 윈도우 8.1과 안드로이드 4.4 킷캣 중에서 하나를 선택해서 이용할 수 있다.

사실 ASUS가 트랜스포머북 V와 같은 제품을 처음 내놓은 것은 아니다. 2011년 '컴퓨텍스 2011'에서 스마트폰 결합형 태블릿 PC를 최초로 공개한 후에, 2012년 2월에는 '패드폰(PadFone)'을 발표하기도 했고 그해 11월에는 '패드폰 2'를 발표하기도 했다. 솔직히 이러한 유형의 제품들이 시장에서 어느 정도 수용되고 있는지에 대해서는 잘 모르

그림 66 스마트폰을 이용하거나 스마트폰으로 제어하는 장난감

겠지만, Motolora, HTC, TransPhone 등 몇몇 기업들이 유사한 제품을 출시한 바 있으며 몇몇 업체에서는 컨셉 제품 정도까지 만들었던 것으로 알고 있다. 일반 소비자보다는 대형 스크린이 필요한 산업 분야에서 제한적으로 활용될 수 있을 것 같다.

최근에 가장 눈에 많이 띄는 스마트폰 결합형 디바이스는 단연코 [그림 66]에 보이는 것과 같은 스마트 장난감들이다. 이러한 스마트 장난감들은 스마트폰에 설치되는 전용 어플리케이션과 함께 미리 정해진 방식에 따라 움직이거나 사용자의 음성 지시나 터치에 따라 반응을 한다. 스마트폰의 카메라를 이용하여 주변 상황이나 장애물을 인지하여 반응하기도 하며, 다른 스마트폰 사용자에게 화면을 전송하기도 한다. Shimi Robot과 같은 디바이스는 스마트폰에서 플레이되는 음악에 따라 움직이는 장난감 로봇이다. 또한, BERO나 Parrot, Sphero, BeeWe와 같은 장난감들은 RC 장난감처럼 와이파이나 블루투스 등으로 스마트폰과 연결되어 사용자에 의해 원격 조정된다.

이러한 유형의 제품들은 스마트폰의 컴퓨팅 파워와 입출력 인터페이스를 이용함으로써 비교적 저렴한 가격에 지능형 디바이스를 이용할 수 있다. 아직까지는 구동 기능이 있는 장난감과 같은 장치들과 주로 결합되지만, 앞으로는 이따금씩 이용되는 장치들에도 수용되기 시작할 것으로 예상된다. 예를 들면, VisioBike와 같은 전기 자전거나 전기 스쿠터, 가정용 의료기기 등이 스마트폰의 지능을 이용하면서 비교적 저렴하게 출시될 수 있을 것이다.

또한, 아직까지는 스마트폰이 한 개의 디바이스와 짝을 이루는 구조로 이용되고 있지만, 앞으로는 스마트폰 하나에 여러 대의 디바이스들이 동시에 연결되어 이용되는 제품들이 나올 것으로 기대된다. 또한, 스마트폰이 탑재된 디바이스들끼리 통신을 하면서 상호작용을 하는 제품들도 나올 것으로 기대된다.

웨어러블 디바이스(Wearable Devices)

많은 사람들이 사물지능통신 혹은 사물인터넷이라는 용어에 대해서 막연히 어렵게 생각하고 있는 것 같다. 하지만, 이 책의 도입부에서도 소개했던 것처럼, 사물인터넷은 다양한 산업 분야 및 일상 생활 속에 깊숙이 자리잡고 있다.

스마트폰 다음으로 우리와 친근한 사물인터넷 디바이스는 웨어러블 디바이스(Wearable Device)다. [그림 67]에 보이는 것처럼 이어셋 형태의 스마트 디바이스에서 스마트 시계나 스마트 밴드, 스마트 안경, 그리고 스마트 반지와 컨택트렌즈에 이르기까지 그 종류와 유형은 매우 다양하다 [124].

웨어러블 디바이스는 신체에 착용할 수 있는 모든 유형의 기기를 통칭한다. 이러한 기기들은 통상적으로 데이터를 생성 혹은 수집하고 저장하며 처리하는 기능들을 포함

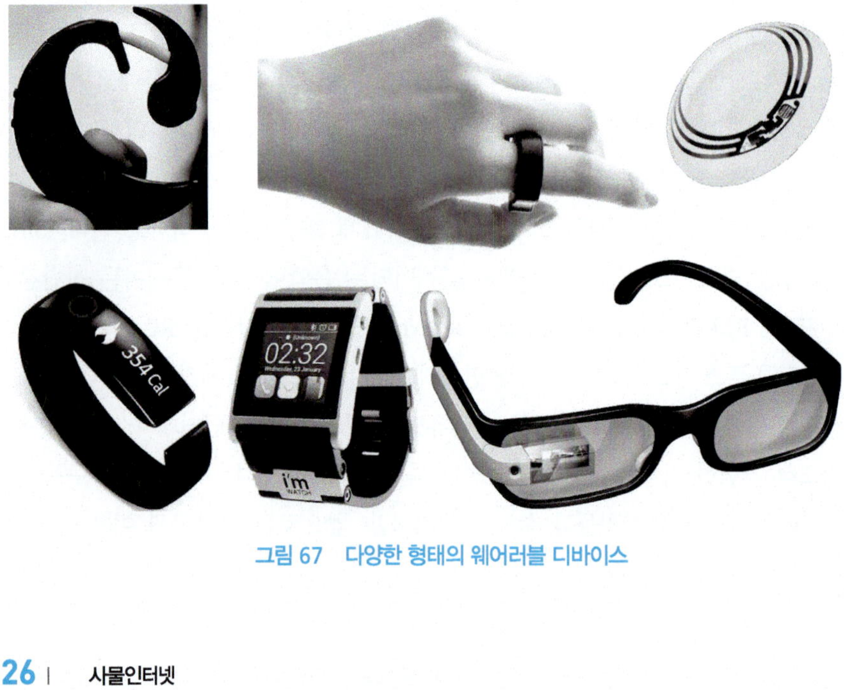

그림 67 다양한 형태의 웨어러블 디바이스

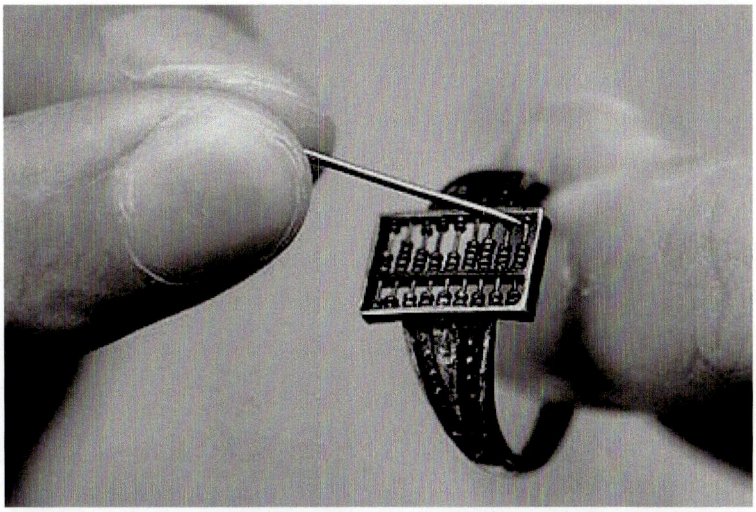

그림 68　16세기 청나라의 반지형 주판 (출처: China Daily)

그림 69　최초의 Head-Mounted Display (HMD)를 착용하고 있는 이반 서더랜드(Ivan Sutherland) (출처: Computer History Museum, http://www.computerhistory.org)

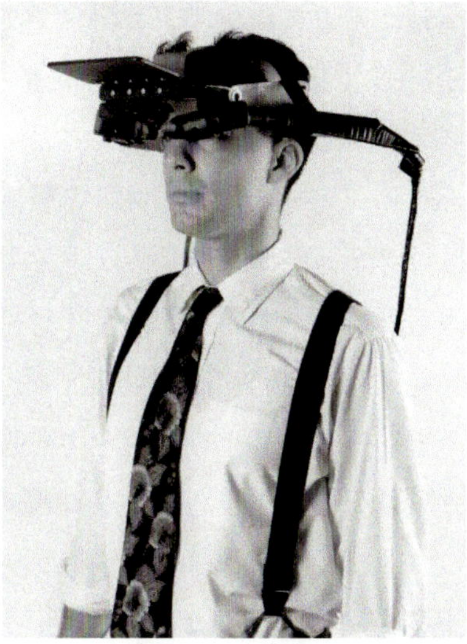

하고 있다. 이런 관점에서 볼 때, [그림 68]에 보이는 16세기 청나라의 반지형 주판은 최초의 웨어러블 디바이스라 할 수 있을 것이다.

만약, 디바이스의 개념을 전자 장치로 국한한다면, 웨어러블 디바이스의 시초는 1968년 하버드 대학교에서 개발된 Head-Mounted Display(HMD)가 될 것이다. [그림 69]에 보이는 이 장치는 컴퓨터 그래픽 분야의 선구자인 이반 서더랜드(Ivan Sutherland)가 개발한 것으로 소형 TV를 이용하여 3차원의 가상 이미지를 보여주는 장치로, 구글

그림 70　리바이스와 필립스가 함께 개발한 최초의 상업용 의류형 웨어러블 재킷인 'ICD+'

글래스나 오큘러스 리프트와 같은 제품들의 모태가 되었다고 할 수 있다. 최근에 사물인터넷이 화두가 되면서, 웨어러블 디바이스는 단독형 전자 장치라기보다는 주변의 다른 디바이스와 통신을 할 수 있는 디바이스, 즉 웨어러블 커넥티드 디바이스(wearable connected device)를 지칭하게 되었는데, 그 전형이라 할 수 있다.

초기의 웨어러블 디바이스는 [그림 70]에 보이는 것처럼 디바이스를 구성하는 각 부품들을 모듈화하거나 독립적인 장치들을 우리가 입는 옷에 분산 착용하는 형태로 구현하는 경우가 많았다. 청바지 업체인 리바이스와 전자 업체인 필립스에 의해 2000년에 개발된 'ICD+'는 그다지 폼이 나지는 않지만, 당시 첨단 소재로 만들어진 재킷에 휴대전화를 위한 공간, 휴대용 음악 플레이어, 헤드폰 및 마이크까지 포함하는 제품이었다.

이후 컴퓨팅 기능이 개선되고 부품의 소형화가 시작되면서 웨어러블 디바이스의 발전은 가속화되었다. 2,000년대에 이르러서는 부품의 초경량화가 가능해졌으며, 블루투스와 같은 저전력 무선통신기술과의 결합을 통해 본격적으로 시장을 형성하기 시작하고 있다. 2013년 초에 공개된 구글 글래스는 웨어러블 디바이스에 대한 폭발적인 관심을 불러일으켰으며, 이후 삼성전자나 소니 등은 스마트폰과 결합하여 사용할 수 있는 스마트 시계 등을 앞다투어 출시하고 있다.

최근에는 스마트 디바이스를 의류와 결합하려는 시도들도 나타나고 있다. [그림 71]에 보이는 것은 일본의 토우레(東レ)와 NTT가 공동으로 개발한 '히토에(Hitoe)'라는 기능 소재를 의류에 적용한 것이다 [98]. 히토에는 전도성 고분자를 기반으로 하는 NTT

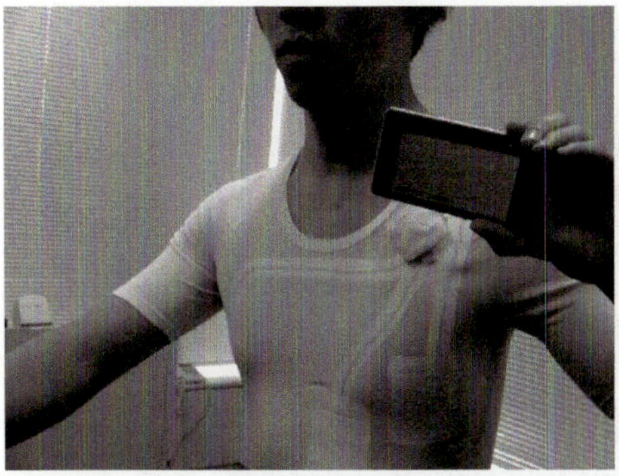

그림 71 일본의 도레이와 NTT가 실용화 했다고 발표한 기능 소재

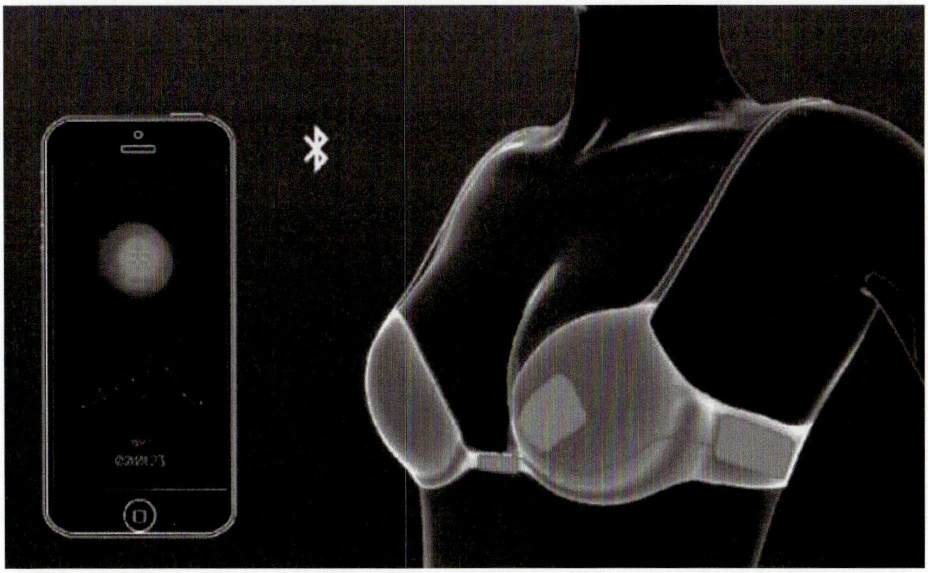

그림 72 일본 란제리 업체인 Ravijour의 사물인터넷 브레지어

의 섬유도전화기술(纖維導電化技術)과 토우레의 첨단 섬유소재인 '나노파이버(nano-fiber)'를 사용하여 개발된 직물로, 심장 박동과 심전도와 같은 생체 정보를 생성할 수 있는 기능 소재다. 즉, 섬유가 센서 역할을 하는 것이다. 옷에서 얻은 정보는 NTT가 개발한 전용 단말기를 이용해서 스마트폰으로 전송된다. 옷의 커넥터에 접속하여 블루투스를 사용하여 실시간으로 스마트폰에 전송하고 스마트폰 어플리케이션에 표시된다.

[그림 72]에 보이는 브레지어는 재미있는 제품이라서 소개하고자 한다. 아직까지 출시되지 않은 것으로 확인되는 이 제품은 일본의 란제리 업체인 Ravijour가 창립 10주년 기념식에서 공개하겠다고 밝힌 제품이다. 그림에 보이는 것처럼, 브레지어에는 이용

그림 73 웨어러블 디바이스를 잘 보여주는 영화 〈아이언맨 3〉의 Mark 42 (출처: Marvel.com)

자의 심박(heart rate)을 측정할 수 있는 센서가 들어가 있는데, 그 측정값이 '진정한 사랑의 속도(True Love Rate)'에 도달하게 되는 경우에만 앞의 버클이 풀리는 제품이다. 장난스럽기는 하지만, 사물인터넷 시대에는 상상도 못했던 제품들이 출시될 수도 있음을 암시하는 제품임에는 틀림없다.

현재까지의 웨어러블 디바이스는 단순히 인터넷에 연결된 디바이스를 착용하고 해당 디바이스가 제공하는 고유의 기능을 이용하는데 그쳤다. 그러나, 앞으로의 웨어러블 디바이스는 디바이스를 착용하고 있는 사람의 몸 상태나 미세한 동작은 물론 주변 정보와 상황을 인지함으로써 사용자에게 의미 있는 정보를 제공하거나 사용자로 하여금 스스로에게 도움이 되는 행동을 하도록 하는 형태로 발전할 것으로 기대된다.

영화 '아이언맨(Iron Man)'에서 주인공인 토니 스타크(Tony Stark)가 입는 만능 수트(Mark 42)를 예로 들어보자. 전화 통화와 건강 상태 체크는 물론이요, 탐지된 개체들에 대해 증강현실 혹은 가상현실 기반의 정보 분석도 실시간으로 가능하다. 물론, 영화처럼 총알을 막고 레이저 광선을 쏘고 하늘을 날 수 있도록 하는 것은 사물인터넷의 범위를 넘어서는 것이므로 더 이상 논하지 않기로 한다.

시장조사기관인 IDC가 2014년 3월에 발간한 보고서에 따르면, 2013년 전세계 웨어러블 컴퓨팅 디바이스의 출하량은 620만대 규모에 이르며 2012년의 150만대 대비 무려 317%의 성장세를 기록한 것으로 나타났다 [55]. 또한, 2018년까지 전세계 웨어러블 디바이스 시장의 연평균 성장률은 78.4%로, 오는 2018년에는 1억대가 넘어설 것으로 예상하고 있다 [55].

IDC의 보고서는 웨어러블 디바이스를 스마트 컴플렉스 액세서리(Complex Accessory), 스마트 액세서리(Smart Accessory), 그리고 스마트 웨어러블(Smart Wearable)의 3개의 카테고리로 구분하여 조사·분석했다. 따라서, 본서에서도 IDC의 분류법을 따라 관련 제품들을 소개하고자 한다.

» 컴플렉스 액세서리(Complex Accessory)

컴플렉스 액세서리는 독립적으로 작동하지만, 스마트폰과 태블릿 혹은 데스크탑 등 IP 지원 장치와 연결될 때 완전히 동작할 수 있도록 설계된 제품을 포함한다. Nike+ FuelBand, Jawbone Up, Fitbit과 같은 웰니스(Wellness) 디바이스들이 콤플렉스 액세서리에 속하는 대표적인 디바이스들이다. IDC 보고서는 컴플렉스 액세서리로 구분되는 디바이스들이 2017년까지 웨어러블 디바이스 시장의 주류를 이룰 것으로 전망하고 있다.

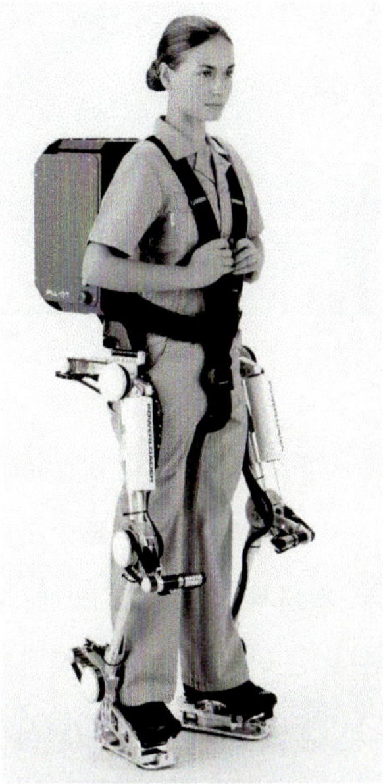

그림 74 파나소닉(Panasonic)의 웨어러블 로봇

아직까지는 사물인터넷 관점에서 이야기하는 것이 시기상조일 수도 있으나, 웨어러블 로봇(Wearable Robot)도 컴플렉스 액세서리에 포함된다. 단지 차이가 있다면, 스마트폰이나 태블릿으로도 로봇을 제어할 수 있겠지만, 사람의 뇌신경이나 몸의 무게중심의 변화를 이용해 로봇을 조정할 수도 있다는 것이 차이일 것이다. 실제로 2014년 브라질 월드컵 개막식에서도 사람의 뇌파로 조종되는 웨어러블 로봇을 선보이기도 했다. [그림 75]에 보이는 것처럼, 하반신 마비 환자인 줄리아노 핀토(Juliano Pinto)가 웨어러블 로봇을 착용하고 뇌파를 감지하는 헬멧을 통해 공을 차고 있다.

아직까지는 팔이나 다리 등 신체 일부가 불편한 사람들을 위한 제품들 위주로 개발이 되고 있지만, 무거운 물건을 운반하거나 무거운 물건과 함께 일을 해야 하는 산업 분야에 광범위하게 보급될 것으로 기대된다. 더 나아가 2014년 봄에 개봉된 영화 〈에지 오브 투마로우(Edge of Tomorrow)〉에서 나온 것처럼 전투용으로 개발될 가능성도 크다. 실제로, 일본의 파나소닉은 2015년 초부터 파워로더(Power Loader Light)라는 웨어러블 로봇을 50만엔 정도의 가격에 판매할 예정이다 [56].

그림 75 2014 브라질 월드컵에서 웨어러블 로봇을 착용한 줄리아노 핀토가 뇌파를 이용해 시축하고 있다.

» 스마트 액세서리(Smart Accessory)

스마트 액세서리는 독립적으로 작동하고 스마트폰이나 태블릿PC와 연결되어 사용된다는 점에서 컴플렉스 액세서리와 비슷하지만, 사용자가 별도의 소프트웨어나 어플리케이션을 스마트 액세서리에 설치할 수 있다는 점에서 컴플렉스 액세서리와 다르다. 소니의 스마트워치, 삼성의 갤럭시기어와 같은 스마트 시계(Smart Watch)류가 이에 해당한다.

IDC 보고서에 따르면, 2018년이나 되어야 스마트 액세서리로 구분되는 디바이스들이 웨어러블 디바이스 시장의 주류를 형성할 것으로 기대하고 있다. 그럼에도 불구하고, [그림 76]에 보이는 것처럼 삼성전자나 LG전자, 일본의 소니나 모토롤라와 같은 대기업들은 벌써부터 다양한 형태의 스마트 시계를 출시하고 있다. 현재로써는 미래 스마트 액세서리 시장을 선점한다는 의미보다는 기존 스마트폰 시장의 성장둔화에 대비하는 측면이 강하다고 보여진다.

스마트 시계의 기능은 매우 다양하다. 기본적으로 시계의 역할을 하겠지만, 스마트폰처럼 어떤 어플이 설치되고 실행되느냐에 따라 카메라가 될 수도 있고 핏빗이나 조본업과 같은 웰니스 디바이스가 될 수도 있을 것이다. 그러나, 지금 시점에서 가장 중요한 기능은 스마트폰의 알림(notification) 기능을 대신하는 장치가 되리라 생각한다. 즉, 전화나 이메일은 물론 다양한 SNS의 업데이트 정보를 실시간으로 알려주는 기능이 주가 될 것이다.

이후에는 개인 인증(identification)과 검색 기능 기반의 서비스가 주가 될 것으로 예

그림 76 다양한 스마트 시계 (왼쪽 위부터 시계방향으로 페블(Pebble), 소니, 삼성전자의 기어2, 모토롤라의 모토 360, LG전자의 G 와치, 삼성전자의 기어 라이브)

상한다. 애플의 '시리(Siri)'처럼 자연어를 인식한 후 그에 맞는 검색 결과를 제시하게 될 텐데, 지금처럼 구글이나 네이버의 검색 결과를 가져다 보여주는 방식이 아니라 시리와 연동된 개별 서비스들로부터 결과를 받아 제공하는 형태가 될 것이다. 물론, 이러한 개별 서비스는 사용자가 설정할 수도 있겠지만, 스마트폰이나 다른 기기를 이용하여 자주 방문한 사이트를 자동으로 연결하는 방식이 될 것이다.

마지막으로 스마트 시계의 가장 큰 역할은 리모콘과 같은 기능일 것이다. 일부 초기 제품 중에는 스마트 시계에 적외선 송신 모듈(IrLED)을 탑재해서 지금의 리모콘처럼 이용할 수도 있겠지만, 그보다는 사용자의 음성 명령에 따라 TV가 켜지거나 에어컨의 온도가 자동으로 조절될 것이다. 페이팔과 같은 가상계좌를 통해 이루어지는 모바일 결제에 대한 승인 명령도 스마트 시계를 통해서 이루어질 가능성도 크다. 물론, 이때 쯤이면 스마트 시계가 스마트폰을 대체할 정도의 컴퓨팅 파워를 보유할 것으로 예상된다.

» 스마트 웨어러블(Smart Wearable)

스마트 웨어러블은 스마트폰처럼 독자적으로 작동하는 디바이스를 말한다. 따라서, 컴

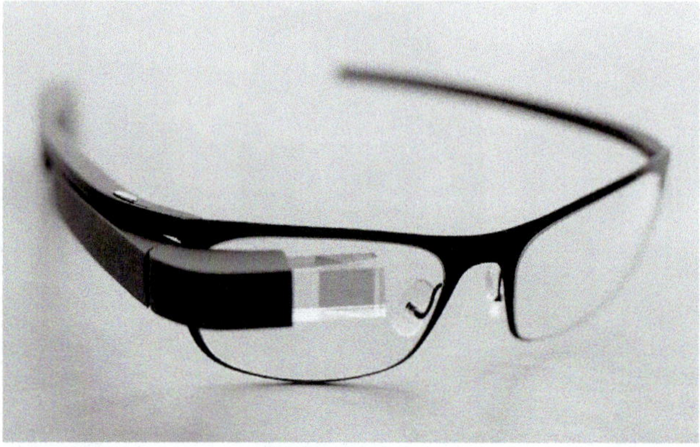

그림 77　구글 글래스

플렉스 액세서리나 스마트 액세서리가 비교적 제한된 기능을 가지고 있는데 비해, 스마트 웨어러블 디바이스들은 강력한 프로세싱 능력 및 다양한 사용자 인터페이스를 제공해야 한다. 이러한 특성은 더 많은 전력을 소모할 뿐만 아니라 디바이스의 가격을 끌어올리게 된다. 따라서, 당분간은 의료, 안전 및 보안, 교육 등 산업별로 특화된 형태의 제품 및 어플리케이션과 함께 제한적으로 보급될 것으로 예상하고 있다.

아직까지 스마트 웨어러블 디바이스로 분류되는 제품들은 구글 글래스(Google Glass)나 오큘러스리프트(Oculus Rift)처럼 웨어러블 디스플레이 장치 성격이 강하다. 앞에서도 언급한 것처럼, 사물인터넷 시대에는 데이터를 생성하는 장치도 중요하지만, 그러한 데이터들이 만들어내는 정보를 사용자에게 전달해주는 장치가 더욱 중요해진다. 물론, 더 나아가서는 아이언맨의 Mark 42 수트와 같은 형태로 발전해 나갈 것이다.

이러한 장치들은 증강현실(Augmented Reality) 기술을 기반으로 하겠지만, 단순히 디스플레이 장치에 그치는 것은 아니다. 눈의 깜박임이나 눈동자의 움직임을 이용해서 제어 명령을 내릴 수도 있기 때문이다. 또한, 시간이 지나면서 컴플렉스 액세서리와 스마트웨어러블의 구분은 모호해질 것으로 예상된다. 스마트 시계로 대표되는 컴플렉스 액세서리들도 자체적으로 이동통신 모듈을 내장하며 스마트폰을 대체해 나갈 것으로 예상되기 때문이다.

[그림 77]에 보이는 구글 글래스는 스마트 웨어러블 디바이스로 분류되는 대표적인 제품이다. 구글은 2013년 2월 사진 촬영, 동영상 녹화, 구글 행아웃을 이용한 영상통화, 구글 나우, 검색, 네비게이션, 메시지 보내기 등의 기능을 갖춘 구글 글래스를 처음 선보였다. 그동안 윙크로 사진을 촬영할 수 있는 기능이 추가되는 등 꾸준히 기능 개선이 되고 있지만, 아직까지는 시제품 상태이며 2014년 말이나 2015년 초에 정식으로 출

시될 예정이다.

구글 글래스는 500만 화소의 카메라와 640 × 360 해상도의 프리즘 디스플레이를 이용하고 있다. TI의 OMAP 4430 1.2 GHz 듀얼코어 프로세서와 16 GB + 682 MB의 RAM을 이용하며, 와이파이(802.11b/g) 및 블루투스를 지원한다. 스마트폰에 사용되는 자이로스코프, 가속도, 자계 센서 및 빛 센서, 인접 센서를 포함하고 있다.

기본적인 동작은 음성인식을 통해 이루어진다. 'OK Glass'라는 말을 하면 메인 화면이 나오고 손짓으로 화면 전환을 할 수 있게 되어 있다. 머리를 까딱여서 화면을 켜고 끄고 눈을 깜박임으로써 사진을 찍는 등 비교적 직관적인 방식의 사용자 인터페이스를 제공하고 있다.

아직까지 이렇다 할 만한 구글 글래스 이용 사례는 그렇게 많지 않다. 대표적인 것이 의료 분야다. 미국 오하이오 주립대학의 엑스너 의료센터에서는 무릎 수술 과정을 구글 글래스로 촬영하여 의료 및 교육 분야에 활용할 수 있는 가능성을 보여주고 있다. 미국 인디애나 대학병원에서는 구글 글래스를 이용하여 환자 기록, X-레이 정보 등을 확인하면서 4시간에 걸친 암환자 수술을 성공적으로 마치기도 했다.

이 외에 뉴욕 및 샌프란시스코, 그리고 두바이 경찰은 범죄자 데이터베이스 검색, 원격 업무 보고, 교통신호 위반자를 단속하거나, 자동차 번호판을 인식해서 수배차량을 확인하는데 이용하기 위해 테스트를 진행하는 정도에 그치고 있다. 그럼에도 불구하고, 최근에는 삼성전자도 '기어블링크(Gear Blink)'라는 스마트 안경과 관련된 상표 및 디자인을 출원하기도 했고, '글래스업(GlassUp)'이나 '아이옵틱(iOptik)'과 같은 제품들도 개발되고 있다.

[그림 78]에 보이는 오큘러스리프트(Oculus Rift)는 마치 스키 고글을 쓰는 것처럼 착용하는 가상현실 기반의 사용자 인터페이스를 제공하는 HMD(Head Mounted Display) 장치다. 서로 다른 2개의 화면을 통해 3D 공간을 구현하는 방식으로, 2012년 8월에 1차 모델이 출시되었고 2014년 7월에 2차 모델이 출시된 바 있다.

이 제품은 OLED 디스플레이를 이용하고 있으며, 1080 × 1980의 해상도를 제공한다. 100도의 시야각을 제공하지만 컨텐츠 내에서 360도의 시선처리가 가능하다. 자이로스코프(Gyroscope), 가속도, 자계(Magnetometer) 센서가 탑재되어 있어 고개의 움직임까지도 정확히 표현하는 것이 가능하다. 약 25 cm에 달하는 케이블을 제외한 무게는 440 g이며, HDMI 1.4b 및 USB 2.0을 지원한다.

이 제품은 가상현실을 기반으로 하기 때문에, 군사 및 소방 등과 같은 각종 훈련이나 게임 등과 같은 전통적인 가상현실 기반의 응용 분야에 이용될 수 있으며, 고소공

그림 78 오큘러스리프트를 체험하는 이용자

포증과 같은 정신과 치료나 사이버 쇼핑과 같은 의료 및 유통 분야 등에도 활용할 수 있을 것으로 기대된다. 또한, 우리 신체에 부착된 움직임 및 위치 센서들 및 원격 제어가 가능한 로봇과 연계하면 그 응용 범위는 더욱 넓어질 것이다.

이러한 미래 가치가 인정되었기 때문인지, 구글은 2014년 3월에 20억 달러, 우리돈으로 약 2조원에 달하는 어마어마한 금액에 오큘러스리프트를 만든 오큘러스사를 인수했다. 이와 유사한 제품으로는 소니(Sony)의 '모피어스(Morpheus)'와 캐나다의 트루플레이어기어(True Player Gear)가 만든 '토템(Totem)' 등이 있으며, 삼성전자도 2014년 9월에 '기어 VR'을 발표하였다.

스마트 가전제품(Smart Appliance)

스마트홈(Smart Home)은 조명에서부터 냉난방, 가전, 출입제어 등 주거생활과 관련된 사물인터넷 응용 분야를 말한다. 홈오토메이션(Home Automation) 혹은 도모틱스(Domotics)라고도 불리는 스마트홈 분야는 2014년 1월에 구글이 실내 온도조절장치 회사인 네스트를 32억 달러, 우리돈으로 약 3조4천억 원에 인수하면서 더욱 더 세간의 관심을 끌게 되었다.

이후, 삼성전자, LG전자, 애플 등 세계 유수의 기업들이 스마트홈 관련 제품 및 플랫폼을 출시하며 관련 시장을 준비하고 있다. 삼성전자는 2014년 4월 미국, 영국을 포함한 11개 국에서 스마트홈 서비스를 공식 출시한 바 있으며, LG전자는 메신저 기반의 '홈챗(Home Chat)'을 출시하며 스마트홈 시장에 출사표를 던진 상태다. 또한, 애플의 경우 2014년 6월에 열린 세계개발자대회(WWDC)에서 '홈킷(HomeKit)'을 발표하며 스마트홈 기반의 사물인터넷 생태계 조성을 위해 움직이고 있다.

시장조사기관인 스트래티지 애널리틱스(SA)에 따르면, 미국의 스마트홈 시장 규모는 2017년까지 243억 달러 규모로 성장할 것이라고 한다. 한국스마트홈산업협회가 발표한 자료에 따르면, 국내 스마트홈 시장 규모도 2017년에는 18조원 규모로 성장할 것으로 전망하고 있다. 이런 스마트홈 시장에서 가장 큰 부분을 차지하는 분야가 바로 스마트 가전 분야다.

스마트 가전의 경우, 다른 사물인터넷 디바이스들과는 달리 기존부터 전자장치는 물론 다양한 센서들을 내장하고 있었다. 따라서, 간단히 통신 모듈을 추가하고 그에 따른 소프트웨어를 개발하면 되기 때문에, 많은 가전제품 제조사들이 사물인터넷 기반의 스마트 디바이스를 출시하고 있거나 준비 중에 있다. 이러한 제품들은 아직까지는 서비스의 관점보다는 일반적인 사물인터넷의 개념에만 충실하다 보니, 주요 기능들은 원격 모니터링이나 원격 제어로 국한되어 있다.

반면에, 네스트의 온도조절장치는 다른 스마트 가전제품보다는 뛰어난 인텔리전스를 포함하고 있다. 단순히 원격에서 전원을 켜고 끄거나 온도를 조절하는 정도에서 그치지 않고, 주, 월, 년 단위로 사용자의 이용 패턴을 분석하여 자동으로 온도를 조절해 주기도 한다. 이러한 데이터 분석 및 이용 능력이 구글의 관심을 끈 주된 이유일 것이다.

한편, 다른 스마트 가전제품들보다 먼저 출시된 스마트TV의 경우, 제조사별로 자체적인 서비스 플랫폼도 구축되어 있고 관련 컨텐츠까지 개발되어 있는 상황이다. 다른 스마트 가전들이 원격 모니터링이나 원격 제어를 주요 차별화된 기능으로 강조하는 반

그림 79　중대형 스마트 가전제품

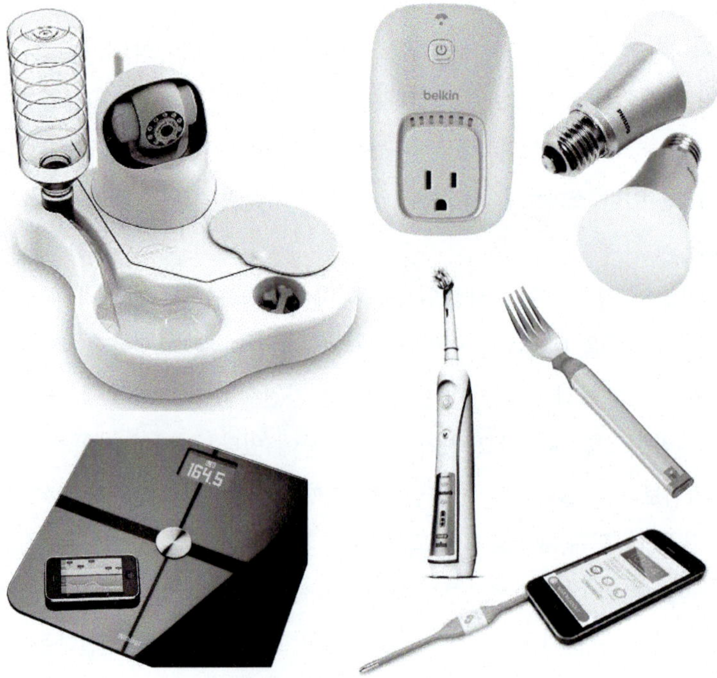

그림 80　소형 스마트 가전(애완동물 자동급식기, 전기콘센트, LED 램프, 칫솔, 포크, 체중계, 체온계)

면, 스마트TV의 경우 컨텐츠 및 정보서비스에 포커싱되어 있다는 것이 큰 차이점이다. 그러나, 컨텐츠 및 정보서비스가 모바일 기기 위주로 이루어지고 있어서, 아직까지는 큰 빛을 보지 못하고 있다.

[그림 79]에 보이는 중대형 스마트 가전제품 외에도 [그림 80]에 보이는 것처럼 다양한 소형 스마트 가전제품들도 있다. 이러한 제품들은 나름의 효용성을 제공하기는 하지만, 아직까지는 그 효용성보다는 가격이 비싸다고 인식되는 것 같다. 일례로, 일반 체중계의 경우 할인마트에서 2만원 내외로 구입할 수 있는 반면에, 스마트 체중계의 경우 20~30만원 정도를 줘야 하는 상황이다.

이러한 스마트 가전제품의 경우 아직까지 개별 제품별로 개별 스마트폰 어플을 이용해서 제어되고 있으나, 제조사별로 스마트홈 플랫폼을 기반으로 하는 통합 움직임이 나타나고 있다. 예를 들면, 삼성전자의 스마트홈 플랫폼을 이용하면 TV, 세탁기, 냉장고, 에어콘, 오븐 등 집안의 모든 삼성전자 제품들의 상태를 확인하고 제어하는 것이 가능하다. 문제는 타 제조사의 제품들에 대한 호환 여부인데, 이는 제조사들간의 힘겨루기로 인해 다소 시간이 걸릴 것으로 전망되고 있다.

반면에, 제조 기반이 약한 애플이나 구글의 경우는 스마트홈 플랫폼과 관련된 다양한 API를 개발하여 공개함으로써 독자적인 생태계를 구축해 나가려 하고 있다. 일단은 특정한 유형의 가전제품에 특화된 중소규모의 가전제품 제조사들을 중심으로 세력을 확장한 후 독자적으로 스마트홈 플랫폼을 운영하는 제조사의 제품들을 수용하는 방향으로 움직일 것으로 예상된다. 국내의 경우 삼성전자나 LG전자의 지배력이 매우 강해 상황이 조금은 다르겠지만, 애플이나 구글이 스마트홈 플랫폼을 장악하는 경우 삼성전자나 LG전자의 가전 매출은 전세계적으로 급감할 것으로 예상한다.

스마트카(Smart Car)

다양한 센서와 통신 모듈이 자동차에 탑재되면서 자동차도 똑똑해지고 있다. 아직까지는 대부분의 자동차 제조사들이 기계적인 자동차의 움직임이나 사용자의 안전 개선 혹은 연료의 효율적인 이용을 위해 다양한 센서를 이용하고 있고, 통신 기능은 실시간 교통정보의 제공이나 네비게이션과 연계된 지역 정보를 제공하는 수준에 그치고 있다. 그러나, 최근 들어서 다소간의 변화의 조짐을 보이고 있다. 바로 애플의 '카플레이(Car Play)'와 구글의 '자동운전 자동차(Self-Driving Car)'가 출시된 것이다.

애플은 2014년 3월 스위스 제네바에서 열린 모터쇼에서 차량에서 아이폰을 쓸 수 있는 카플레이라는 서비스를 발표했다. 카플레이는 그 동안 애플이 공개해 왔던 자동차 관련 서비스들을 묶은 것으로, 음성인식 서비스인 '시리(Siri)'를 이용해 운전 중에 스마트폰을 조작하는 '아이즈프리(eyes free)'와 아이폰5 및 아이폰5S의 일부 기능을 차량

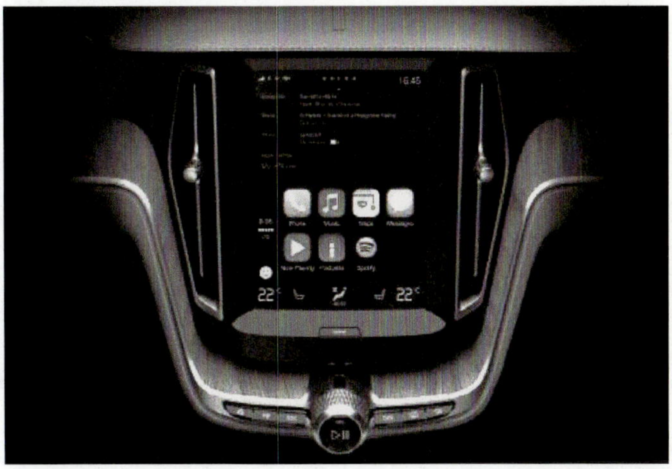

그림 81 볼보가 2014년 제네바모터쇼에서 공개한 애플 카플레이를 장착한 모습 (출처: 씨넷)

의 디스플레이로 미러링(mirroring) 해주는 'iOS 인더카(iOS in the car)'를 통합하는 이름이다.

대표적인 기능은 시리라는 음성 인식 기능과 지도 및 네비게이션 기능이다. 아직까지 음성 인식 기능은 전화나 음악 서비스 정도를 이용할 수 있는 상황이다. 지도와 네비게이션 기능도 기존의 차량용 네비게이션을 대체하는 수준이다. 그러나, 일반적으로 성능도 떨어지고 업데이트도 더딘 차량용 네비게이션을 대체하기에 충분할 것으로 기대된다.

카플레이가 아직까지는 아이폰의 기능 위주이지만, 음성 인식 기능이 자동차의 기능들과 결합되는 경우 다양한 방식으로 운전자를 도울 수 있을 것이다. '에어컨 21도', '와이퍼 2단', '비상등 점멸'이라든지 '헤드업디스플레이(HUD) 밝게'처럼 운전 중에 손으로 조작해야 하는 것들을 음성으로 제어하는 것이 가능할 것이다.

카플레이는 입력 인터페이스도 다양화했다. 음성 인식 기능인 시리는 물론이고, 차량의 선택에 따라 터치스크린을 이용할 수도 있고 조이스틱 같은 노브로 조작할 수도 있다. 모터쇼에 나온 볼보, 벤츠, 페라리, 토요다 등의 외국 브랜드뿐만 아니라, 국내의 현대기아차도 카플레이를 도입할 계획이라고 한다.

카플레이가 지원되는 차량은 Wi-Fi 혹은 라이트닝(Lightning) 케이블을 이용해 아이폰과 연결된다. 차량의 디스플레이와 아이폰은 H.264 스트리밍 표준을 이용해 연결되어 터치스크린으로부터 사용자의 입력을 받아들이게 된다.

세계 최대의 인터넷 검색엔진 업체인 구글은 운전대, 연료통, 그리고 액셀과 브레이

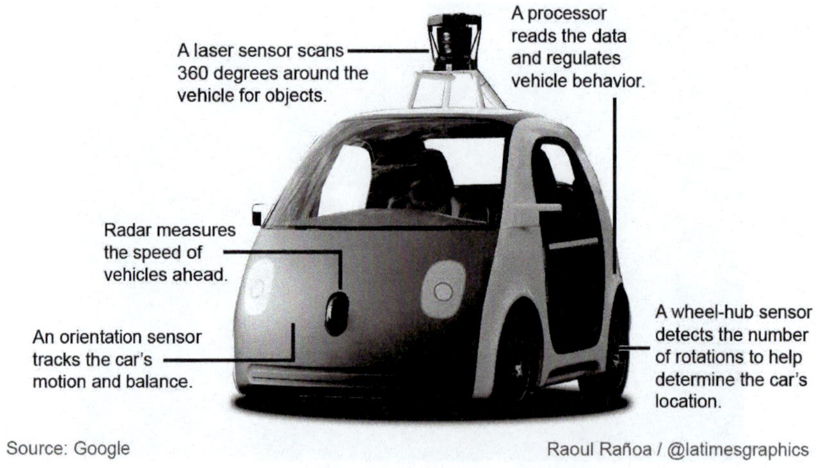

그림 82 2014년 5월 말에 발표한 구글의 자동운전 자동차 (출처: Google)

그림 83　구글의 자동운전 자동차가 인식하는 주변 환경

크 페달이 없는 자동운전 자동차를 2014년 5월 말에 공개했다. 아직까지는 공식적으로 론칭하지 않았지만, [그림 82]에 보이는 것처럼 이미 디자인 작업은 마친 상태다. 조만간 약 100대의 샘플 자동차를 제작하여 안전성 위주의 테스트를 진행할 예정이며, 법적으로 무인운전이 허용되는 캘리포니아 지역에서 시범 운영을 한 후 2017년에 공식으로 론칭할 예정이다.

구글은 자동운전 자동차와 관련된 기술을 지난 2009년부터 개발해 왔으며, 센서와 레이저, 레이더와 운전 소프트웨어 등 부품과 신기술을 이번에 제작할 테스트 차량에 적용하는 것으로 알려지고 있다. 첨단 센서들과 운전 소프트웨어 덕분에 이 자동차에는 액셀과 브레이크 페달, 그리고 운전대가 없다고 한다.

[그림 83]은 구글의 자동운전 자동차에 탑재되는 360도 측정이 가능한 LiDAR 레이저 스캐닝 기술을 보여 주고 있다. 이 기술은 지도와 자동차의 위치를 바탕으로 주변의 차량이나 교통 신호, 교통 시설물은 물론이고, 도로 가장자리를 지나가는 자전거나 오토바이, 행인, 공사 시설물 등을 인지하게 된다. [그림 84]는 자동운전 자동차가 도로와 도로 주변의 사물을 인지해서 반응하는 과정을 간단히 보여 주고 있다.

아직까지 자동운전 자동차의 운행을 법적으로 허용하는 곳은 플로리다, 미시간, 네바다, 캘리포니아 등 4개 주에 그치고 있지만, 시간이 지나면서 이를 허용하는 곳은 더욱 늘어날 것으로 전망된다. 또한, 구글 외에도 볼보나 닛산자동차와 같은 전통적인 자동차 제조사들도 자동운전 자동차의 개발에 대한 계획을 밝히고 있는 상황이다. 독일 자동차 제조업체인 다임러 AG의 경우 화물 운송용 트럭에 자동운전 기술을 적용할 예

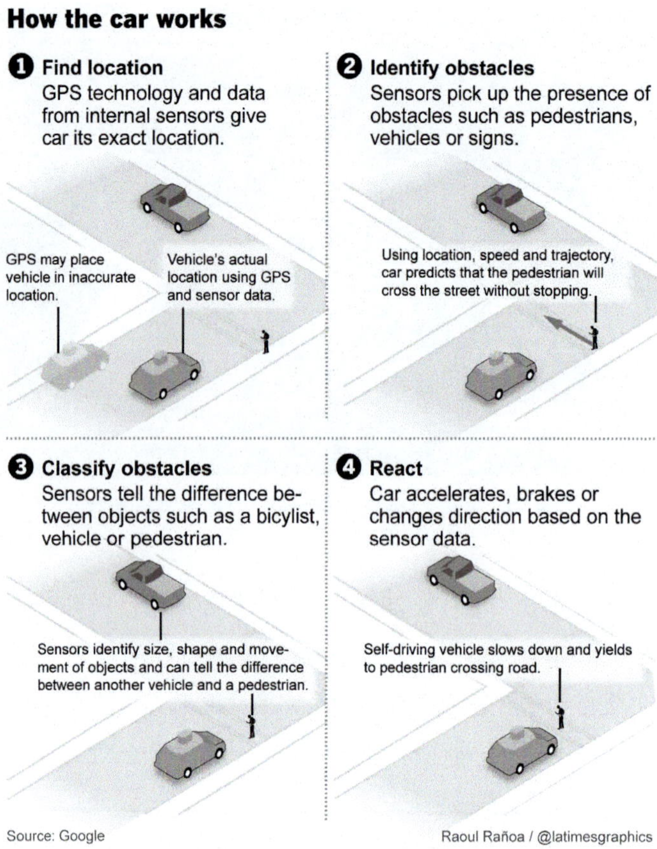

그림 84 구글 자동운전 자동차의 동작 원리

정이다. 시장조사 전문업체인 내비건트 리서치에 따르면, 오는 2020년 4%에 불과한 자율주행 자동차의 점유율은 2035년까지 75%로 증가할 전망이다.

사실, 자동운전 자동차와 관련해서는 '이야 신기하다!'거나 '역시 구글이야!'라는 감탄사를 외치기에 앞서, 왜 인터넷 검색업체인 구글이 자동운전 자동차를 개발하는 지에 주목해야 한다. 구글이 직접 자동차를 제조해서 판매하려는 것은 아닐 것 같고, 필자의 생각으로는 적어도 두 가지 이상의 이유가 있을 것 같다. 첫째는 '구글'이라는 기업의 성격을 분명히 하기 위함이다. 구글은 더 이상 인터넷 검색엔진만 이용하는 과거의 기업이 아니라, 스마트홈이나 스마트카 등과 같은 각종 첨단 플랫폼 사업을 영위하는 미래형 기업임을 분명히 하고 싶은 것이다. 둘째는, 운전자를 운전으로부터 해방시켜 정보 접근의 시간을 극대화 하기 위함이다. 즉, 기존의 인터넷 브라우저 기반의 사업을 강화하기 위한 수단으로 생각하고 있다는 것이다.

무선 연결 솔루션(Wireless Connectivity Solution)

지금까지 사물인터넷에 사용되는 센서와 사물인터넷 디바이스들에 대해 살펴보았다. 하지만, 이들이 사물인터넷과 관련한 디바이스의 전부는 아니다. 스마트 밴드처럼 독자적으로 인터넷에 접속할 수 없는 장치들은 스마트폰처럼 두 가지 이상의 통신 모듈을 포함하는 장치를 경유해서 인터넷에 연결되거나, 혹은 크기는 조금 커지겠지만 직접 인터넷에 접속할 수 있는 통신 모듈을 내장할 수도 있다.

이처럼 스마트 디바이스에 내장되거나 혹은 스마트 디바이스와 무선으로 연결되어 사물들이 인터넷에 연결될 수 있도록 하는 장치들을 무선 연결 솔루션이라 부른다. 특히, 후자처럼 중계기 역할을 하는 장치들을 사물인터넷 게이트웨이(IoT Gateway)라고 부르기도 한다. 사물인터넷 게이트웨이에는 스마트폰이나 와이파이 AP, 와이브로 에그와 같은 모바일 라우터, 그리고 지그비 코디네이터 등이 있다. [그림 85]는 통신 기능이 있거나 통신 기능이 부가된 사물인터넷 디바이스가 인터넷 망에 직접 혹은 사물인터넷 게이트웨이를 통해서 연결되는 방식을 보여 준다.

그렇다면, 통신 기능이 없는 사물에 통신 기능을 부여해 주는 방법에는 어떤 것들이 있을까? 그러한 방법들은 크게 두 가지 유형으로 구분할 수 있는데, 하나는 사물의 내부에 통신 모듈을 장착하여 일체화하는 것이고 다른 하나는 사물을 사물인터넷 게이트웨이와 같은 외부 통신 장치에 연결해서 이용하는 것이다.

사물의 내부에 장착되는 통신 모듈(Embedded IoT Module)들은 대부분 LTE나 2G/3G와 같은 이동통신 방식을 지원하는 모듈들이다. 이 외에도 와이파이(Wi-Fi)나 지

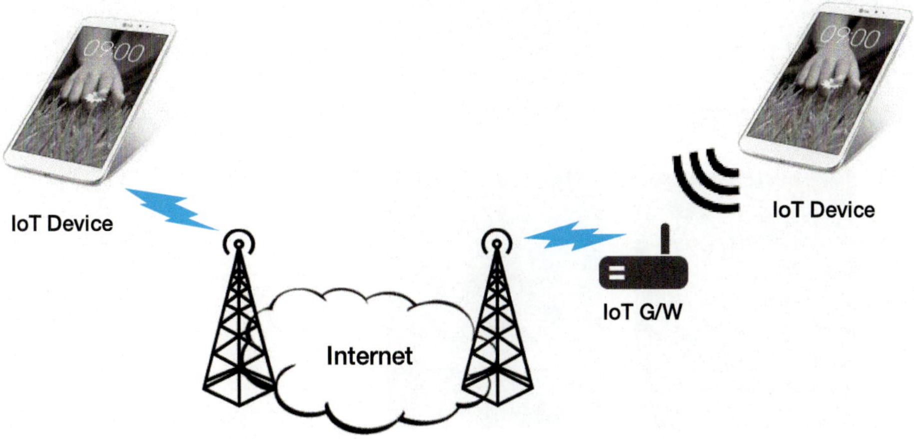

그림 85 사물인터넷 디바이스가 인터넷에 접속되는 방식

그비(Zigbee)와 같은 근거리 무선 통신 방식을 지원하는 모듈도 존재한다. 어떤 통신 방식을 지원하든, 이러한 통신 모듈들은 [그림 86]에 보이는 것과 같이 세 가지 유형 혹은 폼팩터(Form Factor)로 구분할 수 있다.

먼저 B2B (Board-to-Board) 유형의 경우 [그림 86]의 (a)에 보이는 것처럼 B2B Connector를 이용하여 메인보드와 연결하게 되며, [그림 86]의 (b)에 보이는 PCI 유형의 경우 PCI Express Connector를 이용해 연결한다. 이들은 RS232, TTL UART,

(a) Board-to-Board Type

(b) PCI Express Mini Card Type

(c) SMT Type

그림 86 보드 장착형 사물인터넷 통신 모듈 (출처: 모다정보통신)

그림 87　ioBridge의 iota

USART나 SPI(Serial Peripheral Interface)와 같은 표준 인터페이스 방식을 따르기 때문에, 통신 방식을 변경하여 사용할 필요가 있는 경우 해당 모듈만 교체하면 된다.

반면, SMT(Surface-Mount Technology) 유형은 통신 모듈을 다른 전자 부품들처럼 납땜을 통해 보드에 고정하게 된다. 보통 통신 이외의 다른 기능 모듈과 함께 결합하여 B2B 유형이나 PCI 유형의 모듈로 만들어져 이용된다. 앞의 두 가지 유형과는 달리, 통신 방식을 변경해야 하는 경우 해당 통신 모듈이 포함된 전체 모듈을 바꿔야 한다.

뒤에서 소개될 아두이노나 라즈베리파이와 같은 오픈 소스 하드웨어 플랫폼의 경우, 초기에는 통신 기능을 포함하지 않았었다. 그러나, 통신 기능에 대한 니즈가 증가함에 따라 최근에는 와이파이나 지그비 통신 방식을 지원하는 모듈들도 함께 제공되고 있다. 최근에는 USB로 연결되는 제품이 주를 이루고 있지만, 초기에는 B2B 유형이나 PCI 유형으로 연결되는 제품들이 출시되었었다. [그림 87]에 보이는 ioBridge의 iota는 SMT 유형의 통신 모듈이다. 사용되는 통신 방식에 따라 이더넷 버전과 와이파이 버전 두 가지가 존재한다. 이 모듈은 사물인터넷 디바이스 제조사를 타겟으로 개발되었으며, ioBridge Cloud라는 클라우드 서비스와 함께 이용할 수 있다.

이 외에도, [그림 88]에 보이는 것처럼, SD카드처럼 만들어져서 통신 기능이 없는 카메라나 게임기, 노트북 등에 와이파이 기능을 부여하는 장치도 있다. SD카드 유형으로 제공되는 통신 모듈들은 대부분 보조 메모리의 역할과 통신 기능 외에 클라우드 서비스까지 함께 제공한다. 즉, 그림과 같은 통신 모듈을 카메라에 삽입한 후 사진을 찍게 되면, 클라우드 상의 지정된 공간에 방금 촬영한 사진이 저장된다. 물론, 카메라가 와

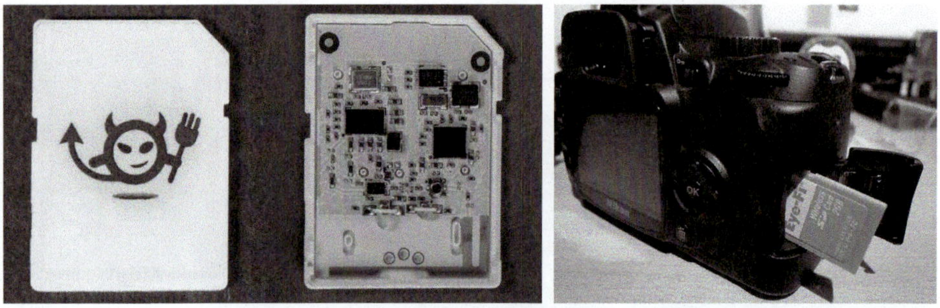

그림 88 일렉트릭임프(Electric Imp)의 SD카드 타입의 와이파이 모듈과 Eye-Fi의 SD 카드 타입 제품을 카메라에 연결하는 모습 (출처: http://www.togtech.com)

이파이 AP 부근으로 이동해서 SD카드 유형의 와이파이 통신 모듈이 인터넷에 연결되어야만 사진 파일을 전송할 수 있다. 대표적인 제조사로는 Eye-Fi, Electric Imp, 그리고 국내의 아이리버 등이 있다.

지금까지 사물 내부에 장착되거나 삽입되는 유형의 통신 모듈들을 살펴보았다면, 사물 외부에 연결되어 통신 기능을 제공하는 외부 연결형에 대해 살펴보도록 하자. 외부 연결형 통신 장치에는 [그림 89]에 보이는 USB 모뎀이 대표적이다. 필자도 국내에서 처음으로 와이브로 서비스가 제공되었던 2006년 무렵과 LTE 서비스를 처음 시작한 2011년 하반기에 USB형 와이브로 모뎀 및 LTE 모뎀을 이용했던 적이 있다. 휴대가 편하고 별도의 전원 장치를 필요로 하지 않는 점이 장점이지만, USB 모뎀을 위한 드라이버를 설치해야 하고 이러한 드라이버가 지원하는 OS가 윈도우즈나 리눅스 정도로 제한되어 있다는 것이 단점이다.

USB 테더링(USB Tethering)은 최근에 가장 많이 사용되는 외부 연결형 방식이다. [그림 90]에 보이는 것처럼, USB 케이블을 이용하여 이동통신을 지원하는 스마트폰이나

그림 89 USB 모뎀형 와이브로 모뎀 (출처 : http://www.buyking.com/)

그림 90 USB 테더링을 이용한 디바이스 연결

태블릿 혹은 모바일 라우터에 디바이스들을 연결하여 이용하게 된다. [그림 85]의 오른쪽 부분과 비교하면, 무선이 유선으로 대체되었을 뿐, 스마트폰이나 태블릿이 유선으로 연결되는 사물인터넷 게이트웨이 역할을 하는 셈이다.

이 외에도 이더넷 케이블을 이용하여 유선 혹은 무선 라우터에 노트북 등의 장치를 연결하는 것도 외부 연결형에 속하지만, 너무 일반적인 것이어서 별도로 언급하지는 않도록 하겠다.

모바일 라우터

모바일 라우터는 이동 중에도 와이파이 기기를 이용하여 무선 인터넷을 쓸 수 있도록 해주는 휴대형 와이파이 공유기이다. 가정이나 사무실에 있는 와이파이 공유기가 유선 인터넷 신호를 와이파이 신호로 변환해 주는 것처럼, 모바일 라우터는 LTE나 와이브로와 같은 이동통신 신호를 와이파이 신호로 변환해 주는 장치다.

따라서, 보는 사람에 따라서는(특히 이동통신사업자는) 모바일 라우터를 스마트폰과 같은 일반 모바일 서비스로 분류하기도 하지만, 필자는 사물인터넷 서비스의 한 꼭지로 분류하고자 한다. 실제로 LG유플러스의 경우, 2011년 7월 LTE 서비스를 시작할 때는 일반 모바일 서비스로 분류했으나 2013년부터는 M2M사업 관련 부서에서 해당 업무를 담당하기도 했다.

국내에서 본격적으로 모바일 라우터 서비스가 제공된 것은 2006년 와이브로 기반의 모바일 라우터 서비스가 그 효시라 할 수 있다. 물론, 그 전에도 2G 혹은 3G 기술을 이용한 USB 모뎀 형태의 모바일 라우터가 제공되기도 했지만, 의미 있는 가입자수를 확보한 것은 와이브로 기반의 모바일 라우터가 최초라 할 수 있다.

와이브로 기반의 모바일 라우터 역시 초기에는 [그림 91]에 보이는 것과 같은 USB

그림 91 필자가 2006년부터 사용했던 USB 모뎀형 와이브로 라우터 KWM-U1000 (출처: http://asadal.bloter.net)

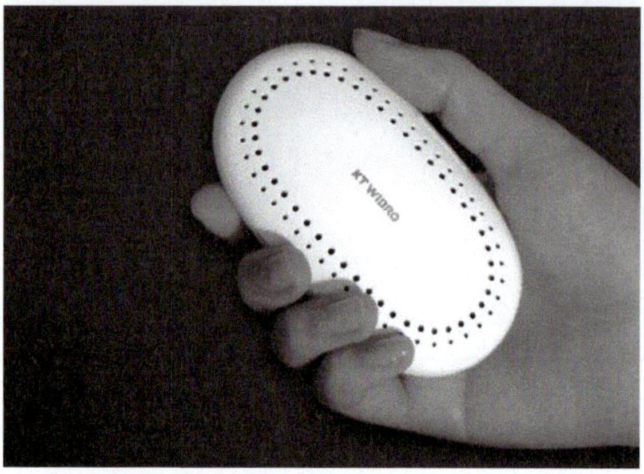

그림 92 최초의 와이브로 기반 모바일 라우터 인터브로의 KWI-B2200 (와이브로 에그) (출처: http://pcpinside.com)

모뎀 형태로 출시되다가 2009년부터는 [그림 92]에 보이는 것처럼 '와이브로 에그(Wibro Egg)'라는 이름을 달고 모바일 라우터 형태로 출시되었다. 이후 주파수 이용료를 대폭 할인해 주는 정부의 정책적 지원 및 이를 바탕으로 한 파격적인 요금 정책(KT 스마트폰 이용자의 경우 10 GB를 월 5천원에 이용 가능)에 힘입어, 와이브로 에그 가입자는 한 때 105만 명에 육박하기도 했다.

그러나, [그림 93]에 보이는 것처럼 와이브로 가입자수는 2013년 4월을 기점으로 줄어들기 시작했으며, 2013년 12월 기준으로 98만 명을 약간 웃도는 수준이다. 노트북이나 태블릿PC는 물론 카메라나 게임기 등 와이파이를 지원하는 다양한 휴대용 무선 디바이스들의 보급이 확산되고, 이에 따라 무선 인터넷의 이용이 활성화되고 있는 상황임에도 불구하고 와이브로 가입자가 감소하는 이유는 몇 가지를 들 수 있다.

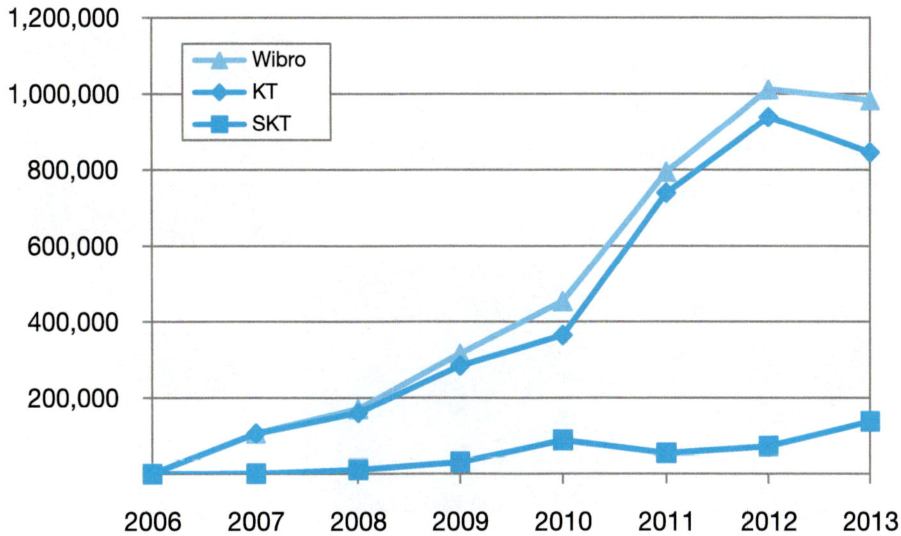

그림 93 국내 와이브로 가입자의 증감 현황 (KT, SKT 발표 자료를 바탕으로 재편집)

첫째, 스마트폰 테더링(tethering)을 이용하는 사용자가 늘어났기 때문이다. 즉, 모바일 라우터에 대한 새로운 대체제가 출현한 것이다. 특히, 3G 데이터 무제한 요금제의 등장은 결정적이었다 할 수 있다. 둘째, 무료 와이파이의 보급이 확산되었기 때문이다. 2011년부터 통신사들은 물론 카페나 레스토랑 혹은 도서관과 같은 공공 장소에서는 무료 와이파이 서비스를 제공하기 시작했으며, 이는 모바일 라우터의 필요성을 반감시켰다. 셋째, 휴대의 불편함이다. 와이파이 디바이스를 이용하기 위해 스마트폰 이외에 별도의 디바이스를 하나 더 들고 다니는 것은 분명히 불편하다. 넷째, 서비스 품질 및 커버리지가 열악하다. 와이브로는 전국 서비스를 표명하며 서비스가 출시되었지만, 사업성이 떨어지고 LTE 등 새로운 이동통신 서비스가 제공되면서 안정적인 서비스 품질을 보장하지 못 하게 되었다.

그러나, 다른 한편에서는 새로운 이동통신 기술에 기반을 둔 모바일 라우터에 대한 새로운 수요가 나타나고 있다. 상대적으로 떨어지는 와이브로 서비스의 품질 및 커버리지가 표면적인 이유였지만, LTE라는 고속 데이터 서비스에 대한 경험이 주된 원인이 된 것으로 판단한다.

국내의 경우 이동통신 3사 모두 LTE 기반의 모바일 라우터 서비스를 제공하고 있다. KT와 SKT의 경우 와이브로 기반의 모바일 라우터 사업을 진행하고 있는 상황이라서 LTE 기반의 모바일 라우터 사업에는 그다지 적극적이지 않다. SKT의 경우 2011년

그림 94 미국 무선통신사들이 판매 중인 개인용 모바일 라우터 기기들

7월 LTE 서비스 개시와 함께 모바일 라우터를 출시한 바 있으며, KT의 경우 B2B 고객을 대상으로 제한적인 사업을 전개하고 있다. LG유플러스의 경우 2013년부터 본격적인 사업화 움직임을 보였으나, 최근 모바일 라우터 임대 사업자와 같은 B2B 고객으로 사업 범위를 제한하는 움직임을 보이고 있다.

또한, 2014년 5월 제4이동통신사업자의 선정이 완료되면 2015년 하반기부터는 TDD 방식의 LTE 모바일 라우터 사업이 본격화될 것으로 기대된다. 제4이동통신사업자 후보로 거론되는 KMI 컨소시엄의 경우, 2015년 10월부터 TDD-LTE 기반의 무선 데이터 서비스를 제공할 예정이며, 2016년부터는 전국망 서비스를 개시할 예정이라고 한다.

해외의 경우는 국내와 다소 사정이 다르다. 이용자 증가에 따라 공항이나 커피전문점에 설치된 공용 와이파이의 서비스 품질이 급격히 떨어지고 있고 개인정보 누출 등의 보안 이슈에 대한 불안감의 증가함에 따라, 30대의 IT 업종 직장인들을 중심으로 모바일 라우터에 대한 수요가 증가하고 있다. 이에 따라, 미국의 주요 메이저 통신회사인 Verizon이나, AT&T, Sprint 등은 LTE 플랜, 선불 플랫, 데이터 종량 플랜 등 다양한 요금제 상품을 제공하고 있다.

2009년 말부터 시작된 스마트폰의 보급과 함께 불어닥치 와이파이 열풍은 아직도 식지 않고 있다. 저렴하게 많은 데이터를 이용하려는 사람들에게 와이파이는 여전히 좋은 대안이 되고 있지만, 사용자의 급증 및 관리 부실에 따른 품질이나 보안의 이슈가

표 12 AT&T와 Verizon 모바일 라우터 비교

업체 모델	AT&T Beam	Verizon UML 295
가격	$169.99	$199.99
2년 계약 가격	$19.99	무료
최대 메모리 용량	최대 확장 가능 32 GB	2 GB
LCD 스크린 여부	있음	없음
무게(Ounces)	1.91	1.25
크기(Inches)	1.97 × 2.58 × 0.46	3.14 × 1.22 × 0.48
4G LTE 월 사용료	5 GB – $60	3 GB – $60/1 GB – $40

커지고 있는 상황이다 [57]. 와이파이를 이용한 다양한 사업 기회가 있음에도 불구하고 통신사들은 돈되는 사업 모델을 찾지 못하거나 적극 사업화를 하지 않는 상황이라서, 와이파이 인프라가 개선되기를 바라는 것은 쉽지 않을 것 같다.

특히, 개인정보 유출 등의 보안 사고가 지속되는 상황에서 개인들이 보유하는 휴대 단말의 개수가 증가함에 따라 모바일 라우터에 대한 시장 가능성은 어둡지만은 않다고 생각한다. 시장 활성화를 위한 적절한 요금제 등이 아쉬운 시점이다.

사물인터넷 운영체제(OS)

최근까지 사물인터넷을 위한 전용 운영체제(OS, Operating System)는 따로 존재하지 않았다. 그래서, 보통 안드로이드(Android)나 iOS, 혹은 윈도우즈폰(Windows Phone)처럼 스마트폰이나 태블릿PC용으로 개발된 모바일 운영체제를 사물인터넷 디바이스에 함께

표 13 스마트폰 운영체제 점유율 변화 (출처: TomiAhonen Almanac 2014)

OS	2013	2012	2011
Android	78%	65%	43%
iOS	16%	20%	19%
Windows Phone	3%	2%	1%
Blackberry	2%	5%	11%
Others	1%	8%	26%

이용해 왔다. 그런데, 이러한 운영체제들은 특수한 목적을 지닌 디바이스가 아닌 스마트폰이라는 범용의 모바일 시스템을 위해 개발된 것이어서, 많은 메모리 공간과 프로세싱 파워를 필요로 한다. 또한, 그만큼 많은 전력도 소모했다.

그러나, 최근에 스마트 시계나 스마트 안경과 같은 웨어러블 디바이스의 보급이 확대되면서, 이러한 기기들에 최적화된 새로운 운영체제들이 속속 등장하고 있다. 바로 안드로이드웨어(Android Wear)와 타이젠(Tizen)이다. 이와 더불어, 2000년대 중후반에 USN 혹은 WSN 시스템을 위해 개발된 초소형 운영체제도 재조명을 받고 있다. 이 장에서는 대표적인 사물인터넷을 위한 OS인 안드로이드웨어와 타이젠, 그리고 다양한 초소형 운영체제에 대해서 살펴보도록 하자.

안드로이드웨어

안드로이드웨어(Android Wear)는 구글이 웨어러블 스마트 디바이스를 위해 내놓은 운영체제(OS)로 2014년 3월 베타 버전이 공개되었다. 안드로이드웨어가 최초로 탑재된 제품은 모토로라의 '모토 360'으로 우리에게 가장 익숙한 웨어러블 제품 유형인 스마트 시계에 적용되었다.

안드로이드웨어는 음성으로 기동된다. 평상시에는 사용자의 위치나 환경 등을 실시간으로 체크해서 날씨, 뉴스, 교통 등의 정보를 제공해주지만, 웨어러블 디바이스에 대고 '오케이 구글(OK Google)'이라고 말하면 다양한 어플리케이션을 구동시키기나 원격 조종 기능을 이용할 수 있다. 예를 들면, 전화를 걸거나 음악을 재생하거나 보고 싶은 영화를 TV로 전송할 수도 있다. 또한, 메시지 전송, 알람 설정, 콜택시 예약, 식당 예약과 같은 작업도 음성으로 수행할 수 있다.

안드로이드웨어의 개발 취지이자 장점으로 말하는 것은 이용자의 상황에 맞는 최적화된 정보를 제공한다는 것이다. 그러나, 현재까지 공개된 기능이나 서비스 시나리오가 소비자에게 강하게 어필이 될 수 있을지는 아직 미지수다. 다분히 애플보다 먼저 차세대 웨어러블 시장을 개척하고 삼성의 타이젠을 견재하려는 의도로 보인다.

그럼에도 불구하고, 구글은 안드로이드웨어의 확산을 위해 모토로라 외에도 아수스, HTC, LG전자, 삼성전자 등의 소비자 전자제품 제조사 및 브로드컴, 인텔, 퀄컴, 미디어텍 등 칩 제조사들은 물론 조만간 안드로이드웨어를 탑재한 스마트 시계를 출시할 예정인 Fossil Group과 같은 패션 브랜드와도 협력하고 있다.

구글은 2014년 6월 말에 열린 '구글 개발자회의(I/O) 2014'에서 조만간 안드로이드웨어 SDK를 공개하겠다고 예고하기는 했지만, 책의 마무리 작업을 하고 있는 2014년 7월

초 현재까지도 구글 나우와 관련된 알람 등 일부 API만 공개되어 있는 상태다. 그러나, 안드로이드웨어와 관련된 API 및 SDK가 공개되고 다수의 어플리케이션이 확보된다면, 스마트폰에서 그랬던 것처럼 웨어러블 디바이스와 관련된 생태계를 주도해 나갈 수 있을 것으로 예상된다. 더욱이, 함께 발표된 안드로이드 오토(Android Auto) 및 안드로이드 TV(Android TV)와 API가 공유되고 쉽게 연동될 수 있다는 점에서 더욱 강력한 시장 주도권을 형성할 수 있을 것으로 예상된다. 안드로이드웨어에 대한 보다 자세한 정보는 http://developer.android.com/wear를 참조하기 바란다.

타이젠 (Tizen)

타이젠은 리눅스 재단(Linux Foundation) 주관으로 삼성과 인텔 등 다양한 회사가 개발에 참여하고 있는 리눅스 기반 오픈소스 플랫폼이다. 스마트폰, 넷북, 태블릿, 자동차 인포테인먼트, TV 등 다양한 기기에 탑재할 수 있어 크로스 카테고리 플랫폼(Cross-Category Platform)이라고 불린다. W3C/HTML5와 같은 다양한 표준을 준수하며, HTML5 기반의 웹어플리케이션 및 C++ 기반의 네이티브 애플리케이션을 지원한다.

타이젠은 어느날 갑자기 혜성과 같이 나타난 플랫폼이 아니다. 리모 재단에 의해 휴대용 기기를 위해 개발된 소프트웨어 플랫폼인 리모(LiMo)나 인텔이 개발한 오픈소스 모바일 운영체제인 미고(Meego) 등 기존에 존재하던 리눅스 기반 모바일 플랫폼 개발 경험과 삼성전자의 바다(bada) 플랫폼, 그리고 다양한 오픈소스 기술에 HTML5, CSS3 등의 웹 기술까지 접목된 기술의 집약체다.

타이젠의 전신은 리눅스 기반의 오픈소스 모바일 플랫폼인 리모이며, 리모는 삼성전자가 리모 재단에 기증한 삼성 리눅스플랫폼(SLP)에 기반을 두고 있다. 타이젠이라는 이름은 2011년 9월 인텔이 이 프로젝트에 합류하면서 사용되기 시작했다.

타이젠은 '타이젠 연합'이 개발한 것으로 스마트폰, 태블릿, 스마트TV 등 거의 모든 스마트 디바이스에 적용 가능한 개방형 운영체제다. 초창기 타이젠 연합을 주도한 삼성과 인텔뿐 아니라 SK텔레콤, 보다폰, NTT 등 전세계 15개의 IT 기업 및 통신사들이 안드로이드 의존도를 줄이고 운영체제의 다변화를 위해 개발에 참여했다.

삼성전자의 타이젠 강화 전략은 강대해진 구글 안드로이드 OS를 견제하는 한편, 스마트폰보다 더욱 큰 시장으로 부각 중인 사물인터넷 시장을 장악하기 위한 포석으로 이해할 수 있다. 일례로, 삼성전자는 2014년 초에 열린 국제전자제품박람회(CES)에서 타이젠 기반의 차량용 운영체제를 선보인 데 이어, 모바일월드콩그레스(MWC)에서는 타이젠을 탑재한 삼성 기어2 및 스마트 카메라 NX300을 공개하기도 했다. 또한, 스마트 TV, 스마트홈 등 가전제품으로까지 적용 범위를 확대할 예정이다.

타이젠은 오픈소스라는 점과 높은 HTML5 호환성을 제공하며 HTML5, 자바스크립트, CSS3에 기반을 둔 웹어플리케이션(WebApp.)뿐만 아니라 C++ 기반의 네이티브 어플리케이션(Native App.), 그리고 이 둘을 융합시킨 하이브리드 어플리케이션까지 모두 지원한다. 또한, 앞에서 언급된 것처럼 다양한 디바이스 API를 지원한다. 그러나, 타이젠의 가장 중요한 특징은 안드로이드 OS 대비 가볍다는 것이다. 이를 통해 휴대 기기들의 가장 큰 이슈였던 배터리 연속사용시간을 획기적으로 늘릴 수 있다. 일례로, 타이젠을 사용하는 삼성 기어2는 전작인 갤럭시 기어에 비해 3배 이상 배터리가 오래 간다.

2014년 3월 미국의 시장조사업체인 컴스코어(ComScore)는 삼성의 모든 제품이 타이젠 OS를 기반으로 구동되는 경우 이론적으로 안드로이드 OS 사용자의 약 25%가 타이젠으로 이동할 것으로 전망하기도 했다. 특히, 이 같은 이동은 안드로이드 사용자의 비중이 높은 아시아 국가에서 더욱 뚜렷이 나타날 거라고 한다. 그러나, 구글처럼 개발자 친화적인 환경을 제공하지 않으면 이는 기대로 그칠 수도 있을 것이다.

사물인터넷을 위한 초소형 운영체제

앞에서 살펴본 안드로이드웨어나 타이젠 외에도 사물인터넷을 위한 초소형 운영체제가 존재한다. 바로 스웨덴의 타이니OS(TinyOS), 콘티키(Contiki), 맨티스OS(Mantis OS), 파이넷(Phynet), 그리고 나노큐플러스 등이다[4]. 앞에서 살펴봤던 사물인터넷용 운영체제가 주로 스마트 시계나 스마트 밴드처럼 비교적 높은 사양의 하드웨어를 요구하는 일반적인 소비재(consumer goods)에 주로 사용된다면, 초소형 운영체제는 전기검침이나 환경감시 등과 같은 무선 센서네트워크(WSN)에 더 적합하다 할 수 있다.

산불감시, 교량감시, 가스누출감시, 누전 및 누수감시 등과 같은 분야에 활용되는 무선 센서네트워크는 한번 구축하면 몇 년을 이용해야 하는 특성이 있다. 따라서, 스마트 디바이스처럼 자주 배터리를 교환하거나 충전을 하는 것이 불가능한 경우가 많다. 또한, 전력소모 및 비용적인 관점에서 아주 적은 메모리를 포함하고 있다. 초소형 운영체제는 바로 이런 응용 분야에 사용되는 센서노드와 같은 디바이스를 위한 운영체제인 것이다.

4 사물인터넷용 초소형 운영체제에는 파이넷, 콘티키, 나노큐플러스 외에도 여러 가지가 있지만, IPv6 국제 인증을 받은 것은 이 세 가지뿐이다.

» 타이니OS(TinyOS)

TinyOS는 1999년에 UC Berkeley에서 개발된 무선 센서 네트워크(WSN)를 위한 개방형 운영체제이자 플랫폼이다. 원래는 DARPA의 NEST 프로그램의 일부로 시작된 프로젝트였으나, 전세계의 수많은 학생들과 전문 개발자들에 의해 이용되며 업데이트되어 오고 있다. TinyOS는 무선 센서 네트워크의 제한된 자원과 저전력 특성을 극복하면서도 환경변화에 실시간으로 반응하며 다양한 응용분야에 활용하는 것을 목표로 설계되었다 [64][65].

TinyOS는 기존 C 언어의 확장 형태인 nesC 언어를 이용해 개발된 컴포넌트 기반의 시스템과 프로그래밍 구조를 가진다. 또한, 이벤트 기반(Event-Driven)의 동작으로 저전력의 효율적인 구조를 가진다. 많은 스택 메모리를 필요로하는 기존 멀티쓰레드(multi-thread) 방식의 단점을 개선해 적은 메모리로 멀티태스킹을 지원할 수 있다. 저전력 구조를 실현하기 위해 CPU가 사용되지 않을 때는 휴면(idle) 상태로 들어가 전력 소모를 줄이며, P2P 연결 대신 멀티홉(multi-hop) 라우팅을 통해 전송 전력을 줄인다 [66].

TinyOS는 일반적으로 크로스보우(Crossbow)의 Mica2, Mica-Dot, MicaZ 센서노드 플랫폼에서 동작하며, Eyes, T-Mote Sky, iMote, Nano-24와 같은 하드웨어 플랫폼에서도 이용할 수 있다. TinyOS에 대한 더 자세한 내용은 TinyOS 홈페이지(http://www.tinyos.net)를 방문하기 바란다.

» 콘티키(Contiki)

콘티키(Contiki)[5]는 메모리가 제한된 네트워크 시스템, 특히 저전력 사물인터넷 디바이스를 위한 오픈소스 운영체제다. 2002년 아담 둥켈스(Adam Dunkels)에 의해 최초로 개발되었으며, 이후 Amtel, Cisco, RWTH Aachen University, Oxford University 등의 기업과 대학들의 개발자들로 구성된 글로벌 팀에 의해 더욱 개발되었다.

C 언어로 만들어졌으며, 타이니OS처럼 이벤트 기반 방식으로 동작하지만, 선점형 멀티쓰레드(preemptive multi-thread)를 지원한다 [66]. 전형적인 콘티키 시스템은 킬로바이트(KB) 단위의 메모리와 밀리와트(mW) 수준의 파워 버짓(power budget), 메가헤르쯔(MHz) 수준의 처리 속도, 그리고 수백 Kbps 수준의 통신 대역폭을 가지고 있다. 다양한 유형의 임베디드 시스템이나 구형 8비트 컴퓨터들이 이러한 급의 시스템에 해당한다.

5 콘티키(Contiki)는 1947년 노르웨이의 탐험가이자 작가인 Thor Heyerdahl이 태평양을 가로질러 남아메리카에서 폴리네시아 섬으로 탐험할 때 사용되었던 뗏목의 이름인 Kon-Tiki에서 유래했다.

콘티키는 uIP TCP/IP 스택, uIPv6 스택, 그리고 Rime 스택의 세 가지의 네트워킹 방식을 지원한다. uIP TCP/IP 스택은 IPv4 네트워킹을 지원하며, uIPv6 스택은 IPv6 네트워킹을 지원한다. 그리고 Rime 스택은 특별히 저전력 무선 네트워크를 위해 설계된 경량 네트워킹 프로토콜의 집합이다.

IPv6 스택은 저전력의 손실이 발생할 수 있는 IPv6 네트워크를 위한 RPL 라우팅 프로토콜과 6LoWPAN 헤더 압축 및 IEEE 802.15.4 링크의 적응 계층을 포함한다. Rime 스택은 IPv4나 IPv6 스택의 오버헤드가 매우 심할 때 사용될 목적으로 만들어진 일종의 대안적인 네트워크 스택이다. 저전력 무선 시스템을 위한 통신 프리미티브들(primitives)을 제공한다.

배터리로 동작하는 무선 센서들은 아무런 관리 없이도 혹은 배터리의 충전이나 교체 없이도 수년간 동작해야 한다. 콘티키는 전력 소모를 줄이기 위한 몇 가지 메커니즘을 제공한다. 디폴트로 제공되는 ContikiMAC이라는 메커니즘은 무선 센서 노드가 무선 신호를 수신하거나 중계하면서도 저전력 모드에서 동작할 수 있도록 해 준다 [67]. 콘티키에 대한 더 자세한 내용은 콘티키 홈페이지(http://www.contiki-os.org)를 방문해 보기 바란다.

» 파이넷(Phynet)

파이넷은 유틸리티 모니터링 등을 위해 Arch Rock이라는 회사가 개발한 저전력 무선 메쉬 네트워킹 프로토콜을 지원하는 타이니OS(TinyOS)였다. 그러나, 이 운영체제가 스마트 그리드(Smart Grid) 및 스마트 시티(Smart City) 사업에 매우 유용할 것임을 간파한 Cisco가 2010년 9월에 Arch Rock을 인수하면서 더 이상 오픈소스로 제공되지 않는다.

파이넷의 주요 특징으로는 IPv6를 지원하며 분산 IP 라우팅 알고리즘을 사용하기 때문에 무제한으로 확장이 가능하다는 것이다. 또한, IEEE 802.15.4/6LoWPAN 무선 통신 기술 및 메쉬 라우팅(mesh routing), AES128 기반의 링크 암호화, 그리고 안전한 통신을 위한 노드 인증을 지원한다. 스마트 미터(smart meter)들을 전기와 같은 유틸리티들의 제어국(control station)에 연결할 수도 있고 빌딩 자동화 서비스에도 연결할 수 있는 무선 메쉬 네트워크 기반 응용 분야에 유용하게 이용할 수 있다.

» RIOT

RIOT는 TinyOS와 Contiki 같은 무선 센서 네트워크를 위한 기존의 솔루션과 모든 기능을 다 갖추고 있는 리눅스 사이의 간극을 메우는 것을 목표로 개발된 개방형 초소형

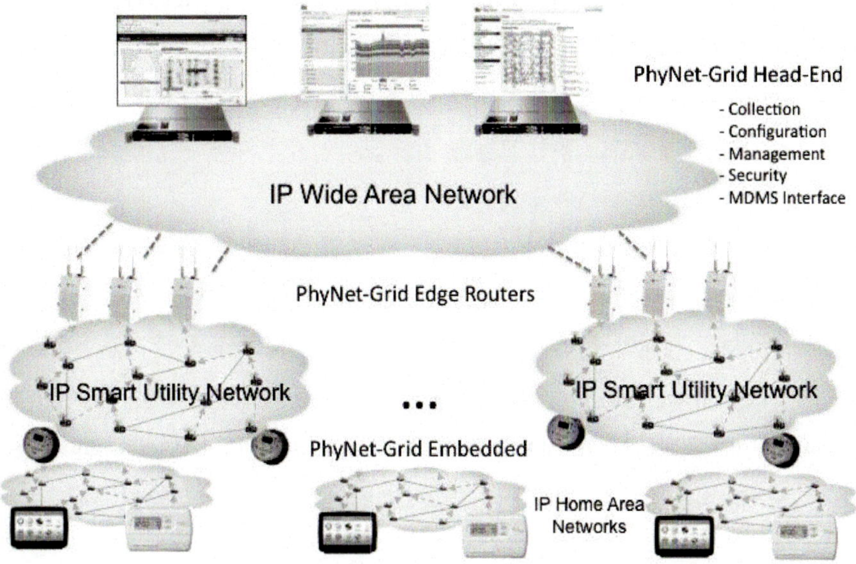

그림 95 PhyNet-Grid 기술을 이용한 전력 모니터링 시스템 구조 (출처: Gigacom.com)

운영체제다. 원래는 2008년에 베를린 소방당국을 위해 소방대원의 위치와 안전, 환경 정보들을 모니터링하기 위해 진행됐던 FeuerWhere라 불리는 프로젝트의 초기 결과물을 확장하여 일반에 공개한 것이다.

RIOT OS의 주요 설계 원칙은 에너지 효율적이며, 적은 메모리 공간을 이용하고, 모듈화되고, 개발자 친화적인 프로그래밍 인터페이스를 제공하는 것이다. RIOT의 스케줄러는 에너지 효율화를 위해 최적화되어 있으며, 일부 제한된 특성만을 요구하는 노드에 적용할 때에는 불필요한 모듈들을 제거하고 이용하는 것이 가능하다 [68][69]. 따라서, 필요한 메모리 공간도 수 킬로바이트(KB)면 충분하다. 그럼에도 불구하고 6LoWPAN은 물론 모든 TCP/IP 스택을 지원하며, C와 C++ 프로그래밍 언어, 멀티쓰레딩(multi-threading), 동적 메모리 관리 등도 지원한다. RIOT에 대한 더 자세한 내용은 http://Riot-os.org를 참조하기 바란다.

» 나노큐플러스(NanoQplus)

나노큐플러스는 한국전자통신연구원(ETRI)이 다양한 무선 센서 네트워크(Wireless Sensor Network), 사물인터넷, M2M 등의 분야에서 사용되는 임베디드 장치용으로 개발한 초소형 운영체제로 2007년에 2.3버전의 소스코드를 일반에 공개했다.

나노큐플러스는 C 언어로 작성되어 있으며 프로그래밍 구조가 간단하고 용이하다.

멀티쓰레드(multi-thread)를 지원하며 우선순위 기반 라운드로빈(round-robin) 방식으로 쓰레드를 선택한다 [70]. 모든 쓰레드가 대기 또는 수면 상태에 있을 때 IDLE 쓰레드를 실행하게 되며, 자동 절전 상태가 되어 전력 소모를 최소화한다. 또한, IEEE 802.15.4 기반의 2.4 GHz, Sub-1GHz 통신 모듈을 위한 드라이버를 제공하며, 상호운용성을 위한 IPv6(6LoWPAN, RPL, CoAP)를 지원한다.

나노큐플러스는 IPv6를 탑재하고 있으면서도 불과 50 KB에 불과해서 수 MB에 달하는 다른 운영체제에 비해 성능을 높일 수 있는 장점이 있다. 한국전자통신연구원은 이미 해당 기술을 국내의 전기 원격검침회사와 무선칩 제조사 등에 기술이전을 마친 상태이며, 조명, 공조, 냉난방 등 스마트 빌딩의 관리 분야에도 적용할 예정이다. 나노큐플러스에 대한 보다 자세한 내용은 https://sites.google.com/site/nanoqplusos/를 참조하기 바란다.

사물인터넷 통신 기술

사물인터넷 서비스를 위해 센서 노드 혹은 스마트 디바이스에서 생성된 데이터는 더 복잡한 처리를 위해 사물인터넷 게이트웨이나 인터넷 상의 서버로 전송된다. 센서 데이터를 서버로 전송하기 위해서는 다양한 형태의 유무선 통신 기술이 이용된다. 실제로, 이를 위해 사용할 수 있는 통신 기술과 프로토콜에는 수십 여 가지가 존재한다.

센서 데이터의 전송을 위해 어떤 경우에는 한 가지 통신 기술만 이용해도 되지만, 어떤 경우에는 3~4가지 통신 기술을 이용해야 하는 경우도 있다. 예를 들어, 스마트폰이 센서 디바이스 역할을 하는 경우는 3G나 LTE 기술을 이용하면 된다. 반면에, 스마트폰에 연결된 블루투스 장치가 홈게이트웨이를 통해 인터넷 상의 서버로 데이터를 전송하기 위해서는 순차적으로 블루투스-와이파이-이더넷과 같은 통신 기술을 이용해야만 한다. 물론, 백본망에 이용되는 전송 기술까지 포함한다면 그 수는 더 많아질 것이지만, 여기서는 논외로 한다.

그렇다면, 어떤 경우에는 어떤 통신 기술을 이용하고, 어떤 경우에는 어떤 통신 프로토콜을 이용해야 하는 것일까? 사실, 정답은 없다. 그렇지만 이미 세상에 존재하는 다양한 통신 기술과 프로토콜들은 특정한 응용 분야의 특성에 맞춰 개발된 것들이다. 최근에 논의되고 있는 일부 기술들의 경우 '사물인터넷을 위한(for the Internet of Things)' 것들도 있지만, 이러한 기술들 역시 모든 사물인터넷 분야를 수용할 수는 없을 것이다.

따라서, 이 책에서는 개별 통신기술이나 프로토콜들에 대해 그들의 기술적인 스팩이나 이용 방법에 대해 기술하기보다는, 이러한 통신기술과 프로토콜들의 개발 목적과 배경 그리고 주요 특성들에 대해 설명할 것이다. 이는 사물인터넷 시스템이나 디바이스를 개발하고자 하는 독자들로 하여금 그들의 목적에 맞는 통신 기술이나 프로토콜이 어떤 것인지에 대한 인사이트를 제공할 수 있을 것이라고 생각한다.

그렇다면, 개별 통신기술이나 프로토콜을 소개하기에 앞서, 이들의 선택 기준이 되는 것들에는 어떤 것들이 있는지 먼저 살펴보기로 하자. 일반적으로 선택의 기준이 되는 파라미터에는 통신 거리, 대역폭, 변조 방식, 스케줄링 방식, 프로세싱 능력, 배터리 소모량, 센서 네트워크의 규모 등과 같은 다양한 것들이 존재한다. 물론, 이러한 모든

그림 96 사물인터넷을 위한 무선통신 기술의 선택

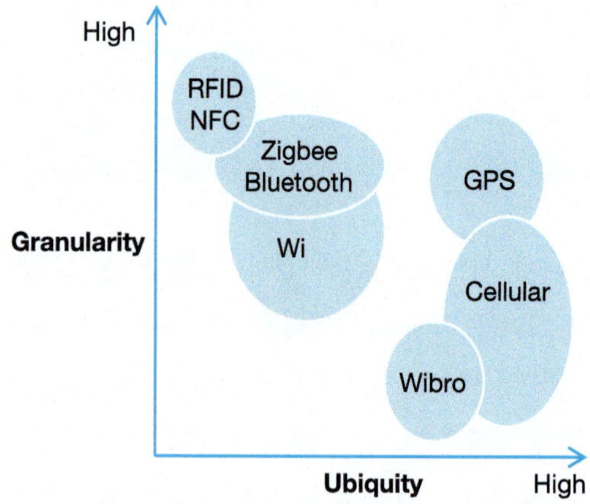

기준들을 한꺼번에 고려해서 개발하고자 하는 시스템에 적합한 통신 기술을 고르는 것은 아니다. 현실적인 이유로 가장 중요한 두어 가지 기준을 중심으로 선택을 하는 것이 일반적이다.

선택의 기준은 개발하려고 하는 것이 일반 소비자를 위한 제품(consumer goods)인지 아니면 산업특화 솔루션인지에 따라서도 달라진다. 일반 소비자를 위한 제품들의 경우 배터리 소모량보다는 통신거리나 통신 대역폭이 더 중요한 기준인 반면, 산업용 솔루션의 경우 배터리의 수명이 가장 중요한 선택 기준이 될 수 있다.

일반적으로, 이러한 선택 기준들은 독자적인 특성이기보다는 서로 영향을 미치는 경우가 많다. 예를 들면, 통신 거리는 배터리 수명이나 혹은 동시에 수용 가능한 디바이스의 수, 즉 네트워크의 규모 등에 영향을 미친다. 또한, 통신 속도도 배터리 수명이나 네트워크 규모에 영향을 미친다. 한편, 이동통신 기술이나 와이파이처럼 동일한 통신기술에 대해서도 어떤 변조 기법을 사용하느냐에 따라서 통신 속도가 달라질 수도 있다.

따라서, 이 책에서는 [그림 96]에 보이는 것처럼 도처성(Ubiquity)과 입자성(Granularity)의 관점에서 사물인터넷을 위한 통신기술들을 구분해 보고자 한다. 도처성이란 인터넷에 접속할 수 있는 공간에 대한 기준이며, 입자성은 사물의 위치를 얼마나 정교하게 확인할 수 있느냐 하는 것이다. 도처성과 입자성 외의 다른 기준들도 중요하긴 하지만, 사물인터넷 시대에는 언제 어디서나 인터넷에 접속할 수 있어야 하며, 사용자 혹은 사물의 위치를 정확히 알 수 있는 것은 비즈니스 관점에서 매우 중요하기 때문이다.

[그림 96]에서 RFID 혹은 NFC 기술[6]은 아주 짧은 거리에서 통신이 이루어지므로 매우 높은 수준의 입자성을 제공한다. 그 대신에 도처성을 제공하기 위해서는 그만큼 많은 수의 태그나 리더를 설치해야 하는 문제를 야기한다. RFID/NFC 태그나 리더의 가격은 과거에 비해 매우 낮아지기는 했지만, 다수의 리더를 설치하고 통합하는 것은 그 이상의 비용을 유발할 것이다.

반면에, 와이브로(Wibro)를 포함한 셀룰러 기술은 어디서나 이용이 가능하므로 높은 도처성을 제공한다고 할 수 있다. 그러나, 셀룰러 디바이스들은 다른 통신 기술을 이용하는 디바이스들보다 매우 비싼 편이며, 부피도 크고, 많은 배터리를 필요로 한다. 또한, 와이파이 수준의 높은 입자성을 제공하지 못한다.

따라서, 두 가지 이상의 기술들을 결합하여 이용하는 경우가 많다. 예를 들면, 셀룰러에는 GPS나 NFC 기술을 수용함으로써 입자성을 개선하고 있고, RFID 리더의 경우는 셀룰러나 와이파이 모듈을 추가하여 적은 수의 리더를 이용해서 어디에서든 혹은 더 넓은 영역에서 RFID 태그를 확인할 수 있다.

중요한 것은 검토 중인 사물인터넷 응용 분야가 어느 수준의 입자성과 도처성이 필요하느냐 하는 것이다. 또한, 항상 높은 수준의 입자성이나 도처성을 제공해야 하는 지도 중요하다. 예를 들어, 화물 운송 차량의 경우 셀룰러 기술을 이용해서 실시간으로 차량의 위치를 파악할 필요도 있겠지만, 이동 중에는 GPS 좌표값만을 저장하고 배송 목적지 혹은 차고지에 도착했을 때 데이터를 서버로 전송해도 무관할 것이다. 이런 경우, 비싼 셀룰러 솔루션 대신 GPS와 결합된 저렴한 와이파이 솔루션을 써도 될 것이다.

자, 이제 사물인터넷과 관련된 통신기술 및 관련 프로토콜에 대해 하나씩 살펴보도록 하자. 기기나 사물에 '연결성'을 제공하는 통신기술의 경우 [표 14]에 보이는 것과 같이 다양한 통신기술들이 존재한다. 그러나, 이 책에서 저 모든 기술들을 다 다룰 수도 없고, 필자 또한 모든 기술을 다 알고 있는 것이 아니다. 따라서, 최근에 사물인터넷 디바이스에서 많이 이용되는 무선통신기술들을 중심으로 하나씩 살펴보기로 하자.

먼저, 단거리 통신기술에는 RFID, NFC, DAHS7 등이 있다. 그러나, 사물인터넷에서는 RFID와 NFC 기술은 마치 센서와 같은 역할을 하기 때문에, 이들에 대해서는 사물인터넷 센서와 디바이스를 다루었던 이전 장에서 먼저 살펴보았다. DASH7의 경우 433MHz 대역의 비면허 ISM 대역에서 사용되는 기술로, 무선 센서네트워크를 위한 개

---

6 RFID와 NFC는 센서 기술에서 이미 다루기는 했지만, 기본적으로는 무선 통신 기술을 이용하므로 여기서 함께 고려하기로 한다.

표 14 사물인터넷을 위한 다양한 통신 기술

구분	종류
단거리 통신기술	• RFID(RadioFrequency Identification) • NFC(Near Field ommunication) • DASH7
근거리 통신기술	• Wi-Fi(IEEE 802.11 b/a/g/n), WiGig • Zigbee(IEEE 802.15.4), Z-Wave • Bluetooth • UWB(Ultra WideBand)
무선 · 이동 통신기술	• LTE, WCDMA, CDMA, EVDO, GPRS, EDGE, GSM • WiMax/ WiBro(IEEE 802.16) • GPS (Global Positioning Systems)
유선 통신기술	• Ethernet (IEEE 802.3) • PLC(Power Line Communication)
산업특화 통신기술	• WAVE (Wireless Access for the Vehicle Environment) • DSRC(Dedicated Short-Range Communication) • Weightless • EnOcean

방형 RFID 표준이다 [71]. 1년 이상의 배터리 수명을 제공하며, 최대 2 Km 거리에서 통신이 가능하고, 1~2미터 정도의 위치 정확성을 제공한다. 따라서, 이동하는 물체나 자산관리 분야에 주로 이용된다.

WPAN(Wireless Personal Area Network) 기술로 잘 알려진 근거리 통신기술에는 Wi-Fi, Bluetooth, ZigBee, Z-Wave, UWB 등이 포함된다. 통상적으로 이들은 최대 200미터 이내의 거리에서 광대역 혹은 협대역 통신을 제공하는 기술로, 사물인터넷과 관련된 디바이스에서 가장 많이 활용되는 기술들이다. 따라서, 이 책에서는 Wi-Fi, Bluetooth, ZigBee, Z-Wave 기술에 대해서 다루도록 할 것이다. UWB의 경우 광대역 특성이 강해서 사물에 연결성을 제공한다기 보다는 20미터 이내의 거리에서 유선 통신기술을 대체하는 성격이 강하다고 판단되어 논의에서 제외할 것이다.

다음으로 무선 및 이동통신, 유선통신, 그리고 산업특화 통신기술들이 존재한다. 이들 모두 사물인터넷을 구현하는데 있어서 매우 중요하고 전통적인 사물지능통신(M2M) 분야에서 많이 이용되고 있는 기술이다. 하지만, 이동통신기술을 제외하고는 활용성이나 보편성이 제한적이라 판단되어 논외로 할 것이다.

대신에, [표 14]에서는 언급하고 있지 않지만, 두 개의 사물 혹은 디바이스들 사이에서 P2P 연결성(Peer-to-Peer Connectivity)을 제공하는 다이렉트(Direct) 통신 기술에 대해서 추가로 알아보기로 한다. 블루투스가 대표적인 Direct 통신 기술이기는 하지만, 이는 근거리 통신기술 부분에서 다루기로 하고 최근에 부각되고 있는 Wi-Fi Direct와 LTE Direct 두 가지 기술에 대해서만 다루기로 한다.

사물인터넷을 위한 통신기술에 대해 살펴본 다음에는 사물인터넷을 위한 프로토콜을 살펴보기로 한다. 가장 대표적인 인터넷(IP) 프로토콜을 역사적인 관점에서 살펴보고, 최근 몇년 사이에 개발되었거나 개발되고 있는 사물인터넷을 위한 프로토콜들에 대해서 살펴볼 것이다.

근거리 통신 기술

흔히 WPAN(Wireless Personal Area Network)이라 불리는 근거리 통신기술은 통상적으로 30미터 이내, 길게는 200미터 이내의 범위에서 디바이스들이 통신을 할 수 있게 해주는 기술을 말한다. 이러한 근거리 통신기술에는 우리가 잘 알고 있는 와이파이(Wi-Fi)와 블루투스(Bluetooth)는 물론 지그비(Zigbee)와 Z-Wave, UWB, 적외선(IrDA) 등 다양

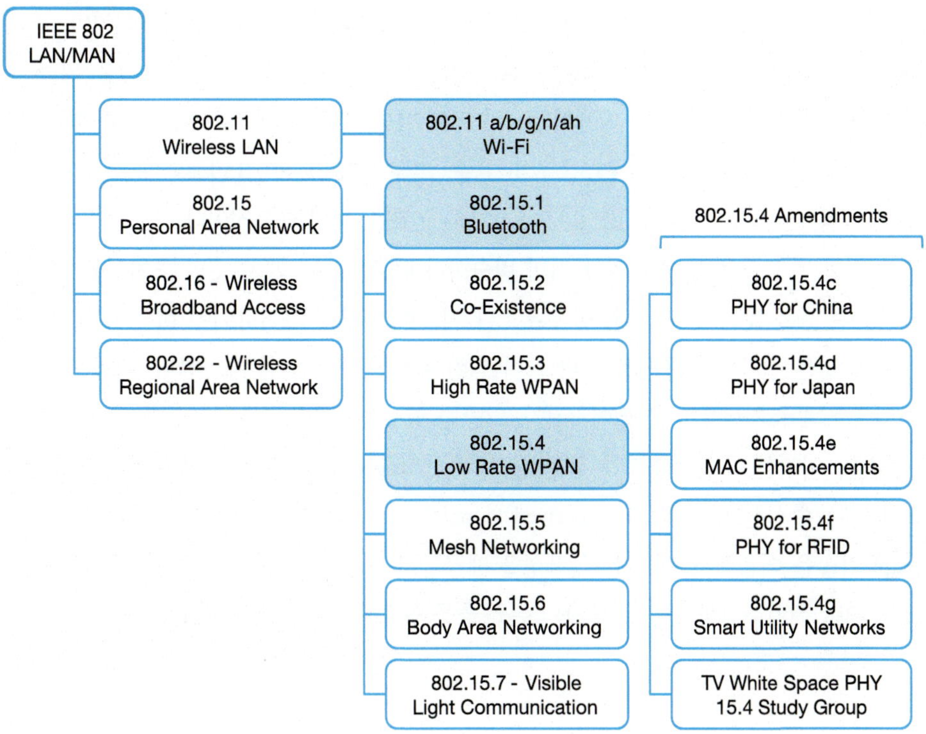

그림 97 근거리 무선통신기술 관련 표준

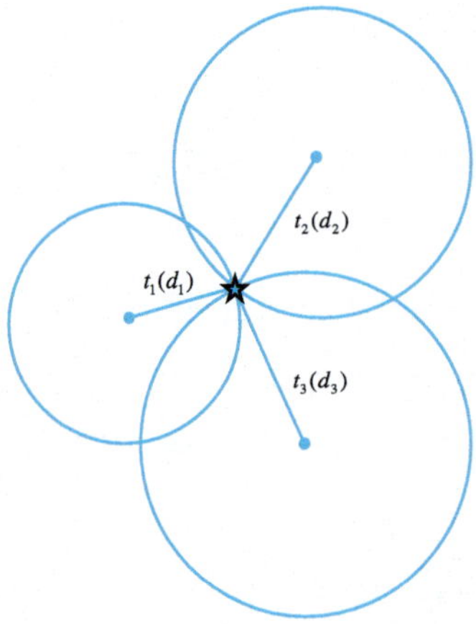

	R1	R2	R3	R4
...	...	...	...	...
A7	-88	-20	-93	-82
A8	-90	-19	-95	-82
B1	-22	-86	-62	-99
B2	-26	-76	-65	-94
B3	-33	-64	-74	-87
B4	-47	-57	-77	-81
B5	-54	-48	-83	-62
...	...	...	...	...

그림 98 삼각법과 라디오맵을 이용한 위치추적 방법

한 기술이 존재한다.

[그림 97]은 IEEE에서 규정하고 있는 WPAN 관련 기술들을 체계적으로 보여 주고 있다. WPAN 기술은 기존의 유선 LAN 기술을 대체하기 위한 무선 LAN 기술과 디바이스들끼리 무선으로 통신을 할 수 있도록 무선 연결성을 제공하기 위한 기술들로 나누어 생각할 수 있다. 전자에 속하는 기술이 IEEE 802.11 기반의 와이파이이며, 후자에 속하는 IEEE 802.15 계열에는 가까운 거리에서의 디바이스의 무선 연결을 위한 블루투스 기술로 유선 USB를 대체하는 IEEE 802.15.1 표준, IEEE 802.15.1보다 더 빠른 무선 연결을 위한 IEEE 802.15.3(UWB) 표준, 그리고 IEEE 802.15.1보다 느리지만 저전력 특성을 제공하기 위한 IEEE 802.15.4(Zigbee) 표준 등이 대표적이다.

이러한 기술들은 통신 거리가 거의 비슷하기 때문에 비슷한 수준의 도처성을 갖는다고 할 수 있을 것이다. 그러나, 블루투스나 지그비의 경우 와이파이에 비해 1/10~1/100 수준의 낮은 전력으로 통신을 하다 보니 훨씬 짧은 통신 거리를 제공한다. 따라서, 와이파이에 비해 도처성은 다소 떨어지지만, 그만큼 입자성은 좋다고 할 수 있다.

물론, 이러한 통신기술들의 경우 삼각측량(triangulation) 혹은 삼변측량(trilateration) 기술이나 수신신호세기(RSSI, Received Signal Strength Index)를 이용한 라디오맵(radio map) 기술을 이용해서 더 높은 입자성을 제공할 수도 있다. 이에 대한 자세한 내용은 무선랜 기반 위치추적과 관련된 필자의 논문들을 참고하기 바란다 [80][81].

와이파이(Wi-Fi)

독자들 가운데 와이파이(Wi-Fi)에 대해서 들어본 적이 없는 사람들은 아마 없을 것이다. 적어도 스마트폰 이용자라면 와이파이는 스포츠 중계나 드라마 시청과 같이 대용량 멀티미디어 서비스를 이용하거나 스마트폰의 사진 및 동영상의 백업과 같은 컨텐츠 동기화를 위해 꼭 필요한 기술임을 잘 알고 있을 것이다. 그뿐만이 아니다. 스마트 기기들 사이의 파일 교환이나 스마트폰의 이미지를 다른 디스플레이 장치에 보여 주는 미러링(mirroring)을 위해서도 와이파이는 필수적이다.

그만큼 와이파이는 우리 생활 속에서 폭넓고 다양하게 사용되는 무선 기술이다. 와이파이(Wi-Fi)는 Wireless Fidelity의 약자로 무선 환경에서도 유선 인터넷과 같은 높은 수준의 통신 품질을 제공하기 위해 개발된 기술이다. 즉, 1990년대 10 Mbps의 속도를 제공하던 유선 이더넷(Ethernet)의 속도와 품질을 무선 환경에서 이용해 보고자 하는 노력의 산물인 것이다.

최초의 와이파이 기술은 1997년 1월에 발표된 IEEE 802.11 표준에 규정되어 있다. 적외선 신호나 라이센스가 필요없는 2.4 GHz ISM(Industry, Science, Medical) 대역에서 전파를 사용해서 데이터를 주고 받으며, 여러 디바이스들이 CSMA/CA(Carrier Sense Multiple Access with Collision Avoidance) 기술을 이용하여 동일한 주파수 대역을 공유하게 된다. 당시 802.11은 최대 2 Mbps의 전송속도를 지원할 수 있었으나, 이더넷 대비 속도가 느렸고 서로 다른 제조사에서 만들어진 제품들 사이의 호환성이 좋지 않아서 널리 이용되지는 않았다.

이후 1999년 9월에 802.11 규격을 발전시킨 802.11b 표준이 발표되었다. 최고 전송 속도는 이더넷 속도인 10 Mbps를 웃도는 11 Mbps였으나, 여러 단말이 존재하는 경우 최대 효율은 약 6~7 Mbps 수준이었다. 802.11 대비 현실적인 속도를 지원했고, 규격이 엄격하게 정해진 덕분에 기업이나 가정에서 유선 네트워크를 대체하기 위한 목적으로 폭넓게 보급되기 시작했다. 또한, 공공장소 등에서 802.11b를 이용한 와이파이 접속 서비스도 등장하기 시작했다 [57].

802.11b와 비슷한 시기에 802.11a 표준도 발표되었다. 이 표준은 DSSS (Direct Sequence Spread Spectrum) 변조방식을 이용했던 802.11이나 802.11b와 달리 OFDM (Orthogonal Frequency Division Multiplexing) 기술을 지원한다. 5 GHz 대역을 이용하며 최대 54 Mbps의 속도를 지원한다. 1995년에 출시된 100 Mbps를 지원하는 패스트 이더넷(Fast Ethernet)에 대응하기 위해 개발된 것이라 보면 될 것이다. 5 GHz 대역이

2.4 GHz 대역에 비해 간섭이 적고 통신속도가 빨라서 잠깐 이용되기도 했지만, 직진성이 강한 5 GHz 대역의 신호들이 건축자재나 장애물 등의 영향을 많이 받는 데다가 2.4 GHz 대역에서 54 Mbps의 속도를 지원하는 802.11g 규격이 등장하면서 거의 이용되지 않게 되었다.

802.11g 규격은 2.4 GHz 대역을 이용한다는 것을 빼고는 802.11a 규격과 동일하다. 무엇보다, 당시 많이 쓰이던 802.11b 규격과의 높은 호환성 때문에 빠른 속도로 수용되었고, 현재까지도 가장 널리 이용되고 있는 규격이다. 802.11g 규격이 발표된 시점도 관련 규격의 확산과 밀접한 관계가 있다. 802.11g 규격은 2003년 초에 발표가 되었는데, 이 즈음이 노트북이 막 확산되던 시점과 일치한다. 더욱이 2005년 초부터는 유튜브(YouTube)와 같은 동영상 공유 서비스가 널리 이용되기 시작했으며, 이는 802.11b보다 훨씬 빠른 무선랜 규격을 요구하게 되었던 것이다.

와이파이 진영이 2 Mbps에서 11 Mbps로, 그리고 다시 54 Mbps로 통신속도를 올리는 시점에 이더넷 진영에서는 100 Mbps의 속도를 지원하는 패스트이더넷(Fast Ethernet)의 상용화를 완료하고 1 Gbps의 속도를 지원하는 기가비트 이더넷(Gigabit Ethernet)을 개발하기 시작했다. 이는 다시 더 빠른 와이파이 규격을 요구하였으며, 그렇게 해서 탄생하게 된 것이 802.11n 규격이다.

802.11n은 이전의 와이파이 규격들과는 달리 2.4 GHz 및 5 GHz 대역을 모두 지원하며 최대 600 Mbps의 속도를 지원할 수 있다. 이는 채널 본딩(Channel Bonding), 즉 두 개 이상의 채널을 하나로 묶어서 이용하는 기술과 MIMO(Multiple Input Multiple

표 15 와이파이 규격별 이용 주파수 및 최대 전송속도

WLAN Standard Description	Transfer Method	Frequency Range	Supported Bandwidth	Typical Throughput
802.11	FHSS, DSSS, infrared	2.4 GHz, IR	2 Mbps	< 1 Mbps
802.11b	DSSS,HR-DSSS	2.4 GHz	11 Mbps~	4 Mbps
802.11a	OFDM	5 GHz	54 Mbps	~22 Mbps
802.11g	DSSS,HR-DSSS, OFDM	2.4 GHz	54 Mbps	~22 Mbps~4 Mbps (used with 802.11b)
802.11n	DSSS, OFDM	2.4 GHz, 5GHz	300 Mbps 600 Mbps	~130 Mbps

그림 99 구글의 크롬캐스트

Output)와 같은 기술들에 의해 가능하다. 그러나, 국내의 경우 와이파이 기술규격 내 주파수 점유 대역폭에 대한 문제로 인해 최대 300 Mbps까지만 이용할 수 있다.

802.11n 규격에서 두 개의 대역을 지원한다고 이야기하지만, 일반적으로는 어느 특정한 순간에는 특정한 하나의 대역만을 이용한다. 즉, 5 GHz 대역을 이용하는 경우 2.4 GHz 대역은 이용하지 않는다. 그러나, 최근에 나온 듀얼 밴드 제품들은 한꺼번에 더 많은 이용자를 수용하기 위해 동시에 두 밴드를 이용하는 제품들도 있다.

[표 15]는 지금까지 살펴본 와이파이 규격들의 특성을 하나의 표로 정리해 놓은 것이다. 항상 모든 기술들이 그렇듯이 최대 속도는 말 그대로 최대 속도다. 와이파이 AP와 와이파이 단말이 1:1로 연결된 상황에서 단방향으로 통신이 이루어질 때나 확인 가능한 속도이며, 양방향으로 통신이 이루어지거나 여러 단말이 혼재되어 이용되는 경우 최대 속도는 더욱 낮아지게 된다.

와이파이가 초기에는 단순히 무선 인터넷 액세스를 위한 수단, 즉 유선 LAN을 대체하는 수단으로 사용되었지만, 최근에는 그 이용 범위가 다양해지고 있다. 2개 이상의 이기종 장비들 사이에 신속한 무선 동기화가 그것이다. 기존에는 와이파이 AP에 연결하여 동기화를 시키곤 했지만, 최근에는 와이파이 다이렉트(Wi-Fi Direct) 기술을 이용하여 단말들끼리 직접 통신을 하는 응용 사례들이 늘고 있다. 구글이 2013년에 출시한 구글 '크롬캐스트(Chromecast)'의 경우 단말의 초기 설정을 위해서는 스마트폰이 크롬캐스트 단말에 직접 연결되게 되는데, 이 때도 와이파이를 이용하게 된다.

» 와이파이 네트워크의 동작 방식

와이파이 네트워크는 [그림 100]에 보이는 것처럼, 인프라스트럭쳐 모드(Infrastructure Mode)나 애드혹 모드(Ad hoc Mode) 중의 하나로 동작한다.

우리가 집이나 사무실에서 흔히 이용하는 방식인 인프라스트럭쳐 모드는 그림에서 보이는 것처럼 와이파이를 지원하는 모든 디바이스들이 와이파이 AP를 경유하여 네트

그림 100 와이파이 네트워크의 구성 방식: 인프라스트럭쳐 모드(Infrastructure mode)와 애드혹 모드(Ad hoc mode) (오른쪽)

워크에 접속하게 된다. 만약, 두 대의 노트북이 인프라스트럭쳐 모드로 설정되어 있다면, 이들은 직접 패킷을 교환하는 것이 불가능하며 반드시 와이파이 AP를 경유해야만 한다. 인프라스트럭쳐 모드의 장점은 중앙집중화된 보안 관리와 더 넓은 서비스 커버리지를 제공할 수 있다는 장점이 있다. 유일한 단점은 와이파이 AP를 추가로 구매해야 한다는 것이지만, 2~3만원만 지불하면 최신형의 보급형 제품을 구매하는 것이 가능하다.

반면에, P2P 모드(Peer-to-Peer Mode)라고도 알려진 애드혹 모드에서는 와이파이 AP를 필요로 하지 않는다. 디바이스 중 한 대가 와이파이 AP 역할을 하기 때문이다. 이 모드로 설정되어 있을 때는, 말 그대로 디바이스들끼리 직접 연결되어 패킷을 교환하는 것이 가능하다. 즉, 와이파이 AP가 없는 환경에서 임시로 디바이스를 연결하여 데이터를 교환하는 경우에 사용할 수 있다. 따라서, 거의 이용되지 않는다. 최근에 와이파이 기기가 많아지면서 애드혹 모드에 대한 니즈가 증가하고 있으나, 일반인들이 애드혹 모드를 이용하는 것이 쉽지 않아 이를 대처하기 위한 와이파이 다이렉트(Wi-Fi Direct) 기술이 등장했다. 와이파이 다이렉트에 대해서는 뒤에서 다시 다룰 것이니 참고하기 바란다.

» 와이파이 채널과 간섭

국내의 경우 와이파이는 2.4 GHz 대역의 83 MHz의 대역폭(2.400~2.483 MHz)과 5 GHz 대역(5.150~5.350 MHz, 5.470~5.650 MHz, 그리고 5.725~5.825 MHz)의 380 MHz의 대역폭을 이용한다. 2.4 GHz 대역은 802.11b/g/n 규격에 의해 사용되며, 5GHz 대역은 802.11a/n 규격에 의해서 이용된다.

와이파이 관련 규격에서 하나의 채널은 22 MHz의 대역폭을 갖는다. 즉, 2.4 GHz의 경우 83 MHz의 대역폭을 이용할 수 있으므로 3개의 비중첩 채널을 이용할 수 있

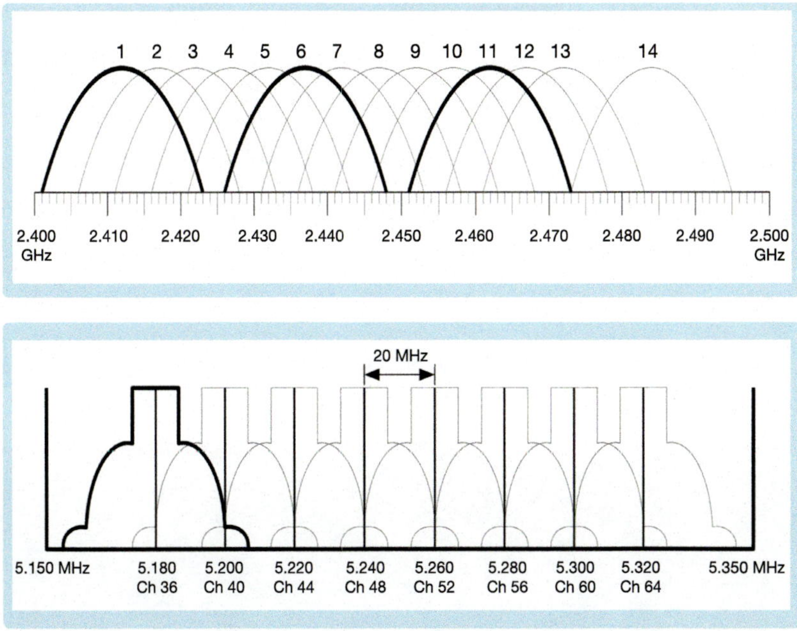

그림 101 2.4 GHz와 5 GHz 대역에서의 와이파이 채널

는 셈이다. 그러나, 와이파이 관련 규격에서는 이웃하는 채널들 사이의 간격을 5 MHz로 정의하고 있다. 이는 [그림 101]에 보이는 것처럼 2.4 GHz 대역에서 13개의 채널을 정의할 수 있음을 말하며, 이웃하는 채널들 사이에 서로 중첩될 수 있음을 의미한다.

이웃하는 채널들 사이에 중첩 현상이 발생한다는 것은 중복된 주파수 대역을 갖는 두 개 이상의 채널을 통해 전송된 신호들이 서로 혼선을 일으킨다는 것을 말한다. 따라서, [그림 101]에 보이는 것처럼, 인접한 와이파이 AP(Access Point)들에게 1, 6, 11이라든지 2, 7, 12처럼 서로 겹치지 않는 채널을 할당하게 된다. 이렇게 되면, 1번 채널을 이용하는 AP와 8번 채널을 이용하는 AP에서 오가는 신호들은 서로 충돌하지 않게 된다. 1번과 5번 채널처럼 끝부분이 약간 겹치는 경우 실제로 이용하는 데는 큰 문제가 없기 때문에, 요즘처럼 와이파이 자원이 부족한 상황에서는 1, 5, 9, 13을 비중첩 채널이라 말하기도 한다.

2010년 가을에 필자가 방통위와 통신3사 담당자들과 와이파이 핫스팟의 간섭 이슈를 함께 연구하기 위해 서울 시내 주요 지역을 돌아다니며 와이파이 이용현황을 조사한 적이 있었다. 명동이나 강남의 번화가 같은 경우 최대 60개 정도의 와이파이 신호가 잡히기도 한다. 마치 [그림 102]에 보이는 것처럼, 여러 신호들이 모든 채널을 이용하고 있어서 간섭 현상이 매우 심각하게 발생한다는 것을 알 수 있었다.

와이파이 간섭은 크게 인접 채널 간섭(Adjacent Channel Interference)과 동일 채널 간섭(Co-channel Interference)으로 나누어 설명할 수 있다. 동일 채널 간섭은 두 대 이상의 디바이스가 동일한 채널을 이용할 때 발생하며, 간섭이 발생하면 CSMA/CA 알고리즘이 동작하여 충돌없이 데이터를 전송한다. 반면에, 인접 채널 간섭은 이웃하는 채널들 사이의 간섭으로, 다른 채널의 신호는 마치 잡음과 같은 역할을 하게 된다. 이는 신호 대 잡음비(SNR, Signal-to-Noise Ratio)를 낮추게 되어 데이터의 전송에 방해가 된다.

따라서, 간섭이 아예 없는 것이 가장 좋지만, 그럴 수 없다면 인접채널 간섭보다는

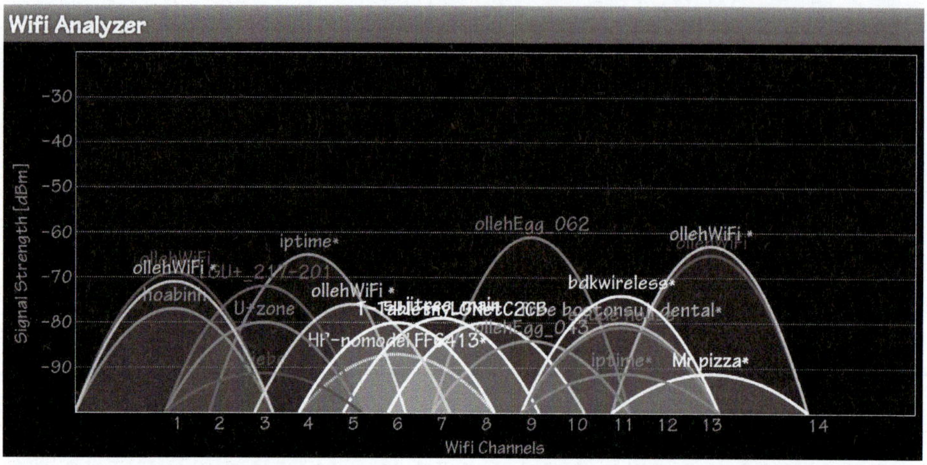

그림 102 와이파이 분석툴(Wi-Fi Analyzer)이 보여 주는 와이파이 간섭

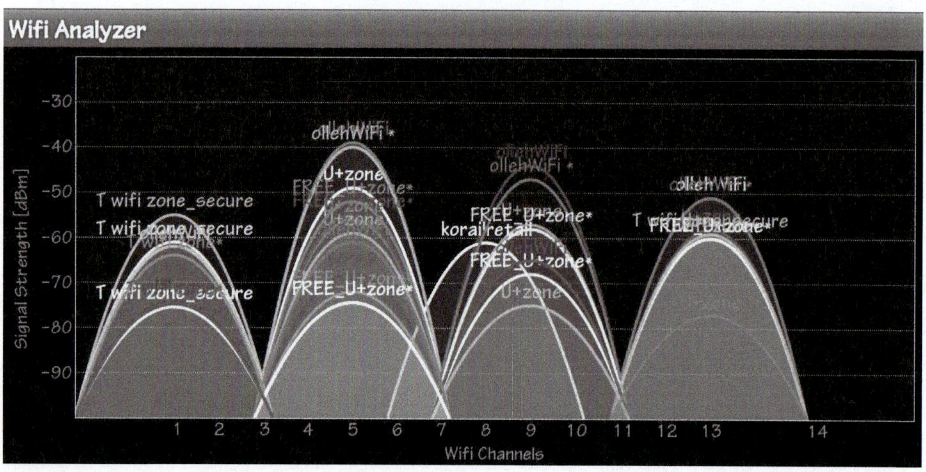

그림 103 인접 채널 간섭을 최소화하기 위해 비중첩 채널 중심으로 채널을 설정

동일 채널 간섭이 더 바람직하다고 할 수 있다. 따라서, 이동통신 3사의 경우, 각사가 이용하는 와이파이 AP의 채널을 [그림 103]에 보이는 것처럼 1, 5, 9, 13번의 비중첩 채널 중의 하나로 설정하여 이용하고 있다.

5 GHz 대역의 경우 802.11a 규격에서 200개의 채널을 정의하고 있으나 실제는 24개의 채널만 이용할 수 있으며, 국내의 경우는 19개의 채널만 이용할 수 있다. 그러나, 이들 모두가 비중첩 채널들이기 때문에, 비중첩 채널이 3개 혹은 4개인 2.4 GHz 대역보다는 간섭현상에서 자유롭다고 말할 수 있다. 최근에 출시되는 와이파이 AP들의 경우 2.4 GHz 및 5 GHz를 모두 지원하는 듀얼밴드 장치들이기 때문에, 동시에 두 대역을 모두 이용하는 방식으로 와이파이 디바이스의 수용성을 확대하고 있다.

802.11n을 이용하는 경우 최대 전송속도를 올리기 위해서 채널 본딩(Channel Bonding)을 이용하기도 한다. 채널 본딩은 두 개 이상의 채널을 묶어 마치 하나의 채널인 것처럼 이용하는 것이다. 예를 들어, 인접하는 비중첩 채널 2개를 묶어서 44 MHz의 채널폭을 이용해서 데이터를 전송하게 되는데, 대역폭이 2배가 되는만큼 전송속도도 2배 빨라지게 된다. 문제는 채널폭이 2배로 넓어지기 때문에, 그만큼 간섭 현상도 심하게 나타난다.

» 와이기그(Wi-Gig)

802.11n 규격이 300 Mbps 혹은 600 Mbps의 최대전송속도를 지원하기는 하지만, 앞에서도 이야기한 것처럼 이는 단말 한대와 와이파이 AP 한대가 단방향으로 통신할 때 얻을 수 있는 속도다. 현실적으로는 802.11n을 이용하더라도 이용하는 단말의 수가 많다면 10-20 Mbps의 속도로 통신하는 것이 어려울 수도 있다.

반면, 의료 이미지나 도면(CAD) 파일과 같은 산업 특화 데이터 및 4K UHD(Ultra High Definition)와 같은 고해상도의 동영상들은 그보다 더 높은 데이터 전송 속도를 필요로 한다. 4K UHD 컨텐츠를 스트리밍으로 전송하기 위해서는 최소 15~18 Mbps 정도의 속도가 안정적으로 나와야 하며, 이를 위해서는 802.11n보다 더 빠른 속도를 지원하기 위한 통신 기술이 필요할 수 있다. 이러한 상황에 대응하기 위한 표준이 IEEE 802.11ad이다.

와이기그(Wi-Gig)는 무선 기가비트 연합(Wireless Gigabit Alliance)에서 만들어낸 고속 무선 네트워크 규격으로, 802.11ad를 대표하는 이름이다. 기존의 와이파이에서 사용하는 2.4 GHz나 5 GHz와 같은 비면허 대역(Unlicensed Band)인 60 GHz 대역에서 최대 7 Gbps의 속도로 와이파이 통신이 가능하다 [82].[7] 이는 현재 이용되고 있는 와이파이(802.11n)보다 10배~20배 이상 빠르다.

와이기그가 이용하는 60 GHz 대역은 2.4 GHz나 5 GHz 대역보다 더 넓은 스펙트럼을 가지고 있다. 와이기그 스팩(spec.)은 네 개의 채널들을 정의하며, 각 채널은 802.11n에서 사용하는 채널보다 50배 넓은 대역폭을 가진다. 채널 폭이 넓어진 만큼 압축하지 않은 비디오 전송과 같은 아주 빠른 통신을 제공하는 어플리케이션이 가능하게 된다.

와이기그가 속도가 빠르기는 하지만, 직진성이 강한 60 GHz 대역을 사용하므로 전송거리는 짧고 장애물과 회절에 약하다. 따라서, 장애물이 없는 개방된 공간에서 유용하며, 방과 벽, 가구 및 사무집기가 많은 가정이나 사무실 환경에서는 다소 이용에 제한이 있을 수도 있다. 그러나, 빔포밍(beamforming) 기술을 이용하면 10 m 이내의 거리에서 안정적인 통신을 제공한다. 또한, [그림 104]에 보이는 것처럼 2.4 GHz, 5 GHz에서 동작하는 기존 와이파이 기기와 통신할 때는 기존 와이파이의 특성을 따른다. 즉, 2.4 GHz, 5 GHz, 60 GHz 대역을 모두 이용할 수 있어 수용성이 뛰어난 기술이라 할 수 있다.

와이기그는 통신 거리가 짧기 때문에 기존 와이파이 네트워크를 대체하기 보다는 보완하는 성격을 지니고 있다. 특정 공간에서 여러 대의 장치를 무선망에 연결하거나 스마트TV와 PC의 연결 등 비교적 짧은 거리에서 대용량 데이터를 송수신하는데 안성맞

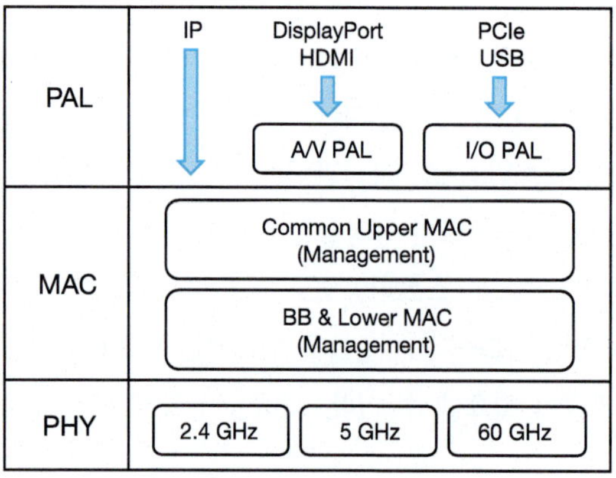

그림 104 와이기그의 프로토콜 구조

7 와이기그는 OFDM(Orthogonal Frequeny-Division Multiplexing)과 SC(Single Carrier)의 두개의 변조 및 코딩 방식을 지원한다. OFDM을 이용하는 경우 최대 7 Gbps의 속도를 SC를 이용하는 경우 최대 4.6 Gbps의 속도를 지원한다.

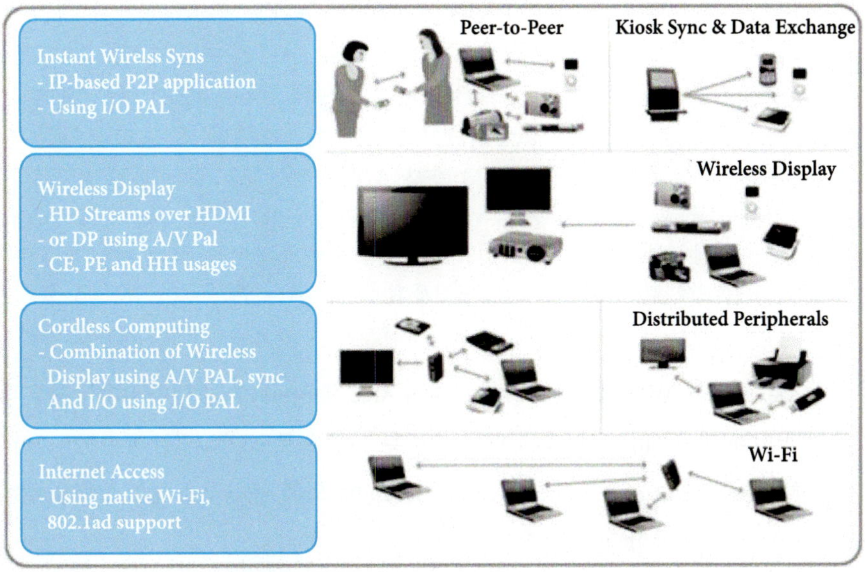

그림 105 와이기그를 이용한 서비스 모델 [83]

춤이다. 와이기그 연합은 60 GHz 대역에서 특정 데이터와 디스플레이 표준을 지원하기 위해 프로토콜 적응 계층(PAL, Protocol Adaption Layer)을 정의하고 있다.

와이기그는 [그림 105]에 보이는 것과 같이 다양한 형태의 서비스 모델을 제공한다. 첫 번째는 실시간 무선 동기화(Instant Wireless Sync.) 서비스로, 무선 I/O 적응계층을 이용해 IP 기반의 P2P 어플리케이션 간의 무선 동기화를 제공한다. 두 번째는 무선 디스플레이(Wireless Display) 서비스로, A/V 프로토콜 적응계층을 이용한 고화질 스트리밍 데이터의 무선 디스플레이 기술을 제공한다. 세 번째는 무선 컴퓨팅(Cordless Computing) 서비스다. 이는 A/V PAL과 Sync. 기술을 이용한 무선 디스플레이와 I/O PAL을 이용한 I/O를 조합하여 무선으로 주변기기의 연결을 지원한다. 마지막으로, 와이파이와 802.11ad를 사용하여 고속의 무선 인터넷 액세스 서비스도 사용할 수 있다.

60GHz 대역을 이용하는 무선통신 기술에는 와이기그 이외에도 ECMA-387, IEEE 802.15.3c, WirelessHD, IEEE 802.11ad, WiGig 등이 있다. 와이기그는 2009년 12월에 1.0 버전이 발표되었으며, 2012년 12월에 최종 승인되었다.

블루투스 LE(Bluetooth Low Energy)

블루투스 LE (BLE, Bluetooth Low Energy)는 초저전력 통신 기술이 필요한 분야에 응용

2001년에 노키아(Nokia)의 연구원들은 그 시절의 무선 통신 기술이 지원하지 않는 다양한 시나리오들을 생각해냈다 [104]. 이에 블루투스를 바탕으로 블루투스와의 차이는 최소화하면서 저전력을 소모하고 가격은 저렴한 새로운 통신 기술을 개발하기 시작했다. 이렇게 개발된 기술이 Bluetooth Low End Extension이라는 이름으로 2004년에 발표되었다 [105]. 이후 다양한 파트너들과 추가 개발을 한 끝에 2006년 10월에 Wibree라는 이름으로 발표되었다 [106]. 2007년 6월에는 블루투스 SIG 멤버들과 Wibree를 향후 블루투스 스팩에 Bluetooth ultra-low-power 기술에 포함시키기로 합의하였다 [107]. 이 기술은 2010년 초에 블루투스 코어 스팩 4.0과 통합되었으며, 현재 블루투스 LE로 불리게 되었다 [101].

할 목적으로 설계된 WPAN (Wireless Personal Area Network) 기술이다 [101]. 블루투스 LE는 원래 2006년에 Nokia에 의해 Wibree라는 이름으로 소개되었는데 [102], 2010년에 블루투스 SIG (Bluetooth Special Interest Group)에 의해 블루투스 4.0 스팩에 채택되어 블루투스 표준에 통합되었다.

기존에 사용되던 블루투스와 비교했을 때, 블루투스 LE는 비슷한 통신 거리를 유지하면서도 상당히 낮은 전력 소모나 가격을 제공하는 것을 목표로 한다. 따라서, 수은 전지를 이용해서 몇 달 혹은 몇 년 동안 동작해야 하는 장치에 적합하다. 특히, 크기도 작고 가격도 싸며, 이미 많이 사용하고 있는 스마트폰이나 태블릿 등과의 호환성이 필요한 분야에 활용이 가능할 것으로 보고 있다 [103].

주요 활용 분야로는 [그림 106]에 보이는 웰니스 및 피트니스(wellness & fitness) 분야는 물론, 헬스케어, 안전 및 보안, 그리고 일부 홈 엔터테인먼트 분야가 될 것으로 기대된다. 즉, 뒤에서 소개될 스마트 밴드, 스마트 안경 등과 같은 웨어러블 디바이스나 미아방지 솔루션 등이 블루투스 LE를 활용할만한 주요 대상이 될 것이다. 그리고, 요즘

그림 106 스마트밴드인 Fitbit Flex는 블루투스 4.0을 이용하고 있다.

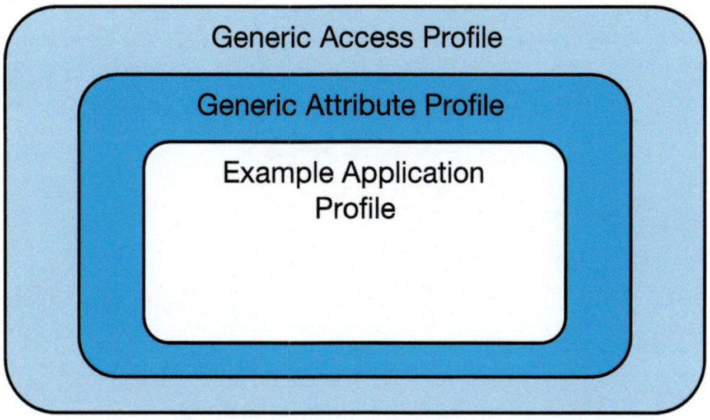

그림 107　프로파일들 사이의 의존 관계

가장 주목받는 아이템인 비콘 혹은 아이비콘을 이용하는 커머스 및 마케팅 분야도 주된 응용 분야가 될 것이다.

블루투스 SIG는 저전력 장치를 위해 몇몇 프로파일(profile)을 정의했다. 이러한 프로파일은 블루투스 LE를 지원하는 장치가 특정한 응용 분야에서 어떻게 작동하는지에 대한 규격으로, 원래의 블루투스 스펙에서 가져온 개념이다 [103]. [그림 107]은 프로파일들 사이의 구조와 의존관계를 보여 주는 것으로, 어떤 프로파일이 다른 프로파일의 일부를 재사용한다면, 그 프로파일은 다른 프로파일에 의존적인 것이 된다.

제조사들은 상호호환성을 보장하기 위해 그들이 만들려고 하는 디바이스에 적합한 스팩을 구현할 것으로 예상된다. 따라서, 하나의 디바이스는 여러 개의 프로파일을 포함하도록 구현될 수도 있다.

현재의 모든 저전력 응용 프로파일은 저전력 링크에서 짧은 데이터를 송수신하기 위한 일반적인 스팩인 포괄속성(GATT, Generic Attribute) 프로파일을 기반으로 하고 있다 [101]. [표 16]은 응용 분야별로 블루투스 LE가 제공하는 대표적인 프로파일들이다.

그러나, 블루투스 LE는 기존의 블루투스 프로토콜과 호환이 되지 않는다. 블루투스 4.0 스팩은 디바이스들이 블루투스 LE와 기존 블루투스를 각각 구현하거나 함께 구현하도록 허용하고 있다. 블루투스 LE만 지원하는 장치를 싱글모드로 동작한다고 하고, 두 가지 블루투스를 함께 구현한 것을 블루투스 4.0 듀얼모드 장치라고 한다 [101]. 전형적으로 배터리로 동작하는 센서 디바이스들의 경우 싱글모드로 동작하는 장치에 해당하며, 개인용 컴퓨터나 스마트폰의 경우 주로 듀얼모드로 동작한다.

블루투스 LE는 기존의 블루투스와 마찬가지로 2.4 GHz 대역을 이용한다. 이는 듀

표 16 응용 분야별로 정의된 블루투스 LE의 프로파일 예시

응용 분야	프로파일
헬스케어 (Healthcare)	• HTP－의료용 온도 측정 장치 • GLP－혈당 모니터 • BLP－혈압 측정
스포츠 및 피트니스 (Sports and Fitness)	• HRP－심박수 측정 장치 • CSCP－회전수와 바퀴 속도를 측정하기 위해 자전거 등에 설치되는 센서 • CPP－사이클링 파워 프로파일 • LNP－위치 및 네비게이션 프로파일
근접 센싱 (Proximity sensing)	• FMP－'Find Me' 프로파일 • PXP－근접(proximity) 프로파일
경고 및 시간 (Alerts and Time)	• 스마트폰에 들어오는 전화나 새로 수신된 SMS 등을 알리는데 사용 • 클라이언트 장치에 현재 시간과 시간대를 알리는데 사용되는 프로파일

얼모드 장치들이 하나의 안테나를 공유해서 이용할 수 있도록 한다. 그러나, 블루투스 LE는 더 단순한 모듈레이션 시스템을 이용한다.

2011년에 블루투스 SIG는 블루투스 LE 장치들 사이의 호환성을 분명히 하기 위해 블루투스 SMART(Bluetooth SMART) 로고 체계를 발표했다. 블루투스 SMART 로고 체계는 Bluetooth SMART 로고와 Bluetooth SMART Ready 로고로 구분된다.

Bluetooth SMART Ready는 기존 블루투스와 블루투스 LE를 이용하는 듀얼모드 장치를 나타낸다. Bluetooth SMART는 블루투스 LE로만 동작하는 장치를 지칭한다. 이러한 장치들이 제대로 동작하기 위해서는 다른 Bluetooth SMART 장치나 Bluetooth SMART Ready를 필요로 한다.

블루투스 LE는 2011년 10월 아이폰 4S에 최초로 적용되기 시작했으며, 2012년부터 다수의 디바이스에 적용되고 있다. 현재 Windows 8과 OSX는 물론, 안드로이드, iOS, Windows Phone과 같은 다양한 모바일 운영체제가 블루투스 LE를 지원하고 있다. 블루투스 SIG는 2018년이면 블루투스를 지원하는 스마트폰의 약 90%가 블루투스 LE를 지원할 것으로 전망한다.

블루투스 SIG는 2013년 12월에 블루투스 4.1 표준을 공식 발표했다. 블루투스 4.1 규격은 사물인터넷 트렌드에 대응하는 것으로, 인터넷 접속을 가능하게 할 뿐만 아니라 주변기기가 허브로도 동작할 수 있도록 한다. 예를 들어, 블루투스 4.1을 채택한 피트니스 추적기가 있다고 하자. 이 디바이스는 심박 모니터와 온도 게이지와 같은 센서로부터 데이터를 수집하고 이를 스마트폰으로 전송할 수 있다. 이를 통해 스마트폰이 다른 장치를 위한 허브로 동작할 수 있게 된다.

이번 4.1 표준은 IP 기반의 연결을 위한 기틀을 마련해 사물인터넷에 필수적인 무선 링크로 블루투스 기술의 역할을 확대할 수 있는 기반을 마련했다는 점에서 의미가 크다. 블루투스 4.1 표준은 이 외에도 LTE 신호와 블루투스 기기 사이의 협력을 개선시켜 인접 대역에서의 간섭 가능성을 최소화했으며, 기기 사이의 '타임아웃' 기간을 연장시켜 재연결의 필요성을 줄이게 된다.

이밖에 데이터 벌크 전송을 지원함에 따라, 블루투스 탑재 센서 장치들이 단독으로 존재하는 동안 수집한 데이터를 다른 장치가 발견하였을 때 한번에 전송할 수 있도록 함으로써 효율적인 데이터 전송도 가능하게 된다. 이러한 방식은 배터리 소모를 줄이는 데도 도움이 된다.

표 17 블루투스와 블루투스 LE의 기술 특성 비교

기술 스팩	블루투스	블루투스 LE
Max. Distance/Range	100 m	100m 이상
Over the air data rate	1~3 Mbps	1 Mbps
Application throughput	0.7~2.1 Mbps	0.27 Mps
No. of active slaves	7	규정되지 않음(구현하는 방식에 따라 달라짐)
Security	56/128-bit and application layer user defined	128-bit AES with Counter Mode CBC-MAC and application layer user defined
Robustness	Adaptive fast frequency-hopping, FEC, fast ACK	adaptive frequency hopping, lazy ACK, 24-bit CRC, 32-bitMessage Integrity Check
Latency	100 ms	6 ms
Total time to send data	100 ms	3 ms 이내
Voice capable	Yes	No
Network topology	Scatternet	Scatternet
Power consumption	30 mA 이내	15 mA 이내
Service discovery	Yes	Yes
Profile conceptYesYes	Yes	Yes

» 블루투스 LE의 기술 규격

앞에서도 언급되었던 것처럼, 블루투스 LE는 기존의 블루투스와 동일한 주파수 대역, 즉 2.4000 GHz~2.4835 GHz의 ISM 대역을 이용한다. 그러나, 블루투스가 79개의 1 MHz 채널을 사용하는데 반해, 블루투스 LE는 40개의 2 MHz 채널을 이용한다.

하나의 채널 내에서는 기존의 블루투스에서 사용되던 Basic Rate 구조와 유사한 Gaussian Frequency Shift Modulation을 이용하여 데이터를 전송한다. 데이터 전송 속도(bit rate)는 1 Mbps이며, 최대 전송 전력은 10 mW다.

블루투스 LE는 협대역 간섭 문제에 대응하기 위해 주파수 호핑(frequency hopping)을 이용한다. 기존 블루투스도 주파수 호핑을 이용하긴 하지만, 구체적인 부분은 블루투스 LE와 다르다. 따라서, FCC와 ETSI 모두 블루투스 기술을 FHSS 구조로 구분하였고 블루투스 LE 기술은 DSSS(Direct-Sequence Spread Spectrum) 혹은 디지털 변조 기술을 사용하는 시스템으로 구분하고 있다.

블루투스와 블루투스 LE의 주요 특성은 [표 17]에 보이는 것과 같다.

» 블루투스 LE의 동작

앞에서 블루투스 LE는 다양한 응용 분야별로 다수의 프로파일(profile)을 정의하고 있으며, 이러한 프로토콜들은 포괄속성(GATT) 프로파일을 기반으로 하고 있다고 했다.

이 포괄속성 프로파일은 속성 프로토콜(Attribute Protocol)을 사용하는 서비스의 기본 구조를 정의한다. 이러한 기본 구조는 서비스들의 절차와 포맷, 그리고 이러한 서비스의 특성들을 정의한다. 정의된 서비스 절차에는 발견(discovery), 읽기(reading), 쓰기(writing), 통보(notifying), 그리고 특성값의 방송 및 특성값의 표시(indicating characteristics) 등을 포함하고 있다.

포괄속성 프로파일은 어떤 어플리케이션이나 다른 프로파일에 의해서도 사용될 수 있도록 설계되었으며, 따라서 클라이언트는 서버와 통신을 할 수 있다. 서버는 다양한 속성값들을 가지고 있으며, 포괄속성 프로파일은 발견, 읽기, 쓰기, 이러한 속성값들의 방송 설정 및 속성값을 얻어내기 위해 어떻게 속성 프로토콜을 사용하는지에 대해서 정의하고 있다.

이 프로파일을 구현하는 장치들에 대해서는 다음과 같은 역할이 정의되어 있다. 클라이언트(client)는 서버(server)를 향해 명령(command)이나 요청(request)을 개시하고 그에 대해 서버가 보내는 응답(response)이나 표시(indication), 알림(notification)을 수신할 수 있는 장치다. 서버는 클라이언트로부터 들어오는 명령이나 요청을 받아들이고 클라

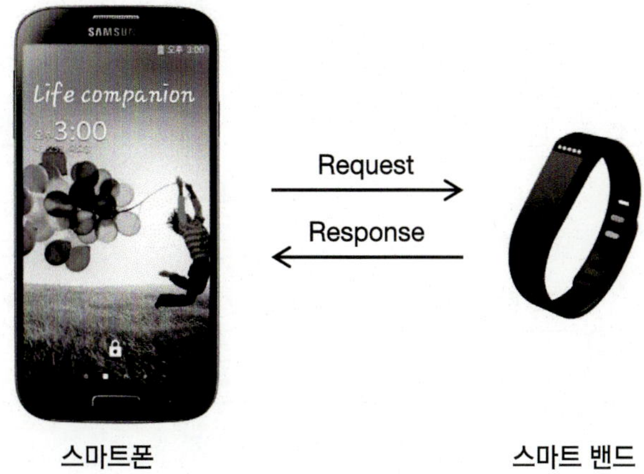

그림 108 블루투스 LE를 이용한 스마트폰과 스마트 밴드의 연결 설정 예시

이언트에게 응답이나 표시, 알림을 보내는 장치다.

어떤 장치에 대해 이러한 역할이 고정되어 있는 것은 아니다. 이러한 역할은 어떤 장치든 정해진 절차를 개시할 때 결정되며, 그 절차가 종료될 때 역할도 해제된다. 또한, 하나의 장치가 동시에 두 가지 역할을 할 수도 있다.

[그림 108]에서 스마트폰은 이동거리나 활동량과 같은 건강정보 서비스의 클라이언트가 되며, 일종의 센서 역할을 하는 스마트 밴드는 건강정보 서비스의 서버가 된다. 이런 경우, 스마트폰은 스마트 밴드를 설정하는 혹은 스마트 밴드의 건강정보 값을 읽는 절차를 개시하게 된다. 이 예에서 스마트 밴드는 건강정보 서비스의 일부분으로 노출하는 특성값에 대한 정보를 제공하며 일부 특성값은 기록될 수 있도록 허용할 수도 있다. 또한, 스마트 밴드는 스마트폰의 요청에 대해 적절한 값과 함께 응답하게 된다.

» 속성 프로토콜 구조

포괄속성 프로파일은 디바이스들 사이에서 명령, 요청, 응답, 표시, 통보, 그리고 확인의 형태로 데이터를 전달하기 위해 속성 프로토콜을 이용한다. 이 데이터는 [그림 109]에 보이는 속성 프로토콜 PDU에 포함되어 있다.

[그림 110]에서 Operation Code(Opcode)는 특정한 명령, 요청, 응답, 표시, 통보 혹은 확인을 위한 조작 부호와 인증을 위한 플래그를 포함하고 있다. Attribute Parameters는 특정한 명령이나 요청에 대한 데이터 혹은 응답, 표시 혹은 통보로 보내진 데이터 값을 포함한다. 마지막의 Authentication Signature는 선택적인 필드로, 구체적인 내용을 확인하고자 한다면 블루투스 Core Spec. 4.0의 [Vol.6] Part F, Section

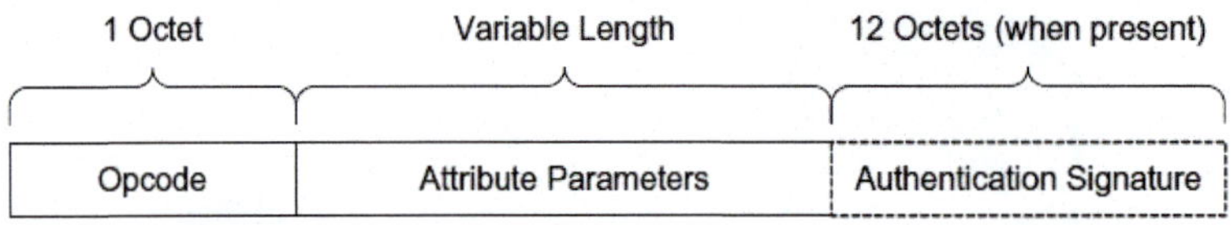

그림 109 속성 프로토콜 PDU

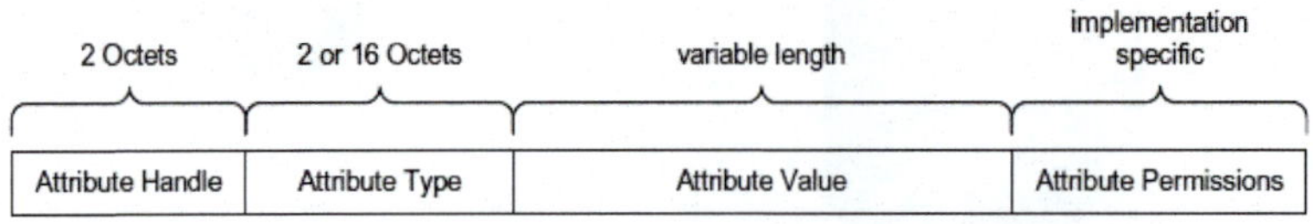

그림 110 논리적인 속성 표현

3.3.1을 참조하기 바란다.

속성 프로토콜 명령 및 요청은 서버 디바이스에 저장된 속성값들에 영향을 준다. 속성값은 [그림 110]에 보이는 것처럼 Attribute Handle, Attribute Type, Attribute Value, 그리고 Attribute Permission의 네 개의 논리적인 부분으로 구성된다. 그러나, 특정한 구현에 대한 실제 표현은 구현되는 방식에 따라 달라진다.

Attribute Handle 필드는 특정한 속성값에 대한 일련번호다. Attribute Type 필드는 Attribute Value를 설명하는 범용 고유 식별자(UUID, Universally Unique IDentifier)이다. Attribute Value는 Attribute Type에 의해 기술되는 데이터이며, Attribute Handle에 의해 순서가 정해진다. 특성값은 Attribute Handle 값을 증가시키면서 정렬된다. Attribute Handle 값은 0x0001부터 0xFFFF 사이의 어떠한 값에서 시작될 수도 있다. Attribute Handle 값이 증가하는 경우 다음의 Attribute Handle 값은 1 이상 다를 수 있다. 달리 말하면, 연속적인 Attribute Handle 사이에 어떠한 간격이 있을 수도 있다.

Attribute Permissions는 속성 프로토콜을 이용해서 읽혀지거나 기록될 수 없는 특성값의 일부로, 서버가 특정한 속성에 대해 읽기 혹은 쓰기를 허용할지를 결정하기 위해 사용된다. Attribute Permissions는 포괄속성 프로파일에 의해 값이 정해지며, 특별히 정해진 것이 없으면 구현하는 방식에 따라 달라질 수 있다.

» 비콘/아이비콘(Beacon/iBeacon)

사물인터넷과 관련해서 블루투스 LE를 이야기하면서 빼놓을 수 없는 것이 바로 비콘(Beacon) 혹은 아이비콘(iBeacon)이다. 비콘은 블루투스 LE를 활용한 데이터 통신 기술로, 앞에서 살펴본 NFC와 동일한 역할을 하는 블루투스 기능이라 생각하면 된다. 즉,

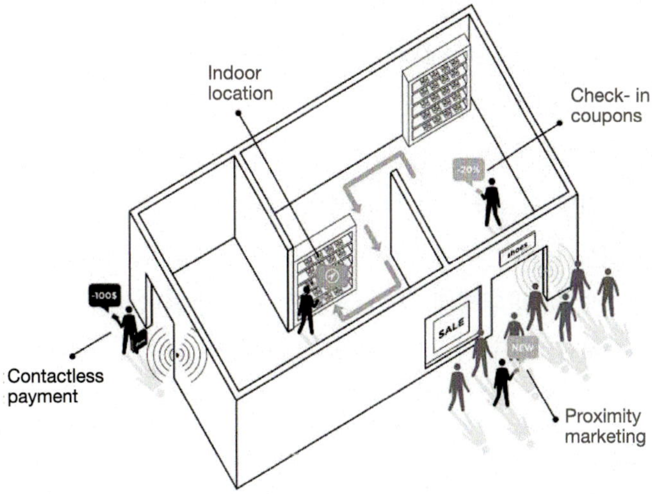

그림 111 비콘의 활용 사례 (출처: http://estimote.com)

스마트폰과 인터페이스를 통해 특정한 기능을 수행하거나 스마트폰에 알림 메시지를 보내줄 수 있다. 또한, 스마트폰과 데이터를 교환할 수도 있으며, 스마트폰을 이용해 모바일 결제를 수행할 수도 있다. NFC가 대략 10 cm 이내의 거리에서 이용 가능한 반면, 비콘은 5 cm에서 50 m까지 거리를 감지할 수 있어 그 활용 분야가 훨씬 넓다. NFC처럼 스마트폰을 리더기에 가까이 가져가서 태그할 필요가 없이, 비콘이 설치된 곳을 지나가기만 해도 데이터 전달이 가능해진다.

[그림 111]은 에스티모테(Estimote)라는 회사가 아이비콘을 지원하는 장치를 이용한 활용 사례를 보여 주고 있다. 의류매장을 지나가는 고객에게 특가 상품이 있다는 메시지를 보여 주는 근접 마케팅(proximity marketing) 기능, 매장 안으로 들어서자 청바지 20% 할인 쿠폰을 제공하는 체크인 쿠폰(Check-in Coupon) 기능, 청바지와 잘 어울리는 셔츠의 위치를 안내해 주는 실내 위치 안내(Indoor Location) 기능, 그리고 청바지와 셔츠를 들고 나오면 자동으로 결제가 되는 자동 결제(Contactless Payment) 기능 등 비콘 기술을 이용하여 다양한 서비스를 제공할 수 있음을 보여 주고 있다.

앞의 사례에서도 언급되었지만, 비콘 기술은 마케팅 및 관광정보 제공 분야에 많이 활용될 것으로 기대된다. 실제로 2013년 10월초에 미국 메이저리그의 뉴욕 메츠 홈구장인 시티필드(Citi Field)가 아이비콘 시범 서비스를 시작했다. 구장의 이곳 저곳을 돌아다닐 때마다, 구장 방문을 환영하는 인사 메시지나 구장 정보, 그날의 경기 정보, 그리고 야구용품 및 간식의 할인쿠폰이 제공된다. 국내에서도 몇몇 박물관이나 미술관을 중심으로 도입 움직임이 보이고 있다.

비콘의 경우 음파를 이용하는 대신 RF 신호를 이용한다는 점을 제외하면 기존의 샵킥(shopkick)이나 국내의 딩동(Ding Dong) 서비스와 동일하다. 따라서, 다양한 활용 시나리오에 대해서 고민하기보다는 샵킥이나 딩동 서비스가 주목할만큼 활성화되지 못한 이유에 대해서 고민할 필요가 있다. 대부분의 경우, 사업 기획자는 이용자 관점보다는 구현 가능성이라는 기술적인 측면과 서비스 공급자가 누릴 수 있는 혜택에 대해서만 생각을 하기 때문인데, 이와 관련해서는 Part 3의 '마케팅 분야에서 비콘의 이용 사례'에 대한 부분을 참고하기 바란다.

지그비(ZigBee)

최근에 지어지는 대형 빌딩은 에너지를 효율적으로 이용하기 위해 냉난방은 물론 공조 등과 같은 것들이 건물의 층별로 개별적으로 이루어진다. 이러한 개별적인 제어를 위해서는 건물의 각 부분에 대한 온도나 습도, 일산화탄소 농도 등을 주기적으로 확인한 후 관련 데이터를 BEMS(Building Energy Management System) 시스템으로 전송해 주어야만 한다. BEMS 시스템은 수집된 데이터를 분석해서 불필요한 층에는 추가적인 냉난방을 하지 않음으로써 에너지를 절약하게 된다.

이러한 목적을 달성하기 위해 건물의 곳곳에는 다양한 센서 장치들이 설치되어 유무선 네트워크를 통해 BEMS 시스템과 연결된다. 문제는 기존에 지어진 건물의 경우 센서 장치들의 연결을 위해 유선 네트워크를 구축하는 것이 현실적이지 못한 경우가 많다. 더욱이 센서의 종류가 다양하고 건물의 규모가 큰 경우는 더욱 어려워진다.

상기와 같은 센서 네트워크의 특징은, 전송하는 데이터의 양이 매우 적다는 것이다. 전송하는 데이터의 양이 적을 뿐만 아니라, 데이터를 전송하는 주기도 10분 혹은 30분으로 매우 길다. 또한, 이러한 센서 장치들은 사람들의 손이 잘 닿지 않는 곳에 설치되어야 하다 보니, 항상 전원이 공급되지 않는 경우 배터리 교체 주기가 1년 이상으로 길어야 한다. 즉, 전력소모가 적어야 한다. 또한, 넓은 공간에 설치되는 경우는 센서 노드가 이웃하는 센서 노드를 통해서 데이터를 전송할 수 있다면 좋을 것이다. 즉, 메쉬(mesh) 기능을 통해 넓은 영역에서 서비스를 제공할 수 있어야 한다. 또한, 한층에 여러 개씩 수십 층의 건물에 설치되어야 하므로 저렴하면 더 좋을 것이다.

이러한 목적을 달성하기 위해 사용할 수 있는 통신 기술이 바로 지그비(ZigBee)다. 지그비 혹은 IEEE 802.15.4 표준은 이와 같은 저전력 센서 네트워크를 위한 통신 기술

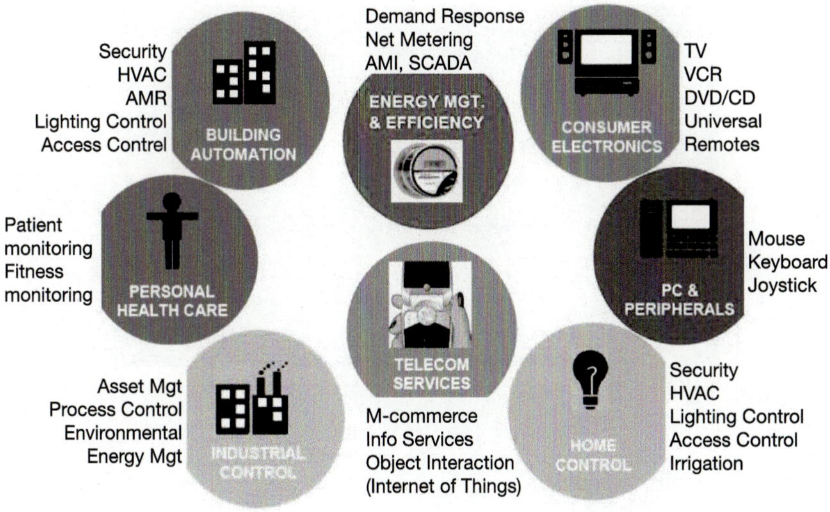

그림 112 지그비 기술의 주요 응용 분야

로 IEEE 802.15 표준을 기반으로 만들어졌다. 메시(mesh) 네트워크 방식을 이용하여, 여러 중간 노드들을 거쳐 목적지까지 데이터를 전송함으로써 저전력 기술임에도 불구하고 넓은 지역을 커버하는 것이 가능하다. 지그비 표준은 와이파이나 블루투스와 같은 다른 WPAN 기술에 비해 상대적으로 더 단순하고 저렴한 기술을 목표로 개발되었다.

지그비는 일반적으로 낮은 수준의 전송 속도를 필요로 하지만, 긴 배터리 수명과 보안성을 요구하는 분야에 주로 사용된다. 최대 250 Kbps의 전송 속도를 제공할 수 있으며, 주기적 혹은 간헐적인 데이터 전송이나 센서 및 입력 장치 등의 단순 신호 전달을 위한 데이터 전송에 적합하다. [그림 112]에 보이는 것처럼, 주요 응용 분야는 무선 조명 스위치, 댁내 전력량계, 교통 관리 시스템, 환경 관리 시스템 등 근거리 저속 통신을 필요로 하는 다양한 산업 분야에 주로 사용된다.

지그비는 와이파이나 블루투스와 마찬가지로 비면허 대역(ISM)에서 동작한다. 우리나라를 포함한 세계 대부분의 지역에서는 2.4 GHz의 무선 주파수 대역을 이용하며, 유럽에서는 868 MHz, 미국 및 오스트레일리아에서는 915 MHz 대역을 이용한다. 데이터 전송 속도는 2.4 GHz 대역에서는 250 Kbps 정도이며, 868 MHz 대역에서는 20 Kbps 수준이다.

지그비 네트워크는 128비트 대칭키 암호화 기술을 이용한 보안을 제공한다. 노드와 노드 사이의 최대 통신 거리는 가시거리가 확보되는 환경에서는 200미터까지 가능하지만, 가정이나 오피스 빌딩의 경우 20-30미터가 현실적인 통신 거리다.

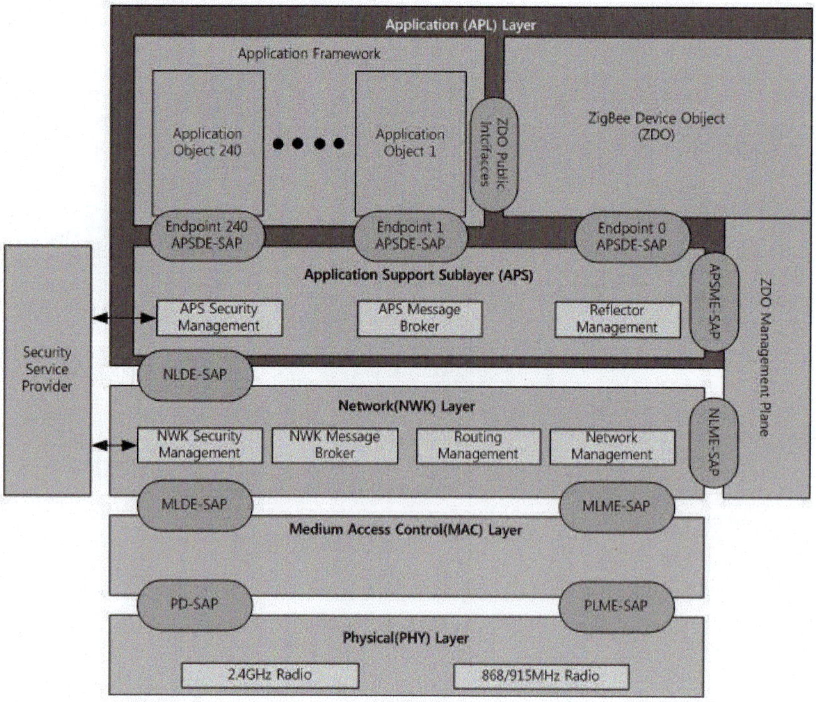

그림 113 지그비 프로토콜 스택 [108]

지그비 표준은 [그림 113]에 보이는 것처럼 IEEE 802.15.4 표준의 물리 계층(Physical Layer) 및 매체 접근 제어 계층(MAC Layer)을 바탕으로 만들어졌다. 기존 표준의 두 계층 위에 다양한 네트워크 토폴로지를 지원하는 네트워크 계층(Network Layer), 그리고 다양한 지그비 디바이스의 응용과 관련된 응용 계층(Application Layer)으로 구성된다.

지그비의 네트워크 계층은 [그림 114]에 보이는 것처럼 스타(Star), 트리(Cluster Tree), 그리고 메쉬(Mesh)와 같은 네트워크 토폴로지를 지원한다. 스타 네트워크는 지그비 코디네이터(ZC, ZigBee Coordinator)라고 하는 하나의 중앙 노드와 여기에 연결된 여러 개의 지그비 엔드노드(ZED, ZigBee End Device)로 구성된다. 스타 토폴로지에서 모든 엔드노드들은 오직 지그비 코디네이터와만 통신을 할 수 있다. 따라서, 이웃하는 엔드노드들 사이의 패킷 교환도 반드시 코디네이터를 경유해야만 한다.

이 구조의 단점은 네트워크의 동작이 코디네이터에 의해 결정된다는 것이다. 디바이스들 사이의 모든 패킷이 코디네이터를 지나가야만 하므로, 코디네이터가 병목지점(bottleneck)이 될 수도 있다. 아주 가까이 인접한 노드들 사이의 패킷 교환도 코디네이터를 경유해야만 한다. 또한, 시작 노드(source node)에서 목적지 노드까지 우회 경로가 없다

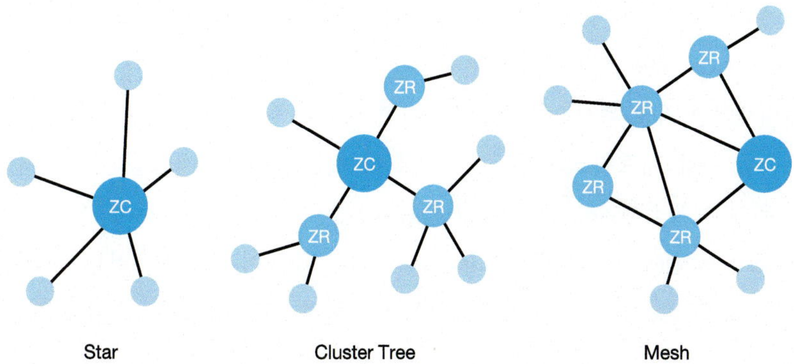

그림 114　지그비가 지원하는 네트워크 토폴로지

는 것도 문제다. 반면에, 네트워크 구조가 아주 단순하다는 것이 장점이다. 어떤 패킷들도 두 홉(hop)만에 목적지 노드에 도착할 수 있다.

트리 혹은 클러스터 트리 네트워크는 하나의 상위 노드와 그 노드에 연결된 브랜치 노드(branch node) 역할을 하는 지그비 라우터(ZR, Zigbee Router) 및 지그비 엔드노드들로 구성된다. [그림 114]에 있는 것처럼 엔드노드가 코디네이터에 직접 연결될 수 있으면 트리(tree) 구조라 하고, 지그비 라우터를 통해서만 연결될 수 있으면 클러스터 트리 구조라고 구분하기도 한다.

지그비 라우터는 네트워크의 커버리지를 확장하는 목적으로 이용된다. 라우터나 코디네이터에 연결된 엔드노드들은 자녀(children)라고 불리며, 자녀들은 오직 그들의 부모(라우터나 코디네이터)와만 통신을 할 수 있다. 만약, 부모 노드에 문제가 생기면, 자녀 노드들은 네트워크의 다른 디바이스들과 통신을 할 수 없게 된다. 심지어 다른 부모 노드가 물리적으로 가까운 곳에 위치해도 직접 통신을 할 수 없다.

마지막으로, 메쉬 네트워크는 트리 네트워크와 비슷한 구조를 취하고 있으며, 네트워크 커버리지를 확장하기 위해 사용된다. 메쉬 네트워크에서는 지그비 라우터들끼리도 서로 연결되어 우회 경로를 제공할 수 있다. 만약, 어떤 노드에 문제가 생긴다면, 물리적으로 가까운 이웃 노드에 직접 연결되어 원하는 목적지 노드로 패킷을 전송할 수가 있다. 즉, 라우팅 기능을 지원하는데, 이는 동시에 커다란 부하로 작용하기도 한다. 지그비를 위한 라우팅 프로토콜은 이 책의 범위를 넘어서므로 이곳에서는 다루지 않기로 한다.

지그비 응용 계층(Application Layer)은 어플리케이션 객체(Application Objects)들로 구성된 어플리케이션 프레임워크(Application Framework), 지그비 장비 객체(Zigbee Device

Object), 어플리케이션 지원 부계층(Application Support Sublayer), 그리고 보안 서비스(Security Services) 부분으로 구성된다.

어플리케이션 지원 부계층은 어플리케이션 객체와 지그비 장비 객체가 데이터 및 관리 서비스를 위해 네트워크와 인터페이스를 하는데 필요한 서비스를 제공한다. 데이터 전송을 위해 어플리케이션 객체에 제공되는 어플리케이션 지원 부계층의 서비스들은 요청(request), 승인(confirm), 응답(response)과 같은 것들이다. 또한, 어플리케이션 지원 부계층은 통합된 통신 구조를 정의함으로써 어플리케이션을 위한 통신을 제공하기도 한다.

어플리케이션 프레임워크는 여러 어플리케이션 객체들로 구성된다. 어플리케이션 객체는 어플리케이션 지원 부계층에 대한 입력과 출력을 정의하는데, 전구를 제어하는 스위치가 어플리케이션 객체의 입력이 되고 전등의 상태는 출력이 된다. 각각의 노드들은 240개의 구분되는 어플리케이션 객체를 가질 수 있다.

지그비 장비 객체는 전체적인 디바이스 관리 태스크 및 어플리케이션 객체들의 제어와 관리를 수행한다. 디바이스 관리 태스크는 네트워크 내에서의 디바이스의 유형 정의, APS의 초기화, 디바이스 및 서비스 발견, 보안 관리, 네트워크 관리, 바인딩 관리 등과 같은 일들을 포함한다.

이러한 어플리케이션 객체와 지그비 장비 객체는 다른 표준들에서는 거의 발견되지 않는 것들이다. 어플리케이션 객체는 칩 제조사별 커스터마이징 및 통합 칩셋 설계를 용이하게 하며, 지그비 장비 객체는 장치의 역할 수행, 네트워크 참여 요청 관리, 장치 검색 및 보안 등과 관련된 기능들을 담당한다.

지그비와 관련해서는 지그비 연합(ZigBee Alliance)이 관련 표준화 및 상업화를 담당하고 있다. IEEE 802.15.4 표준은 물론, 다양한 제조사들이 서로 호환되는 제품을 생산할 수 있도록 산업 분야별 어플리케이션 프로파일(application profile)도 발행하고 있다. 홈오토메이션, 스마트 에너지, 통신 서비스, 헬스케어, 원격 제어 등과 같은 분야에 대한 어플리케이션 프로파일이 이미 발표되었거나 개발되고 있다 [109]. 이와 관련한 자세한 내용은 지그비 연합 홈페이지(http://zigbee.org)를 참조하기 바란다.

[그림 115]는 필자가 삼성네트웍스(現 삼성SDS) 재직 시절에 지그비를 이용해 개발했던 위치추적 솔루션이다. 왼쪽에 보이는 작은 디바이스들이 엔드노드에 해당하며, 오른쪽에 보이는 큰 장치가 코디네이터다. 코디네이터에는 상전(常電)이 공급되었으며, 이더넷을 통해 구내 인터넷에 연결되었다. 상기 시스템은 스타 토폴로지 형태로 실버타운에 적용된 적이 있는데, 도움이 필요할 때 도우미를 호출하거나 노인들이 쓰러지는 응

그림 115　필자가 지그비를 이용해 개발한 위치추적 센서와 게이트웨이 장치

급 상황이 발생했을 때 의료진을 자동으로 호출하는 기능을 제공했다.

Z-Wave

Z-Wave는 가정 자동화, 그 중에서도 주거 환경 및 조명 분야의 원격 제어 서비스를 목적으로 개발된 무선 통신 프로토콜이다. 조명이나 출입 통제, 가전 등의 가정용 전기 장치나 시스템에 삽입되는 저전력 RF 기술을 이용한다. 주로 100 Kbps 이하의 저속 통신으로도 충분하며 신뢰할 수 있고 빠른 응답이 필요한 통신에 적합하다. 2008년에 Sigma Designs에 의해 인수된 덴마크 스타트업 Zen-Sys에 의해 처음으로 개발되었으나, 2014년 현재 전세계의 160개 이상의 제조사에 의해 이용되고 있다.

» 주요 규격 및 동작

Z-Wave의 대역폭은 최대 100 Kbps이며(초기 버전의 대역폭은 9.6 Kbps 혹은 40 Kbps이었다.) GFSK 변조방식을 이용한다. 옥외에서 약 30 m 거리에서 통신이 가능하며, 최대 232개의 노드에 대해 네트워크를 구성할 수 있다. 지그비와 마찬가지로 노드들은 다른 Z-Wave 장치들을 제어하는 장치인 제어기(Controller)와 다른 Z-Wave 장치로부터 제어를 당하는 장치인 종속장치(Slave)로 구분된다.

제어기의 네트워크 ID는 공장 출하 시 설정되며, 사용자에 의해 변경될 수 없다. 반면에 종속장치는 네트워크 ID가 사전에 설정되지 않으며, 네트워크에 의해 할당된다. 주제어기는 다른 노드들에게 자신의 네트워크 ID를 할당함으로써 다른 장치들을 자신의 네트워크에 포함시킨다. 만약 어떤 노드가 주제어기의 네트워크 ID를 수용하면 이 노드는 해당 네트워크의 일부가 된다. 또한, 주제어기는 네트워크에 새로 추가되는 각

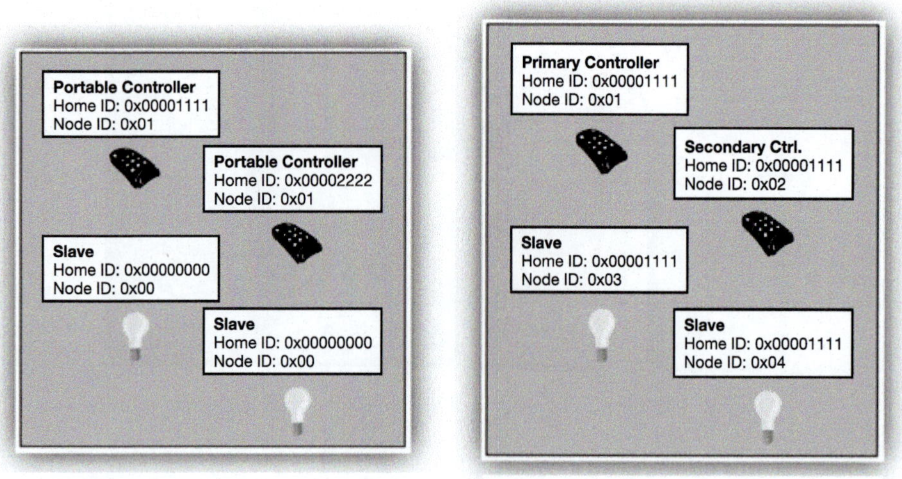

그림 116 포함(Inclusion) 프로세스 이전과 이후의 네트워크 ID와 노드 ID의 변화 (출처: vesternet.com)

각의 새로운 디바이스들에게 개별적인 노드 ID도 할당한다. 이러한 프로세스를 '포함(Inclusion)'이라고 한다.

[그림 116]은 출고 시 설정된 네트워크 ID를 가진 두 개의 제어기와 어떤 할당된 네트워크 ID도 없는 두 개의 종속장치로 구성된 네트워크를 보여 주고 있다. 두 제어기의 네트워크 ID가 다르고 두 종속장치는 아무런 네트워크 ID도 할당받지 못했기 때문에, 하나의 노드를 가진 두 개의 Z-Wave 네트워크가 존재하는 셈이다. 두 제어기 중에서 어떤 제어기가 Z-Wave 네트워크를 설정하는데 사용되느냐에 따라서, 네트워크 ID는 #0x00001111이 될 수도 있고 #0x00002222가 될 수도 있다. 두 개의 제어기 중에서 하나가 이 네트워크의 주제어기로 선택되면, 이 제어기는 모든 다른 장치들에 자신의 네트워크 ID를 할당하고 개별적인 노드 ID도 할당하게 된다.

[그림 117]은 서로 다른 네트워크 ID를 가지고 있는 두 개의 Z-Wave 네트워크가 혼재하는 경우를 보여 주고 있다. 두 네트워크는 서로 다른 네트워크 ID를 가지고 있기 때문에 함께 존재할 수 있지만, 다른 네트워크에 속해 있는 디바이스들끼리는 서로를 볼 수도 없으며 따라서 통신할 수도 없다.

Z-Wave는 900 MHz 대역에서 동작한다. 이 대역은 일부 무선 전화나 다른 전기 장치들에 의해 사용되기도 하지만, 와이파이나 블루투스 및 다른 시스템들로 붐비는 2.4 GHz 대역을 사용하지 않아 이들과의 간섭을 피할 수 있다는 장점이 있다.

사용 가능한 주파수 대역은 국가마다 조금씩 상이하며, 우리나라의 경우 919.6

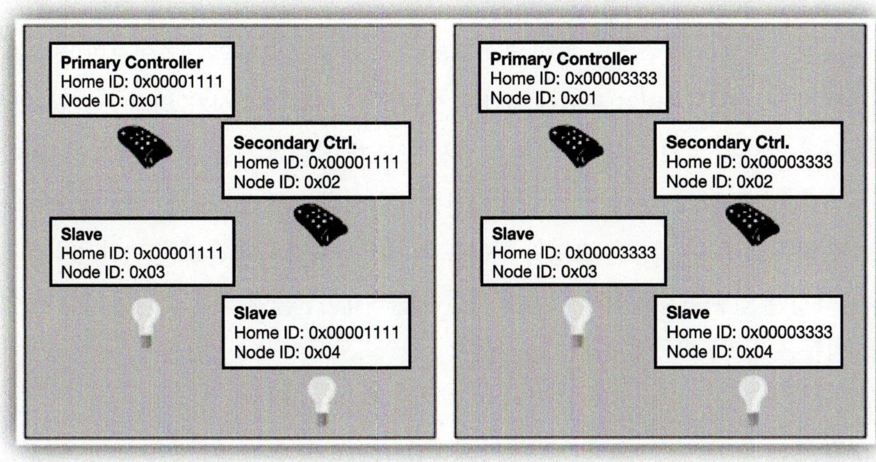

그림 117 서로 다른 네트워크 ID를 가진 두 개의 Z-Wave 네트워크가 혼재하는 경우 (출처: vesternet.com)

MHz, 921.6 MHz, 그리고 923.1 MHz 대역에서 이용할 수 있다 [110]. ZigBee와는 달리, 2.4 GHz 대역에서 와이파이나 블루투스와 아무런 간섭을 일으키지 않는 대역이다. 북미의 경우 900~928 MHz 대역, 그 중에서도 미국에서는 915 MHz를 사용하고 있는데, 이는 와이파이나 블루투스 주파수와 겹쳐 다양한 무선 연결들 사이의 간섭을 야기할 수도 있다 [111].

Z-Wave의 하위 계층인 MAC과 PHY 계층은 ITU-T G.9959에 기술되어 있으며, 이전 버전들과 완벽히 호환된다 [112]. 지그비 칩셋이 여러 제조사에서 나오는데 반해, Z-Wave 칩셋은 오직 Sigma Designs와 Mitsumi에서만 생산한다.

Z-Wave 기술은 여러 디바이스들이 동시에 다른 디바이스들과 통신할 수 있는 경로와 신뢰할 수 있는 네트워크를 생성하기 위해 라디오 계층(Raido Layer), 네트워크 계층(Network Layer), 그리고 응용 계층(Application Layer)의 세 계층으로 구성된다. 라디오 계층은 네트워크와 다른 물리적인 라디오 하드웨어 사이에서 신호가 교환되는 방식을 정의한다. 이에는 주파수, 인코딩 방식, 하드웨어 액세스 방법 등이 포함된다. 네트워크 계층은 두 디바이스들 사이에서 제어 데이터가 교환되는 방법을 정의하며, 주소체계(addressing), 네트워크 구조(network organization), 경로설정(routing) 등을 포함한다. 네트워크 계층은 다시 MAC 계층, 전송 계층(Transport Layer), 그리고 경로설정 계층(routing Layer)의 부계층(sub-layer)으로 구성된다.

MAC 계층은 무선 하드웨어의 기본적인 사용을 제어하는 것으로 사용자에게는 이 기능이 보이지 않는다. 전송 계층은 두 무선 노드들 사이에서 오류 없이 통신이 된다는 것을 보장하며 메시지 전송을 제어한다. 사용자는 이 계층의 기능에 어떤 영향도 줄 수 없지만, 이 계층의 결과는 확인이 가능하다. 경로설정 계층은 네트워크의 범위를 최대화하고 메시지가 목적지 노드에 제대로 도착하는 것을 보장하기 위해 Z-Wave의 '메쉬(Mesh)' 기능을 관리한다. 이 계층은 송신 노드가 직접 통신할 수 있는 거리 밖에 목적지 노드가 존재하는 경우 메시지를 재전송하기 위해 다른 노드들을 이용할 것이다.

마지막으로 응용 계층은 조명의 전원을 키거나 난방장치의 온도를 변화시키는 것과 같은 특정한 업무를 수행하기 위한 특정한 어플리케이션들에 의해 처리될 필요가 있는 메시지들을 정의한다.

» 토폴로지 및 라우팅

각각의 Z-Wave 네트워크는 네트워크 ID(Network ID) 혹은 홈 ID(Home ID)에 의해 식별되며, 네트워크 내의 각각의 디바이스들은 노드 ID(Node ID)에 의해 식별된다.

네트워크 ID의 크기는 4바이트(32 bits)이며, 어떤 디바이스가 해당 네트워크에 포함될 때 주제어기(Primary Controller)에 의해 각각의 디바이스에 할당된다. 어떤 논리적인 Z-Wave 네트워크에 포함되어 있는 모든 노드들은 동일한 네트워크 ID를 갖는다. 따라서, 서로 다른 네트워크 ID를 가진 노드들은 서로 통신을 할 수 없다.

노드 ID는 특정 네트워크 내의 단일 노드의 주소에 해당한다. 노드 ID는 1 바이트(8 bits)이며, 동일한 네트워크에서 두 개의 노드가 같은 노드 ID를 갖는 것은 허용되지 않는다 [113].

네트워크 ID가 32비트를 사용하므로, 약 43억개의 서로 다른 Z-Wave 네트워크가 정의될 수 있다. 또한, 노드 ID는 8비트이므로 최대 256개의 서로 다른 노드를 가질 수 있다. 그러나, 이 노드들 중 일부는 네트워크에 의해 내부 통신 및 특별한 기능을 위해 할당된 것들이라서 각각의 Z-Wave 네트워크는 최대 232개의 디바이스만 가질 수 있다.

Z-Wave는 소스에 의해 라우팅이 결정되는 메쉬 네트워크 토폴로지를 이용하며, 라우팅과 보안을 제어할 하나의 주제어기와 0개 이상의 부제어기(Secondary Controller)를 갖는다. 디바이스들은 가정 내 장애물이나 무선 신호가 약한 지역들을 피하도록 능동적으로 라우팅을 해가며 중간 노드들을 사용하여 다른 노드들과 통신할 수 있다.

노드 A와 노드 C가 서로 통신할 수 없는 거리에 있을지라도 두 노드와 통신할 수 있는 세 번째 노드인 노드 B가 존재한다면 노드 A는 노드 C로 메시지를 전송할 수 있다. 만약 선호하는 경로를 이용할 수 없다면, 메시지 생성자인 노드 A는 노드 C로 향하는 다른 경로가 발견될 때까지 새로운 경로를 찾기 위해 노력을 할 것이다. 따라서,

Z-Wave 네트워크는 단일 노드가 제공하는 것보다 훨씬 긴 무선 커버리지를 제공할 수 있다. 실제로 두 노드 사이에서 최대 4번의 호핑(hopping)을 할 수 있으며, 이는 대부분의 주거 환경을 수용한다. 또한, 제어 신호에 해당하는 결과를 얻는데 약간의 지연이 발생할 수도 있다.

Z-Wave 노드가 요청하지도 않은 메시지의 경로를 찾기 위해서 그 노드는 절전 모드에 있어서는 안 된다. 따라서, 배터리로 동작하는 디바이스들은 중계장치로 설계되지 않는다. Z-Wave 네트워크는 최대 232개의 디바이스로 구성될 수 있으나, 더 많은 디바이스가 필요한 경우에는 여러 네트워크를 연결해서 이용하는 옵션도 제공하고 있다.

소스가 경로를 결정하는 정적 네트워크로서 Z-Wave는 그 네트워크 내의 모든 디바이스들이 원래 발견된 위치에 그대로 있다고 가정한다. 따라서, 리모컨과 같은 이동형 장치들은 경로설정 과정에서 배제된다.

Z-Wave 후속 버전은 새로운 네트워크 발견 미케니즘을 포함하고 있다. 소위 '탐험가 프레임(explorer frames)'이 옮겨지거나 제거된 디바이스에 의해 망가진 경로를 치료하는데 사용될 수 있다. 탐험가 프레임은 가지치기 알고리즘과 함께 방송되기 때문에, 전송기가 네트워크 토폴로지에 대한 더 많은 지식을 가지고 있지 않더라도 목표로 하는 디바이스에 도달할 것을 가정한다. 탐험가 프레임은 전송 장치가 모든 경로 탐색이 실패하는 경우 마지막 옵션으로 사용된다.

» 주요 응용 분야

Z-Wave는 현재 홈오토메이션과 같이 장치를 제어하기 위해 가장 폭넓게 사용되는 RF 기술이다. 저전력, 양방향 RF, 메시 네트워킹 기술과 배터리 대 배터리 지원은 센서와 장치를 제어하는데 아주 적합하다. 또한, Z-Wave는 주요 경쟁 기술인 지그비와는 다르게, 서로 다른 벤더의 제품들과 어플리케이션 레벨에서 상호 운용된다. 또한, 지그비 대비 더 저렴하기도 하다. 이와 같은 장점으로 인해 현재 시장에서는 소비자가 직접 구입해서 사용할 수 있는 제품이 1000개 이상 출시되어 있으며, 2014년 현재 전세계적으로 1200만개의 Z-Wave 지원 제품이 보급되어 있다.

주요 활용 분야는 주거 시스템 분야로, ADT, Alarm.com, AT&T, DSC, GE/Interlogis, Honeywell 등과 같은 전세계의 주요 서비스 프로바이더에 의해 다양한 비즈니스 영역에서 이용되고 있다. [그림 118]은 Z-Wave 기술을 적용할 수 있는 주거 제어 시스템들을 보여주고 있다. 에너지, 안전과 보안, 홈엔터테인먼트 등 다양한 분야에 활용될 수 있다.

그림 118 Z-Wave 기술의 주요 활용 분야 (출처: http://zwaveguide.com/)

기기간 통신 기술

나는 무선 노트북과 무선 마우스를 이용한다. 이따금 프리젠테이션을 할 때는 무선 프로젝터를 이용하기도 한다. 조깅할 때는 걸리적거리는 선이 불편하여 블루투스 이어폰을 쓴다. 딸의 유치원 행사는 스마트폰을 렌즈만 있는 카메라에 연결하여 촬영한다. 와이프와는 에어드랍(AirDrop)을 이용해 딸의 동영상을 공유하며, 늦은 밤에는 크롬캐스트를 이용해서 노트북에 다운 받아 놓은 영화나 드라마를 본다.

몇 년 전부터 컴퓨터 주변기기를 중심으로 등장하기 시작한 무선 통신기기들이 이제는 셀 수도 없이 많아졌다. 어떤 제품들은 와이파이 AP에 연결해서 통신을 하는 경우

그림 119 무선 렌즈 카메라를 이용한 촬영

도 있지만, 어떤 제품들은 와이파이 AP가 없는 곳에서도 디바이스들끼리 직접 연결되어 데이터를 교환하는 것이 가능해졌다. 이처럼, 디바이스와 디바이스가 직접 연결되어 통신할 수 있도록 하는 것을 기기간 통신(Device-to-Device or D2D Communications) 기술이라고 한다.

기기간 통신 기술에는 우리에게 이미 친숙한 블루투스가 대표적이고, 이러한 목적으로는 많이 이용하지 않았지만 와이파이도 기기간 통신을 지원한다. 그리고, 아직 공식적으로 발표가 되지는 않았지만, 조만간 이동통신 기술을 이용해서 스마트폰과 스마트폰이 직접 연결되는 기술들도 확정 발표될 예정이다. 이곳에서는 이러한 기기간 통신 기술에 대해 살펴보도록 하자.

기기간 통신 기술[8]은 기지국이나 중계기의 도움 없이 디바이스와 디바이스가 직접 데이터를 교환할 수 있도록 하는 통신 기술이다. 기기간 통신 기술이 주로 가까이에 있는 다른 디바이스 장치나 혹은 그런 디바이스에서 구동되는 서비스와 통신한다는 점에서 인접 통신 기술(proximity communications technology) 혹은 주변 인지 기술(ambient awareness technology)과 같은 말로도 표현될 수 있다.

기기간 통신은 애드혹(ad hoc) 네트워크, 센서 네트워크, 메쉬(mesh) 네트워크를 위해 1990년대에 제안되었다 [99]. 애초에 애드혹 통신은 이웃하는 두 장치(peer)들 사이의 빠른 통신 설정을 위해 기획되었다. 블루투스는 유선으로 디바이스들을 연결하는 USB 케이블을 대체하는 좋은 사례다. 센서 네트워크와 메쉬 네트워크는 2개 이상의 디바이스가 서로 통신할 수 있게 허용함으로써 기기간 통신의 개념을 확장시켰다. 센서 네트워크가 여기저기 흩어져 있는 센서 노드들로부터 데이터를 모으는데 집중하는 반면, 메쉬 네트워크는 동일한 기능을 가진 디바이스들의 서비스 범위를 확장하는 것을 주된 목적으로 한다. 디바이스들 사이의 통신은 보통 비면허 대역(ISM band)에서 분산 방식으로 이루어진다.

기기간 통신은 디바이스를 연결하는 방식에 따라 애드혹 방식과 셀룰러 방식으로 구분할 수 있다. 애드혹 방식의 기기간 통신과 셀룰러 제어를 받는 기기간 통신 사이에는 몇 가지 근본적인 차이가 있다.

애드혹 방식의 기기간 통신은 분산된 구조(distributed topology)를 이용하는 반면, 셀

8 원래 D2D라는 표현은 모바일 통신 기술 표준화 단체인 3GPP(the Third Generation Partnership Project)에서 셀룰러 통신 시스템의 트래픽 부하를 줄이기 위한 잠재적인 기술 후보로 논의되었던 것이나, 이 책에서는 인접한 디바이스들 사이의 직접적인 통신 방식을 통칭하는 용어로 사용함을 밝힌다.

룰러 방식의 경우 통신 자원을 할당하는 기지국(base station)으로부터의 집중화된 제어에 의존한다. 전자의 경우 디바이스들 중의 하나가 다른 디바이스를 찾기 위한 노력을 해야 하는 반면, 후자의 경우 디바이스 혹은 서비스의 발견이 셀룰러 네트워크에 의해 지원되거나 혹은 완전히 수행된다.

이곳에서는 애드혹 방식과 셀룰러 방식의 대표적인 기술들을 하나씩 소개하면서, 각 방식들의 특징 및 장점을 소개할 것이다. 먼저, 최근 가장 많이 사용되는 와이파이 다이렉트 기술을 살펴보고, 앞으로 많이 이용될 것으로 예상되는 LTE 다이렉트 기술에 대해서 개념 및 서비스 관점에서 소개하겠다.

와이파이 다이렉트(Wi-Fi Direct)

앞에서 와이파이 디바이스는 인프라 모드(Infrastructure mode)나 애드혹 모드(Ad hoc mode) 중의 하나로 동작한다고 했다. 와이파이 네트워크가 인프라 모드로 설정되는 경우, 와이파이 AP는 다른 여러 와이파이 디바이스들을 연결하는 중앙 허브의 역할을 한다. 반면, 애드혹 모드로 설정되는 경우는 와이파이 디바이스 중 하나가 와이파이 AP의 역할을 하게 되어 통신을 하거나, 와이파이 AP 없이 두 디바이스가 직접 연결되어 통신을 할 수 있게 된다.

그러나, 독자들 가운데 와이파이 디바이스를 애드혹 모드로 설정해서 와이파이를 이용해 본 사람들은 거의 없으리라 생각한다. 이는 노트북과 같은 와이파이 디바이스를 애드혹 모드로 설정하는 것 자체가 복잡할 뿐만 아니라, 설령 애드혹 모드로 설정했다 하더라도 주변에 있는 와이파이 디바이스를 찾아내는 기능(discovery)과 관련된 정보가 부족해서 자동으로 디바이스가 연결되지 않았기 때문이다.

그러나, 스마트폰이나 노트북, 태블릿을 위시해서 프린터나 카메라, 게임기를 비롯한 수많은 전자제품들에 와이파이 모듈이 탑재되면서, 와이파이를 이용하여 디바이스와 디바이스가 직접 연결되는 애드혹 모드에 대한 니즈는 더욱 커졌다. 특히, 애드혹 모드에서 가장 큰 애로사항이었던 복잡한 설정을 단순화하는 것에 대한 니즈도 컸다. 와이파이 다이렉트(Wi-Fi Direct)는 이러한 애드혹 모드의 단점을 해결하기 위해 개발된 기술이다.

와이파이 다이렉트는 기존의 와이파이 기술을 바탕으로 와이파이 설정을 단순화하기 위해 와이파이 프로텍티드 셋업(WPS, Wi-Fi Protected Setup)이라는 기술과 주변에 있는 와이파이 디바이스를 쉽게 찾을 수 있도록 하는 기술로 구성되어 있다고 생각하면 이해하기 쉬울 것이다.

WPS 기술은 와이파이 네트워크에 새로운 와이파이 디바이스를 추가하는 기존의 복잡했던 과정들을 단순히 PIN 값을 입력하거나 혹은 와이파이 디바이스에 있는 버튼을 클릭하는 것만으로 가능하게 해준다. 따라서, 와이파이의 설정을 잘 모르는 일반인들도 쉽게 와이파이 기기들을 연결할 수 있게 해준다.

WPS 기술에 의해서 와이파이 디바이스의 연결은 용이해졌지만, 여전히 네트워크 내에서 다른 디바이스들을 찾고 연결하기 위한 부분들은 해결되지 않았다. 이러한 목적을 위해서 UPnP(Universal Plug and Play), DPWS(Devices Profile for Web Service), ZeroConf(Zero Configuration Networking) 등을 포함하는 여러 다양한 프로토콜들이 개발되었다 [100].

와이파이 다이렉트의 가장 큰 장점은 와이파이를 지원하는 기기라면 특별한 물리적인 작업 없이 펌웨어 업그레이드를 통해 와이파이 다이렉트를 이용할 수 있으며, 오직 하나의 와이파이 디바이스만 와이파이 다이렉트 표준을 따르더라도 두 디바이스 사이에서 P2P 연결을 설정하여 직접 데이터를 교환하는 것이 가능해진다는 것이다. 후자의 경우, 와이파이 다이렉트를 지원하는 디바이스가 와이파이 AP 역할을 하기 때문이다. 만약, 두 디바이스 모두 와이파이 다이렉트를 지원한다면, 처음에 연결될 때 어떤 디바이스가 와이파이 AP 역할을 할 것인지를 결정하게 된다.

와이파이 다이렉트는 두 가지 방식으로 동작할 수 있다. [그림 120]의 왼쪽에 보이는 것처럼 와이파이 다이렉트 모드(Wi-Fi Direct Mode)로 동작하는 경우, 두 와이파이 디바이스는 네트워크와는 무관하게 직접 연결되어 P2P 통신을 하게 된다. 반면, 와이파이 브리지 모드(Wi-Fi Bridge Mode)로 동작하는 경우, 네트워크에 연결된 디바이스에 접속하여 인터넷을 이용할 수 있게 된다.

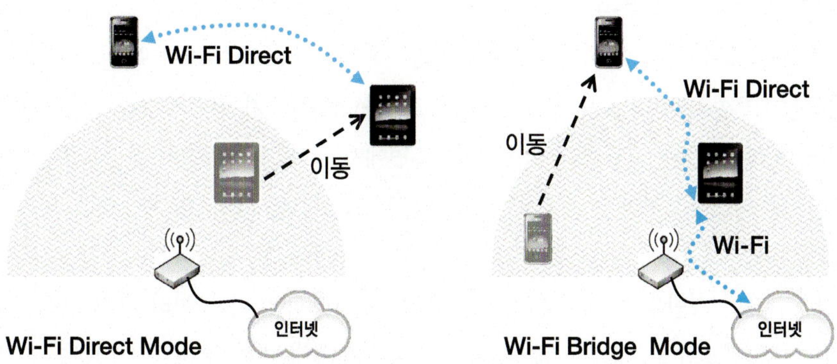

그림 120 와이파이 다이렉트의 동작 방식

스마트 디바이스의 경우 안드로이드 4.1과 블랙베리 10.2 이상을 지원하는 디바이스에서는 와이파이 다이렉트를 이용하여 파일을 공유하는 것이 가능하다. 안드로이드 4.2 버전부터는 복수의 장치들 간의 양방향 데이터 전송도 지원한다. 와이파이 다이렉트의 경우 데이터 전송 속도는 와이파이 규격(802.11n)이 지원하는 최대 속도까지 지원할 수 있다. 그러나, 현실적으로는 그렇게 높지 않으며, 보통 수십 Mbps 정도다.

애플이 iOS 7부터 제공하는 AirDrop의 경우도 와이파이 다이렉트와 비슷한 기능을 제공하고 있지만, 애플은 와이파이 다이렉트를 이용한다는 공식적인 발표를 하지 않고 있다. AirDrop은 와이파이 다이렉트보다는 기존의 와이파이 애드혹 모드를 이용한 것으로 추정된다. 따라서, 최대 속도도 10 Mbps 수준이다.

스마트폰 이용자들은 노트북이나 다른 와이파이 장치들을 스마트폰에 접속하여 인터넷을 이용하곤 한다. 이처럼 스마트폰을 휴대용 와이파이 AP로 이용할 수 있도록 하는 것을 와이파이 테더링(Wi-Fi Tethering)이라고 한다. 와이파이를 지원하는 스마트폰과 다른 와이파이 디바이스가 연결된다는 측면에서 보면, 와이파이 테더링과 와이파이 다이렉트가 같은 것으로 보일 수 있으나, 그렇지 않다.

와이파이 테더링은 와이파이 AP의 모바일 버전으로 생각하면 된다. 즉, 집이나 사무실에 있는 와이파이 AP에 연결된 유선 인터넷 케이블 대신 3G나 LTE와 같은 무선 회선을 이용하는 것이다. 이는 스마트폰에 연결된 디바이스가 스마트폰이 제공하는 와이파이를 이용해서 스마트폰과는 통신을 할 수 없다는 것이다. 스마트폰은 단지 스마트폰에 연결된 디바이스를 스마트폰의 인터넷 회선에 연결해 주는 역할만 한다. 반면에, 와이파이 다이렉트를 이용하는 두 디바이스끼리는 서로 데이터를 교환하는 것이 가능하다.

LTE 다이렉트(LTE-Direct)

블루투스 및 와이파이 다이렉트로 대표되는 애드혹 방식의 기기간 통신 기술은 조금씩 조금씩 그 활용 범위를 넓혀가고 있다. 그러나, 셀룰러 기반의 기기간 통신은 이제서야 논의가 되고 있는 상황이다. 기능적인 측면에서 두 방식이 동일하긴 하지만, 기술적인 측면 및 비즈니스적인 관점에서는 셀룰러 방식이 더 큰 파급 효과가 있을 것으로 기대하고 있다.

셀룰러 제어 기반의 기기간 통신 방식은 애드혹 방식에 비해 여러 가지 장점을 가지고 있다 [99]. 노드 발견과 서비스의 발견이 네트워크에 의해 수행되기 때문에, 모바일 디바이스의 관점에서 볼 때 기존의 방식 대비 상당한 양의 배터리 소모를 줄일 수 있다. 이는 셀룰러 네트워크가 기지국 내의 모든 디바이스들의 위치와 각각의 디바이스들이 어떤 서비스를 필요로 하고 어떤 서비스들을 알리려고 하는지를 이미 알고 있기 때문에 가능하다. 또한, 디바이스들이 무선 접속에서부터 보안키(security key) 제공에 이르기까지 사용할 일련의 자원을 할당해준다. 이는 디바이스들에게 공통의 브로커를 제공해 주는 것이고 다른 디바이스들과 직접적으로 협상할 필요를 없애준다.

네트워크 관점에서 볼 때, 중요한 장점 중의 하나는 잠재적으로 주파수 재사용(frequency reuse)을 개선할 수 있다는 것이다. 몇몇 디바이스들이 특정한 지역에서 통신을 하는 경우를 생각해 보자. 이들에게는 특정한 주파수가 할당되겠지만 그 디바이스들의 전력 세기가 기지국의 전력 세기보다 작기 때문에, 네트워크는 이들에게 할당된 주파수를 동일 셀 내의 다른 지역에 할당할 수 있다. 만약 세 쌍의 디바이스들이 각각 패킷 하나씩을 교환한다고 가정하면, 기지국을 통해 패킷을 교환해야 하는 현재의 셀룰러 시스템에서는 6개의 통신 슬롯을 필요로 한다. 반면, 이 디바이스들이 공간적으로 서로 떨어져 있다고 가정하면, 셀룰러 제어를 받는 기기간 통신 방식에서는 각 디바이스들이 의도하는 목적지로 직접 패킷을 전송하면 되기 때문에, 하나의 통신 슬롯만 있어도 된다. 즉, 이 경우 주파수 재사용 효율성이 최대 6배나 좋아지게 된다. 이러한 이득은 디바이스들 사이의 직접 링크의 통신 속도가 셀룰러 링크보다 높을 때 더 높다. 일반적으로 이러한 가정은 가까운 거리에서의 통신을 위해서 더 적은 전력을 이용해도 더 높은 신호대 잡음비(SNR)가 나오기 때문에 유효하다.

셀룰러 제어 방식의 기기간 통신은 오직 두 대의 장치들 사이의 점대점 시나리오에 국한되지 않는다. 기기간 통신 네트워크는 멀티홉(multi-hop) 방식으로 연결된 여러 대의 디바이스로 구성될 수도 있다. 멀티홉 방식으로 연결되는 경우, 어떤 디바이스들은 다른 디바이스들로부터 패킷을 중계해 주는 역할만 할 수도 있다. 기술적으로는 재밌지만, 중계만 하는 디바이스 사용자는 그들의 디바이스가 이러한 새로운 서비스들을 지원하도록 허용하는 대가로 적절한 인센티브를 받을 필요가 있다. 애드혹 인센티브에 대한 한 가지 대안은 셀룰러 네트워크가 협력적 행동, 즉 중계 역할을 감시하고 보상하는 것이다.

만약 기기간 통신이 여러 디바이스들로 구성된다면, 우리는 이러한 통신 클러스터를 모바일 클라우드(mobile cloud)라 부를 수 있을 것이다 [99]. 일반적으로, 모바일 클라우드는 다양한 협력 전략을 이용할 수 있다. 즉, [그림 121]에 보이는 것처럼, 노드들 사이의 통신이 유니캐스트나 멀티캐스트, 브로드캐스트 기술을 통해서 이루어질 수도 있으며, 단일 홉 통신이나 멀티홉 통신을 통해 구성될 수도 있다.

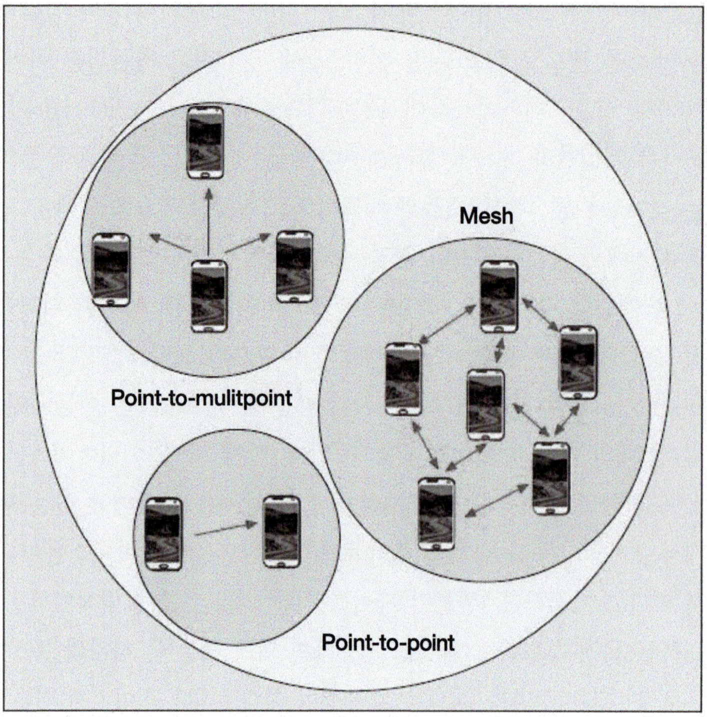

그림 121 다양한 D2D 클러스터 구조

아주 근접해 있는 다수의 디바이스들은 더 다양한 자원을 공유할 수 있기 때문에, 모바일 클라우드의 잠재적인 이점을 개선시킨다. 그 범위는 어떤 하나의 디바이스로부터 다른 여러 디바이스들로 멀티미디어 컨텐츠를 공유하는 것에서부터 셀룰러 혹은 오버레이 네트워크를 이용해 기기간 통신 클러스터 내의 디바이스들 사이의 지역적인 재전송을 구현함으로써 통신을 개선하는 것에 이르는 것까지 해당한다.

기기간 통신 기술이 활성화되기 위해서는 다음과 같은 이슈들의 해결이 전제되어야 한다. 첫째, 배터리 소모를 최소화해야 한다. 기기간 통신 기술들은 서비스의 제공 여부와 상관없이 주기적으로 주변에 있는 디바이스들을 확인해야 하기 때문에 효율적으로 배터리를 이용할 수 있도록 하는 기능을 매우 중요시한다. 예를 들어, 블루투스의 경우 블루투스 LE처럼 전력 소모를 최소화하기 위한 표준도 만들었다.

둘째, 개인정보 보호에서 자유로워야 한다. 이웃하는 디바이스와의 빈번한 통신 및 이웃 디바이스의 위치 정보 및 사용자 정보를 이용할 수도 있기 때문에, 개인정보 보호도 기기간 통신 기술의 중요한 이슈 중의 하나다.

셋째, 확장성이 뛰어나야 한다. 대부분의 D2D 기술은 동시에 접속할 수 있는 디바이스의 개수가 제한되어 있다. 이는 두 디바이스 사이의 안정적인 통신은 가능하게 할 수 있으나, D2D 기술을 활용한 다양한 어플리케이션 및 서비스의 개발을 제한한다. 동시에 여러 디바이스가 통신을 하기 위해서는 개별 디바이스들이 다른 여러 디바이스의 신호를 실시간으로 처리할 수 있어야 하며, 경우에 따라서는 이러한 디바이스들의 통신을 중재하고 조정하기 위한 별도의 서버가 필요할 수도 있다. 이러한 것들은 소비자는 물론 서비스 제공자의 부담을 늘려 서비스의 확산에 걸림돌이 될 수 있다.

앞에서도 언급했지만, 셀룰러 기반의 기기간 통신 기술에 대해서는 3GPP를 중심으로 이전부터 논의가 되었다. 당시만 하더라도 기본적인 목적은 셀룰러 통신 시스템의 트래픽을 줄이는 것이었다. 그러나 지금은 트래픽 부하를 줄이는 것은 물론, 다양한 비즈니스 가능성도 염두에 두고 논의가 진행되고 있다. 그 대표적인 것이 LTE Direct 기술이다.

LTE-D로 줄여서 표현하기도 하는 LTE Direct 기술은 데이터 교환을 위해 기지국을 거치지 않고 스마트폰들끼리 통신할 수 있도록 해주는 기기간(Device-to-Device) 통신 기술이다. 통신표준화단체인 3GPP는 2012년 6월부터 LTE-D를 기기간 통신 기술로 규정하고 차세대 통신 표준인 릴리즈 12(Release 12) 사양으로 확정하여 발표할 예정이다. 세계 1위 통신 반도체 업체인 퀄컴의 주도로 개발되고 있으며, 한국전자통신연구소(ETRI)에서는 2014년 1월 세계 최초로 LTE-D를 시연하기도 했다.

LTE-D는 [그림 122]에 보이는 것처럼, 반경 500 m~1 Km 범위 내에 있는 LTE 스마트폰이나 태블릿끼리 이동통신 기지국을 거치지 않고 데이터를 주고받을 수 있는 기술이다. 앞에서 소개한 와이파이 다이렉트나 블루투스와 같은 기기간 통신 기술들과는 달리, 통신 범위가 넓어 500 m~1 Km 이내에 있는 수천 개의 디바이스와 통신을 할 수 있다. LTE 다이렉트는 [그림 123]에 보이는 것처럼 와이파이 다이렉트보다 커버

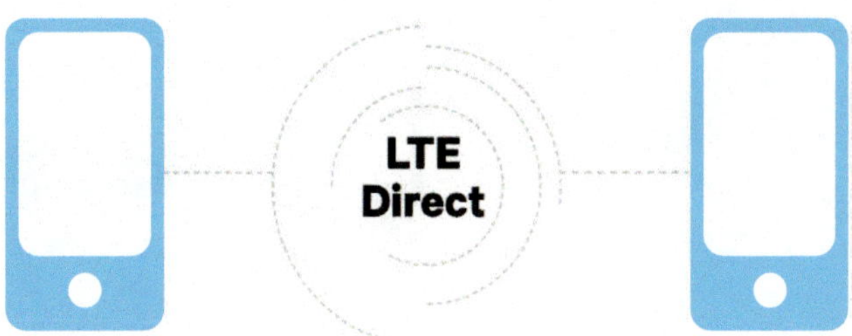

그림 122 LTE 다이렉트 개념도

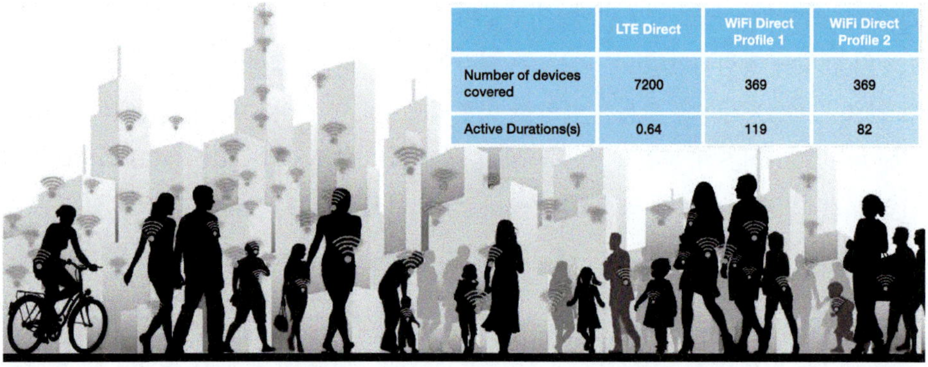

	LTE Direct	WiFi Direct Profile 1	WiFi Direct Profile 2
Number of devices covered	7200	369	369
Active Durations(s)	0.64	119	82

그림 123 LTE 다이렉트와 와이파이 다이렉트의 비교 [72]

할 수 있는 장치의 개수는 19.5배 많고 동작 속도는 128배 빠르다.

LTE 다이렉트는 [그림 124]에 보이는 것처럼 LTE-FDD의 업링크 주파수 대역이나 LTE-TDD의 주파수 대역의 일부(20초당 0.0064초)를 사용하여 디바이스간 통신을 제공한다. LTE 다이렉트를 지원하는 장치들은 필요에 따라서 주변의 모든 장치에 방송하는 것이 가능하기 때문에 특정 서비스의 기점이 될 수 있다. 이때, LTE 다이렉트를 이용한 서비스들은 장치 사용자의 개입 없이 반응해 사용자가 필요로 하는 것을 만족시켜 주는 굉장히 지능적인 모습을 보여 줄 수 있다.

LTE 다이렉트는 개인 정보를 보호하면서도 배터리 효율적인 방식으로 통신을 할 수 있다. 이것은 GPS를 이용하는 OTT 기반의 인접 솔루션(proximity solution)이나 블루투스 LE 및 와이파이 Direct 같은 인접 솔루션들과는 달리 디바이스의 배터리 수명에 커다란 영향을 미치지 않으면서 자율적인 올웨이스온(Always-ON) 방식을 통해 인접한 디바이스나 디바이스에서 구동되는 서비스들을 찾아낸다.

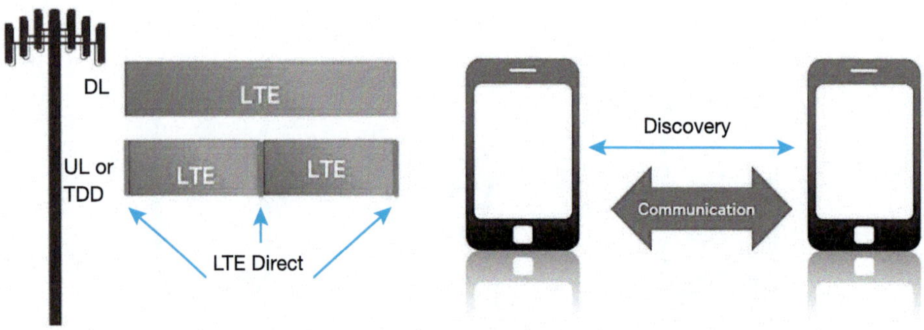

그림 124 LTE 망을 이용한 직접 통신 채널 설정 [72]

LTE 다이렉트는 면허 대역(licensed spectrum)을 사용한다는 것이 다른 기기간 통신 기술들과의 가장 큰 차이다. 이는 LTE 다이렉트 기반의 응용 서비스들은 와이파이 다이렉트 기반의 서비스와는 달리 서비스 품질이 보장될 수 있음을 의미한다. 결과적으로, 모바일 사업자로 하여금 LTE 다이렉트를 이용하여 고객들에게 다양하고 차별화된 어플리케이션이나 서비스를 제공할 수 있도록 한다 [73][74].

LTE 다이렉트와 같은 기기간 통신 기술은 아직까지는 액세서리 연결과 같은 단순한 과정이나, 더 나아가 이웃하는 두 기기간의 데이터 전송을 위한 수단으로만 이용되고 있다. 하지만, 앞으로 사용자의 위치를 파악하여 지인이나 친구를 찾는 소셜 매칭 서비스는 물론, 사전에 설정된 특정한 구역에 사용자가 들어오면 정보를 제공하는 지오펜싱(Geo-Fencing), 네트워크 게임, 타게팅 광고, 위험상황에 대비한 비상통신망 등 다양한 분야에 활용될 것으로 예상된다.

LTE 다이렉트가 제공하는 주변 장치 발견 기능은 각 개인들로 하여금 사회적인 것이나 개인적으로 관심 있는 것을 지속적으로 찾거나 관련 정보를 통보받을 수 있게 하는 방식으로 단순히 친구 찾기를 넘어서 광고에서 SNS, 게임, 교육, 그 이상에 이르는 광범위한 차세대 서비스를 정의할 수 있게 해준다.

예를 들면, 다음과 같은 시나리오들을 생각할 수 있다. 병원으로부터 100 m 이상 떨어진 곳에서는 의사가 환자 기록에 접근하는 것을 제한할 수 있다. 호텔이나 백화점은 VIP 고객이 정문으로 들어오는 때를 미리 알아내 차별화된 전담 서비스를 제공할 수도 있다. 관광객은 자신이 관심 있어 하는 유형의 유적지나 레스토랑들이 근처에 있는지 통보받을 수 있다.

TV CF에 나오는 것처럼 자동차가 집 근처에 다다르면 거실의 조명이 자동으로 켜지게 할 수도 있다. 별도의 위치추적 솔루션을 이용하지 않더라도, 부모들은 아이들이 운동장이나 놀이터에서 놀고 있는지를 확인할 수 있다. 보행자들은 그 지역의 범죄 경보를 받을 수도 있을 것이다. LTE 다이렉트 기반의 서비스가 본격화된다면, 이러한 사례 및 서비스들은 더 많이 발견될 것이다.

이러한 서비스가 가능해지는 것은 클라우드 공유(cloud sharing)를 통한 어플리케이션의 제어 기능 때문이다. 일례로, 퀄컴은 LTE 다이렉트와 자사의 독자 상황인지 개발 플랫폼인 '김발(Gimbal)'을 묶어 서비스 생태계를 확장해 나갈 것으로 전문가들은 보고 있다.

블루투스 기반의 비콘인 김발 인접 비콘(Gimbal proximity beacons)은 디바이스와 어플리케이션으로 하여금 비콘으로부터 그들의 근접 정도를 지금보다 훨씬 더 정확하게 얻어낼 수 있도록 함으로써 GPS를 보완할 수 있다 [75]. 사용자의 모바일 어플리케이션은 비콘 신호의 전송을 감시하도록 설정될 수 있다. 해당 어플리케이션이 비콘에 물리적으로 가까이 있고 비콘을 감지하면, 어플리케이션은 사용자에게 위치와 관련된 컨텐츠, 프로모션, 혹은 제안 등을 알려줄 수 있다.

기존의 근접 발견 솔루션은 클라우드 기반의 구조를 취하고 있으며 사용자의 위치를 지속적으로 추적하고 부근의 데이터베이스와 비교하는 어플리케이션에 바탕을 두고 있다. LTE 다이렉트는 인접 발견 솔루션을 기존의 클라우드 서비스의 확장된 버전으로 효율적으로 이용하고자 하는 모바일 개발자에게는 하나의 대안이 될 수 있다.

그러나, LTE 다이렉트는 분산 발견 솔루션이다. 관련성을 규명하는데 있어 중앙집중적인 데이터베이스 처리를 하는 대신에 관련된 특성을 전송하고 감시함으로써 디바이스 레벨에서 자체적으로 관련성을 결정한다. 이러한 접근법은 프라이버시 관점에서 중요한 혜택을 제공한다. LTE 다이렉트는 근처에 있는지를 결정하기 위해 지속적으로 위치추적을 하는 전형적인 방법을 이용하지 않는다. 게다가, 발견 정보를 클라우드가 아닌 디바이스에 일시 저장함으로써 공유될 것에 대한 사용자 수준의 제어를 할 수 있다.

모바일 사업자는 LTE 다이렉트를 위한 주파수 소유자일 것이므로 그러한 시스템에 대한 접근을 허용하거나 통제할 것이다. LTE 다이렉트를 이용하고자 하는 어떠한 어플리케이션도 모바일 사업자와 함께 해야 할 것이다. 따라서, 이것은 모바일 사업자에게는 엄청난 기회가 될 것이다. 하지만, LTE 다이렉트가 이러한 플랫폼을 최종 고객을 위한 의미 있는 도구로 변화시키려는 앱 개발자, 인프라 제공자, OEM 업체, SI 사업자, 그리고 다양한 산업군에 가치와 기회를 제공한다는 것은 주목할 필요가 있다.

다만, LTE 다이렉트 기술이 널리 사용되기 위해서는 관련 기술의 표준화 및 발전도 중요하지만, 이동통신사나 스마트 디바이스 제조사의 역할이 굉장히 중요할 것이다. 이 기술이 많이 사용되면 이동통신사 입장에서는 단기적으로 사용자의 데이터 사용량이 감소되어 이동통신 서비스의 품질이 개선되는 효과를 볼 수도 있지만, 장기적으로 이동통신사의 가입자당평균수익(ARPU)이 감소하는 문제가 발생할 수도 있기 때문이다.

이동통신 기술

필자가 이동통신사에서 근무할 때 느낀 것 중의 하나는 그 안에 있는 사람들의 상당수는 이통사가 사물인터넷과 관련된 모든 것을 해야 하는 것처럼 생각한다는 것이었다. 커넥티드카, 빌딩 관리(Building Management Systems), 에너지 관리(Energy Management

System), 전력망 관리(Advanced Metering Infrastructure), 모바일 결제, 스마트팜, 심지어는 급식용 음식물 관리부터 거기에서 나오는 음식물 쓰레기 처리까지 모든 것에 있어서 이통사가 중요한 역할을 해야 한다고 생각한다.

사실, 그러한 생각을 가지는 것은 나쁜 것이 아니다. 사업을 한다는 사람들이 스스로 자신의 영역을 한정하는 것이 오히려 더 문제라고 생각한다. 자신에게 주어질 수도 있는 기회들을 먼저 걷어찰 필요는 없지 않은가? 문제는 그들이 해당 사업에서 어떤 역할을 할 수 있는지에 대해 착각을 하고 있는 것이다. 냉정하게 말하면 그들이 할 수 있는 것은 월 몇 천원 수준의 모바일 회선을 제공하는 것이 전부다.

물론, 커다란 자본과 인력을 들여 사물인터넷 혹은 사물지능통신(M2M)을 위한 독자 솔루션을 개발하는 경우도 있지만, 대부분의 경우 이통사 규모에 맞게 기대되는 가치를 찾아내기보다는 전문업체의 솔루션에 이동통신 모듈을 추가하고 통신사의 이름을 내거는 것이 전부다. 그나마 최근에는 공공사업에의 대기업 참여 제한에 의해 '얼굴마담' 역할도 하기가 어려워지고 있다. 즉, 사물인터넷과 관련하여 이통사가 제공할 수 있는 가치는 오직 무선회선뿐인 것이다.

그렇다고, 이동통신기술을 빼고 사물인터넷을 논할 수도 없는 노릇이다. 이동통신 기술이야 말로 그 어떤 기술보다도 높은 도처성(ubiquity)를 제공하기 때문이다. 따라서, 이곳에서는 이동통신 기술에 대해, 세대별 이동통신 기술의 대표적인 특성과 사물인터넷 관점에서의 활용 방안에 대해 고민하는 것으로 대신하고자 한다.

잘 아는 것처럼, 현재 우리나라에서 이용되고 있는 이동통신 기술은 2세대 CDMA부터 4세대 LTE-A 기술까지 다양하다([그림 125] 참조). KT의 경우 2세대 서비스를 하지 않는 대신, 전국적인 와이브로 서비스를 제공하고 있다. 또한, 조만간 제4이동통신 사업자가 선정될 것으로 예상되며, 기존의 LTE-FDD 방식이 아닌 LTE-TDD 방식으로 서비스를 제공할 예정이다.

그렇다면, 이 중에 어떤 이동통신 기술이 사물인터넷에 적합할까? 응용분야에 따라 다를 것이다. LG유플러스가 공급하는 동영상 촬영용 드론의 경우 실시간으로 동영상을 전송하기 위해서는 LTE 기술을 이용하는 것이 적합할 것이다. 그러나, 실시간 중계나 카메라 제어가 필요하지 않다면, 굳이 비싼 요금을 내고 LTE 기반의 드론을 이용할 필요가 없을 것이다. 어떤 이동통신 기술이든 RC 기반의 드론보다 넓은 영역에서의 원격조정이 가능하기 때문이다.

동영상 촬영용 드론이나 CCTV와 같은 일부 경우를 제외한다면 이동통신 연결이

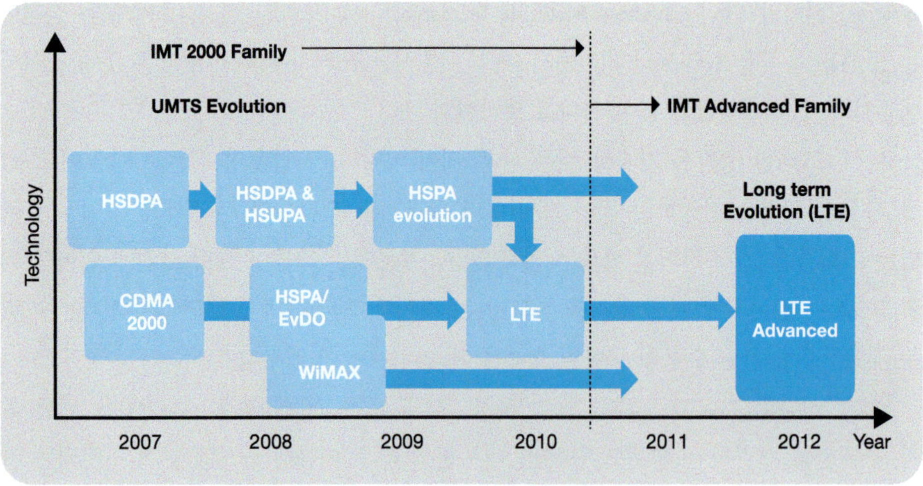

그림 125　이동통신 기술의 발전

필요한 사물인터넷 응용분야의 경우 대부분 제한적인 트래픽을 생성한다. 대부분의 경우, 한달에 발생시키는 트래픽의 양이 1 MB도 채 안 되는 경우가 많으며, 많아야 수십 MB 이내인 경우가 대부분이다. 이런 경우 3세대 WCDMA 기술이나 2세대 기술을 이용해도 전혀 문제가 없을 것이다.

물론, 아직까지도 CDMA나 WCDMA 서비스에서의 MB당 데이터 단가는 LTE 서비스의 그것에 비해 훨씬 비싼 편이다. 적게는 25배 정도 비싸며, 심한 경우 수백 배까지 비싸기도 하다. 따라서, MB당 가격을 생각하면 차라리 LTE 서비스를 이용하는 것이 더 타당할 수도 있다. 그러나, 이는 2세대 및 3세대 망이 구축되었던 10여 년 전후의 데이터 요금이 아직까지도 그대로 유지되고 있기 때문이다. 이미 2세대 및 3세대 네트워크의 경우 투자에 대한 감가상각이 끝난 상황이므로, [그림 126]에 보이는 것처럼 2세대 및 3세대 망을 통한 데이터 요금이 현실화된다면 상황은 달라질 것이다.

통신사의 입장에서는 운영하는 네트워크의 종류를 최소화하는 것이 투자 및 운영 비용을 줄이는 방법 중의 하나다. 그러나, 그렇다고 LTE망을 통해 모든 모바일 트래픽을 수용하려는 것은 심각한 상황을 불러일으킬 수도 있다. 명절이나 연말연시 혹은 특정한 지역에서 집중적으로 모바일 트래픽이 몰리는 경우 사물인터넷 트래픽에 대한 QoS가 보장되지 않아 서비스가 중단되거나 서비스 제공에 차질이 발생할 수 있기 때문이다.

물론, 2세대 3세대 서비스에 이용되던 주파수를 LTE 서비스로 전환하여 더 넓은 대

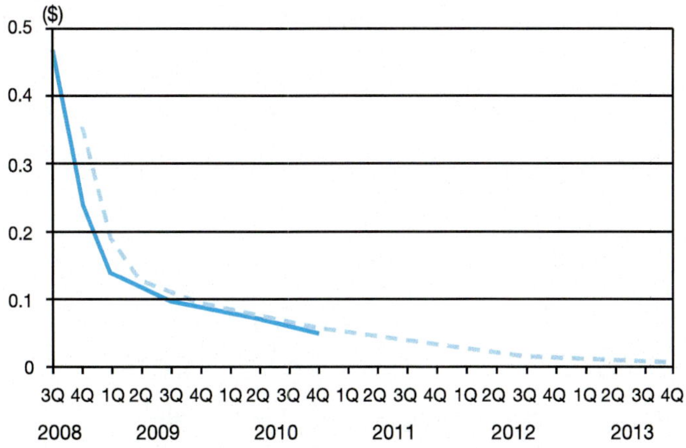

그림 126 미국의 메가바이트(MB)당 모바일 데이터 단가 변화 (파란 실선으로 표시된 Nielsen의 Customer Value Metric 3Q'08~4Q'10을 바탕으로 이동평균에 의해 추정한 결과(빨간 점선)를 더한 것임)

역폭을 제공함으로써 사물인터넷 서비스에 대한 대역폭을 확보할 수도 있을 것이다. 그러나, LTE 대역폭이 두 배로 늘어나더라도 트래픽 폭주는 일어나게 마련이다. 따라서, QoS를 보장해야 하는 사물인터넷 서비스들의 경우 2세대나 3세대 망을 이용해서 수용하는 것이 장기적으로 바람직할 수도 있다.

실제로 해외의 경우 사물인터넷 전용 무선통신망이 구축되는 경우도 있다. 프랑스의 무선통신업체인 '시그폭스(SigFox)'는 사물인터넷 전용 무선통신망을 미국 샌프란시스코와 실리콘밸리를 아우르는 지역에 구축할 계획이다. 시그폭스가 사물인터넷 전용 무선통신망을 구축하려는 이유는 기존 이동통신망을 통해 사물인터넷 트래픽을 수용하는 경우, 출퇴근 시간 등 이동통신 이용자가 많은 시간에는 병목현상이 발생해 효율적으로 사물인터넷 서비스를 제공하는 것이 어려울 수 있다고 판단하기 때문이다.

사물인터넷 전용 무선통신망은 코드리스 무선 전화기용 주파수인 915 MHz 대역을 활용하며 2세대 이동통신보다도 느린 초당 100비트의 속도로 사물인터넷 데이터를 전송할 예정이다. 일반 이동통신망보다 턱없이 속도가 느리기는 하지만, 미국에서는 건축법상 필수로 들어가야 하는 연기 감지기는 물론 위치추적용 애완견 목걸이, 자전거 잠금장치, 수도관 등으로부터 발생하는 데이터를 수용하기에는 충분하다고 판단하고 있다.

시그폭스는 이미 이와 같은 방식으로 프랑스, 네덜란드, 스페인 등 유럽 지역에서는 사물인터넷 전용 통신망을 구축하여 서비스를 제공하고 있기 때문이다. 디바이스당 연 1달러 정도의 요금으로 서비스를 할 예정이며, 이와 별도로 시그폭스의 무선통신망을 이용하기 위한 칩셋도 1~2달러 수준에 공급할 예정이라고 한다.

영국의 뉼네트워크(NeulNetwork)는 2014년 5월 화이트스페이스(White Space)를 활용하여 사물인터넷 전용 네트워크를 상용화하기도 했다 [76]. 화이트스페이스는 디지털 TV 전환으로 사용되지 않는 아날로그 방송용 유휴 주파수를 말하는데, 이동통신보다 낮은 주파수 대역을 이용하기 때문에 장애물 투과율도 높고 적은 수의 기지국만으로도 서비스가 가능하기 때문에 저렴한 비용으로 네트워크 구축이 가능하다.

뉼네트워크는 현재 영국의 BT와 협력하여 개방형 사물인터넷 시범사업을 준비하고 있다. 2014년 9월부터 18개월 동안 프로젝트를 진행할 예정이며, 주차 공간 안내 서비스, 쓰레기 수거 요청 알림 서비스 분야부터 테스트를 진행한 후 강(江)의 수위 확인이나 중앙난방 시스템 등의 분야로 서비스를 확대 적용할 계획이다.

국내의 경우, SK텔레콤은 2014년 하반기부터 네트워크 가상화(NFV, Network Function Virtualization) 기술을 적용한 사물인터넷 전용망을 운영할 예정이다. 네트워크 가상화 기반의 사물인터넷 전용망은 물리적으로 네트워크를 증설하지 않고 가상화 기술로 사물인터넷 트래픽을 이동통신 고객이 사용하는 음성과 데이터 트래픽으로부터 분리하여 운영하는 방식이다. 원래 이 기술은 LTE 네트워크에서 데이터 트래픽이 폭증하더라도 음성 품질을 유지하기 위해 개발된 기술로, 이를 통해 사물인터넷 트래픽에 대한 보안은 물론 사물인터넷에 최적화된 서비스를 제공할 수 있을 것으로 기대된다.

요컨데, 사물인터넷을 위한 모바일 네트워크로 기존 이동통신망을 이용하는 경우, 병목현상으로 효율적인 서비스가 불가능할 수도 있다. 따라서, 이러한 문제를 해결하기 위해서는 다음과 같은 세 가지 방법 중의 하나를 선택할 수 있을 것이다. 첫째, SK텔레콤의 사례처럼 사물인터넷을 위한 가상의 망을 구축한다. 둘째, 시그폭스나 뉼네트워크의 사례처럼 사물인터넷을 위한 전용망을 구축한다. 셋째, 중장기적인 관점에서 기존의 2세대, 3세대 이동통신망을 사물인터넷 망으로 전환하여 이용한다.

인터넷(Internet) 통신기술

네트워크 엔지니어들에게는 IETF RFC 791에 의해 OSI Layer 3에서 정의되는 프로토콜 스택으로 설명되는 인터넷 프로토콜(Internet Protocol)은 1969년 10월 미국의 UCLA와 SRI 연구소의 두 컴퓨터를 연결하는 데서 시작됐다. 인터넷(Internet)은 그 이름이 의미하듯이 네트워크들(networks)을 상호연결(interconnect)하기 위한 기술이었다. 그런 의미에서 인터넷은 네트워크들의 네트워크(the network of networks)라고 불리기도 한다.

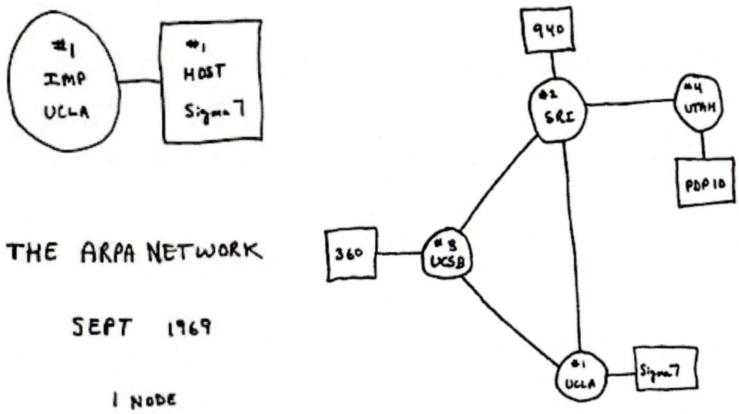

그림 127　인터넷의 시초가 된 2개 및 4개 노드를 가진 ARPANET 다이어그램

사실 인터넷 프로토콜(IPv4)만큼 오래 지속된 컴퓨터 네트워크 프로토콜은 거의 없을 것이다. 우리가 지금 알고 있는 것과 같이 범용적인 프로토콜을 만들기 위해 처음부터 IP 프로토콜을 설계했던 것은 아니다. 그러나, 1990년대에 개인용 컴퓨터들과 기업의 기계류들을 연결하는 사실상의 표준이 되어 개인뿐만 아니라 기업의 생산성에 괄목할만한 성장을 가져다주면서 IP 프로토콜은 전에 없이 다양한 응용들을 수용할 수 있을 정도로 다재다능한 그 무엇이 되었다. 또한, 최근에는 인터넷을 기반으로 한 상거래, 즉 전자 상거래를 촉진시키고 있다.

그러나, 인터넷 프로토콜이 모든 응용 분야를 수용할 수 있는 것은 아니다. 특히, 사물지능통신(M2M)이나 무선 센서네트워크(WSN)를 포함하는 사물인터넷 분야의 경우, 이들이 가지고 있는 다양한 제약들을 인터넷 프로토콜은 만족시키지 못한다. 인터넷 프로토콜이 이러한 제약 조건을 만족시키기 위해서는 단순히 라우팅 프로토콜을 일부 변경하는 것만으로는 어림도 없다. 헤더의 포맷, 프로토콜 구조, 라우팅 알고리즘, 그리고 어플리케이션 디자인 등 엄청난 변화를 필요로 한다.

반면에, 사물인터넷 디바이스들은 기존의 장비나 어플리케이션들과의 상호 연동도 필요하다. 그렇지 않다면, 사물인터넷 디바이스들이 인터넷에 연결되는 것이 무의미해질 수도 있기 때문이다. 이곳에서는 사물인터넷을 수용하기 위한 인터넷 프로토콜의 대표적인 노력들에 대해 살펴 볼 것이다. 바로 새로운 주소 체계인 IPv6와 저전력 무선 통신 기술과 함께 쓰일 수 있는 6LoWPAN 기술이 그것이다.

인터넷과 IPv6

사물인터넷에서 사물(thing)들은 고유한 구분자(unique identifier)를 갖는다고 했다. 또한, 사물인터넷에서 이러한 구분자로 사용되는 것이 IP 주소라고 했다. 그런데, 인터넷에 연결되는 사물들의 개수가 기하급수적으로 증가하면서 구분자로 사용할 IP 주소의 개수가 부족하게 되었다.

기존에 사용하고 있는 IPv4의 경우 32비트의 주소 체계를 사용한다. 이는 2^{32}에 해당하는 약 43억 개의 서로 다른 사물들을 구분하는데 사용할 수 있다. 세계은행의 자료에 따르면 2014년 7월 현재 지구상에 존재하는 사람의 수가 70억 명에 육박한다. 즉, IPv4로는 사물은 커녕 현재 지구에 살고 있는 각각의 사람들을 구분하는데 사용하기에도 부족하다.

가트너는 '2014년 세계 IT 시장 10대 예측'이라는 보고서에서 "2009년 기준 고유 IP 주소를 통해 인터넷에 연결된 기기의 수가 25억 대이며, 대부분이 휴대폰이나 PC 같은 소비자 기기였다. 오는 2020년까지 고유 IP 주소로 인터넷에 연결되는 기기의 수가 많게는 300억 대까지 늘어날 것이며, 그 중 대부분은 일반 제품이 될 것이다."라며, 사물인터넷 시대가 빠르게 다가올 것이라고 전망했다. 구글 또한 [그림 128]에 보이는 것처럼 조만간 인터넷 이용자 수가 IPv4의 수용 한계를 넘어설 것으로 예측하고 있다.

물론, 사물인터넷을 구성하는 모든 디바이스들이 고유한 IP 주소를 가질 필요는 없겠지만, 빠른 속도로 증가하는 통신 기능을 보유하고 있는 장치들을 생각한다면 새로운 인터넷 주소 체계가 필요하다. 이러한 고유 IP 주소의 부족 사태를 해결할 수 있는 방안으로 제시된 것이 IPv6(Internet Protovol version 6)다.

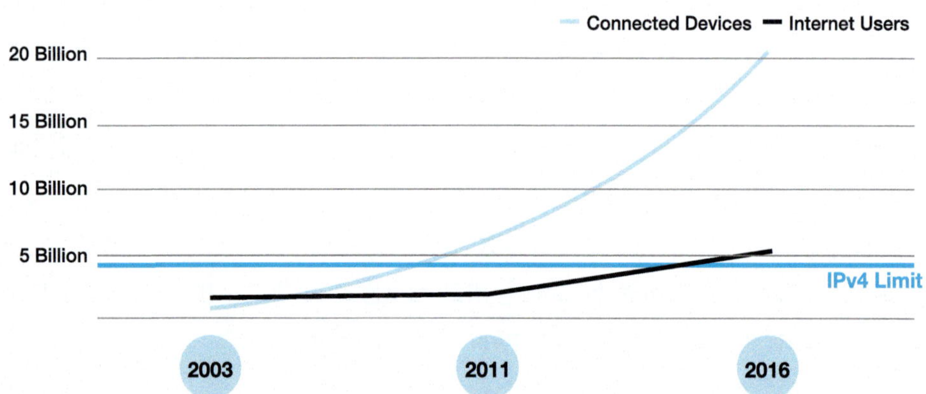

그림 128 인터넷 이용자수의 증가 (출처: Google IPv6, http://www.google.com/ipv6/)

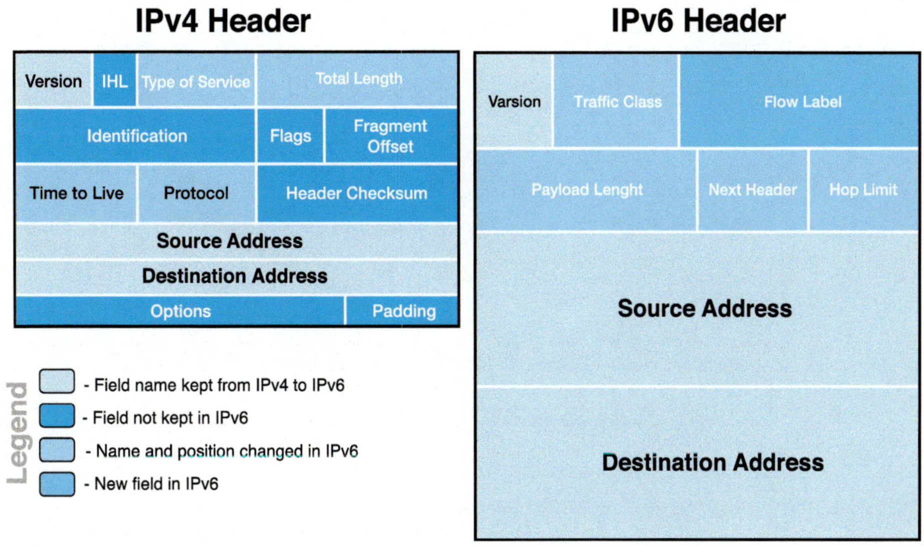

그림 129 IPv4와 IPv6의 패킷 헤더(header) 비교

IPv6는 IPv4가 32비트 주소 체계를 이용하는 것과 달리 이 보다 4배 많은 128비트 주소 체계를 이용한다. 이는 고유한 IP 주소의 개수가 사실상 무한대로 늘어남을 의미한다. 또한, IPv4에 비해 헤더의 영역이 2배 늘어나긴 했지만, IPv4에서의 복잡한 헤더 형식을 단순화하고 있다. 중요하지 않은 필드와 옵션 필드를 IPv6 헤더 다음에 있는 확장 헤더로 옮겨 오버헤드를 최소화시키고 있다. 이는 프로세싱 파워가 떨어지는 사물인터넷 디바이스에 있어서도 매우 유용한 부분이 될 수 있다.

이 외에도 패킷 단편화(fragmentation) 필드가 삭제되어 IP 패킷을 처리하는 라우터의 부담을 줄이고 네트워크를 효율적으로 이용할 수 있게 되었다. 뿐만 아니라, 플로우 레이블(Flow Label) 필드를 이용해서 특정 서비스 품질(Quality of Service)을 요구하는 트래픽이나 실시간 및 비실시간 트래픽을 구분하여 처리할 수 있도록 지원하고 있다. 사물인터넷 관점에서의 IPv6의 기타 특징들에 대해서는 참고문헌 [77] 등을 참고하기 바란다.

우리나라는 지난 2004년에 정부가 IPv6 보급 촉진 기본계획을 처음 시행한 뒤 최근까지 총 6차에 걸쳐 IPv6 추진계획을 만들어 시행하고 있다. 또한, 망사업자인 통신사(ISP) 백본, 무선망, 웹호스팅, 케이블망 등 IPv6 전환 시범 사업 및 서비스를 실시하고 관련 기술에 대한 연구개발도 진행하고 있다.

그 결과 ISP 백본망의 경우 상당 부분 IPv6를 적용하고 있다. 하지만, 일반 인터넷

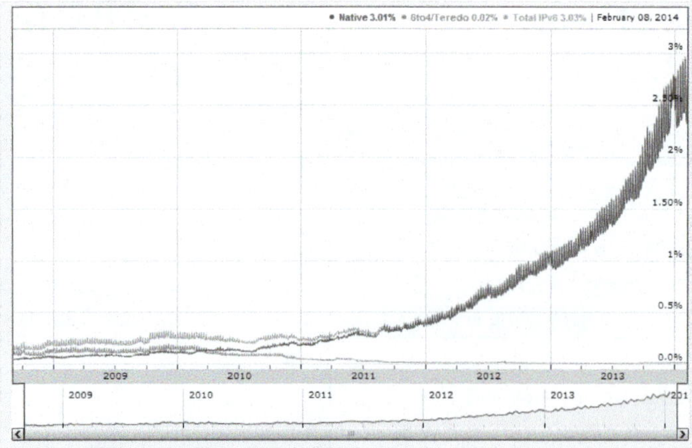

그림 130 IPv6를 이용하여 구글에 접속하는 이용자 비중 (2014년 6월말 기준) (출처: Google IPv6-Statistics, http://www.google.com/ipv6/statistics.html)

가입자망은 여전히 IPv6의 적용율이 낮은 것으로 파악되고 있다. 또한, 많은 이용자들이 사용하는 포털을 비롯한 온라인 컨텐츠 서비스 등에서도 IPv6 전환율은 크게 떨어지는 상황이다.

그러나, 사물인터넷이 활성화되면 IPv6의 보급 속도는 빨라질 것으로 예상된다. 시스코는 2014년부터 IPv6의 사용이 급증할 것이라고 밝힌 바 있는데, [그림 130]에 보이는 것처럼 2013년 부터 IPv6 이용자의 비중이 급격히 증가하는 것을 알 수 있다. 2014년 1월말 구글에 접속되는 주소 중 3%가 IPv6를 이용하고 있었으나, 5개월 뒤인 6월말에는 약 3.5%가 IPv6를 이용하는 것으로 나타나고 있다.

6LoWPAN

앞에서 언급한 것처럼, 그동안 사물지능통신(M2M)이라 불리던 산업 자동화 기술들이 사물인터넷 기반의 시스템으로 바뀌어가고 있다. 사물인터넷에 사용되는 이더넷과 인터넷 프로토콜은 그러한 산업에 이용되던 초기의 독자적인 프로토콜이나 오래된 프로토콜을 대체하기 시작했다. 또한, 인터넷 프로토콜이 진화함에 따라, IPv6는 반드시 필요한 그 무엇이 되었다.

문제는 IPv6를 적용해야 할 곳이 저가의 저전력 디바이스라는 것이다. 이러한 디바이스들은 8비트 프로세서를 사용하고 있고 32 KB의 플래시 메모리를 탑재하고 있으며, IEEE 802.15.4와 같은 표준 기술을 바탕으로 무선 통신을 한다. 이러한 디바이스에서 IPv6 기반의 표준 프로토콜을 완전히 지원하는 것은 필요하지도 않을 뿐더러 프로세싱 파워나 전력 측면에서 매우 부담스럽다. IPv6와 IEEE 802.15.4와 같은 기술들의 장점은 살리되 이러한 문제를 해결하기 위해 개발된 것이 바로 6LoWPAN이다.

6LoWPAN은 IPv6 over Low power Wireless Personal Area Networks의 줄임말로, 말 그대로 IEEE 802.15.4와 같은 저전력 근거리 무선통신 네트워크에서 IPv6를 지원하기 위한 프로토콜이다. 이와 관련하여 IETF의 6LoWPAN WG이 2005년 3월에 개설되어 IEEE 802.15.4 기반의 센서 네트워크 상에서 IPv6 패킷 통신을 지원하기 위한 표준 기술을 개발하였다. 이러한 노력은 RFC 4919와 RFC 4944의 2개의 RFC로 발표되었다.

RFC 4919에서는 6LoWPAN에 대한 기본적인 개념과 가정, 그리고 해결해야 할 문제와 목표를 기술하고 있으며, RFC 4944에서는 IEEE 802.15.4 네트워크에서의 패킷의 전송과 관련된 방법들을 기술하고 있다 [78]. 조금 더 구체적으로 말하면, IEEE 802.15.4 네트워크에서 IPv6 패킷을 전송하기 위한 프레임 포맷과 IPv6 링크-로컬 주소를 형성하는 방법, 그리고 이전 패킷들과 무관하게 자동으로 주소를 설정하는 방법, 패킷을 전달하기 위해 패킷 헤더를 압축하는 구조 등이 RFC 4944에 기술되어 있다 [79].

6LoWPAN 프로토콜의 주요 특징들은 다음과 같다. 먼저, 패킷 사이즈가 작다. 6LoWPAN의 최대 패킷 사이즈는 81바이트에 불과하다. IPv6의 최소 패킷 사이즈가 1,280바이트(IPv6의 최대 패킷 사이즈는 65,535바이트)인데 반해, 매우 작아 저전력 센서 네트워크에 적합하다. 16비트 및 64비트의 MAC 주소를 모두 지원하며, 250 Kbsp, 40 Kbps, 그리고 20 Kbps와 같은 낮은 통신속도를 지원한다. 네트워크의 구조(topology)는 스타(star)형 및 메쉬(mesh)형을 지원한다.

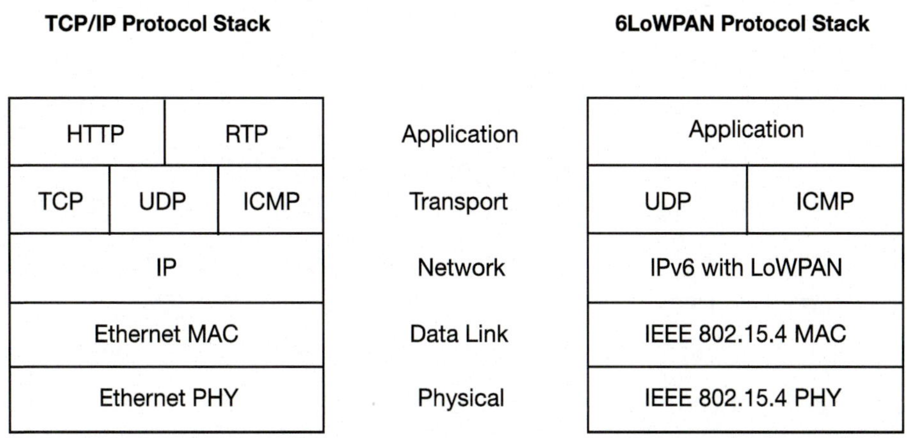

그림 131 TCP/IP 프로토콜 스택과 6LoWPAN 프로토콜 스택의 비교

[그림 131]은 표준 TCP/IP 프로토콜과 6LoWPAN의 프로토콜의 구조를 비교해서 보여 주고 있다. 물리 계층(Physical Layer)과 데이터링크 계층(Data Link)이 이더넷(Ethernet)에서 IEEE 802.15.4로 바뀐 것 외에는 사실상 동일한 구조를 취하고 있다. 이는 기존의 USN 기술들을 활용하는데 있어서 나타났던 지역적인 한계를 기존의 IP 네트워크와의 연동을 통해 쉽게 극복할 수 있음을 보여준다.

Connectivity Protocol

사물인터넷과 관련된 프로토콜에는 MQTT나 CoAP처럼 이미 여러 가지가 제안되어 사용되고 있거나 개발 중에 있다. 이들 프로토콜들 중에는 범용적인 성격을 가진 것들도 있고, 어떤 것들은 특수한 응용 분야를 위해 개발된 것들도 있다. 이곳에서는 사물인터넷을 위한대표적인 프로토콜들 몇 가지에 대해 간단히 소개만 하고 넘어가기로 하겠다.

» MQTT(Message Queueing Telemetry Transport)

MQTT는 제한된 성능과 빈약한 네트워크 연결 환경에 잘 맞는 메시징 프로토콜이다. 가장 작은 메시지의 사이즈가 2바이트까지 가능할만큼 경량성과 신속성도 갖추고 있다. 그러면서도 반드시 전달해야 하는 중요한 메시지에 대한 전달 보장 및 중복 방지를 위해 세 단계의 QoS 레벨도 제공하고 있다.

IBM과 시스템 공급업체인 유로테크(Eurotech)가 공동으로 개발한 것으로, 이미 다양한 임베디드 시스템에 폭넓게 사용되고 있다. 대표적인 사례가 병원으로, 맥박조정기와 다른 의료 기구의 통신용 프로토콜로 사용되고 있다. MQTT 프로토콜은 오픈소스로 공개된 거라서 누구나 활용이 가능하다.

» CoAP(Constrained Application Protocol)

CoAP 프로토콜은 인터넷 표준단체인 IETF에서 WSN 노드와 같이 자원이 제한된 인터넷 디바이스에 사용하기 위해 만들어진 응용계층 프로토콜이다 [58][59]. CoAP는 간단히 웹에 통합할 수 있도록 하기 위해 쉽게 HTTP로 번역될 수 있게 디자인되었다. 그럼에도 멀티캐스트를 지원하며 오버헤드가 매우 낮고 간단하게 구현이 가능하다. GET, PUT, POST, DELETE와 같은 URI(Uniform Resource Identifier)를 지원한다.

[그림 132]는 CoAP가 이용되는 IP Smart Objects 프로토콜 스택을 일반적인 인터넷 통신을 위한 TCP/IP 스택과 비교해서 보여 주고 있다. 저전력 통신기술인 지그비나 저전력 프로토콜인 6LoWPAN과 함께 사용된다.

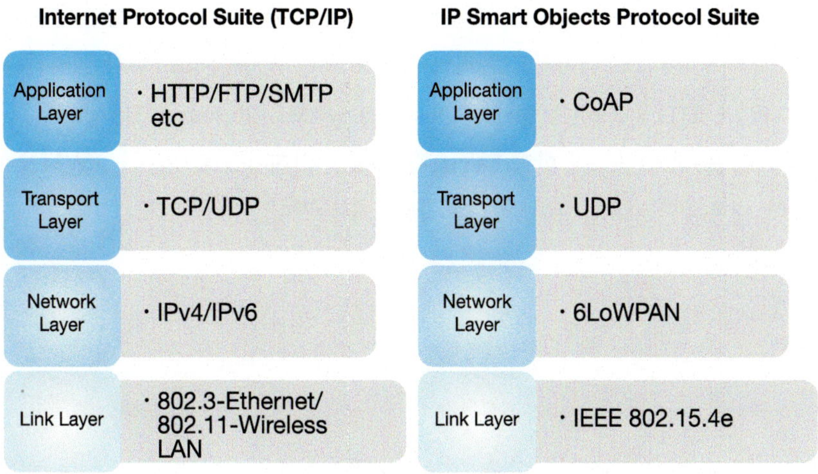

그림 132 TCP/IP 스택과 IP Smart Objects 프로토콜 스택의 비교 [60]

» XMPP(Extensible Messaging and Presence Protocol)

XMPP는 XML(Extensible Markup Language)에 기반한 메시지 지향 미들웨어용 통신 프로토콜이다. 실시간 통신을 위한 개방형 기술로, Instant messaging, presence, multi-party chat, 음성 및 영상 콜, collaboration, lightweight middleware, content syndication, XML data의 일반화된 라우팅을 포함하는 광범위한 응용을 지원한다. XMPP에 대한 더 자세한 내용은 XMPP 표준 재단 홈페이지(http://xmpp.org)를 참고하기 바란다.

» AMQP(Advanced Message Queueing Protocol)

AMQP는 메시지 지향형 미들웨어를 위한 개방형 표준 응용 계층 프로토콜이다. 그 이름이 의미하듯이, AMPQ는 reliable queueing, topic-based publish-and-subscribe messing, flexible routing, transactions, security와 같은 메시징과 관련된 다양한 특성들을 제공한다. 이 프로토콜은 초기에 금융권에서 서버들 사이의 금융거래 메시지를 전송하는데 사용되었다. AMQP에 대한 자세한 내용은 AMQP 홈페이지(http://www.amqp.org)를 참고하기 바란다.

» LWM2M(Light Weight M2M)

LWM2M은 OMA(Open Mobile Alliance)의 시스템 표준으로, M2M 디바이스의 원격 관리, 서비스 구현, 그리고 응용 관리를 위한 어플리케이션 계층의 통신 표준이다 [60]. 따라서, 클라이언트-서버 형태로 동작한다. 물론, 이전에도 ADSL 라우터라든지 가정용 셋탑박스 등과 같은 장치들을 원격에서 제어하고 관리하는 기술들이 존재했으나, 이들보다 컴퓨팅 파워도 떨어지고 배터리 제약도 있는 응용환경도 동시에 지원하기 위해 개발되었다. DTLS, CoAP, Block, Observe, SenML, Resource Directory 등을 포함하며, 이들을 객체 구조와 함께 Device-Server 인터페이스로 엮는다. LWM2M에 대한 자세한 내용은 참고문헌 [62], [63]을 참조하기 바란다.

서비스 플랫폼과 클라우드

지금까지 사물인터넷의 구조와 사물인터넷을 특징짓는 센서와 통신 기술에 대해 살펴보았다. 요약하면, 사물인터넷은 데이터의 생성, 연결, 데이터 처리, 그리고 서비스 제공이라는 4개의 부분으로 구성되어 있으며, 센서를 포함하는 사물들은 지속적으로 자신과 관련되었거나 주변 환경에 관한 데이터를 생성하고 응용환경에 적합한 통신 기술을 이용하여 데이터를 전송하게 된다.

데이터의 생성과 전달(연결)에 대해 알아보았으니, 이제 남은 것은 전송된 데이터를 이용해서 고객에게 의미 있는 가치를 만들어내고 그것을 고객에게 제공하는 일이다. 고객에게 제공할 가치는 데이터의 분석(Data Analysis)과 데이터의 합성(Data Synthesis)이라는 두 과정을 거쳐 만들어진다. 물론, 응용 방식에 따라 어떤 어플리케이션에서는 데이터의 분석이나 합성 과정 없이 센싱된 데이터를 그대로 가져다 쓸 수도 있다. 예를 들어, 전자식 온도계나 체중계의 경우 센싱된 정보를 아무런 처리 없이 보여 줄 수 있다. 그러나, 이런 응용분야도 여러 번 측정된 혹은 여러 개의 센서에서 측정된 값들에 대해 평균이나 최빈값을 제시하는 등의 데이터 처리 과정을 거치기도 한다.

데이터의 분석은 데이터를 조사하고, 이상한 데이터를 걸러내고, 형태를 변환하고, 유용한 정보를 발견할 목적으로 데이터를 모델링하고, 몇몇 결과들을 제안하고, 어떤 결정을 할 수 있도록 지원하는 모든 과정을 포함한다. 물론, 이러한 일련의 과정을 위해 데이터를 체계적으로 저장하고 필요한 부분들을 검색하는 부분도 데이터 분석의 일부로 이해될 수 있다. 데이터 분석에 해당하는 개별적인 과정은 각기 다양한 방법들로 구성되어 있기 때문에, 여기에서는 일일이 소개하지 않기로 한다.

데이터의 합성은 어떤 특정한 상황에 응용할 수 있는, 즉 특정한 어플리케이션이 필요로 하는 조건이나 니즈(needs)를 만족시키기 위한 값을 만드는 과정을 말한다. 따라서, 이렇게 만들어진 값은 센서나 센서 디바이스를 이용해서 직접 얻을 수 없으며, 가공되지 않은 원래의 데이터에서 발견되지 않는 특성을 제공한다. 앞에서 센서에 대해 이야기하는 과정에서 소프트웨어적인 센서 데이터를 언급한 적이 있는데, 이들은 센서나 센서 장치에서 미리 가공된 것들일 수도 있고 센서 디바이스에서 가공된 것일 수도 있다. 그러나, 이러한 데이터는 합성된 데이터(Synthetic Data)라고 말하지는 않는다.

사실, 데이터의 분석과 합성은 그 자체만으로도 하나의 학문 분야다. 심지어는 데이터 마이닝(data mining)이나 데이터 쿼리(data query)와 같은 개별적인 데이터 분석 방법들도 하나의 독립적인 분야이므로, 각각의 내용에 대해 궁금한 독자들은 관련 서적들을 참고하기 바란다.

데이터는 분석 및 합성의 과정을 거치는 것만으로도 나름의 의미를 갖게 되며, 이렇게 분석된 데이터, 의미를 갖는 데이터를 정보(information)라고 한다. 그러나, 데이터가 의미를 갖는다고 해서 그 자체가 서비스가 되지는 않는다. 어떤 데이터가 서비스로 제공되기 위해서는 분석과 합성의 과정을 거쳐 가공된 데이터를 비즈니스 관점에서 의미있게 만들어주는 과정이 더해져야 한다.

이러한 과정에는 디바이스 관리, 연결 관리, 보안(security), 서비스 요구 관리, 서비스 상태 관리, 서비스 스케줄링(service scheduling), 이벤트 관리, 장애 관리, 이용 통계 및 리포팅(reporting), 사용자 인증(authentication), 과금(billing) 등 다양한 것들이 존재하며, 이러한 기능들을 이용하기 쉽게 해주는 API(Application Programming Interface) 제공도 포함된다.

일련의 데이터 분석과 합성 과정 그리고 다양한 비즈니스 관련 프로세스는 흔히 말하는 플랫폼 혹은 서비스 플랫폼(service platform)에서 구현된다. 플랫폼은 앞에서 언급된 기능들이 소프트웨어적으로 혹은 기능에 따라서는 하드웨어적으로 구현된 일종의 서버로 플랫폼의 규모나 플랫폼이 수행해야 할 작업의 내용과 수준에 따라서 단일한 서버로 존재할 수도 있고, 개별 기능을 담당하는 서버들로 구성될 수도 있다.

플랫폼이 제공하는 다양한 기능들과 가공된 데이터는 응용 분야 및 목적에 맞는 방식으로 서비스 프로바이더 혹은 서비스 어플리케이션에 제공된다. 사물지능통신(M2M) 서비스의 경우, 서비스 플랫폼이라는 것이 대부분 개별 서비스를 위한 것들이었다. 따라서, 그 서비스 플랫폼과 긴밀하게 연동되어 개발된 한두 개의 서비스 어플리케이션이 전부였다. 그러나, 사물인터넷 시대에는 특정한 하나의 서비스 플랫폼에 대해 다양한 서비스 주체가 여러 개의 서비스를 제공한다. 물론, 서비스 제공 주체는 동시에 여러 플랫폼에서 제공하는 기능과 가공된 데이터를 이용하여 더 진화된 서비스를 제공할 수도 있다.

이 장에서는 센서에 의해 만들어진 데이터가 처리되고 사용자에게 전달되는 것과 관련된 기술들에 대해 살펴보자. 먼저, 빅데이터(Big Data)와 흔히 지식 피라미드(Knowledge Pyramid)로 알려진 계층 모델을 이용해 데이터의 진화 과정에 대해 살펴볼 것이다. 데이터의 분석과 합성에 관련된 내용들도 다루고 싶지만, 그 내용도 방대할뿐만 아니라 해당분야에 대한 필자의 지식도 부족하여 이 부분은 부득이 독자들에게 맡기고자 한다.

다음으로는 사물인터넷을 위한 서비스 플랫폼에 대해 살펴볼 것이다. 사물지능통신을 위한 서비스 플랫폼과의 비교를 통해 사물인터넷을 위한 서비스 플랫폼의 주요 특징들을 소개할 것이며, 사물인터넷을 위한 대표적인 개방형 소프트웨어 플랫폼(Open Source Software Platform)들에 대해 간단히 소개할 것이다. 또한, 최근 사물인터넷의 DIY(Do It Yourself) 열풍을 주도하고 있는 개방형 하드웨어 플랫폼(Open Source Hardware Platform)에 대해서도 함께 소개하기로 한다.

마지막으로, 클라우드 서비스에 대해서 살펴볼 것이다. 클라우드 서비스의 정의는 물론, 클라우드 서비스의 유형과 특징, 클라우드 서비스의 주요 구성 요소에 대해 살펴보고 사물인터넷과 관련된 클라우드 서비스들을 소개하며 이 장을 마무리할 것이다.

빅데이터(Big Data)

형식이 다양하고 빠른 생명주기를 가져 기존 기술로는 관리 및 분석이 어려운 초대용량 데이터를 빅데이터(Big Data)라고 말한다. 빅데이터의 주요 특징은 흔히 3V로 이야기된다. 즉, 초대용량의 데이터의 크기(Volume), 새로운 데이터가 생성되는 속도(Velocity), 그리고 데이터 종류의 다양성(Variety)을 말한다.

일반적으로 빅데이터의 데이터 크기는 테라바이트(TB)에서 페타바이트(PB)급이라고 이야기 하곤 하는데 [117], 그 크기는 큰 의미가 없다고 생각한다. 단지, 기존에 생성되던 데이터보다 더 많은 양의 데이터가 생성됨을 의미하는 차원에서 받아들이면 될 것이다. 이런 관점에서, 사물인터넷에서 생성되는 데이터는 데이터의 양보다는 생성된 데이터의 개수 관점에서 데이터의 크기를 이해하는 것이 바람직할 것이다.

데이터가 생성되는 속도와 관련해서는 데이터가 생성된 후 유통되고 활용되는 데까지 걸리는 시간이 고작 수 초에서 수 분밖에 걸리지 않는다는 것이다. 즉, 과거의 경우 생성된 데이터가 수집된 후 그 데이터가 이용될 때까지 어딘가에 저장되어 있다가 사용되거나 폐기되는 것이 일반적인 모습이었다. 그러나, 사물인터넷 시대에는 생성되는 데이터가 많기 때문에, 필요한 데이터만이 수집되어 이용된 후 버려진다. 물론, 기존처럼 미가공 데이터(raw data)를 그대로 저장하는 경우도 있지만, 대부분의 경우 필요에 따라 처리 및 가공된 소량의 데이터만을 저장하는 것이 일반적이다.

마지막으로, 데이터의 형태가 다양하다는 것은 데이터의 크기나 포맷이 기존의 통일

된 구조로 정리하기 어려운 비정형의 형태를 취하고 있다는 것이다. 기존에 우리가 만들고 사용했던 데이터를 보면 이는 더 쉽게 이해될 것이다. 이해를 돕기 위해 특정 업무에 사용되는 엑셀 문서를 생각해 보자. 특정한 서식을 갖추고 있는 엑셀의 경우 데이터의 개수가 100개든 10만 개든 모두 동일한 데이터 구조를 갖게 된다. 예를 들면, {일련번호, 이름, 주소, 유선전화, 무선전화} 처럼 정형적인 혹은 구조적인 포맷을 취하게 된다. 반면에, 사물인터넷 데이터의 경우 다양한 센서로부터 데이터가 생성되므로 그 데이터의 유형을 특정한 하나로 규정할 수가 없다. 따라서 비정형적 혹은 비구조적인 데이터라고 말한다.

IDC의 조사에 따르면, 2009년 이후 전체 데이터 생성량은 매년 2배 가량 증가하고 있다 [118]. Cisco의 자료에 따르면, 트래픽의 증가 속도는 사물인터넷(M2M) 디바이스의 증가 속도보다 2배나 더 빠르다고 한다 [119][120]. 또한, 전문가들의 말에 따르면, 앞으로 전체 데이터 중 비정형 데이터의 비중이 90%에 이를 것으로 전망하고 있다.

이 같은 빅데이터는 사물인터넷 시대에 더욱 중요한 요소가 됐다. 센서네트워크에서 쏟아지는 실시간 데이터들은 고스란히 3V의 특징을 가지고 있기 때문이다. 이 데이터들은 수 만에서 수 천만에 이르는 엄청난 수의 센서들로부터 빠른 속도로 끊임없이 생성되며, 데이터 크기 또한 기존의 정형화된 데이터의 모습을 갖추고 있지 않다.

사물인터넷 데이터의 유형은 일반 데이터들처럼 숫자나 문자 등으로 구성된 텍스트(text) 데이터와 이미지 데이터, 영상 데이터, 소리 데이터 등 그 유형이 매우 다양하다. 그러나, 일반 데이터들과는 달리, 사물인터넷 데이터는 언제, 어디서, 누구에 의해서 혹은 어떤 디바이스에 의해서 생성되었는지가 매우 중요하다. 데이터 분석의 결과가 동일하다 할지라도, 장소, 시간, 대상에 따라 분석 결과의 의미가 달라질 수 있기 때문이다. 이는 사물인터넷에서는 데이터 역시 단지 정보의 차원이 아니라 서비스의 차원에서 이해되고 접근된다는 것을 의미한다.

물론, 필요에 따라서는 이용자 개인에 대한 정보는 배제된 상태에서 데이터 수집이 이루어질 수 있다. 데이터의 이용자가 데이터 생성의 주체와 동일해서 굳이 이용자에 대한 정보가 필요 없거나, 개인의 프라이버시와 관련된 경우가 그에 해당한다. 개인의 프라이버시와 관련된 경우에도, 개인에 대한 정보는 배제된 상태에서 인구통계학(demographics)적인 관점에서 데이터 수집이 이루어질 수도 있다.

사물인터넷에서 데이터가 단순히 정보의 차원을 넘어서 서비스 차원에서 이해되고 접근된다는 것은 매우 중요하다. 데이터를 가공해서 얻어진 정보가 어떤 현상이나 사실에 대한 이해를 돕는 중요한 수단이 되는 반면에, 사물인터넷 데이터는 사용자들로

그림 133 지식정보화 사회의 피라미드 구조

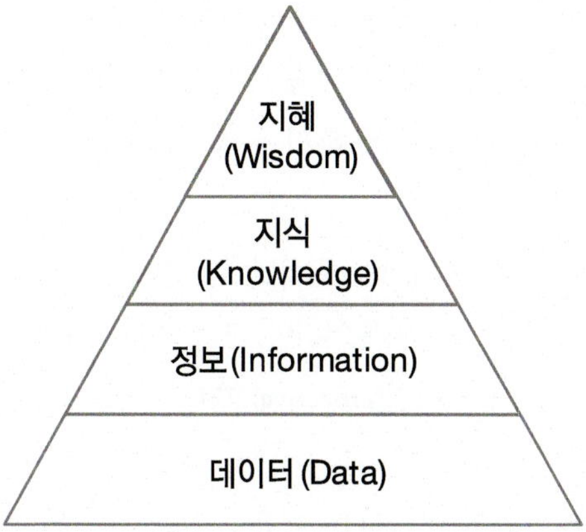

하여금 그 이상의 가치를 제공하며 더 나아가 행동을 유도하기도 하고 미래를 예측하기도 한다. 예를 들면, 어떤 사람이 한 달 동안 체중 변화에 대한 데이터를 분석한다고 했을 때, 체중 데이터의 증가는 그 사람이 살이 찌고 있다는 것만을 말해주지만, 사물인터넷 관점에서는 이용자와 비슷한 조건의 사람들에 대한 평균 체중과 비교한 결과 및 살을 빼기 위한 가이드를 제시해 주기도 한다. 또한, 혈당 변화와 같은 다른 바이오 정보들과의 결합을 통해 잠재적인 질병 가능성을 제시함으로써 이용자의 적극적인 행동을 유발할 수도 있다.

이런 관점에서 잠시 지식 피라미드(Knowledge Pyramid)에 대해 살펴보고 가기로 하자. [그림 133]에 보이는 것처럼 지식 피라미드는 데이터(data), 정보(information), 지식(knowledge), 지혜(wisdom) 사이의 관계를 보여 준다 [32]. 데이터에서 지혜 쪽으로 피라미드를 따라 올라갈수록 데이터에 가해지는 프로세싱의 수준은 복잡해지며, 그 결과로 데이터의 양은 점점 줄어드는 반면 데이터에 대한 이해의 수준은 높아지게 된다.

센서가 측정하거나 수집한 값들을 데이터라 한다면 정보는 특정한 목적이나 이유에 맞게끔 모으거나 분류되거나 간단한 계산이 더해진 데이터를 의미한다. 앞에서도 잠시 언급했지만, 정보는 살이 찌고 있다거나 하는 등의 맥락적인 의미(contextual meaning)도 나타낸다.

이러한 정보에 경험이 더해진 것을 지식이라고 하는데, 사물인터넷에서는 반복적인 분석 결과에 의한 과거의 정보가 경험에 해당하며, 그러한 과거의 정보와 현재의 정보가 결합된 것이 지식에 해당한다. 예를 들어, 한달 동안은 체중이 늘어났을지 모르겠지만, 작년 및 재작년의 같은 기간에도 비슷한 패턴으로 체중이 늘었다가 이후 정상으로 돌아왔다고 한다면 이는 단순히 살이 찌고 있다는 것으로는 해석할 수 없을 것이다.

마지막으로, 지혜는 다양한 지식을 종합적으로 이용하여 내린 결정을 말한다. 예를 들면, 체중의 변화에 대한 지식과 혈당의 변화에 대한 지식, 식습관에 대한 지식 등을 바탕으로 더 건강한 삶을 위해서는 식단을 조절하고 운동을 하라는 형태의 행동을 유발하는 결정을 내리게 된다.

이러한 관점에서, 사물인터넷에서의 데이터 분석은 과거에 일어난 일에 대한 이해뿐만 아니라, 미래에 대한 인사이트를 확보하는 방향으로 이루어져야 한다. 이는 사물인터넷과 관련된 비즈니스도 대응형(reactive)보다는 선제적인(proactive) 형태가 더욱 바람직하다는 것을 의미한다고 할 수 있다.

필자가 빅데이터를 이야기하면서 지식 피라미드를 언급하는 이유는 매우 분명하다. 빅데이터와 관련된 책이나 자료들을 보다 보면, 빅데이터 분석은 분석을 위한 분석 방법론만을 다루고 있기 때문이다. 그보다는 무슨 목적과 이유로 빅데이터를 분석해야 하고 분석 과정을 통해 어떤 결과와 인사이트를 얻어낼 것인지를 분명히 하는 것이 더 중요하다는 이야기를 하고자 함이다. 이런 차원에서 빅데이터는 3V 관점보다는 '가치(Value)'를 포함하여 4V 관점에서 이해하는 것이 바람직할 것이다.

빅데이터 적용 사례

미래 사회에는 우리가 평상시 사용하는 일상용품은 물론, 톨게이트를 통과하는 자동차나 길가에 서있는 가로수 등 거의 모든 사물에 센서가 부착될 것이다. 따라서, 이 센서들에서 생성되는 데이터를 어떻게 처리하고 이로부터 어떤 가치를 만들어내느냐에 따라 기업의 운명은 달라질 것이다.

이미 사물인터넷 분야에 빅데이터 기술을 적용하고 있는 사례들도 다수 눈에 띈다. 굴삭기나 불도저 등의 건설기계를 공급하는 일본의 코마츠(小松製作所)는 자사의 건설기계 차량에 각종 센서를 부착하고 있다. 이를 통해 차량의 현재 상태, 정상 작동 여부, 위치 등을 확인할 수 있다. 예를 들면, 엔진의 온도, 엔진오일의 유압, 연료 상황, 차량의 위치 등 각종 정보 데이터 등이다.

이 같은 센서에서 생성된 데이터는 이동통신망이나 위성통신회선을 통해 일본에 있는 코마츠 서버에 자동으로 전송되어 집적된다. 세계 각지에 분포되어 있는 건설 기계의 상태를 중앙에서 집중 관리하고 데이터를 모으는 구조를 만든 것이다. 이렇게 모아진 데이터는 코마츠의 분석 및 시각화 과정을 거쳐 장비 구매자 및 대리점에 제공된다.

이를 통해 장비 구매자들은 장비의 운영 및 유지 비용을 크게 절감할 수 있게 된다. 정비사들은 장비의 고장 원인을 쉽게 추정할 수 있게 되었고 수리 시간도 크게 줄일 수 있었다. 또한, 도난을 방지할 수 있으며, 장비에 대한 유지관리가 잘 이뤄지기 때문에 중고가격을 상승시키는 효과를 제공하기도 한다.

다른 한편으로, 코마츠는 제품의 수요 동향을 예측하는데 이 시스템을 이용하기도 하고, 고객이 계약을 위반하거나 수금이 원활하지 않을 때 원격으로 기계의 엔진을 중단하는 등의 조치를 취하기도 한다. 코마츠에 대한 자세한 내용은 http://www.komatsu.co.jp/에서 확인하기 바란다.

스마트밴드 제조사인 핏빗(Fitbit)은 이용자들의 운동정보(biometric information)를 모아서 그들이 얼마나 많은 운동을 하는지 분석해 보았다고 한다. 그 결과 혼자 운동하는 사람보다는 한 명 이상의 친구들과 함께 운동하는 사람들이 27%나 더 활동적이라는 결론을 얻었다고 한다 [121]. 이러한 결과는 핏빗 이용자들로 하여금 친구들과 함께 운동을 하면 더 큰 다이어트 효과를 볼 수 있다는 사실을 알려줌으로써 더 효과적으로 운동을 하도록 도와줄 수 있다. 그러나, 빅데이터의 가치는 단순히 이런 것에 한정되지 않는다.

핏빗 입장에서는 이를 마케팅에 활용할 수도 있을 것이다. 예를 들어, 이러한 사실을 알려주면서 같이 운동할 친구로 하여금 구매를 유도하게 하는 경우 추천자에게 보상(reward)을 해 준다거나, 새로 구매하는 친구에게는 약간 더 할인된 가격에 제품을 판매할 수도 있을 것이다. 즉, 기업의 입장에서는 빅데이터 분석 결과를 고객과의 커뮤니케이션, 마케팅 등 다양한 목적으로 활용할 수 있을 것이다.

이러한 사례는 국내에서도 다수 발견되고 있다. 현대카드와 현대캐피탈은 2008년에 '마이 비즈니스 상권분석 서비스'를 출시했다. 개인사업자의 사업장이 위치한 상권 내 동종업종의 평균 시간대, 연령/성별, 기간별 매출 및 고객현황에 대한 비교분석 자료, 타 지역 Best 5 업종분석 리포트를 사업장 매출 분석 서비스로 제공하고 있다.

보다 깊이 있고 의미 있는 분석을 위해 상권분석에 영향을 미치는 다양한 자료 확보는 물론, 확보된 데이터의 신뢰성과 데이터를 분석하는 방법론의 정확성, 그리고 해당 데이터의 주기적인 업데이트가 필수적이다.

이를 위해 현대카드 현대캐피탈은 SK텔레콤, SK마케팅앤컴퍼니, NICE신용평가정보, KIS정보통신, 부동산114, 아이엠엘소프트 등과 제휴를 했다. SK텔레콤으로부터는 기지국 트래픽 정보를 행정동 단위로 집계하여 유동인구가 어떻게 분포되어 있으며 어떠한 특성을 가지고 있는지를 분석한 통계정보를, 그리고 2000만 명이 넘은 OK캐쉬백 DB를 분석한 소비자 행태 분석정보 및 상권별 시세 및 상권 정보, 주거용 부동산 DB를 활용하여 잠재수요를 산출하는 통계자료 등을 월 단위로 업데이트하여 제공하고 있다.

마이비즈니스 상권분석 서비스는 매월 업데이트 되는 유동인구, 부동산, 사업장 매출 정보 등을 바탕으로 전문화된 분석 과정을 거쳐 구성한 국내 최초의 상권분석 솔루션으로, 전국 1000여 개 핵심상권 및 행정구역별 상권에 대한 맞춤형 분석자료를 제공한다.

마이비즈니스 상권분석 서비스는 유동 인구와 인구밀도 대비 업종 분포를 보여 주는 잠재 수요 분석, 경쟁 매장 분포와 밀집도를 보여 주는 경쟁업체 분석, 부동산 시세 및 유동인구 밀집 시설에 대한 정보를 제공하는 지역 분석, 업종별 매출 분석 결과를 제공하는 매출 분석 등으로 구성된다.

공공 영역에서도 사물인터넷과 빅데이터 기술을 함께 사용하는 움직임이 하나둘 나타나고 있다. 서울시의 경우 지난 2013년 9월부터 운행하는 야간버스의 경우 KT의 야간 통화량 데이터를 기반으로 심야 인구 밀집도를 분석해서 9개의 버스 노선을 결정한 바 있다. 또한, 최근 빈번하게 발생하고 있는 조류독감의 피해를 최소화하기 위해서도 사물인터넷과 빅데이터 기술이 이용되고 있다.

아직까지 사물인터넷과 결합된 빅데이터 응용사례는 제한적이긴 하지만, 가트너에 따르면 전세계 빅데이터 시장은 지난 2011년 270억 달러(약 30조원) 규모에서 2016년 540억 달러(약 60조원) 규모로 5년간 2배 이상 성장할 것으로 예측된다. 한국과학기술정보연구원(KISTI)은 국내 빅데이터 시장이 2016년에 3억 3300만 달러(3500억원) 규모에서 2020년에는 8억 9300만 달러(약 9400억원) 규모로 성장할 것으로 예상했다.

하둡(Hadoop)

빅데이터와 관련된 분석 기술들에는 하둡(Hadoop), NoSQL, MapReduce, Habse, Cassandra 등이 있으며, 이들을 바탕으로 한 다양한 오픈 소스 프레임워크들이 존재한다. 또한, [그림 134]에 보이는 것처럼, 다양한 기업들이 다양한 빅데이터와 관련된 솔루션 및 플랫폼을 제공하고 있다. 이곳에서는 빅데이터와 관련해서 가장 많이 이야기되는 하둡에 대해서 살펴보기로 하자.

하둡은 대용량 데이터, 즉 앞에서 다루었던 빅데이터를 배치(batch) 형태로 처리하기 위한 분산 처리 프레임워크다. 아파치 루신(Apache Lucene)의 창시자인 더그 커팅(Doug Cutting)에 의해 2005년에 개발된 하둡은 관계형 DBMS(Database Management System)나 SAN(Storage Area Network) 구성 없이도 아주 저렴하게 대용량의 데이터를 빠르게 분석하고 처리할 수 있도록 해준다. 따라서, 초기에는 인간의 유전자 염기서열 분석 등 많은 양의 데이터를 분석하는 곳에 사용되기도 하였으나, 최근에는 소셜 네트워크 서비스(SNS)나 사물인터넷과 같은 비정형의 대용량 데이터가 생성되는 분야로 활용 영역이 넓어지고 있다.

하둡의 분석 시스템을 이해하기 위해서는 먼저 HDFS(Hadoop Distributed File System)를 알아야 한다. HDFS는 대용량 파일의 저장과 처리를 위한 솔루션으로, 하나의 서버에서만 동작하는 게 아니라 여러 대의 서버에 설치되어 서비스가 된다. HDFS만을 위한 별도의 스토리지가 필요 없고, 일반 Linux 장비에 탑재되어 있는 로컬 디스크를 이용해 수 천 대 이상 확장 가능한 구조다.

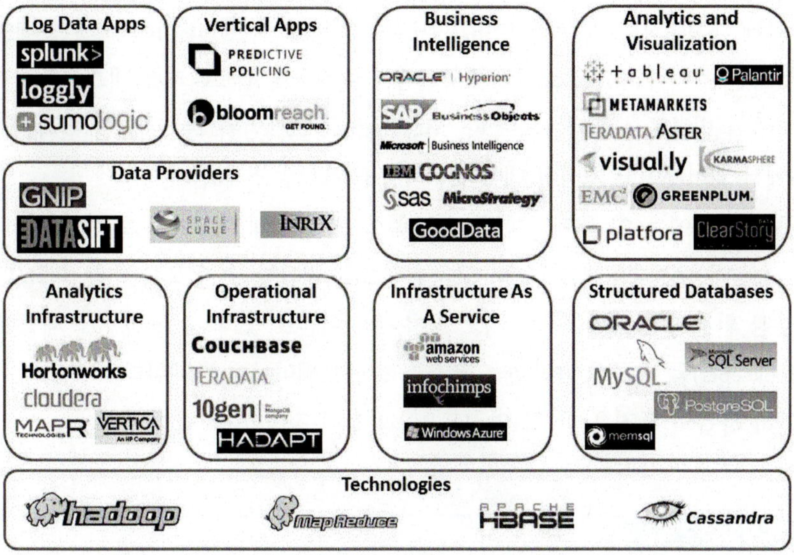

그림 134 빅데이터 관련 생태계 (출처: Data Science Central)

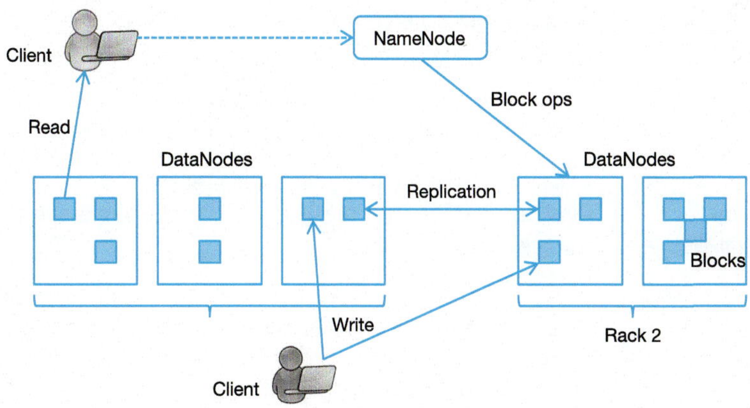

그림 135 HDFS의 구조

HDFS는 파일을 64MB 크기의 블록으로 나누어 저장을 한다. 블록을 다중 노드에 분산해서 저장하며, 노드 장애에 대응하기 위해 하나의 블록은 다시 여러 노드에 복제가 된다. [그림 135]는 HDFS의 구조를 보여 준다. 네임노드(NameNode)는 디렉토리나 파일 정보와 같은 파일 시스템 관리 및 파일-블록-데이터노드의 매핑 정보를 관리한다. 데이터 노드(DataNodes)들은 파일의 블록들을 분산하여 저장하게 된다. 그림에서 보이는 것처럼, 파일은 한 랙에 동일한 블록 복제본이 존재하지 않도록 저장된다.

다음으로 MapReduce에 대해 살펴보자. MapReduce도 HDFS와 마찬가지로 Master-Slave 구조를 취하고 있다. 다만, 차이가 있다면 MapReduce에서는 잡트래커(JobTracker)가 마스터의 역할을 하며, 다수의 태스크트래커(TaskTracker)가 슬레이브 역할을 한다는 것이다. MapReduce 프로그램을 실행하면 잡트래커가 태스크트래커에 일을 나눠주어 병렬로 실행되는 구조다. MapReduce 프레임워크는 처리할 입력 데이터를 HDFS에서 읽어들이고 처리된 데이터를 다시 HDFS에 쓰게 된다.

하둡 플랫폼에는 이 외에도 하둡 플랫폼을 위한 공개 비관계형 분산 데이터베이스인 HBase, 대용량 데이터를 좀 더 고차원적으로 처리할 수 있도록 하는 피그(Pig), 하둡의 분산 환경에서 노드들간의 정보 공유, 락, 이벤트 등의 보조 기능을 제공하는 주키퍼(Zookeeper)를 비롯한 다양한 오픈소스 소프트웨어들이 존재한다.

간단히 하둡의 특징을 살펴보면, [표 18]과 같이 정리할 수 있다.

표 18 하둡의 주요 특징

주요 특징	설명
오픈 소스	• 아파치 오픈소스 프로젝트이며, 따라서 무료로 이용 가능
데이터가 있는 곳으로 코드를 이동	• 대부분의 경우 데이터의 크기가 소스코드보다 훨씬 크기 때문에, 데이터가 있는 곳으로 코드를 복사해서 구동
스케일 아웃	• 소수의 비싼 서버 대신 다수의 저렴한 서버를 이용 • 증설되는 서버만큼 시스템 용량이 증가
단순한 데이터 모델에 의한 병렬처리	• MapReduce 프로그래밍에서 처리할 데이터를 정의 • 맵과 리듀스라는 두 개의 작업을 사용하여 한 데이터 셋을 다른 데이터셋으로 변환 • 레코드 별로 병렬 처리
오프라인 배치 프로세싱에 최적화	• 적은 수의 큰 데이터파일들을 오프라인에서 배치로 처리하는데 적합한 프레임워크 • 실시간 처리가 필요한 환경에 적합하지 않음

사물인터넷 플랫폼

IT 분야에 종사하는 사람들은 대부분 플랫폼(platform)이라는 용어를 들어봤을 것이고, 정확히 정의할 수는 없을 지라도 그 개념에 대해서 대략적이나마 알고 있을 것이라 생각한다. 그러나, 플랫폼이라는 용어에 대해서 생소한 사람들을 위해 간단히 플랫폼의 개념에 대해 설명하고 넘어가기로 한다.

사전적 의미로 '플랫폼'이라는 말은 연단이나 강단 혹은 무대를 의미한다. 즉, 다양한 공연이나 강연이 이루어지는 곳을 말하며, '다양한 용도에 공통적으로 활용할 목적으로 설계된 유형의 구조물'이라고 정의할 수 있다. 이러한 플랫폼의 개념을 서비스 관점에서 설명하자면, 다양한 서비스를 제공할 수 있는 공통적인 기반이 되는 시스템 정도로 정의할 수 있을 것이다.

컴퓨터로 이야기하자면, 윈도우즈(Windows)와 같은 컴퓨터 운영체제(OS)는 그 위에서 돌아가는 다양한 어플리케이션들을 위한 플랫폼이 되는 셈이다. 같은 차원에서 스마트폰에 사용되는 안드로이드(Android)나 iOS 운영체제는 스마트폰 어플들을 위한 플랫폼이 되며, 구글의 플레이스토어(PlayStore)나 애플의 앱스토어(AppStore)는 스마트폰을 위한 컨텐츠 판매를 위한 유통 플랫폼이다. 같은 이치로, 쿠팡이나 티몬은 소셜커머스를 위한 플랫폼이며, 네이버나 구글은 검색 및 광고 등을 위한 종합 플랫폼이 된다.

그렇다면, 사물인터넷 플랫폼은 사물인터넷 서비스를 제공하기 위한 공통의 시스템이라 이해하면 된다. 앞에서도 설명했듯이, 사물인터넷 플랫폼은 데이터의 저장, 분석, 합성 등과 같은 데이터 관련 기능은 물론 디바이스 관리, 서비스 관리, 사용자 인증, 보안, 빌링 등 서비스 제공을 위한 공통적인 기능들을 수행하게 된다.

플랫폼을 구성하는 다양한 기능들은 독자적인 시스템들이 될 수도 있고, 모든 기능들이 하나의 시스템에서 구현될 수도 있다. 이는 플랫폼을 구성하는 기능 모듈의 종류와 수, 처리해야 할 데이터의 양 및 이에 필요한 컴퓨팅 파워, 동시 서비스 이용자수 등 다양한 조건에 따라 단일 시스템으로 구성할 것인지 복수 시스템으로 구성할 것인지가 결정된다. 또한, 단일 목적의 소규모 서비스를 구성하기 위해서는 별도의 플랫폼을 이용하지 않을 수도 있다.

[그림 136]은 사물인터넷 서비스 플랫폼의 진화 모습을 보여 주고 있다. 그림의 왼쪽은 기존의 개별적인 사물지능통신(M2M) 서비스를 위한 폐쇄형 시스템을 보여 주고 있는데, 서비스별로 별도의 서비스 플랫폼을 구축해야 함을 의미한다. 반면에 오른쪽 그림은 다양한 사물인터넷 서비스를 위해 필요한 모든 기능들을 하나의 개방형 플랫폼으

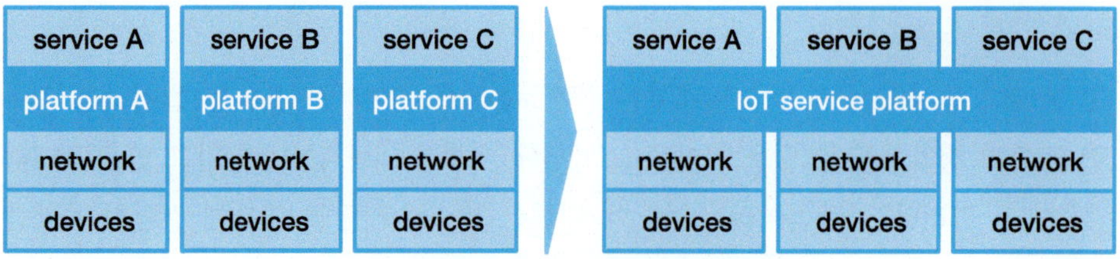

그림 136 응용 분야별 사물인터넷 서비스 플랫폼의 진화

로 만들어 놓은 모습을 보여 주고 있다.

왼쪽 그림과 같은 구조에서는 흔히 서비스와 플랫폼이 동일했었으며, 이는 플랫폼이 제공하는 기능이나 성능이 서비스의 우열을 결정지었다. 반면, 오른쪽 그림과 같은 공통 플랫폼의 경우 여러 서비스들이 동일한 플랫폼이 제공하는 기능을 이용하기 때문에, 서비스 개발 능력에 따라 서비스의 차이가 발생할 수 있다. 또한, 사물인터넷을 위한 공통 플랫폼을 이용하게 되면 서비스 플랫폼 개발에 따른 초기 비용과 시간을 절약할 수 있으며 지속적인 운영과 유지에 따른 관리 비용을 점감할 수 있다. 또한, 전문 플랫폼 사업자의 서비스를 이용하는 경우 환경 변화에 신속하게 대응할 수 있다.

[그림 137]은 일반적인 사물인터넷 플랫폼의 구조를 보여 준다. 사물인터넷 플랫폼은 다양한 사물인터넷 기기의 연결과 관련된 네트워크 인터페이스(Network/Device

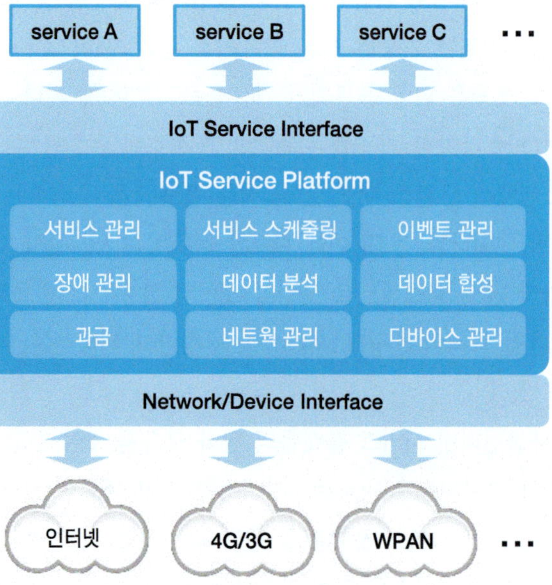

그림 137 사물인터넷 플랫폼의 개념적 구조

Interface) 영역과 다양한 서비스 혹은 어플리케이션과 관련된 서비스 인터페이스(Service Interface), 그리고 사물인터넷 서비스를 위한 여러 기능들로 구성된 기능 모듈(Functional Modules) 영역으로 구성된다. 이는 [그림 136]에 보이는 것처럼, 개별적인 사물인터넷 시스템에서 공통적인 부분들을 하나로 만들어 놓은 것이다.

기능 모듈 영역에 포함되는 대표적인 기능들로는 다양한 장치 및 기기의 인증 및 제어, 데이터 수집 및 저장, 데이터 분석 및 통계, 서비스/단말/네트워크 관리, 빌링, 그리고 보안과 관련된 기능들이 있다.

최근에 사물인터넷 관련 디바이스들이 본격적으로 출시되면서 다양한 기업들이 사물인터넷 플랫폼 서비스도 함께 출시하고 있다. 초기부터 사물인터넷 시대를 준비해 온 IBM이나 시스코가 대표적이며, 최근에는 퀄컴이나 마이크로소프트 등도 사물인터넷 서비스 플랫폼 제공에 나서고 있다. 또한, 사물인터넷을 위한 개방형 플랫폼이었던 패치베이(Pachube)를 인수한 로그미인(LogMeIn)도 '자이블리(Xively)'라는 플랫폼 서비스를

표 19 사물인터넷 서비스 플랫폼 동향 [122]

업체명(플랫폼)	주요 특징	응용도메인 서비스
IBM	MQTT 기술 확보, InforSphere 빅데이터 플랫폼, MessageSight-IoT를 위한 메시징 처리 플랫폼	Smarter Planet 서비스 전략(에너지, 교통, 금융, 유통, 제조, 공공안전, 도시관리 등)
시스코	바르셀로나 스마트시티를 위한 스마트 솔루션, Davra Networks RuBAN IoE 플랫폼	Smart + Connected Communities 서비스 전략(제조, 운송, 에너지, 공공 및 스마트시티의 4대 핵심 시장)
오라클	Java 기술과 DB 기술을 이용한 IoT 플랫폼 추진, 프리스케일과 One Box 플랫폼 협력	B2B, B2C, P2P 모든 영역 지원 서비스 제공 추진
구글	검색, 클라우드, 빅데이터 기술 보유	홈 분야 서비스 추진 중이며 향후 확대가 예상됨
LogMeIn (Xively)	클라우드 기반 사물인터넷 서비스 제공, 다양한 HW 플랫폼 연동 추진	개방형 사물인터넷 HW 플랫폼과 연계한 서비스 추진
Thingspeak	Thingspeak 커뮤니티 기반 지원 플랫폼 및 생태계 확산 추진	트위터와의 연동을 통해 디바이스 상태 모니터링 및 제어 서비스 제공
Evrythng	사물과 웹의 연결을 통한 WoT 플랫폼 제공	SNS, ERP, CRM 등과 연계한 서비스
ThingWorx	모델 기반 서비스 디자인을 통한 빠른 서비스 개발 지원, Visulaization에 강점	B2B 기반의 M2M/IoT 서비스 플랫폼
퀄컴 (AllJoyn)	네트워크를 기반으로 한 기기간 정보 전달과 제어를 위한 오픈소스 프레임워크	조명, 스마트워치, 냉장고, 에어컨, 도어락, 스마트폰 등 소비자 가전

제공하고 있고, 띵스피크(Thingspeak)나 에브리띵(Evrythng), 띵웍스(ThingWorx) 등도 관련 서비스를 제공하고 있다. 자세한 내용은 [표 19]를 참고하기 바란다.

국내의 경우 이동통신사 중심으로 사물인터넷(M2M) 플랫폼을 개발하여 공동사업을 진행하는 협력사들에게 제공 중이나 활용도가 그다지 높지 않은 편이다. 또한, 외국처럼 다양한 응용 분야에 이용할 수 있는 범용 사물인터넷 플랫폼은 발견되고 있지 않다. 최근에는 삼성전자나 LG전자와 같은 대형 가전제품 제조사를 중심으로 스마트홈 서비스 플랫폼 등 개별 산업별 사물인터넷 플랫폼이 개발되고 있다.

사물인터넷 플랫폼과 관련해서 일각에서는 하나의 통합된 플랫폼의 개발 필요성을 역설하기도 한다. 즉, 사물인터넷 플랫폼에 모든 데이터가 모아지고 가공되고 모든 서비스 어플리케이션에 제공되는 구조다.

그러나, 이런 유형의 사물인터넷 플랫폼은 매우 위험할 뿐만 아니라 이용이 불편할 수 있다. 아무리 이중화를 잘 해 놓고 보안 시스템을 철저하게 갖춰 놓는다 할지라도 만에 하나 장애가 발생한다면 모든 서비스가 중단되는 일이 발생할 수 있기 때문이다.

또한, 다양한 서비스에 대해 최적화시킬 수가 없다. 사물인터넷 기반의 서비스가 제공되는 구조가 아무리 비슷하다 할지라도 한 솥에 모두 담아 끓일 수는 없는 노릇이다. 분야별로 이용하는 데이터 및 데이터 포맷도 제각각일 것이며, 필요로 하는 기능이나 데이터에 대한 접근 방식이나 주기도 다를 것이기 때문이다.

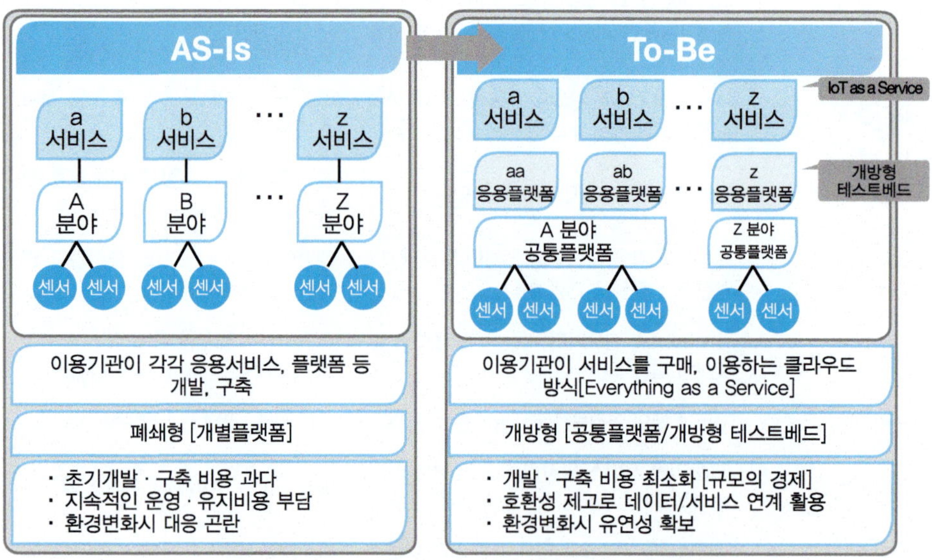

그림 138 개방형플랫폼 기반의 클라우드서비스 생태계 구축 [14]

따라서, 여러 유형의 서비스에 대응할 수 있는 단일 플랫폼을 개발하는 것보다는 유사한 유형의 서비스들을 하나의 그룹으로 만들어 플랫폼을 개발하는 것이 필요할 것이다. 또한, 이러한 플랫폼들 사이의 연결을 위한 표준 인터페이스를 개발하는 것이 필요할 것이다.

이에 정부도 유망 서비스 분야별로 플랫폼을 구축하고 이를 확대 적용하는 것을 염두에 두고 있는 것 같다. 미래창조과학부가 2014년 5월에 발표한 '사물인터넷 기본계획'을 보더라도, 분야별로 공통플랫폼을 만들고 그 위에 응용 분야별 플랫폼을 만들어 제공하는 구조를 취하고 있다. 이를 위해, 먼저 해외 진출 가능성이 크고 파급 효과가 있는 사물인터넷 서비스를 발굴하고 소프트웨어 및 플랫폼을 개발한 다음 실증 단계를 거친 후 서비스를 확산시킨다는 구상을 가지고 있다.

Pachube, 사물인터넷을 위한 개방형 플랫폼

패치베이(Pachube)는 사물인터넷 서비스 개발자들로 하여금 센서데이터를 인터넷에 연결하고 이러한 데이터를 바탕으로 하는 어플리케이션을 개발할 수 있게 해주는 오픈소스플랫폼(open source platform)이다. 즉, 사물인터넷을 위한 데이터 중개 플랫폼(data brokerage platform)으로, 수백만에 달하는 개인, 기관, 그리고 기업들의 관측점(data points)을 관리한다. 편리하고 안전하고 경제적인 방법으로 다양한 센서로부터의 실시간 데이터를 저장하고 기존의 산업 표준과 호환될 수 있도록 복수의 데이터 포맷으로 변환하여 제공한다. 모든 피드(feed)는 데이터 스트림을 가치 있는 것으로 만들기 위해 개체(unit), 시간(timestamp), 위치(geolocation), 꼬리표(tag)와 같은 메타데이터를 포함한다.

패치베이는 이용자의 웹사이트에 실시간 그래프 기능이나 위젯을 탑재시킬 수 있다. 이 기능은 퍼블릭 피드(public feed)로부터의 과거 데이터를 분석하고 처리한다. 이를 바탕으로 특정한 디바이스나 환경을 제어할 수 있는 실시간 알람을 보낼 수도 있다. 스마

그림 139 패치베이(Pachube)의 사물인터넷 플랫폼 개념도

Pachube 플랫폼이 제공하는 주요 기능

- Manage realtime sensor & environment data
- Graph, monitor & control remote environments
- Build mobile & web apps that create value
- Share data & create communitie

그림 140 패치베이 플랫폼이 제공하는 주요 기능

트폰의 어플을 이용하면 그래프의 확대 및 축소, 위치 확인 및 추적, 증강현실 방식의 현장 확인, SMS 알람 기능을 이용할 수 있다.

패치베이는 가치를 만들어내는 어플리케이션 개발을 용이하게 한다. 수십 개의 예제 코드와 라이브러리를 이용하여 간단하지만 정교한 physical-to-virtual API를 제공한다. 이를 이용하여 네트워크로 연결된 디바이스와 환경에 가치를 더해주는 어플리케이션을 쉽고 빠르게 개발할 수 있게 해준다. 또한, 의사결정을 더욱 정교하게 할 수 있도록 복잡한 데이터에 대한 확장성도 함께 제공한다.

마지막으로, 데이터를 공유하고 커뮤니티를 생성하는 기능도 제공한다. 패치베이는 개방형 생태계를 더욱 활성화하기 위해 전력계, 날씨 측정소, 빌딩 관리 시스템, 공기질 측정기, 바이오센서, 방사능 측정기 등을 연결하여 디바이스와 수집 데이터를 바탕으로 커뮤니티를 형성한다.

[그림 141]는 패치베이를 이용하여 개발된 어플로 2011년 일본의 후쿠시마 원자력

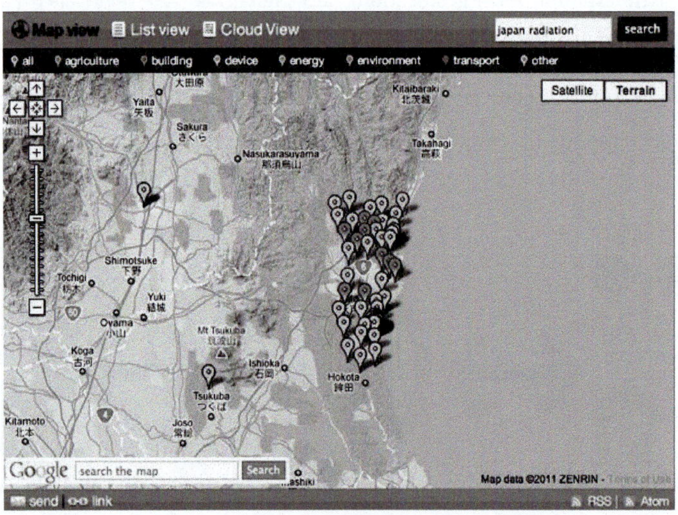

그림 141 일본 방사능 현황을 보여 주는 패치베이를 이용해 만든 어플 (출처: makezine.com)

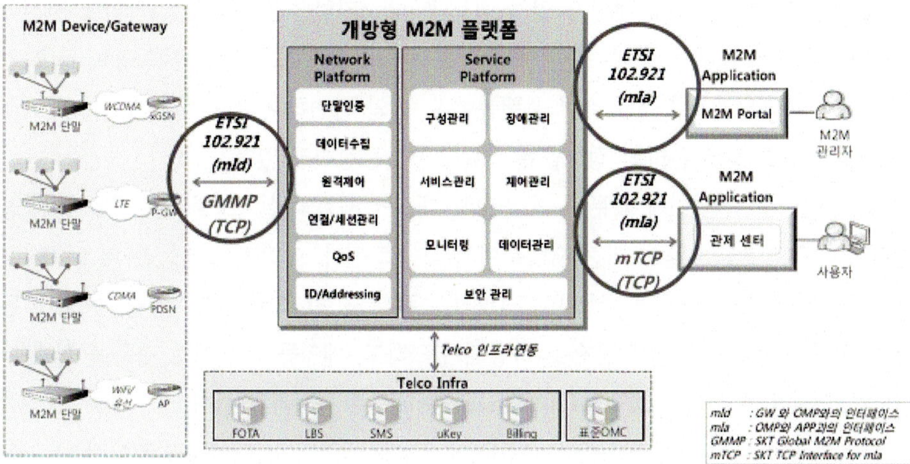

그림 142　SK텔레콤의 개방형 M2M 플랫폼 (출처: 유엔젤 뉴스레터)

발전소 사고 이후 일본 전역의 방사능 낙진을 측정하는데 사용되고 있다. 일본내의 개인들이 직접 측정한 데이터를 패치베이를 통해 공유하고, 이를 바탕으로 일본의 지역별 방사능 분포 현황을 실시간으로 확인할 수 있다.

패치베이는 2007년 Usman Haque에 의해 만들어졌으며, 기업 인수 및 상표권 이슈로 이후 Cosm 및 Xively로 이름이 변경되어 왔다. 2011년 7월에는 로그미인(LogMeIn)에 피인수 되었다. 패치베이에 대한 자세히 알고 싶은 독자들은 Xively 홈페이지(http://xively.com)를 방문해 보기 바란다.

국내의 경우는 이동통신사들이 독자적인 개방형 사물인터넷 플랫폼을 개발하여 협력사들을 대상으로 제공하고 있다. SK텔레콤의 경우 [그림 142]에 보이는 것과 같은 개방형 M2M 플랫폼을 이용하여 B2B 중심 사업에 활용하고 있다. 전자부품연구원의 경우 Mobius 플랫폼을 개발하여 중소기업 및 스타트업에 무상으로 제공하고 있다.

오픈소스 하드웨어 플랫폼

플랫폼에는 소프트웨어만 있는 것이 아니다. 하드웨어로 된 플랫폼도 있다. 하드웨어 플랫폼은 공통적인 기능 모듈들을 포함하고 있는 하드웨어를 말하는 것으로, 이를 바탕으로 다양한 하드웨어 장치를 개발할 수 있다. 오픈소스 하드웨어는 하드웨어를 구성하는 회로도, 자재 명세서, 인쇄회로 기판의 도면 등 하드웨어와 관련된 제반 사항을 대중에게 공개한 전자 제품을 일컫는 말이다. 하드웨어 제작에 관련된 특허 라이센스가 없고 모든 리소스가 공개되어 있기 때문에, 중소기업뿐만 아니라 일반인도 자신의 고유한 디바이스를 제작할 수 있다. 아두이노(Arduino)와 라즈베리파이(Raspberry Pi)가 가장 대표적인 오픈소스 하드웨어 플랫폼이며, 이와 관련하여 최근에는 '해커스페이스'나 '사물놀이'와 같은 온라인 정보공유 커뮤니티도 등장하고 있다.

오픈소스 하드웨어이기 때문에, 소스코드 대신에 제품의 설계도를 인터넷을 통해 공개하고 다수의 기술자들이 의견을 나누며 업데이트 된다. 이러면서 기능은 더 뛰어나고 최적화된 제품을 설계할 수 있으며, 결과적으로 더 저렴한 제품도 개발할 수 있게 된다. 이들은 기업에 의해 상업용으로 사용되기도 하고, 개인들이 스스로 제품을 설계/디자인하고 직접 제작하는 DIY(Do It Yourself) 용으로 활용되기도 한다.

식물에 물이 부족하면 자동으로 주인에게 알리는 장치처럼 개인적인 것에서부터, 트랙터, 콘크리트 혼합기, 윈드 터빈, 3D프린터 등 다양한 산업용 응용에 이르기까지 관련 하드웨어가 오픈소스를 통해 개발되고 있다. 캐나다의 메이커플레인이라는 단체는 오픈소스 방식으로 1만 5천 달러 정도의 저가 비행기 제작을 진행 중에 있다. 또한, 국내에서도 TG삼보가 디스플레이 및 입출력 장치, 초소형 컴퓨터 본체를 블록처럼 조합해 다양한 형태로 쓸 수 있는 모듈형 PC를 개발하는 등 비슷한 시도가 나타나고 있다.

오픈소스 하드웨어를 비즈니스에 활용하는 경우도 있다. 레고는 자사의 로봇 장난감과 아두이노를 활용한 로봇 교육 프로그램을 북미 지역에서 운영하고 있다. 또한, 포드의 경우 아두이노를 이용해 차량과 상호작용할 수 있는 오픈XC라는 프로그램을 선보이기도 했다.

더 나아가, 최근에는 구글이 모듈형 스마트폰 '아라(Ara)' 시제품을 공개하면서 앞으로 더욱 신선한 오픈소스 하드웨어가 등장할 것으로 기대된다. 아라는 '엔도스켈레톤(Endoskeleton)'이라 불리는 프레임에 모바일 어플리케이션 프로세서(AP), 디스플레이, 카메라, 키보드 등의 부품이 들어간다. 추가적으로 보조 배터리나 고성능 플래시, 맥박이나 산소 측정기 등의 센서도 넣을 수 있다.

이런 오픈소스 하드웨어 플랫폼이 확산되면서, IT 기기는 더욱 이용자 중심적인 제품으로 변모해 나갈 것이다. 기존에는 제조사의 이윤을 극대화시킨 IT 기기가 시장에서 판매되었다면, 오픈소스 하드웨어에서는 외형, 기능, 가격 등에서 소비자가 능동적인 선택권을 가질 수 있기 때문이다.

» 아두이노(Arduino)

아두이노는 2005년 이탈리아의 미디어아트 학교(IDII)에서 교육용 플랫폼으로 개발되었으나, 현재 전세계적으로 가장 인지도가 높은 오픈소스 하드웨어 플랫폼이다. AVR CPU 혹은 Cortex-M3가 탑재된 저사양 보드이기는 하지만, 각종 센서 및 통신 모듈 등 다양한 기능 모듈과의 연결을 지원하고 있고, 윈도우즈, 맥(Mac), 리눅스 등 다수의 OS를 지원한다.

아두이노는 기판의 회로도와 기능 등이 공개되어 있기 때문에, 이용자가 직접 아두이노를 조립할 수 있고 아두이노의 기능을 활용해 다른 전자제품에 새로운 능력을 부여할 수도 있다. 특히, 각종 센서의 조작이 쉬워 주변 환경과 상호작용하는 제품을 만드는 데 유용하다.

시작은 교육용이었지만, 아두이노를 이용해 손쉽게 전자 제품의 기능을 바꿀 수 있으며 가격도 30달러 내외로 저렴하다는 사실이 알려지면서 다양한 분야에 활용되기 시작했다. 이후, 미디어 지원, 무선 통신 등의 기능이 추가되면서 사용 분야는 점차 넓어지고 있다.

» 라즈베리파이(Raspberry Pi)

아두이노가 초기 오픈소스 하드웨어 플랫폼이라면, 라즈베리파이는 최근에 가장 주목을 받는 오픈소스 하드웨어 플랫폼이다. 영국의 자선단체인 라즈베리파이 재단에서 브로드컴(Broadcom)의 BCM 2835 칩을 기반으로 개발한 교육용 초소형 싱글보드 컴퓨터로 2012년에 정식 출시되었다. 신용카드 크기만한 초소형 PC보드인 라즈베리파이는 전용 OS인 라즈비안(Raspbian)을 이용하고 있고, 모니터와 USB 키보드를 연결하면 어엿한 PC로도 사용할 수 있다. 가격은 아두이노와 비슷한 35달러 수준이다. 라즈베리파이는 리눅스 기반이며 파워 소모가 낮다. Phython이나 Scratch와 같은 무료 프로그래밍 언어를 이용할 수 있다. 또한, USB, HDMI, Ethernet/IEEE 802.11 같은 다양한 표준 인터페이스를 지원한다.

라즈베리파이는 케이스가 없는 모듈형 미니 컴퓨터이므로 새로운 가전이나 예술작품, 로봇 등에 활용할 수 있다. 최근에는 개인들 사이에 DIY 취미용품으로 각광을 받고 있다. 다른 제품들보다 저렴한데다 다양한 오픈소스 커뮤니티가 활발한 터에 출시 2년여 만에 전세계적으로 300만대가 넘게 팔렸다고 한다. 2014년 7월에는 초기 모델 B를 개선한 '라즈베리 파이 B+'를 새로 출시했다. CPU나 메모리는 그대로 유지하면서 GPIO핀이나 USB2.0 포트가 늘어난 것이 특징이다.

라즈베리파이를 이용해 만들어진 '파이투고(Pi-to-Go)'라는 휴대용 노트북은 물론,

그림 143　라즈베리파이와 레고(Lego)로 만들어진 슈퍼컴퓨터 Iridis-Pi

[그림 143]에 보이는 것과 같이 라즈베리파이 64개를 연결해 72테라플롭스[9]의 성능을 낼 수 있는 수퍼컴퓨터도 공개된 바 있다.

» 기타 오픈소스 하드웨어 플랫폼

아두이노나 라즈베리파이 외에도 텍사스인스트루먼트(Texas Instrument, TI)의 '비글본블랙(Beaglebone Black)', 인텔(Intel)의 '갈릴레오(Galileo)', 솔리드런(SolidRun)의 '허밍보드(HummingBoard)', 그리고 중국에서 만들어진 '바나나파이(Banana Pi)' 같은 다양한 오픈소스 하드웨어 플랫폼이 존재한다. 게다가, 최근에 언론을 통해 소개되고 있는 구글의 '아라(Ara)'도 크게는 개방형 하드웨어 플랫폼의 범주에 속한다고 할 수 있을 것 같다.

비글본블랙은 반도체 제조사로 유명한 텍사스인스트루먼트가 개발한 저가의 고성능 개발 플랫폼으로 TI의 1 GHz 시타라(Sitara) AM335 ARM Coretex-A8 프로세서, 리눅스 소프트웨어가 설치된 2 GB의 온보드 스토리지, 512 MB의 DDR3램을 탑재하고 있다. USB, 이더넷, HDMI 인터페이스를 제공하고 있어서 마우스, 키보드, LCD 모니터 등 다양한 장치와 연결할 수 있다. 제품 자체에 리눅스 배포판이 미리 설치되어 있기 때문에, 구입 즉시 개발을 시작할 수 있다는 것이 대표적인 특징이다. 현재 3D 프린터는 물론 로봇, 수중탐사선 등 다양한 분야에 활용되고 있다.

2013년 10월에 발표한 인텔의 갈릴레오 보드는 인텔 쿼크(Quark) X1000을 탑재한 아두이노 호환 개발 보드다. 펜티엄 x86 명령어와 호환되는 SoC인 쿼크

9 테라플롭스는 초당 1조 번의 연산을 처리할 수 있는 계산 능력을 말한다.

그림 144 TI의 비글본블랙과 인텔의 갈릴레오 보드

X1000(400MHz)를 탑재하고, 미니 PCI-E, 이더넷, 마이크로 SD 카드 슬롯(SDIO), USB 2.0, UART, JTAG 등을 탑재하고 있다. 256MB 메모리와 8MB의 플래시 메모리를 탑재하고 있으며, 512KB의 SRAM이 SoC에 들어 있다. 윈도우즈, 맥(Mac), 리눅스와 같은 다양한 운영체제를 지원하며 아두이노 소프트웨어 개발 환경과 호환이 되므로 사용성은 좋지만, 가격이 8~9만원 정도로 여타 보드들보다 비싼 편이다.

클라우드(Cloud) 서비스

지금은 주로 코리아 메일이나 지메일(gmail), 그리고 구글 드라이브를 이용하지만, 필자는 1990년대 중반부터 다음(Daum)이 제공하는 한메일을 이용했었고, 정확히 언제부터인지는 모르겠지만, 2000년대에는 LG데이콤이 제공하는 웹하드(webhard) 서비스를 이용하기 시작했다. 아마 이 책을 읽는 독자들 중에 구글이나 네이버, 다음과 같은 주요 포털이 제공하는 이메일이나 스토리지 기반의 클라우드 서비스를 이용하고 있지 않는 사람은 없을 것이다. 즉, 우리들 모두는 알게 모르게 이미 클라우드 서비스를 이용하고 있는 것이다.

흔히 클라우드 컴퓨팅(Cloud Computing)이라고도 말해지는 클라우드 서비스는 서버, 스토리지, 플랫폼, 소프트웨어 등 다양한 ICT 자원을 필요할 때마다 필요한 만큼만 인터넷을 통해 서비스 형태로 이용하는 것을 말한다. 즉, 클라우드 상의 대규모 컴퓨팅 자원을 작게 분할하여 컴퓨팅 파워가 필요한 사람들에게 필요한 만큼씩 필요한 때에만 제공하는 개념으로, 1961년대 존 매커시(John McCarthy) 교수에 의해 처음으로 제안되었다.

이후 IT 및 경제 전문지, 그리고 대표적인 글로벌 기업의 CEO들이 잇달아 클라우드 컴퓨팅을 차기 주력 비즈니스 아이템으로 지목하고, 2006년 아마존이 기업용 클라우드

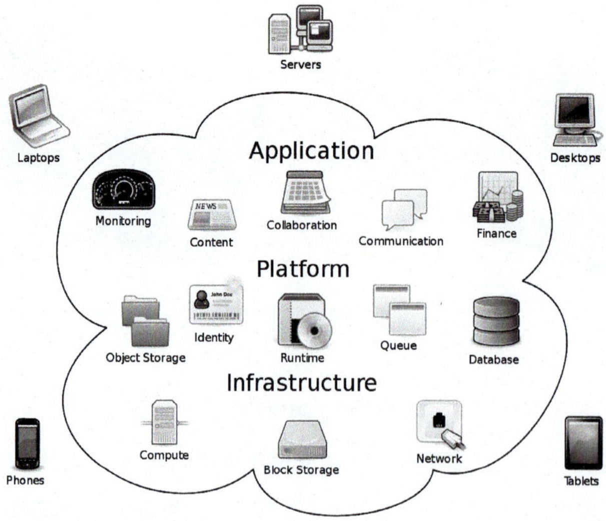

그림 145 클라우드 서비스 개념 [실전 클라우드 가상화 구축 기술, 2012]

표 20 클라우드 서비스(클라우드 컴퓨팅)에 대한 다양한 정의

기관	정의
NIST	이용자는 IT자원(소프트웨어, 스토리지, 서버, 네트워크)을 필요한 만큼 빌려서 사용하고, 서비스 부하에 따라서 실시간 확장성을 지원받으며, 사용한만큼 비용을 지불하는 컴퓨팅
Gartner	인터넷 기술을 활용해 많은 고객들에게 수준 높은 확장성을 가진 자원들을 서비스로 제공하는 컴퓨팅의 한 형태
Forrest Research	표준화된 IT 기반 기능들이 IP로 제공되고, 언제나 접근이 허용되며, 수요 변화에 따라 가변적이며, 사용량이나 광고를 기반으로 비용을 지불하고 웹 또는 프로그램적인 인터페이스를 제공하는 형태
IBM	웹 기반 응용 소프트웨어를 활용해 대용량 데이터베이스를 인터넷 가상공간에서 분산처리하고, 이 데이터를 컴퓨터나 휴대전화, PDA 등 다양한 단말기에서 불러오거나 가공할 수 있게 하는 환경
TTA	가상화와 분산처리 기술을 기반으로 인터넷을 통해 대규모 IT자원을 임대하고, 사용한 만큼의 요금을 지불하는 컴퓨팅 환경을 의미

서비스인 AWS(Amazon Web Service)를 출시하면서 클라우드 컴퓨팅에 대한 전 세계의 이목이 집중되었다.

흔히 클라우드 서비스라 하면 많은 사람들은 인터넷 상의 가상의 저장공간을 빌려 쓰는 일종의 스토리지(Storage) 서비스만을 생각한다. 그러나, 클라우드 서비스는 그 범위가 매우 넓으며, 엄밀한 의미에서 클라우드 컴퓨팅은 다양한 클라우드 서비스 중의 하나에 불과하다. 1990년대부터 사용해오던 한메일(@hanmail.net)의 경우도 따지고 보면 일종의 클라우드 서비스인 셈이다. 따라서, 본격적으로 클라우드 서비스에 대해 설명하기에 앞서 클라우드 서비스의 개념과 주요 특징, 그리고 클라우드 서비스의 유형에 대해 먼저 살펴보기로 하자.

이 장을 시작하면서, 간단히 클라우드 서비스에 대해 정의를 내리면서 시작을 했지만, 기관에 따라 클라우드 컴퓨팅을 조금씩 다르게 정의하고 있어서 먼저 간단히 소개하고자 한다. 클라우드 컴퓨팅은 사용자에게 제품이 아닌 서비스를 어떻게 제공하느냐와 관련된 구조적이고 개념적인 것으로, 바라보는 관점에 따라 클라우드 컴퓨팅의 정의는 달리질 수 있기 때문이다.

[표 20]의 클라우드 서비스에 대한 다양한 정의에서도 나타나듯이 클라우드 서비스는 다음과 같은 주요한 특징을 갖는다. 첫째, 클라우드 서비스는 컴퓨팅 자원에 대한 소유와 관리가 분리되어 있다. 즉, 기존의 컴퓨팅 서비스는 이용자가 필요한 자원을 직접 구매하여 소유하고 관리하던 방식이었으나, 클라우드 서비스에서는 이용자가 필요한 만큼의 자원을 인터넷을 통해 서비스 형태로 제공받게 된다.

둘째, 클라우드 서비스는 가상화(virtualization)된 서비스다. 즉, 흔히 IDC (Internet Data Center)라 불리는 인터넷 상의 공간에 수백 수천 대의 컴퓨팅 자원을 모아놓고 이들이 마치 하나의 컴퓨팅 자원인 것처럼 서비스를 제공하게 된다. 따라서, 이용자는 어떤 클라우드 서비스를 이용하는지만 알고 있으면 되며, 자신이 요청한 작업이 어떤 컴퓨터에서 처리되는지 알 필요도 없으며 알지 않아도 된다.

셋째, 클라우드 서비스는 유틸리티(utility)형 혹은 Pay-As-You-Go형 서비스다. 즉, 전기나 수도, 가스처럼 사용한 만큼에 대해서만 비용을 지불하는 형태의 서비스다. 따라서, 이용해야 할 컴퓨팅 자원이 많지 않거나 독자적인 컴퓨팅 자원을 확보하는 것이 부담스러운 중소기업들에게 매우 유용한 서비스 형태라 할 수 있다.

넷째, 클라우드 서비스는 시간과 장소와 이용 단말의 구분 없이 이용할 수 있다. 즉, 사무실에서뿐만 아니라 고객사나 집에서도 필요하다면 해당 서비스를 이용할 수 있다. 이동 중에 스마트폰이나 태블릿으로도 필요한 서비스를 이용하는 것이 가능해진다.

혹자는 클라우드 컴퓨팅이라는 개념을 구글 직원이 최초로 제안한 것으로 소개하기도 하지만, 이는 '클라우드 컴퓨팅(Cloud Computing)'이라는 용어 자체에 한정되는 것이다. 사실, 1970년대부터 정보처리 자체를 클라우드 컴퓨팅과 유사한 구조인 호스트 컴퓨터에 의존했기 때문이다. 개념 측면에서 클라우드 컴퓨팅과 비슷한 것으로는 Grid

표 21 클라우드 컴퓨팅과 유사한 기술들 및 특징

용어	유사점	차이점
Server-Based Computing	데이터 및 응용을 아웃소싱 형태로 운영함	SBC는 클라이언트에서 입출력을 처리하지만, 클라우드는 데이터 자체를 제공함
Network Computing	SBC와 동일함	NC는 항상 이용자의 컴퓨팅 자원을 사용하지만, 클라우드 컴퓨팅은 서버가 컴퓨팅 능력을 제공함
Grid Computing	분산 컴퓨팅 구조 및 가상화된 자원 제공 방식이 동일함	Grid는 인터넷 상의 모든 컴퓨팅 자원을 사용하지만, 클라우드 컴퓨팅은 사업자 사유 클러스터만 사용함
Utility Computing	과금 방식이 동일함	기술적인 문제에서 연관성이 없음

Computing, Utility Computing, Server-Based Computing, Network Computing 등이 있다. 이들의 주요 특징을 클라우드 컴퓨팅과의 유사점와 차이점 관점에서 살펴보면 [표 21]과 같다.

다음으로 클라우드 서비스의 유형에 대해 살펴보자. 클라우드 서비스는 다양한 유형으로 나누어 생각할 수 있지만, 가장 보편적으로는 [표 22]에 보이는 것처럼 3가지 유형으로 나눠 생각할 수 있다. 즉, IaaS(Infrastructure as a Service), PaaS(Platform as a Service), 그리고 SaaS(Software as a Service)다.

먼저, IaaS는 서버나 스토리지와 같은 하드웨어 자원(infrastructure) 혹은 하드웨어의 컴퓨팅 능력만을 임대·제공하는 클라우드 서비스를 말한다. 따라서, HaaS(Hardware as a Service)라고도 불린다. IaaS 서비스 사업자는 대규모 데이터센터를 구축하고 관련 서버 및 시스템을 운용할 수 있는 자본력과 운용 능력이 필요하다. 따라서, 아마존이나 구글, 애플, 네이버 등과 같은 대형 IT 기업들 중심으로 관련 사업을 제공하고 있다. 애플의 iCloud나 네이버의 N드라이브 같이 우리가 가장 흔히 이용하는 스토리지 서비스가 이에 해당하며, 아마존의 AWS(Amazon Web Service)가 대표적이다.

표 22 클라우드 서비스의 유형

서비스 유형	주요개념
IaaS	이용자에게 서버, 스토리지 등의 하드웨어 자원만을 임대 · 제공하는 서비스
PaaS	이용자에게 소프트웨어 개발에 필요한 플랫폼을 임대 · 제공하는 서비스
SaaS	이용자가 원하는 소프트웨어를 임대 · 제공하는 서비스

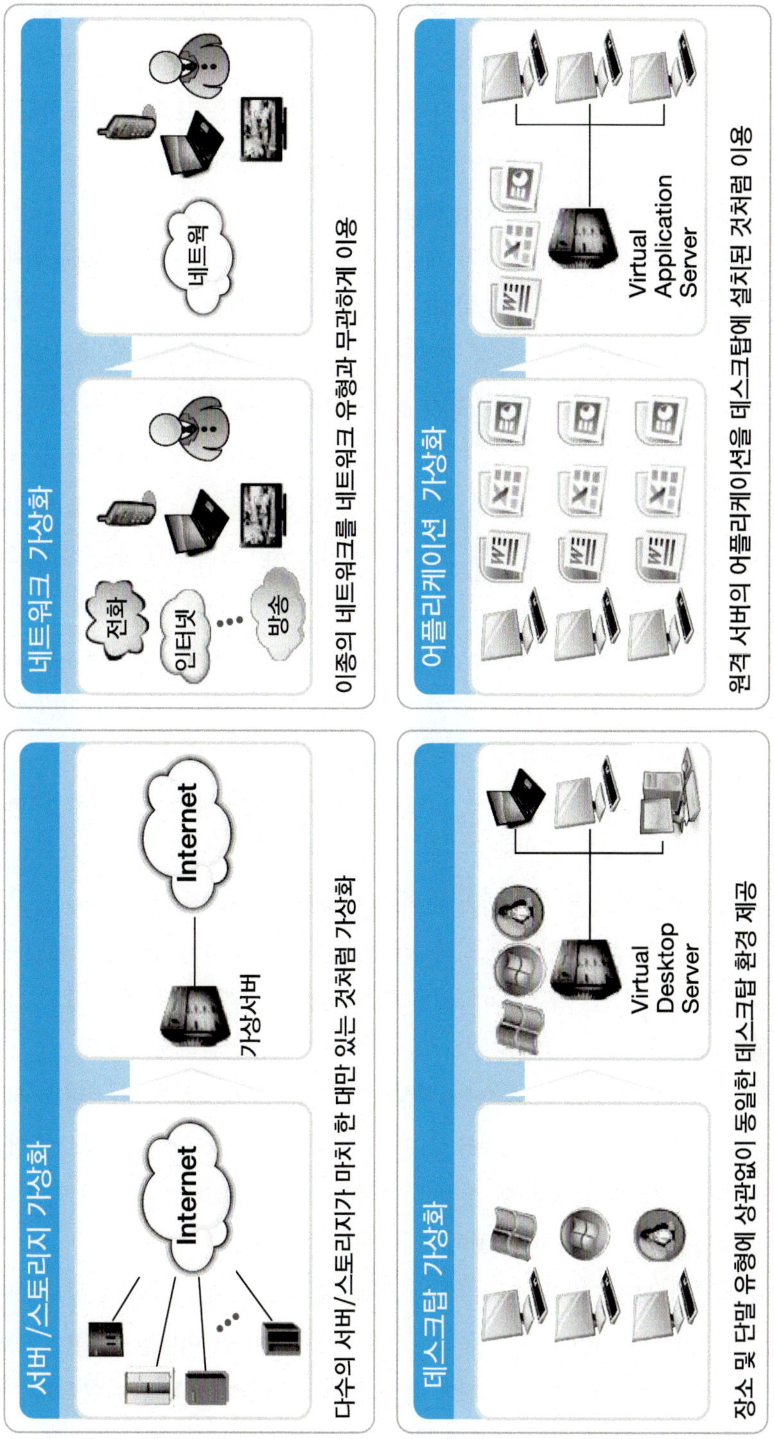

그림 146 다양한 가상화의 유형

PaaS는 소프트웨어나 서비스를 개발하기 위해 필요한 플랫폼을 임대·제공하는 클라우드 서비스를 말하며, PaaS를 통해 서비스를 구성하는 컴포넌트 및 호환성 제공 서비스를 지원한다. 따라서, 소프트웨어나 서비스 개발 기술을 표준화, 모듈화하는 능력을 가진 사업자가 관련 서비스를 제공하고 있으며, 대표적인 서비스로는 세일즈포스닷컴의 Force.com, 구글의 Google App Engine 등이 있다.

SaaS는 클라우드 컴퓨팅의 최상위 계층에 해당하는 것으로 다양한 어플리케이션이나 소프트웨어를 필요할 때마다 온디맨드(On-Demand) 방식으로 이용할 수 있도록 하는 서비스를 말한다. SaaS 서비스를 제공하는 사업자는 너무 많으며, 기업용 SaaS 서비스를 제공하는 사업자로는 세일즈포스닷컴의 CRM SFA, 넷스위트(Net Suite)의 ERP CRM e커머스 등이 있다.

이 세 가지 유형의 서비스를 함께 사용하는 것을 SPI 모델(SaaS, PaaS, IaaS)이라 부르기도 한다. 이 외에도 클라우드 형태로 데이터베이스 서비스를 제공하는 DaaS(Database as a Service), 클라우드 형태의 스토리지 서비스만을 제공하는 SaaS(Storage as a Service), 클라우드 형태의 네트워크 서비스를 제공하는 NaaS(Network as a Service), 보안이나 정책, 사용자 인증, 재난복구(DR), 과금 등을 포함하는 클라우드 형태의 관리 서비스인 MaaS(Management as a Service) 등 다양한 유형의 XaaS(Anything as a Service)가 존재한다. 사물인터넷의 경우 디바이스를 서비스와 함께 제공한다는 관점에서 Things as a Service(TaaS)라 할 수 있을 것이다.

클라우드 서비스의 운용 형태에 따라서는 퍼블릭 클라우드(Public Cloud), 프라이빗 클라우드(Private Cloud), 그리고 하이브리드 클라우드(Hybrid Cloud)로 구분한다. 경우에 따라서는 커뮤니티 클라우드(Community Cloud)를 추가하기도 하는데 [123], 이 책에서는 퍼블릭 클라우드에 포함되는 것으로 생각하여 따로 언급하지 않겠다.

퍼블릭 클라우드는 불특정 다수를 대상으로 하는 서비스로 여러 서비스 사용자가 함께 이용하는 것을 말한다. 클라우드 기반 이메일 서비나 스토리지 서비스가 대표적이다. 따라서, 해당 서비스는 인터넷 서비스 사업자(ISP)의 IDC에 위치하게 되고, 사용자는 인터넷에 접속할 수 있는 어느 곳에서나 이용이 가능하다.

프라이빗 클라우드는 기업이나 기관 내부에 클라우드 서비스 환경을 구축하여 내부자에게만 제한적으로 서비스를 제공하는 것을 말한다. 기업 이메일, ERP, CRM 등이 대표적인 서비스에 해당하며, 내부 보안 정책에 따라 다양한 형태로 운용된다. 예를 들면, 기업 내부의 폐쇄망에서만 이용할 수가 있고, 가상사설망(VPN) 기술을 이용하여 인터넷이 되는 곳이라면 어디서든 이용할 수도 있다. 프라이빗 클라우드는 기업이나 기관이 서비스에 필요한 하드웨어와 소프트웨어를 자체적으로 구축해야 함으로 초기 투자비용이 필요하며 별도의 운용 관리가 필요하다. 따라서, 규모가 작은 기업의 경우 직접 구축하여 이용하기 보다는 ASP 형태로 임대해서 이용하거나 퍼블릭 클라우드 사업자들이 중소기업용으로 출시한 서비스를 이용하는 것이 현실적이다.

마지막으로, 퍼블릭 클라우드와 프라이빗 클라우드가 결합한 형태인 하이브리드 클라우드는 공유를 원하지 않는 일부 데이터 및 서비스에 대해 프라이빗 정책을 설정하여 서비스를 제공하고 나머지는 퍼블릭 클라우드를 이용하게 된다. 하이브리드 방식은 비즈니스 환경 변화에 빨리 그리고 비용효율적으로 대응할 수 있도록 해주고 있어서 최근에 관심을 받고 있다. 그러나, 프라이빗 인프라와 퍼블릭 인프라의 연동이 필요한 경우 도입에 걸림돌이 될 수도 있다.

이러한 클라우드 서비스가 최종 사용자에게 제공되는 클라우드 서비스 구현 방법에는 네이티브앱(Native App) 방식, 웹앱(Web App) 방식, 하이브리드앱(Hybrid App) 방식, 클라우드 스트리밍(Cloud Streaming) 방식이 존재한다.

네이티브앱 방식은 운영체제가 설치된 사용자의 단말기 상에서 데이터 저장과 어플리케이션 구동이 진행되며 일부 작업에서만 클라우드 자원을 활용한다. 따라서, 동작 속도가 빠르며 네트워크 단절 시에도 사용이 가능하다. 그러나, 운영체제별로 서비스 어플리케이션을 개발해야 하는 단점이 있다. 반면, 웹앱 방식은 모든 데이터와 어플리케이션이 온라인 서버에 저장되며 웹 브라우저를 통해 클라우드 서비스를 이용하게 된다. 하나의 어플리케이션만 요구되기 때문에 서비스 개발 비용이 저렴하나, 네이티브앱 대비 구동 속도가 느리다는 것이 단점이다.

하이브리드앱은 네이티브앱과 웹앱의 장점만을 모아 놓은 것이다. 즉, 사용자인터페이스는 네이티브앱의 편리함을 따르고, 서비스 프로세스는 웹앱 방식으로 구현된다. 웹앱 대비 구동 속도는 빠르나, 여전히 운영체제별로 서비스 어플리케이션을 개발해야 하는 것이 단점이다. 마지막으로 클라우드 스트리밍의 경우, 모든 데이터 및 어플리케이션 구동이 서버 상에서 진행된다. 따라서, 단말기에서 서비스 관련 이미지만이 스트리밍 방식으로 전송되게 된다. 단일 어플리케이션만을 요구하며 서비스 속도도 빠르지만, 완벽에 가까운 네트워크가 필요하다는 것이 제약이 될 수 있다.

클라우드 서비스의 기술적 구성 요소

클라우드 서비스를 제공하기 위해서는 다양한 하드웨어 장비들을 설치할 IDC 장소

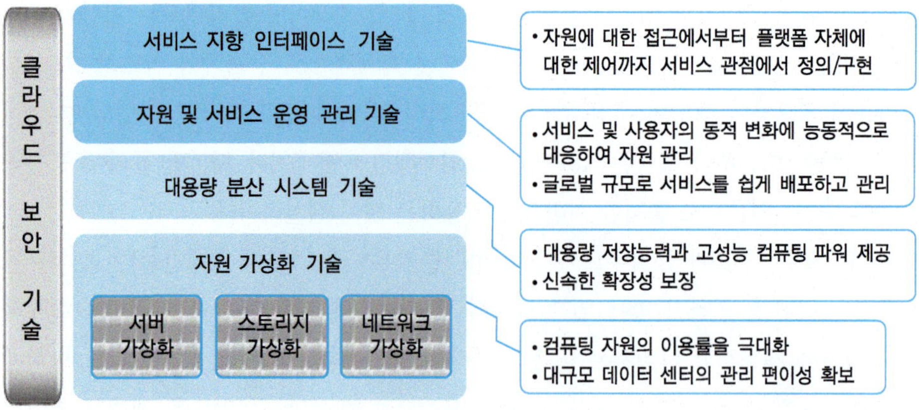

그림 147 클라우드 서비스의 기술적 구성 요소

부터 사용자 인터페이스를 위한 웹페이지까지 다양한 솔루션을 제공해야 한다. 하지만, 클라우드 서비스를 제공하기 위한 기술적 구성 요소는 크게 다르지 않다. '가상화(Virtualization)'와 '분산처리(Distributed Computing)' 기술은 인터넷을 경유해 정보를 처리하는 클라우드 서비스에 있어서 필수적인 요소이며, 그 밖에 시스템 자원 및 서비스의 운영 관리 기술, 서비스 플랫폼 및 사용자 인터페이스 기술, 사용자 인증 및 보안, 과금 등의 기술 요소가 필요하다.

가상화 혹은 자원의 가상화는 넓은 의미로 컴퓨팅 자원에 대한 추상화(abstraction)를 의미하나, 다양한 형태의 가상화를 생각할 수도 있다. 클라우드 서비스에서 가상화는 컴퓨팅 자원의 가상화를 의미하는데, 서버, 스토리지 볼륨, 네임 스페이스, 네트워크 자원 등과 같은 구체적인 시스템 자원에 대한 가상화를 의미한다.

서버를 예를 들어 설명하면, 서버 한대 속에 논리 서버(logical server)라 불리는 여러 개의 작은 서버를 만드는 기술을 서버의 가상화라고 설명할 수 있다. 이렇게 여러 개의 작은 논리 서버를 만들어 놓게 되면, 더 많은 처리 능력이 요구되는 경우에는 더 많은 논리 서버를 할당하는 방식으로 대응할 수 있게 되어 서비스 적응성이 높아지게 된다. 반면, 네트워크 가상화의 경우 두 가지 이상의 통신 방식을 지원하면서, 가장 비용효율적인 방식으로 네트워크를 이용하는 것을 의미한다. 와이파이에 접속할 수 있는 상황에서는 스마트폰이 데이터 이용료가 발생하는 이동통신망보다 와이파이에 접속되는 것을 생각하면 이해하기 쉬울 것이다.

분산 컴퓨팅은 클라우드 서비스를 위한 하드웨어를 구성함에 있어 인트라넷(Intranet) 혹은 인터넷을 통해 연결된 다수의 컴퓨팅 자원을 하나로 연결하는 기술을 말한다. 분산 컴퓨팅과 관련한 기술로는 분산 파일 시스템, 분산 데이터베이스 등이 있다. 분산 컴퓨팅에서는 독립적인 파일 시스템 및 데이터베이스를 단일 시스템으로 인지하고 접근할 수 있도록 하므로, 대용량 데이터들에 대한 빠른 처리 속도를 가져올 수 있다.

구글이 개발한 하둡(Hadoop)은 대표적인 분산 컴퓨팅 기술로, 사용자에게 처리요구를 받으면 그것을 수천 개의 작은 처리 파일로 나누어 수 천 개의 서버에 일제히 분산시켜 처리하게 된다. 파일이 분산된 서버는 즉시 계산 및 처리를 한 후 그 결과를 보내게 되며, 하둡은 돌아온 각 서버의 처리 결과를 모아 요구한 사용자에게 회답하게 된다.

이 외에도 시스템 관리, 서비스 플랫폼, 사용자 인증 및 보안, 과금 등의 기술들이 클라우드 서비스를 제공하기 위해 필요하다. 그러나, 이러한 기술들은 기술적인 측면보다 서비스 제공을 위한 환경적인 측면이 강하므로 이 책에서는 다루지 않기로 한다.

주요 클라우드 서비스

클라우드 컴퓨팅 개념의 서비스가 처음 시작된 미국은 현재 많은 기업들이 클라우드 서비스를 제공하고 있다. 앞에서 잠깐씩 언급되었던 아마존의 EC2와 S3, 구글의 AppEngine, 세일즈포스닷컴의 Salesforece 외에도 마이크로소프트, IBM, HP, Oracle 등 주요 IT 기업들이 클라우드 서비스를 제공하고 있다.

먼저 아마존의 클라우드 서비스부터 살펴보자. 아마존 웹서비스(AWS, Amazon Web Service)라 불리는 아마존의 클라우드 서비스는 저장공간과 데이터베이스, 서버 리소스를 낮은 가격에 빌려준다. 서비스 품질이 규정된 간단한 저장 서비스인 S3(Simple Storage Service), 간단한 검색 명령을 실행할 수 있는 데이터베이스 서비스인 Simple DB, 그리고 서버의 리소스를 유용하게 할당할 수 있는 EC2(Elastic Computing Cloud)가 대표적인 서비스다.

S3는 데이터 저장 및 검색 기능을 가지고 웹서비스로 제공되므로, 인터넷이 가능하면 어디에서든 접근이 가능하며 한달 사용료가 GB당 15센트로 매우 저렴하다. Simple DB 서비스는 구조화된 데이터를 저장하고 처리하는 웹서비스다. 관계형 데이터베이스(RDB)의 기능을 대부분 제공한다.

마지막으로, EC2는 웹서비스 형태로 제공되어 필요한 가상시스템을 간단한 방법으로 요청하고 사용량에 따라서 쉽게 확장 또는 축소할 수 있다. CPU의 개수, 메모리 크기, 디스크 크기에 따라 시간당 10~80센트의 사용료를 받는다. 2012년 하반기에는 EC2에 하둡 기술을 적용하여 비정형 데이터에 대해서도 이용할 수 있는 아마존

EMR(Amazon Elastic MapReducer)이라는 새로운 웹서비스도 출시한 바 있다.

아마존 AWS는 사용편의성이 높은 간단한 웹서비스로 개발환경이 구성되어 있다. 따라서, 자유도가 높은 개발환경을 제공하기는 하지만, 구글의 AppEngine 대비 서버 가동 시간이 더 오래 걸린다는 단점이 있다.

구글 앱스(Google Apps)라 통칭되는 구글의 클라우드 서비스는 일반인(mass)을 대상으로 제공되고 있어서 친숙한 것들이 많을 것이다. 이메일 서비스인 G메일(G Mail), 워드프로세서 기능을 제공하는 구글문서(Google Docs), 스토리지 공간을 제공하는 구글 드라이브(Google Drive), 스프레드시트 기능을 제공하는 구글 스프레드시트(Google Spreadsheets), 그리고 지도 서비스인 구글 맵스(Google Maps)와 구글 어스(Google Earth) 등이 있다.

대부분의 구글 서비스들은 이용 시 키워드에 반응하는 광고가 표시되도록 구성된다. 이러한 키워드 기반의 광고 모델은 구글에 광고 수입을 제공하기 때문에, 이용자들은 다양한 클라우드 서비스를 무료로 이용할 수 있게 된다.

반면에, 앱엔진(AppEngine)과 같은 서비스는 개인 및 기업을 대상으로 하는 클라우드 서비스다. 구글의 AppEngine은 풍부한 라이브러리는 물론 오픈된 개발환경을 제공한다. 라이브러리에는 구글의 다양한 서비스를 이용하기 위한 모듈과 프로그래밍 방법, 브라우저에서 웹 어플리케이션의 가동 상황과 접속 통계정보를 확인할 수 있는 환경 등이 포함되어 있다. 이들은 기본적으로 유료로 제공되지만, 일정 수준 이하일 때는 무료로 사용할 수도 있다.

세일즈포스닷컴은 1999년부터 인터넷을 통해 고객관계관리(CRM) 소프트웨어를 제공하는 SaaS 모델로 클라우드 서비스 사업을 시작했다. 세일즈포스닷컴의 CRM 서비스는 컨택센터나 영업관리 툴과 관련된 기능을 제공하는 웹 기반의 어플리케이션 서비스로, 진척도관리, 캠페인 관리, 매출 예상 및 분석, 작업 흐름 및 승인 관리, 이메일 등의 세일즈 어플리케이션을 제공한다. 이러한 다양한 기능은 다양한 제휴 파트너들의 소프트웨어 플랫폼을 통해 함께 제공된다.

2007년에 세일즈포스닷컴은 CRM 서비스를 위한 기반이었던 인프라와 미들웨어, 개발환경 전체를 표준화해 포스닷컴(Force.com)이라는 PaaS 서비스를 제공하게 된다. 이 서비스는 구글의 앱엔진과 연계시킬 수 있다는 것이 특징인데, 개인 사용자에게 친숙한 구글 서비스를 통해 얻은 결과를 세일즈포스닷컴의 CRM 서비스를 위해 사용하도록 서비스 연계가 가능하다.

컴퓨터용 OS인 윈도우즈(Windows)와 업무용 어플리케이션인 오피스를 제공하는 마이크로소프트는 윈도우즈 애저(Azure)와 윈도우즈 라이브(Live)라는 클라우드 서비스를 제공한다. 윈도우즈 애저는 클라우드에서 작동하는 윈도우즈 OS로, 개발자의 편의를 가장 중시한 윈도우즈 기반의 PaaS이다. 애저는 '푸른 하늘'을 의미하는 말로 클라우드(구름)보다 더 높은 차원의 서비스를 제공하겠다는 마이크로소프트의 의지가 담긴 상품명이라 할 수 있다.

마이크로소프트는 2014년 4월에는 사물인터넷을 위한 애저 클라우드 서비스인 Azure ISS (Intelligent Systems Service)를 발표하기도 했다. 이 서비스는 고객의 OS나 플랫폼에 상관없이 다양한 센서나 디바이스에서 생성된 데이터를 안전하게 수집 관리하여 여러 대의 디바이스에서 이용하기 쉽게해 준다.

또한, 윈도우즈 라이브는 구글이 제공하는 구글앱스(Google Apps)와 경쟁이 되는 웹서비스다. 즉, 마이크로소프트가 제공하는 다양한 서비스와 소프트웨어들을 한데 모은 것이라 생각하면 된다. 2005년 11월에 발표된 윈도우즈 라이브는 윈도우즈 에센셜(Windows Essentials), 웹서비스, 그리고 모바일 서비스의 세 가지 방식으로 제공된다. 윈도우즈 에센셜은 이메일, 메신저, 사진 공유, 블로그 출판(blog publishing), 보안 서비스들을 통합하여 제공하는 소프트웨어 어플리케이션 세트다.

이 외에도 애플의 아이클라우드(iCloud)나 소니의 플레이메모리즈(PlayMemories), 토요타의 자동차 클라우드 등 다양한 클라우드 서비스가 존재한다. 아직까지는 대부분이 기존의 IT 서비스를 위한 클라우드 개념이 강하지만, 사물인터넷을 위한 클라우드 솔루션들이 하나둘 시장에 등장하고 있다. 대표적인 것이 GE의 프레딕스(Predix)다.

프레딕스는 GE가 말하는 사물인터넷인 산업인터넷(Industrial Internet)을 위한 소프트웨어 플랫폼으로 산업적인 규모의 분석을 수행하고 기계와 데이터, 사람을 연결하는 표준 방법을 제공함으로써 자산 및 운영의 최적화를 이룰 수 있게 해준다. 제트엔진에서부터 자기공명영상(MRI) 장치까지 산업 전 분야에서 사용될 사물인터넷 어플리케이션을 개발하고 관리하는 플랫폼으로 GE가 개발한 모든 기기와 원격으로 연결해 정보를 수집하고 자산과 운영의 최적화를 달성할 수 있도록 해준다. 실제로 GE는 항공기나 선박의 엔진에 내장된 센서가 전송한 데이터를 활용해 엔진의 상태를 24시간 모니터링하며 제품 개발에 이를 활용해 성능을 개선하고 있기도 하다.

호주의 사물인터넷 전문 기업인 프리스타일테크놀로지(Freestyle Technology)는 어떠한 산업 섹터에도 적용이 가능한 사물인터넷용 클라우드 솔루션인 M2M 스위치(M2M Switch)를 제공하고 있다. 이 솔루션은 유틸리티는 물론, 자동차나 물류, 헬스케어, 소비재에 이르기까지 다양한 산업분야에서 이용되는 사물인터넷 디바이스들을 원격으로 관리하고 제어할 수 있도록 해준다. 즉, 사물인터넷 디바이스 제조사들로 하여금 GE의 프레딕스와 같은 클라우드 서비스를 이용할 수 있는 솔루션을 제공한다.

이 외에, 에일라 네트웍스(Ayla Networks)는 사물인터넷 디바이스를 원격에서 감시하고 제어할 수 있는 클라우드 솔루션인 사물인터넷 클라우드 플랫폼(IoT Cloud Platform)을 제공하고 있고, 액세다(Axeda)는 사물인터넷 어플리케이션 개발 및 비즈니스 프로세스를 최적화하는데 이용할 수 있는 액세다 머신 클라우드(Axeda Machine Cloud)를 제공하고 있으며, 사물인터넷 오픈소스 플랫폼인 Perchube를 인수한 자이블리(Xively)는 자이블리 클라우드 서비스(Xively Cloud Service)를 제공하고 있다.

지금까지는 주요 해외 사업자들의 클라우드 서비스들을 살펴보았다. 국내에서도 통신사나 인터넷 포털 및 각 그룹사의 IT 서비스를 지원하는 SI 회사들이 다양한 클라우드 서비스를 제공하고 있다.

통신사들의 경우 프라이빗(Private) 형태의 클라우드 서비스는 물론 퍼블릭(Public) 클라우드 서비스를 동시에 지원하고 있다. SK텔레콤은 2010년 6월부터 'T 비즈포인트'의 '오피스팩'을 통해 클라우드 기반의 서비스를 제공하고 있으며, 2010년 12월부터는 'T 클라우드 비즈'를 통해 중소기업 대상의 통합 클라우드 서비스를 제공하고 있다. 특히, 중소기업을 대상으로 위치기반의 마케팅 분석 서비스와 M2M 솔루션 등을 클라우드 기반으로 제공하고 있다.

KT의 경우 '유클라우드(ucloud)'라는 클라우드 서비스 브랜드명 아래에 기업에 필요한 서버, 스토리지 등의 IT 인프라에 대한 비용 부담을 덜어주기 위한 CS(Computer Service), BS(Backup Service), SS(Storage Service), DS(Database Service)를 제공하고 있다. 반면에, LG유플러스는 그룹웨어나 기업메일 서비스를 포함하는 중소기업용 SaaS 서비스인 'U+스마트 SME'와 가상화된 서버, 네트워크, 스토리지, VPN, 보안장비 등을 포함하는 '클라우드 N (Cloud N)'이라는 IaaS 서비스를 제공하고 있다.

사물인터넷과 클라우드 서비스

앞에서 GE의 프레딕스나 프리스타일의 M2M 스위치와 같은 사물인터넷을 위한 클라우드 서비스를 언급하긴 했지만, 아직까지 사물인터넷을 위한 클라우드 서비스가 본격적으로 소개되고 있지는 않다. 아직까지 사물인터넷을 기반으로 하는 표준화된 비즈니스 프로세스나 기능들이 구체화되지 않고 있기 때문이다. 그러나, 기존 클라우드 서비스의 출현 및 진화과정을 살펴보면, 다양한 프로토타입 형태의 클라우드 서비스가 등장한 후 서로 경쟁하고 통합하는 과정을 거치며 몇몇 주도적인 사물인터넷용 클라우드 서비스가 나타날 것으로 예상된다.

잘 알고 있는 것처럼, 사물인터넷에서는 센서들 혹은 디바이스들이 생성시키는 데이터의 양은 많지만, 그러한 데이터를 센서나 디바이스에서 자체적으로 저장하거나 처리하기에는 한계가 있다. 센서나 디바이스의 저장 공간도 충분하지 않고 배터리도 제한적이며 기기들의 컴퓨팅 파워도 충분하지 않은 경우가 다반사이기 때문이다. 따라서, 이러한 데이터를 효과적으로 수집, 저장, 처리하기 위해서는 원격에 있는 서버로 전송할 필요가 있다. 서버는 저장공간이 무제한일 뿐만 아니라 전원 이중화를 통해 상시 전원이 제공되며 매우 뛰어난 컴퓨팅 능력도 가지고 있다.

물론, 사물인터넷용 서버는 지금처럼 어플리케이션이나 서비스에 따라 단독형(Stand-alone)으로 구축되고 이용될 수도 있지만, 도입 및 운용 관리 비용, 확장성, 안정성 등의 관점에서 클라우드 서비스 형태로 제공될 가능성이 더 크다. 더욱이, 기존에 클라우드 서비스의 주요 고객이었던 중소기업들을 중심으로 다양한 유형의 사물인터넷 기반 서비스들이 등장할 것으로 예상되기 때문이다.

클라우드 기반의 사물인터넷 서비스는 사물인터넷 서비스 이용자 관점에서도 요구되어지고 있다. LTE 시대에 진입함과 동시에 통신 환경의 광대역 무선화 및 무선 데이터 이용 비용의 현실화로 인해 시간과 장소를 가리지 않고 사물인터넷 서비스를 이용하려는 니즈가 증가하고 있다. 더욱이, 데스크탑PC가 아닌 스마트폰이나 태블릿은 물론 다양한 디스플레이 장치를 통해 서비스가 제공되어야 하는데, 이를 위해서는 클라우드 기반의 서비스가 필수불가결하다.

일각에서는 사물인터넷 디바이스들이 생성하는 데이터가 크기도 매우 작고 통신의 빈도도 적을 것이기 때문에, 네트워크나 빅데이터 분석 기술에 대한 의존도가 매우 낮을 것이며 따라서 클라우드 형태로 데이터를 저장하는 것도 큰 장점이 될 수 없다고 말하고 있다. 그러나, 이는 스마트밴드와 같은 디바이스의 사업모델을 단순히 제품의 판매 정도에 한정해서 바라보는 매우 단편적인 시각에 불과하다. 앞에서도 살펴본 것처럼 개인 프라이버시를 침해하지 않는 범위에서 여러 사람들의 통계적인 건강정보는 사물인터넷 기반의 다양한 부가 서비스를 만들어 낼 수 있기 때문이다.

우리 정부도 이러한 시대의 변화 및 관련 업계의 니즈를 정확히 파악하고 있다. 사물인터넷 산업의 활성화를 위해 2014년 5월에 발표한 '사물인터넷 기본계획'에도 개방형 플랫폼을 기반으로 클라우드 서비스 생태계를 조성할 계획이다. 이는 규모의 경제를 통해 개발 및 구축 비용을 최소화할 뿐만 아니라, 환경 변화에 따라 신속히 대응할 수 있는 유연성을 제공할 것으로 기대되고 있다. 또한, 다양한 사물인터넷 서비스 사이의 호환성을 제공해 줌으로써 이종 사물인터넷 서비스의 연계 가능성도 제시해 주고 있다.

삼성그룹 계열사인 삼성SDS는 2014년 초 미국 버지니아에 클라우드 데이터센터를 구축하고 여러 시범 사업을 진행 중이다. 그 중에서 화두는 당연 사물인터넷과 빅데이터다. 삼성전자는 글로벌 1위인 스마트폰, TV에서 쏟아지는 방대한 데이터에서 새로운 비즈니스를 발굴하기 위해 물밑에서 움직이고 있다. 일례로, CES 2014에서 선보인 스마트홈 솔루션이 대표적이다. 스마트홈 솔루션을 통해 삼성전자 버전의 사물인터넷 생태계를 만들고 여기서 나오는 데이터를 가공해 2차 비즈니스를 만들겠다는 것이다. 데이터센터는 미국을 비롯한 선진 시장에서 신사업 기회를 노리는 삼성그룹의 핵심 전진기지 구실을 할 것으로 기대된다.

PART

03

비즈니스로서의 사물인터넷

아마도 이 책을 읽는 사람의 절반 정도는 사물인터넷의 개념이나 구현기술보다는 어떻게 하면 자신이 종사하는 분야에 사물인터넷의 개념을 적용해 볼 수 있을까 라는 고민을 하는 사람들일 것이다. 만약 그렇다면, 이 책을 선택하길 잘 했다고 말해주고 싶다. 이 책이 그에 대한 정확한 해답은 제시하지 못 하겠지만, 적어도 사물인터넷 비즈니스에 대해 '뭔가 감이 온다'는 느낌은 줄 수 있을 것이라 확신한다.

그 이유는 이 책에서는 현실적인 이야기를 하고 있기 때문이다. 기존에 출시된 사물인터넷 관련 서적들이 대부분 막연하고 구체적이지 않은 미래의 모습을 그리고 있다면, 이 책에서는 현재진행형인 사물인터넷 적용 사례들을 중심으로 설명을 하고 있다. 또한, 제시된 사례들을 가능하게 하는 기술들에 대해서도 함께 소개를 하고 있다. 무엇보다도, 사물인터넷을 기술적인 측면보다는 서비스 관점에서, 공급자보다는 이용자 관점에서 설명하고자 했기 때문에, 조금이나마 더 현실성 있는 사업 아이디어를 도출해 내는데 도움이 되리라 생각한다.

어쨌거나, 지금까지 사물인터넷의 개념적인 측면과 기술적인 측면을 살펴보았으니, 이제 사물인터넷과 관련된 비즈니스 측면에 대해 살펴보기로 하자. 그런데, 잠깐! 사물인터넷 비즈니스에 대해 알아보기에 앞서, 왜 지금까지 성공적인 사물인터넷 비즈니스 사례가 별로 없었는지에 대해 잠깐 생각해 보자. 그리고, 이러한 사물인터넷 비즈니스의 판을 조금 더 키우고 활성화시킬 수 있는 방법은 없는지도 함께 고민해 보도록 하자.

뒤에서 자세히 설명하겠지만, 아직까지 국내에서 성공적이라 할만한 사물인터넷 비즈니스가 나타나지 않는 것은, 아직까지 우리는 단편적이고 기본적인 형태의 사물인터넷 비즈니스만을 전개해 왔기 때문이라고 생각한다. 즉, 만원짜리 전구에 통신 기능을 넣어서 20만원짜리로 판매하려는 시도가 주를 이루었기 때문이다. 당신 같으면 만원짜리 전구가 있는데, 굳이 20만원짜리 전구를 사겠는가?

좀 더 냉정하게 말하자면, 사물인터넷 관련 산업의 종사자들은 그동안 철저히 시장논리를 무시해 왔던 것이다. 비즈니스 모델이나 서비스 플랫폼을 논하기에 앞서, 고객이 있는 시장과 그러한 고객의 니즈에 대한 분석과 고민이 부족했던 것이다. 그러다보니, 전통적인 제조업 마인드에 기반하여 전구 하나를 20만원에 판매하는 일이 발생하게 되었다고 필자는 생각한다.

이는 독자 여러분들이 고민하는 사물인터넷 기반의 비즈니스는 제품이나 서비스가 단편적인 부가가치를 제공하는 그 이상의 것이 되어야 함을 의미한다. 기존의 사물들이 제공하던 것 이상의 가치를 더욱 저렴한 가격에 제공할 수 있어야 하며, 다른 사물들과의 관계를 기반으로 더 큰 부가가치를 만들 수 있어야 한다. 추상적인 이야기이긴 하지만, 이런 가치에 대한 부분이 분명히 정의가 되어야만, 그에 맞는 비즈니스 모델에 대해 고민하고 서비스 플랫폼을 개발하는 것이 의미가 있게 될 것이다.

사실, 필자도 사물인터넷을 이용하여 더 큰 가치를 제공하는 방법에 대해서 그렇게 많은 고민을 하지는 못했다. 그러나, 시장에서 보여지는 다양한 사례들을 분석하고 이해하는 과정에서 사물인터넷 비즈니스가 몇 가지 유형으로 구분이 된다는 것과 이들이 제공하는 가치의 크기가 서로 다르다는 것을 발견했다. 따라서, Part 3는 사물인터넷 비즈니스를 더욱 가치있는 것으로 만드는 방법에 대해 함께 고민해 보고자 한다.

이러한 생각을 조금 더 체계화하기 위해, 이 책에서는 센서 디바이스가 만들어내는 데이터의 이용과 사용자에게 제공되는 가치 측면에서 사물인터넷 관련 비즈니스를 5가지 유형으로 구분하고자 한다. 이들은 다음과 같다.

1. 센서 데이터를 이용하지 않는 제품의 판매
2. 자신이 만든 데이터만 이용하는 제품의 판매
3. 자신과 같은 유형의 디바이스들이 만들어낸 데이터를 이용하는 제품이나 서비스의 판매
4. 자신과 같은 유형의 디바이스 및 다른 유형의 디바이스들이 만들어낸 데이터를 이용하는 제품이나 서비스의 판매
5. 다른 디바이스가 만들어낸 데이터를 이용하는 서비스의 판매

물론, 이 외에도 다양한 유형의 사물인터넷 비즈니스들이 존재할 것이다. 위와 같은 사물인터넷 비즈니스를 가능하게 하기 위한 플랫폼 및 클라우드 서비스도 존재할 것이고, 관련 부품이나 모듈과 같은 하드웨어를 공급하는 비즈니스도 존재할 것이다. 또한, 사용자 어플리케이션이나 웹을 개발해주거나 관련 디바이스의 제작을 도와주는 비즈니스도 존재할 것이다.

그러나, 이런 전통적인 비즈니스 유형은 (비록 사물인터넷이라는 한정 형용사를 달고 있지 않을뿐) 이미 존재하고 있었던 것으므로 이 책에서는 따로 논의하지 않을 것이다. 대신에 앞에서 언급한 5가지의 비즈니스 유형을 바탕으로 기존에 소개된 사물인터넷 비즈니스 사례들을 소개할 것이다. 각 비즈니스 유형별로 어떤 사례들이 있는지 단순히 나열하기보다는 유통과 마케팅 같은 특정 산업 분야에서 시도되는 사례들을 바탕으로 소개를 하고자 한다.

또한, 신문의 보도기사처럼 어떤 회사가 어떤 새로운 제품을 출시했다는 사실을 정리하기 보다는, 비즈니스 관점에서 그러한 제품이나 서비스에 숨겨져 있는 독특한 가치나 비즈니스 모델(BM), 사업 전략, 마케팅 활동 등에 대해서 논의할 것이다. 또한, 해당 제품이나 서비스에 추가적인 가치를 제공할 수 있는 방법도 함께 고민할 것이다. 이러한 접근법은 다양한 산업 분야에서 사물인터넷 기반 비즈니스를 기획하고 있는 독자들로 하여금 체계적으로 사물인터넷 비즈니스를 기획할 수 있도록 하는 안목을 제공해 주리라 확신한다.

사물인터넷 비즈니스 및 유형

필자가 운영하고 있는 사물인터넷 관련 카페 및 블로그에는 다양한 사물인터넷 사례들이 소개되어 있다. (관심이 있는 독자라면 http://cafe.naver.com/iotioe를 방문해 보기 바란다.) 여기에 소개되는 사례들은 기저귀에서부터 스마트시티 솔루션까지 종류도 다양할 뿐만 아니라, 비즈니스가 적용되는 산업의 종류나 규모도 천차만별이다.

이러한 사물인터넷 관련 비즈니스는 사물인터넷 디바이스가 생성하는 데이터의 이용 행태 및 소비자에게 제공되는 가치의 형태에 따라 크게 5가지 유형으로 구분할 수 있다. 이 장에서는 사물인터넷 비즈니스의 5가지 유형 및 그 특징에 대해서 살펴보기로 한다.

사물인터넷 비즈니스의 유형

Part 1에서 사물인터넷의 개념에 대해 정의하면서, 필자는 '센서', '연결', 그리고 '가치'라는 단어에 대해서 강조했다. 즉, 사물인터넷 디바이스는 데이터를 생성하는 센서와 이러한 데이터를 전달하는 유무선 통신 기술의 결합으로 정의될 수 있으며, 그렇게 전달된 데이터로부터 만들어진 효용성은 최종적으로 사물인터넷 비즈니스를 규정하게 된다.

흔히 비즈니스의 유형 혹은 비즈니스 모델은 '제품과 돈의 흐름' 혹은 '서비스와 돈의 흐름'으로 설명되지만, 우리는 센서 디바이스가 만들어내는 데이터의 활용 형태를 중심으로 사물인터넷 비즈니스의 유형을 구분하고자 한다. 그렇다고, 데이터만 보는 것은 아니다. 데이터가 이용되는 형태와 함께 고객에게 제공되는 가치, 즉 고객에게 전달되는 하드웨어나 서비스도 함께 고려할 것이다. 전통적인 비즈니스와는 달리, 사물인터넷 기반의 비즈니스는 제품과 서비스가 결합된 하이브리드형 비즈니스이기 때문이다.

그렇다면, 비즈니스 유형에 대해 살펴보기 전에, 사물인터넷 디바이스가 만들어내는 센서 데이터의 종류에 대해 먼저 살펴보자. 센서 데이터의 종류에는 크게 세 가지가 있다. 첫 번째는 관심의 대상이 되는 단일 디바이스가 생성하는 데이터다. 온도계나 습도계를 예로 들면, 개별 온도계나 습도계가 생성하는 온도나 습도 데이터가 이에 해당한다. 두 번째는 동일한 유형의 디바이스들에 의해 생성되는 데이터다. 전국 혹은 전세계에 있는 온도계들의 온도 데이터 혹은 습도계들의 습도 데이터가 이에 해당한다. 단순

표 23 사물인터넷 비즈니스 유형별 특징

비즈니스 유형	데이터 이용			판매 대상	
	자신의 데이터	동일 유형의 디바이스 데이터	다른 유형의 디바이스 데이터	디바이스	데이터
유형 1	이용하지 않음	이용하지 않음	이용하지 않음	O	X
유형 2	이용	이용하지 않음	이용하지 않음	O	X
유형 3	이용	이용	이용하지 않음	O	O
유형 4	이용	이용	이용	O	O
유형 5	이용하지 않음	이용하지 않음	이용	X	O

히 다수의 디바이스들로부터 수집된 데이터뿐만 아니라 이들을 분석 가공한 데이터도 이에 해당한다. 세 번째는 다른 유형의 디바이스들에 의해 생성된 데이터다. 이러한 데이터는 두 번째의 데이터와 동일하나, 다른 유형의 디바이스에서 생성된다는 것이 가장 큰 차이다. 즉, 온도계에서 다른 습도계들의 데이터를 이용한다면, 습도계의 데이터가 이에 해당한다.

자, 이제는 사물인터넷의 비즈니스 유형에 대해 살펴보자. 앞에서도 간단히 언급한 것처럼, 사물인터넷 비즈니스는 센서 디바이스가 생성하는 데이터의 이용이라는 관점에서 [표 23]에 보이는 것처럼 5가지 유형으로 구분할 수 있다. 물론, 가능한 모든 유형으로 따지면 더 많겠지만, 여기에 포함되지 않은 유형들은 아직까지는 큰 의미가 없다고 판단되어 포함하지 않았다.

사물인터넷 비즈니스의 첫 번째 유형은 센서 데이터를 이용하지 않는 비즈니스다. 여기서 센서 데이터를 이용하지 않는다는 것은 사물인터넷 디바이스가 어떠한 데이터도 생성하지 않을 수도 있다는 것과 데이터를 생성할 수는 있지만 이용하지 않는 경우를 모두 포함한다. 센서가 없이 제어 명령에 의해 동작하는 엑추에이터만 있거나 서버에서 전달하는 광고만 보여 주는 디지털 사이니지와 같은 제품의 경우가 전자에 해당한다. 원격 제어가 가능한 조명 제품, 가스 밸브, 전원 스위치, 장난감 등이 이에 해당하며, 공장 자동화나 홈오토메이션에 사용되는 원격 제어 제품들이 주로 이에 해당한다.

이러한 제품들은 디바이스가 데이터를 만들지 않기 때문에, 데이터를 판매하는 것은 불가능하며 물리적인 디바이스만 판매하는 것이 대표적인 비즈니스 모델이다. 물론, 디바이스를 무료 혹은 저가에 제공하고 이용할 때마다 이용료를 지불하는 ASP 형태도

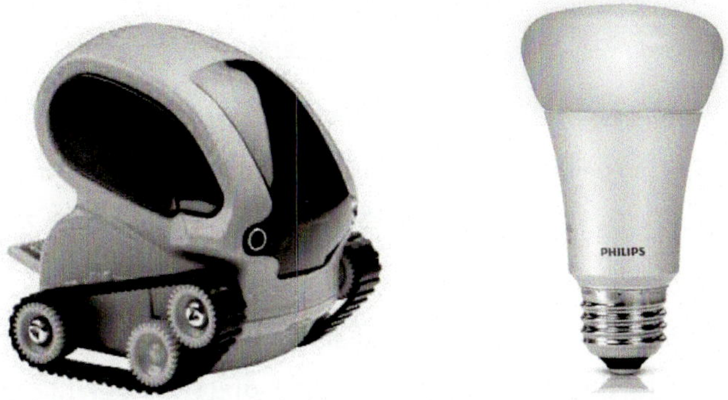

그림 148 사물인터넷 비즈니스 유형 1에 속하는 제품들 (스마트폰 장난감 로봇인 Tankbots과 필립스의 LED 램프 Hue)

가능하다. ASP 형태의 대표적인 예가 디지털 사이니지이지만, 디바이스 가격이 비싸거나 초기 비용이 과다하게 발생하기 때문에 스타트업에게는 적합하지 않은 비즈니스 유형이다.

두 번째 유형은 자신이 만든 데이터만 이용하는 제품을 판매하는 비즈니스다. 우리가 흔히 알고 있는 사물인터넷의 정의와 가장 많이 일치하고, 실제로 시장에서도 가장 많이 발견되는 제품들의 유형이다. 즉, 센서 디바이스가 그 디바이스 혹은 그 디바이스를 둘러싼 주변 환경에 대한 데이터를 주기적으로 관측한 후 수집된 데이터 및 분석된 결과를 사용자에게 보여 주거나 정해진 규칙 혹은 사용자의 제어 명령에 따라 반응을 하는 것이다. 예를 들면, 스마트 밴드가 걸음걸이나 맥박, 산소포화도 같은 정보를 측정하고 1분 이상 맥박수가 170 이상을 유지하는 경우 사용자에게 경고를 하는 형태다.

이러한 제품들은 데이터를 만들긴 하지만, 그 데이터가 해당 디바이스 혹은 그 디바이스의 이용자에게만 의미가 있거나 프라이버시와 관련되었거나 하는 이유로 해당 디바이스 이용자에 의해서만 제한적으로 이용된다. 따라서, 대표적인 비즈니스 모델은 제품의 판매다. 문제는 이용자 관점에서 이러한 제품들의 가격이 제품이 제공하는 가치보다 높다고 느껴지는 것이다. 따라서, 얼리어답터나 기업의 상품 혹은 서비스 기획자들에 의해서만 제한적으로 이용되는 경우가 많다.

또한, 이러한 유형의 제품들은 표준화된 센서나 모듈, 프로토콜 등을 사용하기 때문에 진입장벽이 매우 낮다는 것도 문제다. 시장의 반응이 있는 제품의 경우 이내 다수의 경쟁자가 진입하게 되고 가격파괴가 일어날 수 있다. 따라서, 미국이나 중국처럼 어느 정도 규모가 되는 시장에서는 나름의 의미를 찾을 수 있지만, 국내처럼 규모가 제한적인 시장에서는 비즈니스의 성공을 제한하는 요인으로 작용한다.

이 비즈니스 유형은 해당 제품을 판매하기 위한 경우도 있지만, 이와 관련된 다른 제품을 판매하기 위한 경우도 있다. 예를 들면, 나이키 플러스 퓨얼밴드(Nike + FuelBand)나 아디다스의 미코치 스마트런(miCoach SmartRun)처럼 스마트밴드를 팔아서 수익을 올리기보다는 운동화나 스포츠 의류 같은 다른 나이키의 전략 제품들의 판매를 활성화하기 위한 것들도 있다.

세 번째 비즈니스 유형은 자신과 같은 종류의 디바이스들이 만들어낸 데이터를 이용하는 제품이나 서비스를 판매하는 것이다. 사실 이러한 유형의 비즈니스는 두 번째 유형의 비즈니스와 동일하다고 해도 무방하다. 차이가 있다면, 전력계처럼 프라이버시에 민감하지 않은 정보들이 생성되고 이용된다는 것이다. 물론, 이용자의 체온이라던지 운동량 같은 정보를 사용자 정보를 완전히 배제한 채로 통계적으로 제공하는 경우도 있다. [그림 149]는 킨사(Kinsa)의 스마트 온도계의 사례로, 동일한 지역 혹은 단체에 속해 있는 사람들의 체온변화를 통계적으로 이용하여 폐혈성 인두염(Step Throat)과 같은 징후를 알려주는데 이용하기도 한다.

데이터를 판매한다는 것은 일정한 비용을 지불하고 해당 데이터를 이용하여 만들어진 서비스를 이용한다는 것을 의미한다. 즉, 서비스 플랫폼에서 제공하는 API를 통해 특정 센서 디바이스 혹은 특정 조건에 부합하는 센서 디바이스들이 만들어낸 데이터를 이용하거나 그들을 제어하는 것을 의미한다. 물론, 많은 경우에 있어서 이러한 플랫폼이 제공하는 API들은 어플리케이션 개발자들에게 무상으로 공개된다. 해당 제품

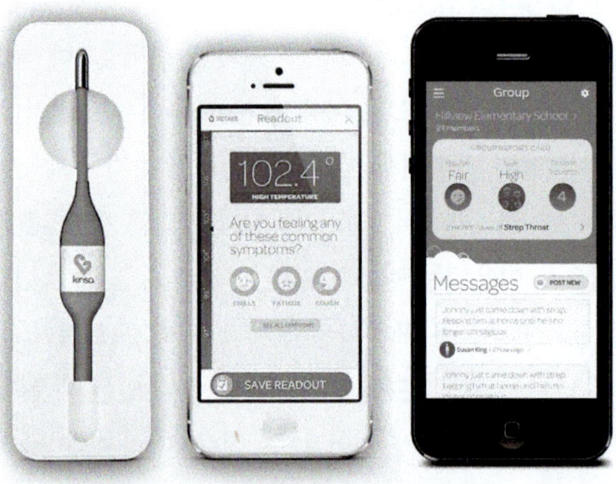

그림 149 질병 징후 확인에 동일 유형의 데이터를 이용하는 스마트 온도계

과 관련된 더 많은 파트너와 그들이 만들어내는 어플리케이션들은 하드웨어 제조사는 생각지도 못했던 다양한 파생 서비스들을 만들어내며 그 제품에 대한 비즈니스 생태계(business eco-system)를 만들어 나갈 수 있기 때문이다.

대부분의 플랫폼 기반의 비즈니스가 유형 3에 속하며, 동일한 회사가 제공하는 디바이스 혹은 동일한 서비스 플랫폼에서 지원하는 디바이스의 종류가 다양해지면 다음에 소개하는 유형 4의 비즈니스가 된다.

네 번째 유형은 자신과 같은 유형의 디바이스 및 다른 유형의 디바이스들이 만들어낸 데이터를 이용하는 제품이나 서비스를 판매하는 비즈니스다. 일종의 웹2.0 기반의 비즈니스인 셈이다. 스마트폰이나 태블릿이 이러한 유형에 속하는 대표적인 제품이며, 스마트폰에서 이용되는 이플들이 대표적인 서비스가 될 것이다.

SK플래닛의 T맵이나 김기사, 아틀란을 포함한 클라우드 기반의 네비게이션 서비스는 이러한 유형에 속하는 대표적인 사례다. T맵이 설치된 네비게이터나 스마트폰들의 실시간 위치 정보는 그 자체가 실시간 교통정보가 된다. 즉, A지역 주변에서 해당 서비스를 이용하는 디바이스의 숫자와 B지역에서 A지역으로 이동하는데 걸리는 시간은 A지역 주변의 교통혼잡도를 간접적으로 나타낸다. 따라서, 이러한 정보들을 이용하면 우회할지라도 더 빠른 경로를 안내하는데 이용될 수 있다.

마지막 비즈니스 유형은 다른 디바이스가 만들어낸 데이터를 이용하는 서비스를 판매하는 비즈니스다. 물리적인 디바이스를 필요로 하지 않기 때문에, 다양한 요금 정책을 바탕으로 서비스를 제공할 수도 있으며 광고를 연계하는 경우 무료로 서비스를 제공할 수도 있다.

대표적인 예는 지능형 교통정보시스템(ITS, Intelligent Transportation System)과 현대캐피탈의 상권분석 서비스다. ITS 시스템의 경우 [그림 150]에 보이는 것처럼, 교통혼잡 현황, 버스의 운행정보, 실시간 도로상황 안내 등과 같은 다양한 정보를 동시에 제공하고 있다. 공공 서비스이기 때문에, 해당 서비스를 제공하는 비용은 사실상 시민들의 세금으로 충당된다. 현대캐피탈의 상권분석 서비스는 지역별 핸드폰 이용자수를 바탕으로 간접적으로 유동인구를 파악할 수 있다. 또한, 업종별 카드 결제 내역을 바탕으로 특정지역에서 어떤 업종의 매장이 유망한지를 알려줄 수 있다.

앞의 사례에서도 드러나듯이, 이러한 서비스는 통계적인 데이터를 기반으로 하기 때문에, 실시간 특성이 있는 것일 수도 있고 없는 것일 수도 있다. 그러나, 깊이 있는 데이터 분석 능력을 필요로 한다. 향후 사물인터넷 비즈니스는 어떤 데이터들을 묶어 어떤

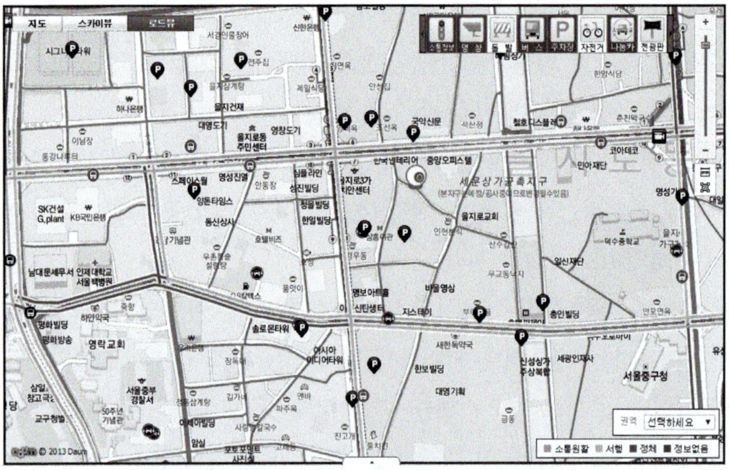

그림 150　서울교통정보센터에서 제공하는 종합교통정보 (http://topis.seoul.go.kr)

의미 있는 가치를 제공하느냐에 의해 결정되리라 생각한다.

지금까지 5가지 유형의 사물인터넷 비즈니스에 대해 살펴보았다. 대체적으로, 앞쪽에 위치하는 비즈니스들은 초기 유형에 속하며, 뒤로 갈수록 진화된 비즈니스 유형에 속한다. 또한, 뒤쪽에 위치하는 비즈니스들은 다양한 비즈니스 모델을 바탕으로 제공될 수 있음을 알 수 있다.

사물인터넷 비즈니스의 활성화 방안

그렇다면, 왜 사물인터넷 시대가 생각만큼 우리 앞에 다가서지 않는 것일까? 지금 세상이 사물인터넷 열풍으로 흥분하고 있으니 시장이 조금 더 성숙할 때까지 1~2년만 더 기다리면 되는 것일까? 나는 그렇지 않다고 본다. 기존의 비즈니스 모델을 무너뜨릴 수 있는 새로운 기술은 우리가 원하거나 기대하는 것보다 훨씬 더 오랜 시간이 지나야만 사람들이 수용할 수 있기 때문이다.

바로 제프리 무어가 1991년에 발표한 〈Crossing the Chasm〉에서 말한 것처럼, 얼리어답터(early adopter)와 초기 대중(early majority) 사이의 간극을 메우기 위해서 새로운 기술은 기업이나 일반 사용자들이 소비하기 쉬운 형태로 만들어져야만 하기 때문이다. 이것은 단지 어떤 완벽한 솔루션을 제공하는 것을 의미하는 것뿐만 아니라, 신뢰할 수 있는 브랜드나 전국적인 혹은 글로벌한 규모로 제공될 수 있어야 함을 의미한다 [30].

〈The Silent Intelligence〉의 저자들은 이동통신사들이 인수나 합병에 관여하기 시작하는 시점이 사물인터넷 시장이 티핑포인트에 다다른 시점이라고 판단할 수 있다고 지적하기도 했다 [30]. 국내는 조금 다르긴 하겠지만, 이런 관점에서 조만간에 사물인터넷 시장은 본격적인 수용(mass adoption)의 시기가 도래할 것이라 추측할 수 있다. 바로 구글, 애플, 페이스북 등 다수의 글로벌 기업들이 2013년부터 사물인터넷의 요소 기술을 가진 기업들을 인수하거나 합병하기 시작했기 때문이다. 즉, 어떤 빅 플레이어가 사물인터넷 시장의 주도권을 잡기 위해 시장에 참여하는 순간, 다른 플레이어들도 시장에 관심을 갖기 시작할 것이며 전체적인 시장의 규모도 커지고 수준도 올라갈 것이기 때문이다.

언론에서 소개되는 사물인터넷 사례들을 보고 있노라면, 사물인터넷과 관련된 많은 비즈니스들이 이미 성공을 거두고 있는 듯한 착각이 들 정도다. 사실 성공적인 제품이나 서비스들도 있고, 아직까지 성공 여부를 판단하기 어려운 것들도 많다. 그러나, 좀 더 냉정하게 이야기하면, 거의 모든 사물인터넷 관련 비즈니스는 아직까지 성공하지 못하고 있다. 일부 성공적인 비즈니스 사례를 빼고는 대부분 화려하게 포장된 언론의 보도자료나 세미나 발표자료에서 반복적으로 소개되어 낯이 익기 때문일 뿐이다.

성공의 기준을 뭘로 보느냐에 따라 달라지겠지만, 적어도 국내의 경우는 아직까지 성공적인 사례가 없다고 하는 것이 맞을 것이다. SK플래닛의 티맵(대부분의 사람들은 티맵과 같은 서비스가 사물인터넷 기반 서비스인지도 모른다)을 제외한다면 어떤 제품이나 서비스를 만들어 의미 있는 수준의 판매량이나 이용자를 확보한 경우가 거의 없다. 대기업으로부터 인수합병이 되거나 제대로 된 펀딩을 받는 경우도 드물고, 고작해야 정부로부터 약간의 정책 자금을 지원받아 해당 사업을 연명하는 정도라고 하는 것이 정확한 표현일 것이다. 또한, 실제로 사물인터넷 관련 제품이나 서비스를 출시하는 기업들도 시장의 인지도 확보를 위해 제품을 출시한 것이라는 변명 아닌 변명을 한다. 하지만, 중요한 것은 시장은 그들이 성공하기를 기다려주지 않는다는 것이다.

최근 들어 음식물 쓰레기 처리기와 같은 분야에서 나름 의미 있는 숫자들이 나타나고는 있지만, 전체 매출에서 사물인터넷과 관련된 부분이 차지하는 비중은 채 10%도 되지 않는다. 또한, 해당 사업과 관련하여 정부의 정책적인 지원이 끊기면 사업 규모가 급격히 축소되는 현상도 보이고 있다.

그렇다면, 이들 사물인터넷 관련 기업들이 아직까지 제대로 된 성공을 하지 못하거나 언제까지나 성공하기를 기다려야만 하는 이유는 무엇일까? 그 이유는 여러가지가 있겠지만, 기본적으로 사물인터넷을 위한 환경 조성이 되어 있지 않다는 것이다. 필자는 그 근본적인 이유로 스마트폰이 2년 늦게 도입됨으로써 관련 시장에 대한 관심 또한 2년 늦게 시작되었기 때문이라고 생각한다. 기술과 비즈니스 분야에서 2년 이라는 시간은 정말로 극복하기 쉽지 않는 시간이기 때문이다.

하지만, 이는 돌이킬 수 없는 일이 아닌가? 따라서, 이 책에서는 기업, 시장, 정책이라는 관점에서 사물인터넷 비즈니스가 제대로 활성화될 수 없었던 이유들을 간단히 살펴보고, 그에 대한 해결 방안들은 제시하고자 한다.

먼저, 사물인터넷 비즈니스를 준비하는 기업의 입장에서 가장 헷갈리는 부분은 어디에서 돈이 나오는지에 대해 잘 알지 못한다는 것이다. 그러다보니, 중소기업과 스타트업들은 제조업을 기반으로 사업을 시작한다. 즉, 기존에 존재하던 제품들에 단순히 통신 기능이 추가된 제품을 만들어 공급하게 된다. 요즘은 그 어느 때보다 제품 개발 환경이 좋기 때문에 나름 팬시한 제품이 만들어지지만, 대부분의 기업은 초도 물량도 제대로 판매하지 못하는 어려움을 겪게 된다. 소비자, 채널, 마케팅 등 비제조적인 부분에 대한 이해가 부족하기 때문이다.

무엇보다도 중소기업들이 만들어내는 제품들의 경우 단순히 기존 제품에 센서와 통신 모듈이 추가된 경우가 많다. 센서와 통신 모듈이 추가된 것은 기능이 추가된 것이지 이용자 가치가 추가된 것은 아니다. 또한, 이러한 시도는 하드웨어를 개발할 수 있는 기업이라면 누구라도 할 수 있는, 즉 진입장벽이 낮은 시장이라는 것이다. 즉, 유형 1이나 유형 2에 속하는 사물인터넷 비즈니스로는 시장에서 경쟁하기가 쉽지가 않다.

또한, 너무 많은 기능들을 포함한다. 언론에 많이 소개되는 '플랜티'라는 스마트 화분의 경우 화분에 물을 줘야 하는 시점만 알려주면 되지만, 원격에서 물도 주고 조명도 비춰주고 심지어는 시계 기능까지 제공한다. 반면에, 코우바치(Koubachi)의 '플랜트센

그림 151　다양한 기능을 제공하는 플랜티(좌)와 센싱 정보만 제공하는 플랜트센서(우)

서(Plant Sensor)'는 토양의 습기, 공기온도, 광량을 측정한 후 사용자로 하여금 직접 물을 주든 불을 켜주든 하도록 만든다. 오히려, 동시에 여러 제품을 이용하기 편리하도록 관리 기능을 강화하는 등 소프트웨어적인 고객 가치 부분에 더 많은 신경을 쓰고 있다. [그림 151]에 보이는 것처럼, 코우바치라는 제품이 훨씬 상품성이 있어 보이고 가격도 현실적일 뿐더러 이용자를 관여시킴으로써 지속적으로 사람의 관심을 이끌 수 있다.

설상가상으로 국내의 경우 아직까지 관련 시장 규모가 크지 않은 것도 중요한 이유 중의 하나다. 하드웨어 기반의 제품인 경우 적어도 수만 대에서 십만 대 이상을 팔아야 개발비를 회수하고 후속 모델 개발을 도모할 수 있으나, 국내 시장에서는 1만 대 이상을 파는 것도 쉽지 않은 게 현실이다. 따라서, 적극적인 해외시장 진출이나 처음부터 해외에서 펀딩을 받고 제품을 개발하여 론칭하는 방법 등도 함께 고민해 봐야 할 것이다.

또한, 제품과 관련된 API를 적극적으로 공개하고 가능하면 많은 개발자들이 이를 이용할 수 있도록 해야 한다. 스마트 체중계를 생산 판매하는 위딩스(Withings)라는 기업의 경우 이러한 노력을 적극적으로 추진한 결과 관련 어플만 100여 개에 달하고 있으며, 결과적으로 이는 관련 제품의 판매를 촉진하는 동인이 되고 있다.

반면에 대형 통신사나 솔루션 통합 사업자 같은 대기업들은 기업 대상(B2B)의 일회성 납품/구축 사업에만 집중하는 경향이 있다. 지속적으로 사물인터넷 비즈니스의 시장 규모를 키우기 보다는 한방에 커다란 매출이 발생하는 B2B 사업이 더 실적 달성에 유리하고 전통적으로 일하던 방식이라서 거부감도 적기 때문이다.

이들은 누구보다도 플랫폼의 중요성을 잘 알고 있고, 많은 인력과 비용을 들여 독자적인 플랫폼을 구축할 능력도 가지고 있다. 동시에 자신들이 구축한 플랫폼으로 사물인터넷 세상을 지배하겠다는 야심도 가지고 있다. 그러다보니, 이들이 만든 사물인터넷 플랫폼들은 지극히 폐쇄적이며 설령 외부에 개방되어 있다 하더라도 지극히 제한적인 기능에 국한되거나 이용하기 어렵게 되어 있다.

특히, 이동통신사들은 또 하나의 착각을 하고 있는 것이 있다. 자신들이 통신망을 가지고 있기 때문에, 모든 사물인터넷 관련 데이터를 이용할 수 있다는 것이다. 하지만, 그들이 알 수 있는 것은 스마트폰 이용자가 대략 어디에 있다는 정도와 데이터를 어느 정도나 쓰고 있다는 정도에 국한된다. 그들은 사물인터넷과 관련하여 큰 역할을 할 수 없는 것이 냉혹한 현실이다.

그러나, 대기업의 경우 중소기업과는 달리 기존의 태도를 조금만 변화시키면 관련 시장을 주도할 수 있을 것이다. 즉, 자신들이 가지고 있는 플랫폼이나 제품의 API를 절대 공개해서는 안 되는 부분을 빼고는 철저히 공개함으로써 관련 생태계를 이끌어 나가야 할 것이다. 물론, 일부 API에 대해서는 유료화를 추진해도 좋을 것이다. 다행스럽게도, 이 책을 마무리할 즈음에 SK텔레콤이나 KT, 시스코, 삼성전자와 같은 대규모 기업들은 파트너 프로그램이나 협업을 위해 노력하겠다고 밝히고 있는 상황이다.

다음으로 사물인터넷과 관련한 국내 시장에 대해서 살펴보자. 국내 시장은 규모로 봤을 때 미국 시장의 1/10~1/20 규모밖에 되지 않는다. 시장 자체도 작고 미국이나 다른 나라에 비해 사물인터넷에 대한 관심이 늦게 일어났기 때문이겠지만, 어찌 됐건 이는 사물인터넷 비즈니스를 하려는 기업들에게 매우 좋지 않은 것이 사실이다. 미국에서는 수억에서 수십억의 소셜 펀딩을 유치하는 것이 가능하지만, 한국에서는 소셜펀딩을 통해 몇 천만원을 유치하는 것도 어려운 것이 현실이다. 이는 그만큼 새로운 제품이나 서비스가 판매되는 시장의 규모가 작다는 것을 반증한다 하겠다.

시장 관점에서 한 가지 더 언급하고 싶은 부분은 국내 시장은 해외 시장과 다르다는 것이다. 예를 들어, 습도 센서가 부착된 하기스 기저귀의 경우, 엄마가 항상 아이와 붙어 있는 국내 상황에는 적합하지 않은 제품이라 할 수 있다. 또한, 해피포크(HAPIFork)와 같은 제품도 식사시간이 2시간 가까이 되는 유럽 상황에 맞는 제품이지, 5~10분 안에 식사를 마치는 국내 상황에는 다소 맞지 않는 제품이라 할 것이다.

마지막으로, 정책적인 부분이다. 박근혜 정부는 창조경제를 기치로 내걸고 사물인터넷 기본계획을 수립·발표하고 사물인터넷 혁신센터를 개소하고 사물인터넷 관련 규제를 철폐하겠다고 밝히는 등 사물인터넷과 관련해서 정책적 지원을 아끼지 않고 있다. 그러나, 이러한 노력이 표면적인 것일 뿐 관련 기업들에게는 피부에 와닿는 도움이 되지 않는다는 한계를 노출하고 있다.

정책 자금의 지원 대상 기업의 선정도 시장성보다는 다른 부분들이 더 중시되는 것 같다는 볼멘소리가 관련 업계에서 나오고 있으며, 제한된 재원을 너무 많은 기업에 나눠주기 하는 식으로 지원하다보니 기업들에게는 실질적인 도움이 되지 않고 있다. 따라서, 여러 기업을 조금씩 도와주기 보다는 객관적인 방식으로 선정된 일부 기업에게 집중적으로 투자를 해서 성공 사례를 만드는 것이 중요할 것이다.

이는 두 가지 관점에서 중요한 의미를 갖는다. 첫째, 정부의 지원을 바탕으로 민간 영역에서의 추가적인 투자를 유도할 수 있다. 이는 전체적인 투자의 규모를 키우게 되어 효과적인 지원을 가능하게 할 것이다. 둘째, 성공적인 투자 사례는 자금의 회수 및 재투자를 가능하게 한다. 대부분의 정부 지원금에 대해서 지원을 받는 기업들은 '눈먼

돈'이라는 인식이 강하다. 즉, 한번 받아 쓰면 그만이라고 생각을 하는데, 이러한 문화는 정부 지원금이 성공적인 사업으로 이어지지 못해 자금을 회수하는 것이 불가능하기 때문에 발생했다고 생각한다. 따라서, '집중적인 지원 → 성공사례 확보 → 자금 회수 → 재투자'의 선순환 구조를 만드는 것이 필요하다.

또한, 중소기업의 지원 방식이 자금이나 개발 지원 분야에 국한된다는 것도 문제다. 물론, 이러한 부분도 중요하긴 하지만, 국내외 유통채널의 구축 및 개발된 제품의 홍보 및 마케팅처럼 정작 중소기업이 할 수 없는 부분은 빠져 있는 상황이다. 또한, 사물인터넷 관련 글로벌 전시회 등의 참가를 지원함으로써 해외시장을 개척할 수 있는 기회를 주는 것이 오히려 더 효과가 있을 것이라 생각한다.

그리고, 앞에서도 한번 언급했던 것처럼, 사물인터넷 관련 제품이나 서비스를 개발하는 기업에 대한 지원과 함께, 사물인터넷 제품이나 서비스를 이용하는 기업에 대한 지원도 병행할 필요가 있을 것이다. 시장은 공급보다는 소비자의 니즈가 있을 때 형성되며, 소비자의 니즈가 있어야만 성공적인 사례도 만들어질 수 있기 때문이다.

유통 분야의 사물인터넷 비즈니스 사례

물건의 입고와 출고, 쇼핑 카트, 진열대, 주차장까지 모두 인터넷에 연결됐을 때 쇼핑 공간은 어떻게 변모할까? 주차장은 고객에게 신속하게 빈 자리를 알려주고 동시에 직원들에게는 얼마나 많은 고객들이 방문했는지를 알려줄 수 있을 것이다. 그리고 쇼핑카트는 미리 정리해 놓은 구매 희망 품목을 바탕으로 어떤 경로로 이동해야 편리하게 쇼핑을 할 수 있는지 알려줄 수 있을 것이다. 또한, 상품 진열대에서는 제품의 실시간 가격 및 할인 정보를 포함한 제품과 관련된 다양한 정보를 제공할 수도 있고, 품절된 상품이 생기면 자동으로 창고에 물품을 보충하도록 알림으로써 해당 제품의 판매를 촉진할 수도 있을 것이다.

당장은 먼 미래의 일처럼 들리지만, 이미 유럽의 주요 유통점에서는 이 중의 상당수가 구현되어 있고, 국내의 일부 백화점이나 할인마트 등의 쇼핑몰에서도 관련 시스템의 도입을 위한 파일럿이 진행되고 있다.

실제로 월마트(Walmart)와 테스코(Tesco) 같은 대형 소매업체들은 2000년 초부터 사물인터넷 기술을 도입해 공급망에서 제품의 위치를 실시간으로 추적하고 있다. 한편, 세계 최고의 온라인 유통업체인 아마존(Amazon)은 사물인터넷 기술을 이용하여 주문과 배송 방식을 혁신함으로써 오프라인 유통업자들을 위협하고 있다. 또한, 우리가 생각지도 않았던 분야에서도 사물인터넷 기술을 도입하는 사례들이 늘고 있다.

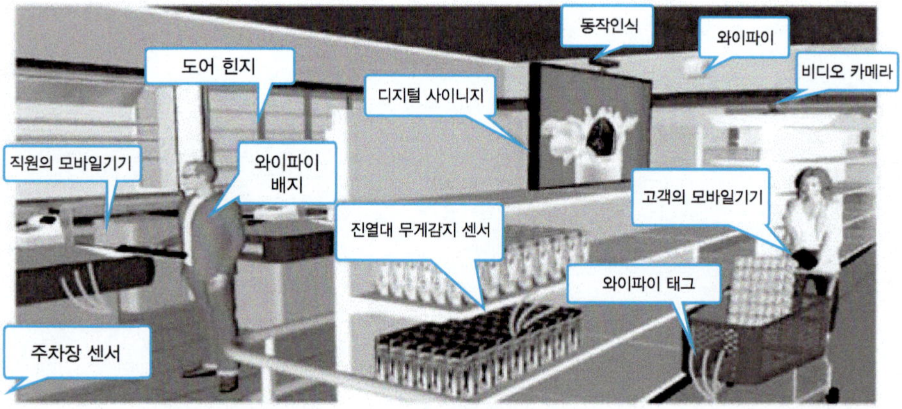

그림 152 유통 현장에서의 사물인터넷 적용 (출처: 디지털타임스 2014.02.24)

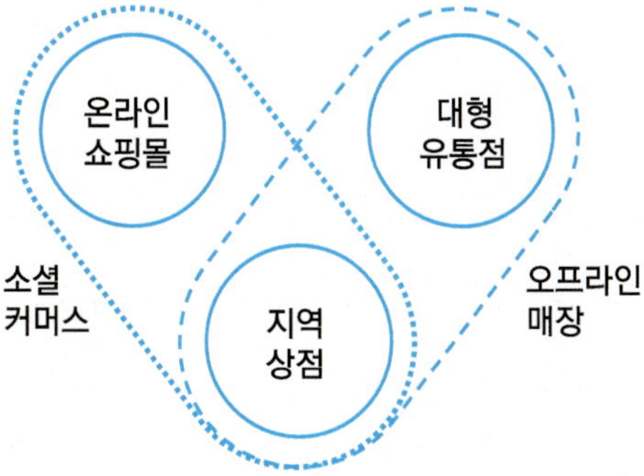

그림 153 유통 산업 구조

시스코가 발표한 '만물인터넷이 유통업계의 미래에 끼칠 영향'에 대한 조사 결과에 따르면, 유통업계가 2014년 한해 동안 사물인터넷으로부터 창출 가능한 가치를 돈으로 환산하면 무려 810억 달러에 달한다고 한다. 게다가, 만물인터넷을 통해 얻을 수 있는 부가가치는 990억 달러 수준이라고 한다 [133]. 실로 어마어마한 금액이 아닐 수 없다.

상황이 이렇다 보니, 유통 분야에서의 사물인터넷 기술 도입은 다른 산업 분야보다도 활발하다. 사실, 전통적으로 B2B 분야는 초기 사물인터넷의 개념, 즉 사물지능통신(M2M) 기술이 일찍부터 적용된 곳이다. 그 중에서도 사물인터넷의 용어가 탄생한 유통분야는 누가 뭐래도 사물인터넷의 산실이라 해도 손색이 없을 것이다. 따라서, 이 장에서는 유통분야에서 발견되는 사물인터넷 도입 사례들을 사물인터넷 비즈니스의 유형 관점에서 살펴보고자 한다.

이 책에서 다양한 유형의 사물인터넷 관련 비즈니스 사례를 살펴보기 위해 유통 분야를 선택한 것은 유통 분야가 전통적인 B2B 분야이면서도 최종 서비스 이용자는 스마트폰을 이용하는 일반 소비자들이기 때문이다. 즉, 과거부터 사물지능통신(M2M)과 관련된 일을 했거나, 최근에 사물인터넷에 관심을 갖게 된 모든 사람이 공히 관심을 가질 수 있는 분야이기 때문이다. 또한, 사물인터넷 시장 관점에서 다른 산업 분야에 비해 규모도 크고 시장 전망도 좋기 때문이다. 유통 산업 분야의 글로벌 M2M 시장에 대한 테크나비오(TechNavio)의 전망에 따르면, 2013년부터 2018년 사이 연평균 34.14%로 성장할 것으로 예측되고 있다.

유통 산업은 [그림 153]에 보이는 것처럼, 크게 온라인 영역과 대형 유통점 및 지역 상점 중심의 오프라인 영역, 그리고 소셜커머스로 대변되는 온라인 특성과 지역 상점을 연계하는 영역으로 나누어 생각해 볼 수 있다. 이 책에서는 먼저 온라인 영역과 대형 유통점에서 발견되는 사물인터넷 도입 사례들을 살펴보고, 마지막으로

o2O(online-to-Offline)라는 관점에서 로컬커머스(Local Commerce)에 대해 살펴보도록 할 것이다.

아마존의 대시(Amazon's Dash), 파이어플라이(FireFly), 드론(Dron)

개인들의 쇼핑 영역에서도 사물인터넷을 적용하는 움직임이 나타나고 있다. 지금까지는 스마트폰이나 태블릿용 쇼핑 어플을 이용하여 온라인 쇼핑을 하거나, 스마트 냉장고가 필요한 식자재를 알려주는 수준에 불과했다. 그러나, 세계 최대 인터넷 서점이자 쇼핑몰인 아마존이 제시한 방법은 쇼핑을 위한 별도의 '도구'를 이용한다. 바로 '대시(Dash)'라는 것으로 [그림 154]에 보이는 것처럼 길이 16.2 cm, 두께 2.9 cm의 막대처럼 생긴 제품이다.

제품의 구성도 단순하다. 마이크와 바코드 인식을 위한 스캐너가 전부다. 그러다 보니, 쓰는 방법도 간단하다. 마이크 버튼을 누른 채 마이크에 대해 '사과'라고 말하면 아마존에 주문이 들어간다. 또는, 냉장고나 찬장에 있는 우유나 케찹, 세제 등의 바코드를 찍으면 동일한 제품이 주문된다. 그리고, 이전에 저장해 놓은 결제 정보를 바탕으로 자동으로 결제도 이루어진다. 즉, 대시는 식료품과 생필품을 빠르게 배송해 주는 '아마존 프레시(Amazon Fresh)'와 연결되어 이용하게 된다. 아마존 프레시 서비스는 주문 후 24시간 이내에 도착하는 빠른 배송 서비스를 특징으로 한다. 따라서, 집에서 필요한 물품들을 빠르고 쉽게 구입할 수 있다.

아마존은 현재 샌프란시스코와 LA, 시애틀 지역에서 일부 이용자들을 대상으로 파

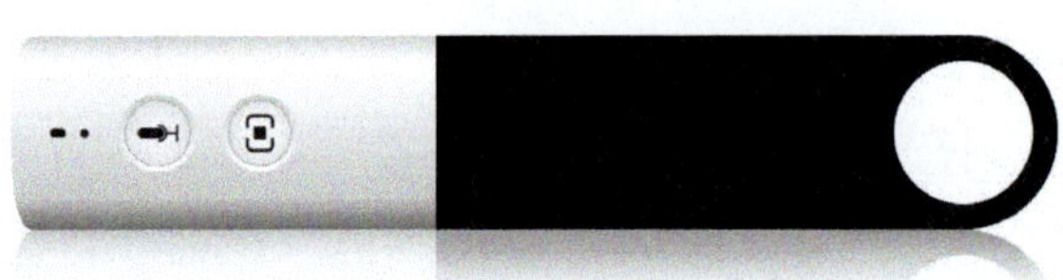

그림 154 아마존이 제시한 쇼핑을 위한 도구 대시(Dash)

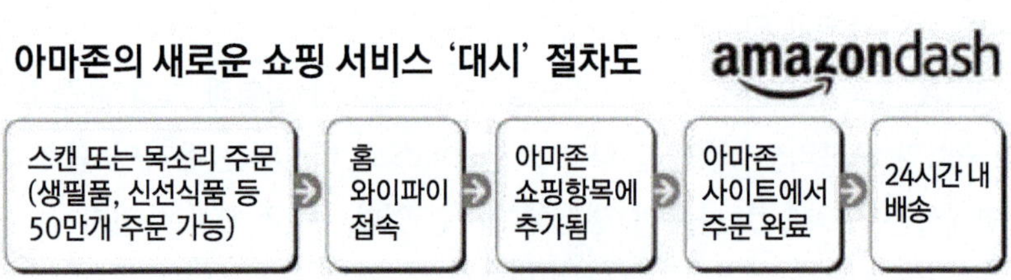

그림 155 아마존의 대시 서비스 절차

일럿 테스트를 진행 중에 있으며, 조만간 상용화할 예정이다. 상용화가 되면 대시는 무료로 제공될 예정이지만, 이 제품과 연동되는 아마존 프레시 서비스를 연회비 299달러에 가입해야만 할 것으로 예상된다.

이 책의 집필을 마무리할 즈음인 2014년 6월에 아마존은 아마존이 자체 개발한 스마트폰인 '파이어폰(Fire Phone)'을 발표했다. 대부분의 언론은 파이어폰의 무안경 3D 기술이나 스마트폰을 기울이면 페이지가 넘어가는 오토스크롤(Auto-Scroll)과 같은 기능들을 집중해서 소개했다. 그러나, 필자의 이목을 끄는 것은 다름 아닌 '파이어플라이(Firefly)' 버튼/기능이었다([그림 156] 참조).

파이어플라이는 이른바 시청각 인식 어플리케이션으로 이미지나 소리를 인식하고 이를 바탕으로 관련 제품을 검색해서 보여 준다. 즉, 앞에서 소개한 대시처럼, 제품의 이미지나 소리를 인식하도록 함으로써 그 제품을 쉽게 구입할 수 있도록 하자는 것이다. 대시가 주로 다 이용한 제품 및 공산품의 주문 쪽에 가깝다면, 파이어플라이는 공산품은 물론 전자책이나 음악, TV 프로그램 등의 디지털 컨텐츠까지로 그 영역을 넓혔

그림 156 아마존의 파이어폰(Fire Phone)의 파이어플라이(Firefly) 버튼/기능

다는 것이다. 특히, 항상 휴대하고 다니는 스마트폰을 이용하기 때문에, 온라인 쇼핑에 있어서의 시공간의 제약을 완전히 없앨 수 있을 것으로 기대된다.

사실, 아마존이 파이어플라이 기능을 소개하기에 앞서, 동일한 기능의 iOS용 어플인 '플로우(Flow)'를 출시한 바 있다. 즉, 파이어플라이는 파이어폰에 들어가는 플로우 어플과 동일한 것에 불과하다. 그러나, 여기서 주목할 것은 파이어폰에 별도의 파이어플라이 버튼을 두었다는 것이다. 아마존은 스마트폰이 전화 통화보다는 제품을 구매하는데 더 많이 이용되기를 바라고 있고, 제품을 주문하는 것을 조금이라도 더 쉽게 해주기 위해 노력하고 있다는 것이다.

사실 대시나 파이어플라이나 아마존 프레쉬는 아마존이 사물인터넷 사업에 뛰어든다는 생각을 가지고 만든 제품이나 서비스가 아니다. 기술적으로도 전혀 새롭거나 어려운 것이 없으며, 제품을 만드는 비용도 그리 비싸지 않다. 원래 컴퓨터나 스마트폰으로 주문을 넣던 스마트 프레시 서비스에 음성, 소리, 바코드, 이미지를 이용하여 주문하는 기능을 넣은 것에 불과하다.

중요한 것은 아마존은 기존에 가지고 있는 기술들을 이용하여 새로운 인터넷 쇼핑 방법을 만들어내려 하고 있다는 것이다. 바로 '노력 안 들이는 상거래(Zero Effort Commerce, ZEC)'를 구현하겠다는 것이다. 아마존의 유일한 목표는 고객들이 더 쉽게 더 많은 제품을 구입할 수 있는 환경을 제공함으로써 성장해 나가는 것이다.

아마존의 대시 및 파이어플라이와 더불어 함께 언급해야 할 것이 하나 더 있다. 바로 '드론(Drone)'이다. 미국은 넓은 면적 때문에 온라인 쇼핑 사업에서 배송 시간을 단축하는 것이 아주 중요하다. 이러한 문제를 해결하기 위해 아마존은 두 가지 프로젝트를 진행하고 있다. '선행 배송 시스템(Anticipatory Shipping)'과 '아마존 프라임 에어(Amazon Prime Air)' 프로젝트가 바로 그것이다.

아마존의 선행 배송 시스템은 사용자가 구매할만한 물품을 예측하여 미리 상품 포장과 선적을 준비하는 것으로, 이전 구매 이력, 검색 키워드, 위시 리스트, 쇼핑 카트

드론(Drone)은 원래 수컷 꿀벌이나 벌들의 윙윙거리는 소리를 의미하는 말이었으나, 향후 군사 작전에 사용될 목적으로 무인기가 개발되면서 무선으로 조종되는 무인 비행 물체를 총칭하는 용어가 되었다. 전투용 드론에 대한 개념은 Lee De Forest 박사가 1940년 Popular Mechanics 라는 저널에 최초로 발표하였으며 [127], 1973년에는 미국의 DARPA(Defense Advanced Research Projects Agency)가 Praeire와 Calere라는 두 종의 프로토타입을 제작하기도 했다 [128]. 최근에 우리나라의 경기 북부와 강원도에서 발견된 북한제로 추정되는 비행체도 일종의 드론에 해당한다.

그림 157 아마존 프라임 에어 프로젝트에 사용된 드론(Drone)

목록 정보를 이용해 소비자가 구매할 만한 제품들을 예측한다. 구매가 예측된 물품은 미리 해당 고객 거주지 인근의 물류 창고나 배송 트럭으로 옮겨진 후, 실제 주문이 발생하면 고객에게 배송되는 방식이다. 실제로 아마존은 2012년 8월에 미국 특허청에 해당 시스템에 대한 특허를 신청하였으며, 2013년 12월에 최종 승인을 받았다.

선행 배송 시스템의 경우 아이디어 자체는 혁신적이지만, 예측 기술의 정확성이 낮은 경우에는 큰 비용이 발생할 수 있다. 이에 반해 아마존 프라임 에어 프로젝트는 실제로 주문된 제품에 대한 배송시간을 단축하기 위한 것으로, 배송 시간을 단축하기 위해 '드론(Drone)'이라는 옥토콥터를 사용한다.

아마존의 드론은 GPS 시스템을 활용해 아마존 물류센터에서 반경 16 Km 이내의 범위에서 2.3 Kg 이내의 소규모 물품을 30분 이내로 배송하는 것을 목표로 한다. 실제로 아마존에서 주문되는 물건의 약 86%가 이 카테고리에 해당한다고 한다. 현재는 미 연방항공청의 승인을 신청한 상태이고 빠르면 2015년 초에 실용화될 것으로 보인다.

이곳에서 이야기되는 대시나 파이어플라이, 드론들도 전자책 리더인 '킨들(Kindle)'과 같은 목적의 제품들임에 틀림이 없는 것 같다. 과거 킨들이 출시되었을 때, 세상의 반응은 아마존이 소니를 비롯한 전자책 리더 업체들과 경쟁하는 것이 아닌가 하는 생각을 했다. 그러나, 결국은 자신들의 주력 상품인 책을 더 많이 판매하기 위한 노력임이 밝혀졌었다. 최근에 소개되는 대시, 파이어플라이, 드론도 킨들의 연장선 상에서 자신들의 주력 사업인 온라인 쇼핑을 활성화시키기 위한 노력들의 단편인 것이다.

가상 스토어(Virtual Store)

온라인 유통업체인 아마존이 대시나 드론과 같은 서비스를 이용하여 온라인 유통업체의 한계를 극복하고자 하는 것처럼, 오프라인 유통업체들은 사물인터넷 기술을 이용하여 오프라인 유통업자의 한계를 극복하기 위한 노력을 하고 있다. 대표적인 사업자가 영국의 대형 유통업체인 테스코(Tesco)다.

테스코의 국내 법인인 홈플러스의 경우 [그림 158]에 보이는 것처럼 일부 지하철역에 가상의 매장을 설치해 놓고 있다. 말이 매장이지, 실제로는 홈플러스 매장에 진열된 제품들의 사진을 바코드 및 QR코드와 함께 지하철 벽면에 부착해 놓은 것이다. 이용자는 자신의 스마트폰에 설치된 전용 어플리케이션을 이용하여 관심이 있거나 구매하고자 하는 제품의 하단에 부착된 바코드나 QR코드를 찍음으로써 제품에 관한 정보를 얻거나 주문을 할 수 있다. 물론, 사진과 같은 가상의 매장이 없는 곳에서는 어플리케이션을 이용해 온라인 쇼핑을 할 수도 있다.

사실, 제품들을 스마트폰 화면에 보여 주는 대신 매장 사진을 통해서 제품을 보여준다는 것을 제외하면, 가상 스토어는 구조적으로는 온라인 혹은 모바일 쇼핑과 별다를 바가 없다. 그러나, 실사 크기의 제품이 진열된 매장 사진과 그 앞에서 어떤 제품을 살까 고민하도록 하는 것은 온라인 쇼핑에서는 전달할 수 없는 부분일 것이다. 홈플러스의 발표 자료에 따르면, 가상 스토어를 도입한 이후 온라인 회원수는 76%가 증가했고, 온라인 매출의 경우 130%가 증가했다고 한다.

그림 158　지하철 플랫폼에 설치된 홈플러스의 가상 스토어

그림 159 Oculus Rift의 가상현실 기술을 이용한 테스코의 가상 스토어 구현 사례

물론, 이러한 시도에 대해 부정적인 시각도 있다. 고객층이 20-30대로 제한될 가능성이 크며, 제품 디스플레이를 위해 비교적 넓은 장소를 필요로 하기 때문이다. 실제로 가상 스토어가 설치되는 곳이 유동인구가 많은 곳이다 보니, 장소 임대 비용이 제품을 판매해서 올리는 수익보다도 큰 것으로 알려져 있다. 또한, 빈번하게 변하는 제품의 가격을 반영하기 어려운 문제도 지적되고 있다.

한발 더 나아가, 테스코(Tesco)는 오큘러스 리프트(Oculus Rift)의 가상현실 기술을 이용하여 직접 매장을 방문하지 않아도 마치 쇼핑을 하는 것과 같은 느낌을 전해줄 수 있다. 실제로 아직 구현되지는 않았지만, [그림 159]에 보이는 것처럼 사용자는 오큘러스 리프트를 착용하면 마치 자신이 쇼핑몰의 한 가운데에 있는 것과 같은 느낌이 든다. 매장을 돌아다니며 물건을 만져볼 수도 있고, 그 물건과 관련된 정보나 이용 방법 등도 소개받을 수 있다. 물론, 원하는 물건은 카트에 담아 주문을 할 수도 있다.

가상 스토어가 아직까지는 개념을 정립해 나가거나 파일럿을 진행하는 단계에 불과하긴 하지만, 오프라인 유통업체들은 커다란 관심을 가지고 있다. 가상 스토어가 오프라인 매장을 구축하지 않으면서도 소비자들에게는 오프라인 쇼핑의 재미를 그대로 전달할 수 있기 때문이다. 특히, 소비자가 매장을 찾는 방식이 아니라 매장이 소비자들 곁으로 찾아가는 방식이므로, 그동안 접근성의 이슈로 매장을 찾지 않았던 고객들로부터의 새로운 수요가 발생할 것으로 기대하고 있다.

두 사례에서 보여진 사물인터넷 기술의 적용 사례가 더욱 의미가 있는 것은, 쇼핑과 관련된 우리의 행동 패턴을 통째로 바꾸려 하기 보다는 일부 방식만을 바꾸는 것으로 제한했다는 것이다. 즉, 매장을 찾아가서 제품을 둘러보고 선택하는 과정의 그 느낌을 그대로 살리면서 재현했다는 것이다.

전자가격표시기(ESL, Electronic Shelf Label)

현재 글로벌 유통 시장은 아마존이 대표하는 온라인 업체와 테스코, 월마트, 베스트바이 등 오프라인 기반의 대형 유통 매장과의 가격 경쟁이 치열하다. 특히, 대형 유통 매장들은 온라인에서 실시간으로 바뀌는 가격 정보를 오프라인 가격에 반영하기 위해 다양한 노력을 하고 있으며, 이러한 니즈를 반영한 솔루션이 바로 전자가격표시기(ESL)이다.

ESL은 플라스틱 태그에 제품 가격과 함께 제품과 관련된 구체적인 정보를 나타낼 수 있는 기기다. 대부분의 경우 별도의 센서 없이 ESL 게이트웨이 장치와 무선으로 연결되는 통신 기능만 포함하고 있다. 따라서, 사물인터넷 비즈니스의 유형 1에 해당하는

그림 160　다양한 형태의 전자가격표시기 (출처: 삼성전기)

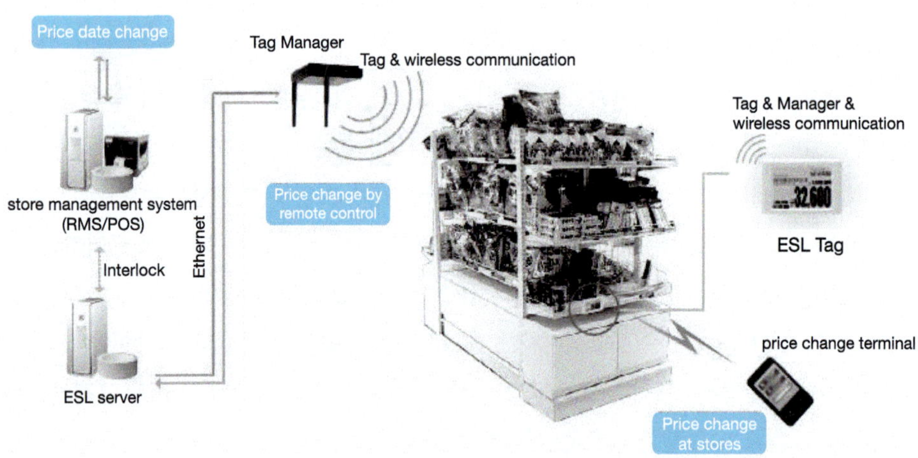

그림 161　ESL 시스템의 구성 예시 (출처: Cest.co.kr)

제품이라 할 수 있다. 물론, 최근에는 온습도 센서나 NFC 태그를 포함하고 있는 전자 가격표시기도 등장하고 있는데, 이런 경우 유형 2나 유형 3에 속한다고 할 수 있다.

[그림 161]은 ESL 시스템의 구성 예시를 보여 주고 있다. 그림에 보이는 것처럼, 제품의 판매대에 부착된 ESL과 이들을 무선으로 통신하는 ESL 게이트웨이 장치(Tag Manager), 그리고 ESL 서버와 매장 관리 시스템(POS)으로 구성된다. 또한, 현장에서 개별 태그의 가격 표시 정보를 변경할 수 있는 가격 변경 단말기(Price Change Terminal)도 이용 할 수 있다. 게이트웨이 장치와 ESL은 근거리 무선 통신 기술(WPAN)을 이용해 연결되는데, 주로 지그비(ZigBee) 기술이 이용된다.

ESL 시스템의 주요 기능은 다음과 같다. 먼저, 실시간으로 가격을 관리할 수 있다. 매장 전체는 물론 전국의 모든 매장의 가격을 동시에 변경할 수 있다. 따라서, 시장 변화에 발빠르게 대응함으로써 야채나 수산물과 같은 신선식품의 재고를 최소화할 수 있다. 둘째, 제품에 대한 다양한 정보를 제공할 수 있다. 제품의 가격은 물론, 원산지나 주요 성분에 대한 정보를 제공함으로써 고객의 구매를 유도할 수 있다. 냉동 및 냉장 식품의 경우 보관 장치의 온도나 습도 정보도 함께 제공함으로써 믿고 살 수 있다. 특히, NFC나 블루투스 4.0 기반의 비콘과 연계하여 이용하는 경우 제품에 대한 구체적인 정보는 물론, 이벤트 및 할인 정보의 제공도 가능해진다.

ESL 시스템을 도입하는 경우 먼저 인건비를 절감할 수 있다. 특히, 대형 유통 매장의 경우 가격표를 수작업으로 교체해야 하는 일이 빈번히 발생하는데, [표 24]에 보이는 것처럼 시스템 관리자 한 명이 단 몇 초만에 관련 업무를 완료할 수 있다. 특히, 가격표의 소실이나 오류 확인작업 등으로 인한 불필요한 작업 시간을 단축할 수 있다.

또한, 고객 만족도를 향상시키게 된다. 지금처럼 종이로 된 가격표를 이용하는 경우 간혹 판매대에 표시된 가격과 실제 결제되는 가격이 다른 경우가 발생하기도 하는데, 전자가격표와 POS 시스템간의 실시간 연동으로 이러한 일이 더 이상은 발생하지 않게 된다. 또한, 판매가, 정상가, 단위가 등 다양한 가격 정보 표시가 가능하므로, 고객의

표 24 종이 가격표와 전자 가격표의 비교 (출처: Cest.co.kr)

구분	종이 가격표	전자 가격표
가격표 교체에 드는 시간	1개/2분	10,000개/2분
가격표 소실 여부 확인	어려움	쉬움
가격표기 오류	약 6%	0%

구매 결정을 도울 수 있다.

마지막으로, 수익성을 향상시킬 수 있다. ESL과 함께 설치된 NFC 태그나 비콘은 제품에 대한 고객의 이해나 온라인마켓 가격과의 비교를 용이하게 해줌으로써 더 많은 제품의 구매를 유도할 수 있다. 또한, 이벤트 정보의 실시간 전송을 통한 적시 마케팅을 수행할 수 있고, 잘못된 가격 표기에 따른 보상 비용도 줄일 수 있다.

현재 영국, 프랑스, 독일, 북유럽 등 유럽 유통업계를 중심으로 ESL 사용이 빠르게 늘고 있다. 국내에서는 2014년 현재 롯데백화점 소공점에서 도입을 위한 검증 테스트를 진행 중에 있다. ESL 태그와 게이트웨이를 포함한 ESL 솔루션을 생산 판매하고 있는 기업으로는 유럽의 Pricer, Store Electronic Systems, 국내의 삼성전기 등이 있다. 특히, 프랑스의 Store Electronic Systems 사는 NFC를 포함한 ESL 제품을 판매하고 있다.

시장조사 기관인 TechNavio의 전망에 따르면, 2013~2018년 사이의 세계 ESL 시장은 연평균 18%로 성장할 것으로 전망하고 있다. 그러나, 이 수치는 [그림 161]에 보이는 것과 같은 기본적인 ESL 시스템을 가정한 것으로, 산업 특화 센서를 포함한 ESL 시스템, NFC 태그나 비콘의 연계, ESL 게이트웨이를 통한 매장내 조명 관리 시스템(EMS)이나 에너지 관리 시스템(EMS) 등과 연계할 수도 있기 때문에 시장 규모는 더욱 커지리라 생각된다.

특히, ESL은 야채나 수산물 혹은 조리식품처럼 일정한 시간 내에 판매해야 하는 신선식품의 가격 및 판매 관리에 유용할 것으로 기대된다. 도입 초기에는 관리자의 경험에 바탕을 둔 가격 정책이 적용되겠지만, 일정기간 운용하면서 날씨나 요일에 따른 탄력적인 가격 정책을 도입한다면 그 효과는 더욱 클 것으로 예상된다. (비즈니스 유형 4 혹은 5)

로컬 커머스(Local Commerce)

아마존이 온라인 쇼핑의 한계를 극복하기 위해서 대쉬와 파이어플라이, 그리고 드론과 같은 기술을 도입하고, 반대로 테스코는 오프라인 쇼핑의 한계를 극복하기 위해 가상 스토어 기술을 도입하고자 노력하는 것을 살펴보았다. 이제 마지막으로 로컬 커머스(Local Commerce) 부분의 변화에 대해 살펴보자. 로컬 커머스 부분은 한국야쿠르트의 사례와 페이팔이 2014년 하반기부터 도입할 것으로 예상되는 모바일 결제 사례를 중심으로 설명하도록 하겠다.

무빙 스토어(Moving Store)

필자는 요구르트(Yogurt)를 좋아한다. 요구르트뿐만 아니라 요구르트가 들어간 과일 스무디나 화채와 같은 것들도 좋아한다. 그러던 필자가 약 2년 정도 전부터 꽂혀 있는 제품이 하나 있는데, 바로 한국야쿠르트(Yakult)의 세븐(7even)이라는 제품이다. 그런데, 이 제품은 다른 제품들과는 달리 편의점이나 할인마트에서 구매하는 것이 불가능하다. 오직 '야쿠르트 아줌마'를 통해서만 구입을 할 수 있다.

그런데, 요구르트 하나를 구입하자고 어디에 있을지도 모를 야쿠르트 아줌마를 찾아 나설 수도 없지 않은가? 그러다 찾아낸 것이 '야쿠르트' 어플리케이션이다. 이 어플리케이션은 자신의 근처에 있는 야쿠르트 아줌마의 위치를 보여 주기 때문에 약간의 발품만 팔면 세븐을 살 수가 있다.

이러한 일이 가능한 것은 바로 2013년부터 새로 도입되고 있는 전동 카트 속에 숨어 있다. [그림 162]에 보이는 전동 카트는 2 KWh급의 리튬이온 2차 전지를 탑재하고 있어 하루 동안 운행이 가능하며, 최고 7~8 Km/h의 속도로 이동이 가능하다. 이 전동 카트에는 GPS 모듈을 포함한 장치(아줌마들의 스마트폰)가 내장되어 있는데, 이 장치가 실시간으로 카트의 위치를 중앙의 서버로 전송하게 된다.

아직까지는 '야쿠르트 아줌마'의 위치를 찾거나 영업 지역의 조정, 그리고 대당 250만원 정도 하는 전동 카트의 자산 관리 및 운용 관리 목적으로만 이용되고 있지만, 조만간 보급될 예정인 신형 전동 카트는 추가적인 기능을 제공할 수 있을 것으로 예상된

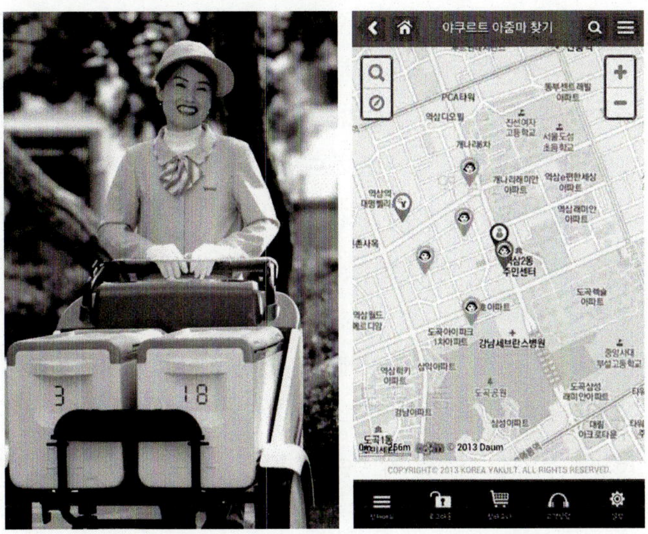

그림 162 한국야쿠르트의 전동카트와 스마트폰 어플리케이션

다. 가장 큰 차이는 탑승형이라는 것 외에 모바일 결제기를 내장하고 있다는 것이다. 이는 그동안 현금으로만 결제해야 했던 불편함을 덜어줄 뿐만 아니라, 일반 유통매장의 POS와 마찬가지로 판매되는 제품에 대한 자료를 생성하기 때문에 판매 관리나 상권 관리 쪽으로도 활용할 수 있을 것으로 예상된다.

전동 카트와 관련한 주요 기능이나 활용 방안에 대해서는 비밀에 붙이고 있어 추가적인 내용을 알 수는 없다. 그러나, 전동 카트의 도입이 단순히 배달인력의 노동강도를 줄이고 기업의 친환경 이미지를 개선하는 것이 아니라면, 모바일 판매를 활성화할 수 있는 다양한 방안을 모색해 보는 것도 좋을 것이라 생각한다. 예를 들어, 비콘을 설치하여 다양한 프로모션을 진행하거나 CRM 목적으로도 이용할 수 있을 것이다. 또한 o2O의 도입도 고려해 볼만하다.

사실, 실시간 위치추적 기능을 활용한 자산 관리나 경로 관리는 물류 분야 등에서도 다양하게 적용되고 있다. 이러한 기능에 모바일 결제 기능을 추가한다면, 한국야쿠르트의 전동 카트 모델은 다양한 방문 판매, 방문 교육, 우편 및 택배 등의 분야에 다양하게 활용할 수 있을 것으로 기대된다.

모바일 결제(Mobile Payment)

집이나 사무실 근처의 식당에서 식사를 하거나 쇼핑몰에서 물건을 살 때, 독자들은 어떤 방법으로 비용을 지불하는지 궁금하다. 현금도 많이 이용하지만 아마도 최근에는 신용카드나 체크카드를 많이 이용할 것이다. 매장주들이 서명까지 대신해 줄 정도로 이용도 편리하고 휴대하기도 편하며 다양한 부가 혜택들도 제공하기 때문이다.

우리가 매일같이 이용하는 카드결제 분야도 오래전부터 사물인터넷 기술이 적용되던 분야다. 센서 역할을 하는 결제기(credit card reader)가 카드의 정보를 읽어들여 전용선 혹은 인터넷을 통해 VAN사 및 신용카드사의 결제시스템에 결제 요청을 함으로써 결제가 이루어지기 때문이다. 물론, 카드결제기가 결제 시스템과만 제한적으로 통신을 하기 때문에, 사물인터넷이라기보다는 전통적인 사물지능통신(M2M)의 관점으로 바라보는 것이 더 정확할 것이다.

그건 그렇다 치고, 최근에 결제 분야에서 발견되는 사물인터넷 기술의 도입 사례들을 살펴보기 위해 신용카드 결제 프로세스에 대해 간단히 알아보기로 하자. 신용카드 결제는 [그림 163]에 보이는 것처럼 가맹점(상점)이 지역적 기반이 강한 VAN사를 통해 결제를 요청하면, VAN사들은 해당 카드사에게 결제요청을 하고 관련 수수료를 받는

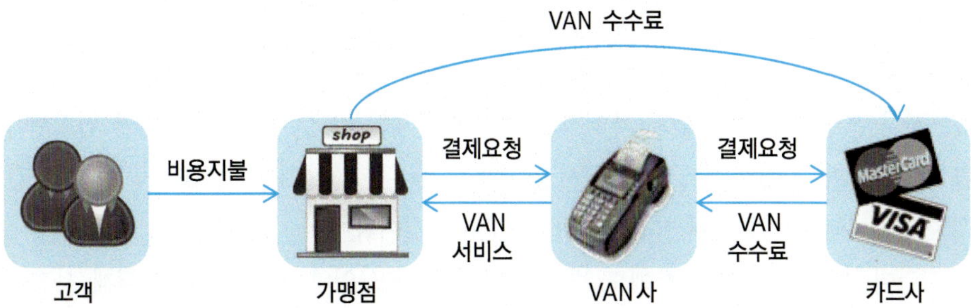

그림 163 신용카드 결제 프로세스

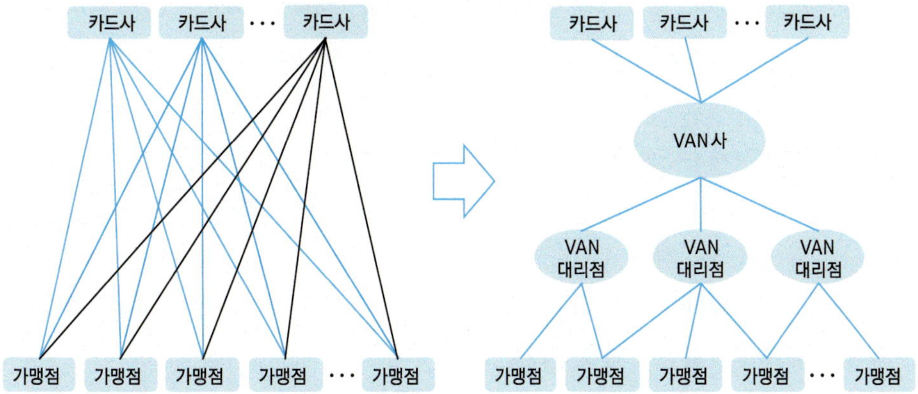

그림 164 가맹점, VAN사, 카드사 사이의 관계

구조를 취하고 있다.

물론, [그림 164]에 보이는 것처럼 가맹점이 직접 신용카드사에 결제를 요청할 수도 있고 가능도 하다. 하지만, 그런 경우 수십 여 개의 신용카드사나 은행 등과 개별적으로 카드 결제를 위한 계약을 체결해야 하고 통신회선 및 결제기를 공급받아야 한다. 이러한 일은 개별 매장주뿐만 아니라 카드사들에게도 커다란 일이다. 이러한 구조적인 문제를 해결하기 위해 등장한 것이 바로 VAN사인 것이다.

VAN사가 없는 경우에, 카드사는 가맹점들로부터 카드 결제 서비스를 제공하는 대신 그에 따른 수수료를 받는 구조였다. 그러나, [그림 163]에 보이는 것처럼, VAN 사업자가 등장하고 이들의 시장 영향력이 커지면서, 카드사 입장에서는 VAN사에게 지불해야 하는 수수료의 부담이 커지기 시작했다. 결국 제한된 카드결제 수수료를 놓고 카드사와 VAN사, 그리고 더 나아가 가맹점 사이에 끊임없는 잡음이 발생하고 있다.

이러한 문제는 PG사와 카드사/은행 사이의 관계에서도 마찬가지다. VAN사가 기본적으로 오프라인 상에서의 결제를 담당한다면, PG사는 온라인 상에서 카드사, 은행, 통신사처럼 결제를 취급하는 회사와 가맹점 사이에서 결제를 대행해 주는 회사다. 즉, 카드사나 은행의 경우 그들과 가맹점들 사이에 존재하는 VAN사 및 PG사가 협력해야 할 파트너임과 동시에 결제 수수료 시장을 놓고 싸우는 경쟁자인 셈이다. 좋든 싫든 간에 이러한 구조는 20여 년간 지속되어 온 것이 사실이다.

그런데, 이러한 결제 시장에도 변화의 바람이 불고 있다. 바로 모바일 결제 시장이 등장한 것이다. 통신사를 중심으로 한 NFC 기반의 결제나 전자 지갑이나 모바일 카드와 같은 다양한 모바일 결제 서비스가 등장한 것이다. 스마트폰의 등장으로 기존의 VAN사와 PG사는 새로운 기술을 바탕으로 자신들의 영향력을 키우려 하는 반면에, 카드사 입장에서는 VAN사나 PG사의 입지를 약화시킬 수 있는 절호의 기회를 맞이하게 되었기 때문이다.

그러나, 통신사가 주도한 NFC 기반 모바일 결제의 경우 가맹점들로 하여금 새로운 결제기를 도입해야 하는 부담을 주면서도 단순히 플라스틱 카드를 대체하는 것 이외의 별다른 무엇을 제공하지 못했다는 평가가 많다. 또한, 고객 관점에서는 스마트폰의 NFC 기능을 활성화시켜 놓는 경우 빈번하게 스마트폰이 활성화되어 이상한 동작을 하는 문제가 있어서 사실상 도입에 실패를 한 상태다.

반면, 전자 지갑이나 모바일 카드의 경우도 결제할 때마다 카드와 관련된 정보를 입력해야 하는 불편함을 제거하고 카드와 관련된 혜택들에 대한 가시성을 제공함으로써 어느 정도 시장으로부터 받아들여지고는 있다. 한국은행이 발표한 앱카드의 발급 현황을 보면 2013년 말까지 294만여 장을 발행하여 이동통신사의 NFC 방식을 거의 2배 가까이 앞지르고 있는 상황이다. 그러나, 이 역시 아직까지 일부 대형 프렌차이즈나 온라인 쇼핑몰에서만 이용이 가능한 상황이며, 기존 플라스틱 카드와 차별되는 혜택을 제공하지 못하고 있는 것이 현실이다.

그렇다면, 외국은 어떨까? 전자금융거래법에 모바일 결제의 발목을 쥐고 있는 우리나라와는 달리, 미국의 경우 VAN사나 PG사들이 혹은 새로운 아이디어로 무장한 스타트업들이 카드 결제 혹은 모바일 결제의 패러다임을 조금씩 바꾸어 나가고 있다. 대표적인 기업이 바로 스퀘어(Square)와 페이팔(PayPal)이다.

스퀘어와 페이팔(Square & PayPal)

먼저 스퀘어에 대해서 살펴보자. 스퀘어는 2006년 트위터를 공동으로 창업했던 잭도시

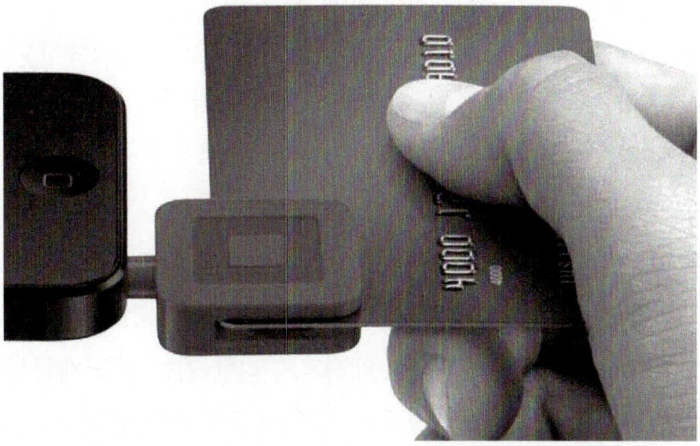

그림 165　스퀘어 리더(Square Reader)를 이용한 모바일 결제

(Jack Dorsey)가 2009년에 창업한 회사다. 카드리더의 모양을 따서 회사 이름을 스퀘어로 지었다고 한다. 설립된지 5년 밖에 되지 않는 스타트업이지만, 미국내 모바일 결제 시장에서는 시장 점유율 1위를 하고 있으며, 뒤에서 소개할 온라인 결제 대행 사업자인 페이팔을 위협할 수준에 와 있다. 2012년 8월에는 스타벅스로부터 2,500만 달러의 투자를 받기도 했다.

스퀘어는 [그림 165]에 보이는 것과 같은 사각형 모양의 '스퀘어 리더(Square Reader)'를 스마트폰의 이어폰 단자에 꽂아서 카드 결제를 할 수 있는 시스템이다. 기존의 신용카드와 동일한 방식으로 결제가 이루어지지만, 매장주들은 이를 위해 비싼 전용 단말기를 구매하거나 가맹점 등록도 필요하지가 않다. 센서 역할을 하는 리더기가 존재하고 스마트폰의 통신 기능을 빌려 씀으로써 결제기의 단가를 대폭 낮출 수 있었기 때문에, 원래는 10달러 정도 하는 스퀘어 리더는 물론 POS 플랫폼 등록, 스마트폰용 앱 등도 모두 무료로 제공된다. 게다가, 미국의 통상적인 거래 수수료인 3~5%보다 훨씬 저렴한 2.75%의 거래 수수료 외에는 다른 비용이 없기 때문에, 일반 결제 시스템보다 저렴하다는 것이 특징이다.

더욱 중요한 것은 언제 어디서나 결제를 할 수 있다는 것이다. 기본적으로 휴대성을 제공해 주기 때문에, 푸드트럭과 같은 모바일 스토어 및 임시로 설치되는 팝업 스토어를 운영하는 소규모 상인들에게는 더없이 좋은 결제 수단이 되기 때문이다. 미국의 경우, 2700만 소규모 비즈니스 운영자 중에서 약 2/3 이상이 신용카드 결제 서비스를 하지 못하고 있었는데, 이들 모두가 자신들의 스마트폰을 이용하면 아무런 추가 비용 없이 신용카드로 결제할 수 있는 길이 열리게 된 셈이다.

이용 방법은 아주 간단하다. 기존의 카드 결제와 동일하게 신용카드나 체크카드를 스퀘어리더에 넣어 읽힌 후 스마트폰 화면을 통해 고객의 서명을 받기만 하면 된다. 영수증은 문자나 이메일로 보내어진다. 고객이 결제한 대금은 2~3일 안에 매장주의 은행 계좌로 입금이 된다.

지금까지 살펴본 기능이나 혜택들은 대부분 매장주에 초점이 맞춰져 있다. 하지만, 스퀘어가 짧은 시간 동안에 모바일 결제 시장을 잠식하게 된 것은 비단 이 때문만은 아니다. 고객들에게도 매장주에 못지 않는 혜택과 편리한 기능들을 제공하고 있고, 이러한 것들은 고객들로 하여금 해당 매장에 재방문을 유도하기 때문이다. 즉, 로컬커머스 생태계를 하나씩 만들어 나가고 있는 것이다. 국내에서 유사한 제품으로 유사한 사업을 하고 있는 블루웹의 SWIPE이나 LG U+의 U+ Biz Paynow가 하지 못하고 있는 부분인 것이다.

사실 이러한 부분은 이 책의 범위를 벗어나기는 하지만, 사물인터넷 기반의 비즈니스를 활성화시키는 방법을 공유한다는 관점에서 간단히 소개하고 넘어가고자 한다. 보다 자세한 내용이 궁금한 독자들은 스퀘어 홈페이지에서 관련 서비스를 찾아보길 바란다.

첫 번째는 온라인 쿠폰 기능이다. 어떤 고객이 특정 커피숍에서 결제를 하게 된다면, 그 고객의 매장 방문 기록이 저장된다. 따라서, 종이 쿠폰을 가져오지 않더라도 열 번째 방문시에는 무료로 커피를 마실 수 있다.

두 번째는 '페이위드스퀘어(Pay with Square)' 서비스다. 사용자는 스마트폰 앱을 통해 미리 주문을 넣고 시간에 맞춰 매장에 들러 제품을 찾아가기만 하면 된다. 사용자가 스퀘어에 회원으로 가입할 당시 입력한 자신의 사진과 신용카드 정보, 그리고 GPS 기술을 활용하여 제품을 찾아가는 시점에 자동으로 결제가 이루어지게 된다.

세 번째는 '픽업(Pickup)' 기능이다. 이 기능은 웹 기반의 '스퀘어 마켓(Square Market)'을 이용해 매장주들이 메뉴 설정과 주문을 할 수 있도록 하고, 이곳에서 주문 및 결제를 마친 고객이 매장을 방문하여 제품을 픽업할 수 있도록 하는 서비스다. 전형적인 online-to-Offline 개념을 구현한 사례에 해당한다.

그 외에도 오프라인 결제(Offline Mode), 재고 추적(Inventory Tracking) 등과 같은 다양한 고객 및 매장주 편의 기능을 제공하고 있다. 이러한 기능들이야 말로, 사물인터넷 기반의 비즈니스를 활성화시키는 진정한 원동력이라는 생각이 든다.

다음으로 페이팔이 제공하는 사물인터넷 기반 서비스를 살펴 보자. 페이팔은 1999년에 설립된 온라인 결제업체다. 원래 X.com이라는 회사였으나, 2002년에 이베이에 인

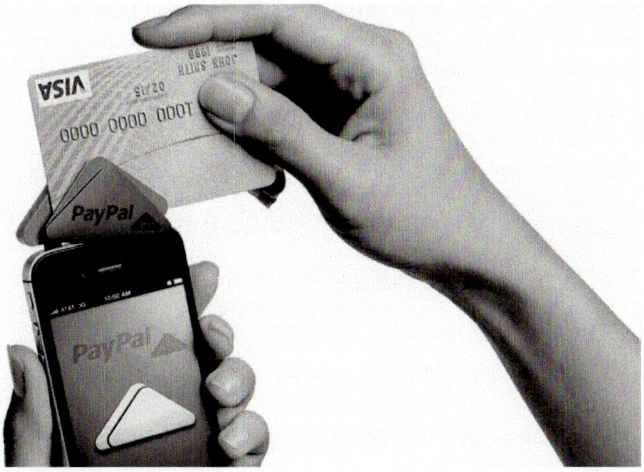

그림 166 페이팔 히어(PayPal Here)를 이용한 모바일 결제

수되면서 페이팔로 사명을 바꾸게 된다. 페이팔은 모바일 결제와 관련해서 두 가지의 눈에 띄는 서비스를 제공하고 있는데, 바로 '페이팔 히어(PayPal Here)'와 최근에 출시한 '페이팔 비콘(PayPal Beacon)'이 그것이다.

사실, 외국에서 페이팔이 인기를 끌었던 주된 이유는 페이팔 계정을 이용함으로써 자신의 신용카드 번호나 은행 계좌번호를 노출하지 않고도 금융서비스를 이용할 수 있게 했다는 것이다. 즉, 가상의 계좌번호 서비스를 제공한 것이다. 가상의 계좌번호를 이용하게 되면, 요즘 문제가 되는 해킹이나 피싱 등에서 그나마 더 안전할 수 있기 때문이다.

먼저 페이팔 히어(Paypal Here)에 대해 살펴보자. [그림 166]은 페이팔 히어를 이용하여 신용카드 결제를 하는 모습을 보여 주고 있다. [그림 165]의 스퀘어 카드리더를 이용한 모바일 결제와 동일한 모습이다. 실제로 스퀘어의 그것과 다른 것이 거의 없다. 다만 차이가 있다면, 가맹점이 이용하는 페이팔 히어 앱의 지불 수단에 페이팔 계정을 이용하는 옵션이 하나 더 있다는 것과 페이팔 히어의 결제 수수료가 2.7%로 스퀘어의 그것보다 조금 더 낮다는 것 뿐이다.

사실, 페이팔 히어는 스퀘어가 출시되고 시장을 확대해 나가면서 2012년 초에 출시한 스퀘어의 미투(me-too) 제품이다. 타겟도 중소 상인으로 스퀘어와 동일하지만, 페이팔을 이용할 수 있는 사용처를 확장한다는 점은 스퀘어와 다른 점이다.

스퀘어 카드리더가 출시되고 페이팔에서마저 페이팔 히어를 출시하자, 시장이 보이는 반응은 이제 NFC 기반의 결제 시장은 끝이 났다는 것이다. NFC가 현존하는 신용카드 기반의 결제 방식을 대체하는 형태를 취함으로써 시장에서 적극적으로 수용되지 못한 반면에, 스퀘어 카드리더나 페이팔 히어는 기존 신용카드의 유산을 승계하면서 모바일 결제라는 새로운 모바일 결제 영역을 만들어가고 있기 때문이다.

사물인터넷 기반의 비즈니스는 기존의 것을 뒤엎는 완전히 새로운 것보다는 이처럼 기존의 방식을 유지하면서 모바일 혹은 무선이 제공하는 혜택을 최대한 활용하는 형태가 되어야 함을 다시 한번 확인시켜주는 사례들이라 생각한다.

마지막으로 살펴보고자 하는 것은 페이팔의 비콘(Beacon) 서비스다. 비콘에 대해서는 앞에서도 살펴봤지만, 비콘은 주기적으로 무선 신호를 방송함으로써 비콘 장치 근처의 스마트폰 이용자에게 할인 쿠폰이나 제품에 대한 정보 등을 제공하는 소형 무선 장치를 말한다. 그런데, 페이팔은 그런 장치를 이용해서 마케팅뿐만 아니라 모바일 결제에도 활용하고자 하고 있다. 비콘을 이용한 마케팅 부분에 대해서는 다음 장에서 자세히 다루기로 하고, 이곳에서는 비콘 기반의 모바일 결제에 대해서만 알아보도록 하자.

[그림 167]은 페이팔이 공개한 페이팔 비콘의 모습을 보여 주고 있다. 페이팔의 비콘은 USB 메모리 형태의 작은 기기로 매장에 설치된 PC의 USB 포트나 전원 콘센트에 꼽는 것으로 설치가 끝난다. 설치된 비콘은 매장을 방문하는 고객들의 스마트폰에 설치된 페이팔 모바일앱과 블루투스로 통신을 하는 방식으로 모바일 결제를 수행하게 된다.

2014년 말까지 시범테스트를 진행한 후에 2015년 초에 비콘의 결제 모듈과 관련된 API를 공개할 예정이라서 아직까지 페이팔 비콘을 이용한 결제 방식에 대해 정확하게 알려진 것은 없다. 다만, 보도된 자료에 따르면 두 가지 시나리오가 가능할 것으로 예상된다. 하나는 기존의 방식대로 매장을 방문해서 물건을 구입하는 시나리오고, 다른

그림 167 페이팔 비콘을 이용한 모바일 결제

하나는 스퀘어의 픽업(PickUp) 서비스와 같은 사전 결제를 기반으로 하는 것이다.

먼저, 기존의 방식대로 매장을 방문해서 물건을 구입하는 시나리오에 대해 살펴보자. 기본적으로 페이팔 모바일앱에 옵트인(Opt-In) 방식으로 등록해 놓은 매장을 방문하는 경우를 가정한다. 고객이 해당 매장을 들어서는 순간, 매장의 POS 단말에는 그 고객의 사진과 이름이 뜨게 되며, 점원은 그 정보를 바탕으로 고객을 맞이하게 된다. 고객이 주문 혹은 제품의 선택을 마치면, 고객은 자신의 페이팔 계정으로 결제를 하겠다는 의사만 전달하면 모든 것이 끝나게 된다. 결제가 완료되면 고객에게 결제 내용이 통보된다.

다음으로 스퀘어의 픽업 서비스와 같은 방식으로 사전에 주문을 하고 결제 요청을 할 수도 있다. 지정된 시간에 해당 매장을 찾아가면 비콘은 주문 고객의 방문 여부를 확인하고 점원에게 알려준다. 점원은 주문된 제품을 고객에게 건네주고 최종적인 결제를 하게 된다.

아직까지는 POS 시스템 연동, 주문취소나 주문자 불일치 등과 같은 다양한 상황에 대한 시나리오, 그리고 예외처리에 대해서 자세히 알려지지 않고 있지만, 지갑에서 신용카드(스마트폰)를 꺼내는 과정까지 생략하게 만드는 혁신적인 결제 방법이 아닐 수가 없다. 게다가, 여기서는 사전에 결제하는 시나리오만 설명했지만, 비콘을 마케팅 수단으로 이용하는 경우 다른 사업자들과는 달리 즉시 결제를 하도록 할 수 있어서 그 효과가 어마어마할 것으로 기대된다.

스퀘어나 페이팔이 성공한 이유는 NFC 등의 신기술을 전혀 도입하지 않았기 때문이다. 신기술을 적용한 결제 방식은 기존 플라스틱 신용카드의 결제방식보다 불편하고 추가 비용이 발생하기 때문이다. 이들이 성공하고 있는 이유는 기존의 방식을 고수하면서 편리함만을 더하기 때문이다.

스퀘어 리더와 페이팔과 같은 모바일 결제 사업자의 등장은 온라인과 오프라인을 연계시키는 o2O(online-to-Offline) 기반 혹은 M2O(Mobile-to-Offline) 기반의 로컬커머스를 활성화시킬 것으로 기대된다. 기존의 NFC처럼 결제를 위해 별도의 단말기를 구입할 필요가 없는 데다가 기존의 POS 시스템과의 손쉬운 연동을 제공한다면 매장주들은 새로운 방식을 수용하지 않을 이유가 없기 때문이다.

이들은 리워드(reward)를 포함한 다양한 마케팅 기법들을 기반으로 초기에는 프렌차이즈 매장들과의 연계를 통한 고객들과의 관계를 강화할 것이며, 이후에는 지역의 개별

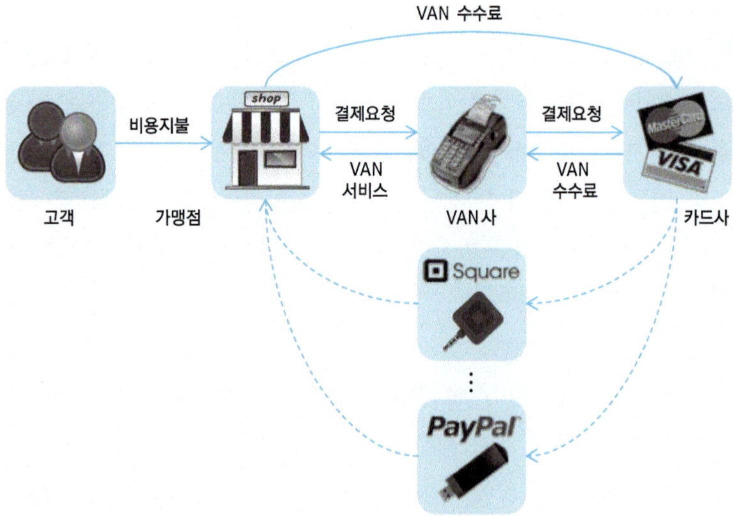

그림 168 사물인터넷 기술 도입에 따른 카드결제시장의 구조 변화

매장들과의 관계를 넓혀갈 것으로 예상된다. 물론, 국내의 경우 관련 법규의 개정[10]도 필요하고 기존의 이해관계자들이 복잡하게 얽혀져 있어서 도입이 순탄치만은 않겠지만, M2O 기반의 새로운 모바일 결제 수단들은 지역의 개인 및 중소 사업자들에게는 사업 활성화의 계기를 마련해줄 수는 있을 것이다.

반면, 기존의 유무선 기반의 신용카드 결제대행(VAN) 사업자들에게는 적지않은 타격을 가할 것으로 예상된다. [그림 168]에 보이는 것처럼 모바일 기반의 강력한 경쟁자들이 출현함으로써, 카드결제시장에는 커다란 지각 변동이 있을 것으로 예상된다. 따라서, 기존의 VAN 사업자들이 기존 시장을 수성하기 위해서는 스퀘어나 페이팔이 제공하는 형태의 모바일 결제 수단을 선제적으로 도입하지 않으면 안 될 것이다.

유통 분야의 기타 사례들

유통분야는 사물인터넷의 고향과도 같은 분야다. 가장 먼저 RFID를 도입하기 시작한 것도 유통 분야고 가장 활발하게 사물인터넷 컨셉을 도입하고 있는 분야도 유통 분야다. 따라서, 지금까지 살펴 본 것 외에도 유통 분야에서 발견되는 다른 사물인터넷 적용 사례들은 많다. 제품에 RFID 태그를 붙여서 가시성을 제공하거나, 고객 스스로 결

10 현행 전자금융거래법은 PG사의 영업대상을 온라인으로 한정하고 있다. PG사가 오프라인 모바일 결제 시장으로 뛰어들 수 없도록 한 것이다.

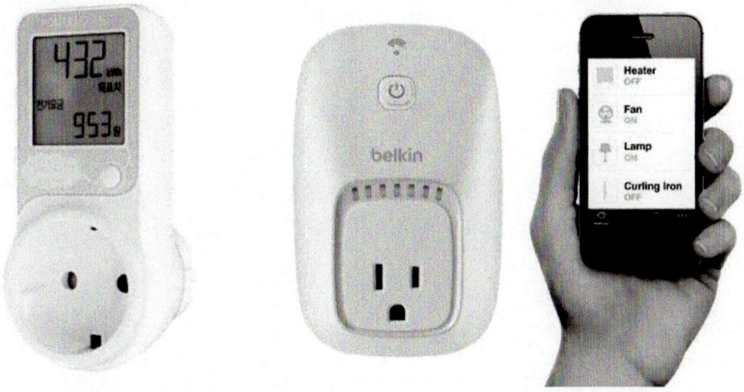

그림 169 사물인터넷 전원 콘센트: 다원디엔에스의 파워매니저(좌)와 벨킨의 위모(우)

제를 할 수 있도록 한 사례들도 있다. 이곳에서는 아직까지 많이 알려지지 않은 사례들을 중심으로 소개하고자 한다.

광주의 스마트그리드 전문업체인 다원디엔에스는 전력사용량 측정기인 파워매니저를 전국의 이마트 매장 100여 곳에 공급하고 있다. 파워매니저는 벨킨(Belkin)의 위모(WeMo)처럼 스마트폰이나 PC를 이용해 실시간으로 전력 이용량을 확인할 수 있을 뿐만 아니라 원격 제어도 가능하다.

적용 분야에 따라 다르겠지만, 이와 같은 실시간 전력 측정 장치는 전력 사용량을 최대 20~30%까지 줄여줄 수 있다고 한다. 따라서, 상기의 두 업체뿐만 아니라 GE를 포함한 많은 기업이 이미 제품을 출시하고 있거나 출시를 준비하고 있다. 아직까지는 대부분의 제품들이 개별 제품에 대한 실시간 모니터링과 원격 제어 기능만을 제공하고 있지만, 보급이 확대되면서 한꺼번에 여러 제품의 상황을 모니터링하고 일괄 제어하는 기능들도 포함될 것으로 전망된다. 또한, 다른 센서 디바이스들과의 연동을 통해 지능화된 제어 혹은 자동 제어 기능이 추가될 것으로 전망된다.

금호타이어의 경우 세계 최초로 타이어에 특수 제작한 RFID 태그를 부착하여 타이어의 생산에서 유통까지 철저하게 관리하고 있다. 타이어 제품의 전체 프로세스 관리를 통해 부적합 타이어의 생산 및 출하를 원천적으로 막고, 영업 및 판매 부분의 실시간 재고 및 납기 관리를 하고 있다. 또한, 사용자들은 스마트폰 앱을 이용해서 자신이 구매한 타이어의 정품 여부는 물론 제조 이력이나 품질 정보를 간편한 방법으로 직접 확인할 수 있기 때문에 신뢰하고 제품을 구매할 수 있게 된다.

아직까지 자동차 업계에서는 시범적으로 사물인터넷의 개념을 검토하고 도입을 위한 파일럿을 진행하고 있는 상태다. 따라서, 다소 시간은 걸리겠지만, 스마트 타이어가 향

그림 170 스타벅스의 클라우드 기반 커피머신인 클로버

후 개별 자동차에 설치된 사물인터넷 게이트웨이와 연결될 수 있다면, 주행거리나 운행 이력을 바탕으로 타이어의 교체주기를 자동으로 알려줄 수도 있을 것이다.

전세계적인 커피숍 체인인 스타벅스(Starbucks)는 IT 회사라 불릴만큼 최신의 IT 기술을 잘 활용하는 기업이다. e-프리퀀시(e-frequency)나 사이렌 오더(siren order) 기능이 포함된 스타벅스 모바일앱은 물론 앞서 소개한 스퀘어를 이용한 모바일 결제도 적극 도입하고 있다. 또한, 클라우드 기반의 커피머신인 클로버(Clover)를 이용해서 최신의 제조법을 이용한 커피를 제공하고 있다.

[그림 170]에 보이는 클로버 커피머신은 스타벅스 프리미엄 커피 매장인 스타벅스 리저브(Starbucks Reserve) 매장에서만 사용하는 커피머신으로 프렌치 프레스와 베큠 커피메이커의 원리를 이용해서 커피의 짙은 풍미를 잘 살려줄 수 있는 기계라고 한다. 이 커피머신들은 스타벅스 본사의 서버에 연결되어 자판기처럼 커피머신의 상태나 성능이 원격으로 관리된다. 뿐만 아니라, 사용되는 원두의 종류에 따라 커피를 추출하는 시간이나 물의 온도 등이 자동으로 설정되며, 고객들의 취향을 꾸준히 조사하여 제조법(recipe)이 업데이트 된다고 한다.

사실 이 클라우드 기반의 커피머신은 커피 이큅먼트 컴퍼니(Coffee Equipment Company)에 의해 2007년부터 만들어지기 시작했는데, 스타벅스가 2008년에 인수하면서 사용되기 시작했다고 한다. 클로버 머신이 시장에서 좋은 반응을 얻자, 스타벅스는 조만간 대상 매장을 더욱 확대할 예정이라고 한다. 특히 주목할만한 것은 커피머신 외에도 냉장고나 기타 가전제품들을 네트워크로 연결할 계획인 것으로 알려지고 있다.

지금까지 유통 분야에서 발견되는 사물인터넷 도입 사례에 대해 살펴보았다. 물론, 이곳에서 다룬 것들은 아주 일부에 불과하다. 하지만, 온라인, 오프라인, 그리고 로컬 마켓에서 제품을 판매하고 결제하기 위한 다양한 노력이 진행되고 있음을 알 수 있었고, 이를 위한 솔루션들도 함께 알아보았다.

유통 분야에서 발견되는 트렌드는 분명하다. 사물인터넷이라는 새로운 개념과 이를 구현하는 기술들이 기존에 우리들에게 친숙한 방식들을 그대로 유지하면서 외연을 확대해 나가고 있다는 것이다. 즉, 오프라인 영역에서는 구매할 수 있는 공간적인 제약을 극복하기 위한 노력이 이루어지고 있고, 온라인 영역에서는 제품을 주문하고 배송하는 절차에서의 편리성을 높이려 하고 있다. 한편, 로컬 영역에서는 새로운 모바일 결제 기술을 바탕으로 온라인과 오프라인을 결합하려는 시도가 나타나고 있다.

이러한 움직임 속에는 항상 고객이 맨 앞에 있다. 그들은 고객이 더 쉽게 구매하고 빨리 구매하고 편리하게 결제할 수 있도록 고민한다. 로컬 영역의 경우, 일반 고객뿐만 아니라 중소 상인들 모두를 생각한다. 중소 상인의 비용을 줄여주면서도 고객과의 관계를 더 개선할 수 있도록 노력한다.

그러나, 국내의 경우 상황은 많이 다르다. 아직까지 유통분야에서는 사물인터넷의 컨셉이 단편적으로 적용되고 있다. 기존 솔루션에 단순히 ICT 기술을 적용함으로써 제품에 대한 가시성을 확보하고 전반적인 사업 비용을 줄이는 수준이다. 그러다보니 정작 고객들은 빠져 있다. 고객들이 비싼 돈을 들여 도입한 새로운 솔루션을 외면하는 이유가 바로 여기에 있다.

또한, 고객이 가지고 있는 것, 즉 스마트폰을 최대한 활용하는 방안을 생각해 봐야 한다. 달리 말하면, 고객이 구매 과정에 관여할 수 있도록 해야 한다. 뒤에서 설명이 되겠지만, 스마트폰을 통해 프로모션 정보나 제품에 관련된 정보를 제공함으로써 제품의 판매가 더욱 활발히 이루어질 수 있도록 해야 한다. 이때 중요한 것은 일반 고객이 이러한 마케팅 활동에 거부감을 느끼지 않아야 하고, 고객이 참여하는 방식이 단순해야 한다는 것이다. 이는 고객의 체류 시간을 그만큼 더 늘릴 수 있을 것이다.

마케팅 분야의 사물인터넷 비즈니스 사례

사실 마케팅은 유통과 관련해서 뗄레야 뗄 수 없는 분야 중의 하나다. 따라서, 앞 장과 함께 이야기를 정리할까 생각하기도 했지만, 두 분야에서 사물인터넷 기술을 활용하는 방식에 뚜렷한 차이가 있다고 생각되었기 때문에 따로 나누어 생각하기로 한다.

당연한 이야기겠지만, 유통 분야에서는 사물인터넷 기술이 제품 판매과정의 전반적인 효율성에 집중한다면, 마케팅 분야에서는 어떻게 하면 제품이나 브랜드를 효과적으로 알릴 수 있는지에 대하여 집중한다.

마케팅 활동에는 다양한 것들이 있겠지만, 온라인을 통한 마케팅에 대해서만 한정해서 생각해 보자. 온라인 마케팅의 경우 노출형 광고, 검색 광고, 그리고 모바일 광고로 크게 구분한다. 디스플레이(Display) 광고라고 하는 노출형 광고는 흔히 디지털 사이니지(Digital Signage)라고 하는 디스플레이 장치를 통한 광고는 물론, 인터넷 포털이나 블로그 페이지를 방문했을 때 뜨는 배너 이미지를 포함한다. 검색 광고는 말 그대로 포털이나 검색 사이트에서 검색을 할 때 입력한 키워드와 관련된 광고가 노출되는 방식이다. 마지막으로, 모바일 광고는 디스플레이 광고 및 검색 광고를 포함하여 스마트폰을 통해 이루어지는 모든 유형의 광고를 말한다.

2013년 기준 국내 온라인 광고 시장의 규모는 약 2조 4600억원 규모이며, 이중 검색 광고가 54% 정도를 차지하고 있고 디스플레이 광고가 26% 정도를 차지하고 있다. 모바일 광고의 경우 아직 20%에 미치지 못하는 상황이나, 2011년 761억원에서 2년 사이에 546% 급성장을 하고 있다. 주목할 것은 모바일 광고 중에 14% 정도가 검색이나 디스플레이 광고가 아닌 '보상형(reward) 광고'라는 것이다. 더욱 중요한 것은, 보상형 광고에 의한 실제 구매율이 60.1%에 달해 이 부분의 성장 잠재력이 매우 큰 것으로 기대되고 있다.

보상형 광고란 사용자가 광고를 보는 대가로 포인트를 얻고, 이를 상품이나 컨텐츠 혹은 아이템 등으로 교환할 수 있도록 하는 마케팅 방법이다. 아직까지는 '애드라떼'나 LG유플러스의 '포인트팩토리'처럼 스마트폰 어플 내에서 이루어지는 보상형 광고가 많지만, 다양한 디바이스들이 인터넷과 스마트폰에 연결되면서 모바일 광고의 기법은 더욱 다양해지고 그 시장 규모는 더욱 커질 것으로 예상된다.

따라서, 이 장에서는 사물인터넷 기술을 이용한 광고 및 마케팅 기법들에 대해 살펴보고자 한다. 먼저, 우리에게 가장 친숙한 디스플레이 광고인 디지털 사이니지에 대해 살펴보고, 다음으로 스마트 자판기와 관련된 마케팅 기법들에 대해 살펴보도록 할 것이다. 그리고, 마지막으로 요즘 가장 많은 관심을 받고 있는 비콘 혹은 아이비콘을 이용한 마케팅에 대해서 알아보도록 한다.

디지털 사이니지와 스마트 미러(D/S and Smart Mirror)

영화 〈마이너리티 리포트(Minority Report)〉를 보면 2054년의 세상은 디스플레이로 가득 차 있는 세상이다. 집의 벽도 그렇고 길거리의 벽도 그렇고 모두 다 디스플레이다. 심지어는 허공에서 투명 디스플레이나 3D 홀로그래픽 디스플레이가 펼쳐진다. 앞으로 40년 후의 세상을 그린 영화이지만, 필자는 적어도 디스플레이와 관련된 부분은 5년에서 10년 사이에 실생활에서 접할 수 있지 않을까 생각한다.

출퇴근을 하는 버스나 지하철에도 어김없이 디스플레이에서 생활정보는 물론 광고가 끊임없이 나오고 있고, 버스나 지하철을 타기 위해 기다리는 곳에서도 마찬가지다. 아파트나 오피스 빌딩의 엘리베이터도 예외는 아니며, 편의점과 할인마트에도 여러 개의 디스플레이가 설치되어 소비자들을 유혹하고 있다.

퇴근길의 번화가는 더욱 화려하다. 조만간 네온사인은 교회임을 알리는 십자가 밖에 볼 수 없을지도 모르겠다는 생각이 들 정도다. 대형 디스플레이에 펼쳐지는 남태평양의 시원한 영상을 바라보고 있노라면, 영화 〈아일랜드〉에 나왔던 것처럼 우리를 현혹시키기에 충분한 것 같다. 이따금 3D 홀로그램 기술을 이용한 유명 가수들의 공연을 접하게 될 때면, 디스플레이로 둘러쌓인 세상이 오는데 5년도 채 걸리지 않을 거라는 생각이 들 정도다. 이렇듯, 디스플레이는 우리 생활 곳곳에 파고들어가 있다.

그 용도도 처음에는 디지털 정보를 제공하던 DID(Digital Information Display) 형태였으나, 지금은 그 못지 않게 광고 목적으로 많이 사용되고 있다. 이처럼 네트워크를 통해 원격 제어가 가능한 디스플레이 장치를 기반으로 정보, 엔터테인먼트, 광고 등을 제공하는 디지털 매체를 디지털 사이니지(Digital Signage)라고 한다.

디지털 사이니지 시스템은 [그림 171]에 보이는 것과 같이 매우 단순하게 구성된다. 그림에서는 하나의 광고 플랫폼에 다양한 디스플레이 장치가 연결될 수 있음을 나타내기 위해 LED 디스플레이, LCD 디스플레이, 타워형 디스플레이 등이 연결된 것처럼 표시했지만, 일반적으로 하나의 광고 플랫폼에는 동일한 유형의 디스플레이들이 여러 개

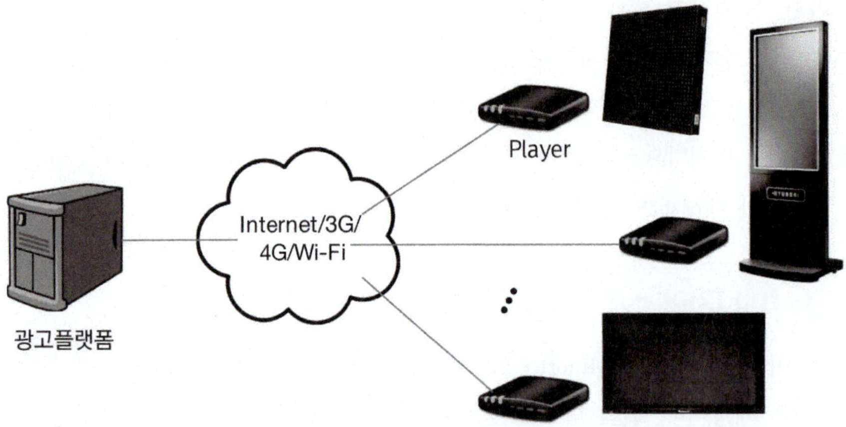

그림 171 디지털 사이니지 시스템 구성도

그림 172 이베이가 샌프란시스코의 Westfield 쇼핑몰에 설치한 커넥티드 글라스를 통해 소니의 제품들을 팔고 있다. (출처: ebay)

연결된다. 아직까지는 대부분의 디지털 사이니지가 TV 광고와 마찬가지로 단방향 특성을 가지기 때문이다.

최근 들어서는 다양한 형태의 인터랙티브(interactive) 디지털 사이니지가 소개되고 있다. 가장 대표적이고 기본적인 것이 [그림 172]에 보이는 것과 같은 터치 스크린 기반의 광고로 광고 상품에 대한 상세 정보를 제공하거나 단순한 게임을 하는 과정에서 브랜드를 인지시키는 목적으로 사용된다. 그림에 보이는 것은 온라인 쇼핑몰 사업자인 이베이(ebay)가 개발하고 있는 '커넥티드 글라스(Connected Glass)'다. 벽면에 설치된 디스플레이에 표시되는 제품 이미지를 소비자가 터치함으로써 손쉽게 쇼핑할 수 있는 것으로, 온라인 쇼핑을 실제 유통 환경으로 확대하고자 하는 이베이의 노력이 엿보인다.

이를 위해 이베이는 가로 세로의 길이가 각각 3 m에 달하는 터치 스크린을 개발했다. 이 터치 스크린은 쇼핑몰이나 상점에 설치되며, 쇼핑객들은 디지털 디스플레이 상에서 제품을 브라우징하고 전화번호를 이용하여 제품을 구입할 수 있다. 이미 2013년 여름에 미국 뉴욕에서 30개 품목의 제품을 대상으로 파일럿을 진행하기도 했다.

최근에는 사람의 얼굴을 인식하는 기술을 이용한 디지털 사이니지도 많이 소개되고 있다. 안면인식 기술은 이미 디지털카메라나 스마트폰 등에도 다양하게 사용되고 있는데, [그림 173]에 보이는 것처럼 사람의 수와 성별, 나이에 따라서 그에 맞는 광고를 보여주게 된다. 예를 들어, 그림에 보이는 것처럼 디스플레이를 보는 사람들 중에 40대 남자의 수가 가장 많다면, 그들이 관심을 가질만한 자동차와 같은 광고가 노출된다.

LG유플러스의 경우 모바일월드콩그레스(MWC) 2014에서 안면인식 기술을 적용한 타깃 광고 플랫폼인 '미러미디어(Mirror Media)'를 선보이기도 했다. 스마트 미러(Smart Mirror)로 통칭되는 이런 유형의 제품들은 평상시에는 거울이나 투명한 유리처럼 쓰이다가 이용자가 얼굴을 비추면 광고나 그 사람에게 유용한 정보를 제공해 주는 솔루션 및 서비스다.

그림 173 안면 인식(face recognition) 기반의 디지털 사이니지

마케팅과는 다소 거리가 있지만, 스마트 미러는 다양한 분야에서 업그레이드된 DID로써 활용되기도 한다. [그림 174]은 Cybertecture Mirror가 2010년에 출시한 스마트 미러다. 평상시에는 일반 거울로 이용되지만, 사용자의 선택에 따라 TV 프로그램을 볼 수도 있고, 메일이나 소셜네트워크 확인, 날씨나 뉴스 등의 정보 서비스를 이용할 수도 있다. 또한, '센서패드(Sensor Pad)'라는 체중계와 연결되어 실시간으로 체중 변화 추이를 확인하는 등의 건강관리 기능까지 제공한다. 이 스마트 미러는 와이파이로 인터넷에 연결되며, 컴퓨터에서 이용 가능한 별도의 관리 툴이 함께 제공된다. 초기에는 고급 호텔 등에 제한적으로 공급되었으나, 최근에는 스마트 아파트에서도 적용된 사례가 발견되고 있다.

지금까지 살펴 본 인터랙티브 디지털 사이니지의 경우 화면을 터치하거나 디스플레이에 설치된 고해상도 카메라가 촬영한 이미지를 분석한 결과를 바탕으로 광고가 전달되는 방식이다. 그러나, 앞으로는 인터랙티브의 방식은 디스플레이와 사용자 디바이스들 사이의 통신을 통해 이루어질 것으로 전망된다. 예를 들면, 디스플레이에 설치된 AP(Access Point)에 접속하여 자신의 스마트폰으로 대형 디스플레이 화면에 나오는 광

그림 174 사이버텍춰(Cybertecture)의 스마트 미러 (출처: Cybertecture Mirror)

그림 175 스마트폰을 이용한 인터랙티브 광고 사례

고의 내용을 조절할 수 있을 것이다. 경우에 따라서는 동시에 여러 사람이 참여할 수도 있다.

[그림 175]에 보이는 그림은 영국에서 진행되었던 스마트폰을 이용한 광고 사례다. 컴패션인월드파밍(Compassion in World Farming)이라는 단체가 동물복지를 위해 돼지들을 방목하자는 취지로 런던의 웨스트필드센터(Westfield Center)에서 쇼핑객들을 대상으로 진행한 광고다. 이 광고를 본 사람들은 지정된 웹사이트에 접속한 후 대형 광고판을 향해 자신의 스마트폰을 마치 사과를 던지는 것처럼 하면 모든게 끝난다. 스마트폰의 가속도 센서값이 바뀐 것이 확인되면, 돼지 농장의 투석기 비슷한 장치가 돼지들에게 사과를 쏴주는 방식이다. 기부자가 직접 참여하는 방식 때문인지, 5일 동안 50만 명의 런던 시민들이 참여를 할 정도로 반응이 좋았다고 한다.

시장조사기관 IHS에 따르면 전세계 디지털 사이니지 시장은 2013년말 기준으로 140억 달러 규모에서 오는 2017년에는 171억 달러 규모로 성장할 것으로 전망했다. 세계시장이 연간 5% 정도의 성장세를 보이는 것과 달리, 국내 시장은 50%에 육박해 2015년에는 1조원 규모의 시장이 펼쳐질 거라는 전망도 나오고 있다.

스마트 자판기를 이용한 마케팅

자동판매기와 관련해서는 사물인터넷의 역사 부분에서도 언급했지만, 사물인터넷이라는 용어가 탄생하기 전부터 사물인터넷 개념이 적용된 분야다. 그만큼 우리 생활과 밀접할 뿐만 아니라, 사물인터넷 개념을 적용하기도 쉬운 분야이며, 사물인터넷 개념을 적용했을 때의 혜택도 분명한 분야다. 그러나, 그 혜택의 차이는 천지 차이다. 과거에는 단지 제품이 다 떨어져서 헛걸음을 하거나 시원하지 않은 제품을 구매하는 것을 줄여주는 정도에 불과했지만, 사물인터넷 시대의 스마트 자판기는 자판기 운영자뿐만 아니라 구매자 및 제3자에게도 다양한 혜택을 제공한다.

많은 사람들은 자판기에 통신 기능을 더하면, 자판기의 실시간 재고 관리가 가능해져서 품절로 인한 기회손실을 줄일 수 있고 원격으로 자판기의 동작 상태를 모니터링 함으로써 관리의 효율화를 도모할 수 있다는 이야기를 한다. 맞는 말이다. 그러나, 이러한 것들은 굳이 사물인터넷 개념이 적용되지 않았을 때에도 큰 무리 없이 할 수 있는 일들이다. 특히, 우리나라처럼 자판기가 기업형 보다는 개인들에 의해 소규모로 운영되는 경우는 더욱 그렇다. 자판기 관리자들이 주기적으로 자판기 상황을 점검하면서 얻은 경험치가 사물인터넷이 제공할 수 있는 혜택들을 압도하기 때문이다.

그럼에도 불구하고, 필자가 다른 분야보다도 스마트 자판기를 중요하게 보는 이유는 자판기가 마케팅과 유통을 결합할 수 있는 분야이기 때문이다. 즉, 기존의 마케팅 활동들이 판매율 개선과 직접적으로 연관시키는 것이 쉽지 않아 대부분 제품이나 기업의 브랜드 인지도를 높이는데 맞춰져 있었다면, 뒤에서도 다시 살펴보겠지만 사물인터넷 시대의 마케팅 활동들은 직접적으로 제품의 판매에 영향을 미칠 수 있기 때문이다. 그것도 사용자 친화적인 방식으로 말이다.

그렇다면, 어떤 요인들로 인해 자판기 운영자, 구매자, 그리고 제3자에게 혜택을 제공할 수 있는지에 대해 하나씩 살펴보도록 하자. 이를 위해, 사물인터넷 개념이 적용된 자판기의 모습을 먼저 살펴보자. [그림 176]은 서울의 지하철 1~4호선 역사에서 볼 수 있는 롯데제과의 자판기다. 롯데제과가 자동판매기 운영업체인 코벤시스와 단독으로 납품계약을 맺어서 롯데제과 제품만 판매하고 있다. 실제로 이러한 자판기를 통해 얼마나 많은 제품이 팔리고 있고 수익성이 있는지는 모르겠지만, 적어도 몇 년간 지하철은 롯데제과가 꽉 잡고 있는 것은 사실임에 틀림없을 것이다.

사진의 자판기를 보면, 기존의 자판기와는 다른 부분이 몇 개 보인다. 가장 먼저 눈에 들어오는 것이 판매되는 제품의 종류다. 기존의 자판기는 많아야 10개 내외였는데, 이 자판기는 판매되는 제품의 종류가 40-50가지는 되는 것 같다. 그러다 보니, 제품의 선택을 편리하게 하기 위해 오른쪽 디스플레이 아래 부분에 전화기 키패드와 같은 부분이 보인다.

그림 176 지하철 플랫폼에 설치된 사물인터넷 자판기

또한, 판매되는 제품이 많다는 것은 그만큼 특정 품목에 대한 재고를 많이 가져갈 수 없음을 의미한다. 이는 재고관리가 철저하게 이루어져야 기회손실을 줄일 수 있음을 의미한다. 따라서, 제품의 재고 현황은 자판기를 공급하는 코벤시스의 자판기 관리 시스템에서 실시간 확인이 가능하며, 지하철 역을 순회하는 자판기 관리원이 원격에서 이를 확인하고 재고가 얼마 남지 않은 제품들에 대해서는 선제적으로 보충할 수 있다.

또 하나 주목할 것은 다양한 지불 방식이다. 현금은 물론, 신용카드와 교통카드를 이용해서 제품을 구매할 수 있다. 그리고, 오른쪽 상단에는 광고용 디스플레이가 설치되어 있어서 판매되는 제품에 대한 광고나 지하철 유동인구를 대상으로 하는 제3자의 광고를 진행할 수 있다. 그러나, 여기까지만 보면, 디지털 사이니지 빼고는 그다지 특별한 것이 없어 보인다. 그렇다면, 이제부터 스마트 자판기를 이용해서 판매를 활성화할 수 있는 방법들에 대해 함께 고민해 보도록 하자.

판매를 활성화할 수 있는 첫 번째 방법은 자판기에 부착된 디지털 사이니지를 활용하는 방법이다. 현재는 일방적인 브랜드 광고만 진행하고 있지만, 터치 화면을 이용한 인터랙티브 광고를 통해 고객 참여를 유도하고 그에 따른 보상을 제공할 수 있다. 예를 들어, 홍보하고자 하는 제품의 이름을 정확히 입력하도록 한 후 해당 제품을 무상으로

그림 177 일본의 아사히 칼피스(Asahi Calpis)가 공급하는 와이파이 자판기

제공하는 것이다. 물론, 제품의 비용은 광고주가 대납하는 구조가 된다.

인터랙티브 광고는 단순히 터치 화면을 이용할 수도 있지만, 자판기에 와이파이나 블루투스 허브를 설치한 후 사용자 스마트폰을 활용하는 방법도 생각해 볼 수 있다. [그림 177]에 보이는 일본의 와이파이 자판기처럼 단순히 와이파이 접속을 미끼로 이용자를 끌어들일 수도 있겠지만, 스마트폰을 가지고 있는 여러 사람을 동시에 인터랙티브 광고에 참여시킴으로써 광고 효과 및 판매를 배가시킬 수도 있다.

디지털 사이니지나 인터랙티브 광고 외에도 현재 사용되고 있는 방식들과 접목할 수도 있다. 다양한 마케팅 활동의 경품으로 제공되는 기프티콘이라는 것이 있는데, 주로 편의점에서만 해당 제품으로 교체가 가능하다. 그러나, 이러한 제품을 스마트 자판기에서 교체할 수도 있을 것이다. 자판기에 바코드를 읽을 수 있는 바코드 리더만 추가로 설치할 수도 있고, 전용 스마트폰 어플리케이션을 이용할 수도 있다.

결제를 대신하도록 요청하는 것도 하나의 방법이 될 수 있다. SNS나 무료 메신저와 연계해서 지인들에게 원하는 제품을 사달라고 조를 수도 있을 것이다. 자판기의 고유 번호와 제품번호만 알면 가능한 일이다. 앞에서도 잠깐 언급했지만, 우리나라의 모바일 결제 구조가 지금보다 훨씬 단순한 구조가 될 때 의미가 있을 것이다. 실제로, 2011년 펩시콜라는 이와 유사한 개념의 제품을 선보이기도 했다.

마지막으로, 지금까지는 판매할 수 없었던 제품들을 판매하는 것도 생각해 볼 수 있다. 즉, 그동안은 음료수나 과자, 책, 담배 등과 같은 유형의 제품들만 판매했지만, 자판기가 인터넷에 연결되어 있으면 음악이나 동영상, 전자책과 같은 디지털 컨텐츠 판매도 가능할 것이다. 영화 티켓이나 공연 및 스포츠 입장권 판매도 가능할 것이며, 더 나아가 온라인과 오프라인을 연계하는 허브로 활용할 수도 있을 것이다.

그러나, 이러한 일들이 가능해지기 위해서는 지하철 역사내에 설치된 자판기들처럼 특정한 기업이 대규모로 운형하는 형태가 되거나, 혹은 개별 자판기들이 자판기 플랫폼에 연동되어 운영되어야 한다. 대기업의 골목상권 침해 이야기가 나오긴 하겠지만, 조만간 국내에도 자판기 운영 전문 회사들이 다수 등장할 것이라 예상한다.

마지막으로, 자판기와 사물인터넷 기술이 결합한 재미있는 마케팅 사례를 하나 소개하면서 이 장을 마치고자 한다. 2011년 구글은 4개의 세계적인 기업들과 파트너 관계를 맺고 그 기업들이 과거에 만든 광고를 새로운 세대에게 색다르게 전달해 보자는 프로젝트를 시작한다. 1960~70년대 그 기업들의 가장 인상적인 광고들을 모아 현대의 기술력을 통해 재창조해 보자는 것인데, 바로 '리브리프 프로젝트(Project Re: Brief)'가 그것이다.

구글은 코카콜라와도 협력하여 코카콜라가 1971년에 만들었던 "I'd like to buy the world a Coke" 광고의 근본 취지를 현대의 기술로 구현해보기로 했다. 만약 스마트폰이 옆에 있다면, 먼저 유투브에서 상기 제목의 코카콜라 광고를 검색해서 시청해 보기 바란다. 다들 내용을 이해했겠지만, 전세계의 모든 사람들이 코카콜라를 마시면 좋겠다는 내용이다. 이 광고는 불시착한 비행기의 승객들이 비행기 내 카페테리아에서 코카콜라를 마시며 서로 웃고 이야기하는 모습을 보며, 전세계의 모든 사람들에게 코카콜라를 사주면 좋겠다고 생각한 데서 시작이 되었다고 한다.

그림 178 코카콜라 광고(I'd like to buy the world a Coke, 1971)의 장면

그림 179 구글과 코카콜라 Re: Brief 프로젝트 화면

코카콜라는 구글과 함께 진행한 프로젝트에서 사물인터넷 기술을 어떻게 활용할 수 있는지를 잘 보여 주고 있다. [그림 179]는 리브리프 프로젝트의 개념을 소개한 이미지들을 모아 놓은 것이다. 스마트폰으로 [그림 178]의 광고를 보고 콜라를 나눠주고 싶은 지역을 선택하고 콜라를 받을 사람에게 전달할 메시지를 입력하면 끝이다. 그러면, 선택된 지역의 자판기에는 해당 지역의 언어로 번역된 메시지와 함께 콜라가 나오게 된다. 그 자판기 곁을 지나가던 사람은 콜라를 마시게 되고 그에 대한 감사의 마음을 텍스트 메시지나 동영상으로 전달하게 되는 것이다.

사물인터넷이라는 개념이 사물과 사물을 연결하거나 사람과 사물을 연결하는 기술로 많이 이야기된다. 그러나, 필자의 생각은 조금 다르다. 이 책에서 지속적으로 이야기하고 있는 것처럼 그리고 코카콜라의 마케팅 사례에서 보이는 것처럼, 사물인터넷 기술은 사람들에게 단순히 편리함을 제공할 때 보다는 사람과 사람을 이어줄 때 그 진정한 가치가 드러나지 않을까 생각한다.

비콘(Beacon)

최근 유통업계에서 가장 큰 화두 중의 하나는 '쇼루밍(showrooming)' 현상을 어떻게 막느냐 하는 것이다. 쇼루밍 현상이라는 것은 오프라인 매장에서는 제품을 구경만 하고 실제 구매는 온라인에서 하는 현상을 말한다. 즉, 오프라인 매장은 상품 전시를 위해 많은 돈을 투입한 쇼룸이 되어버리는 현상을 말한다. 이러한 현상은 스마트폰의 보급이 활성화되고 스마트폰에서 간편한 결제를 통해 물건을 구매할 수 있게 되면서 두드러지게 나타나고 있다.

유통업계 입장에서는 상품 전시를 위해 많은 비용을 들이고, 상품을 구매하지도 않을 고객들에게 갖가지 편의시설을 제공해야 하니 쇼루밍족이 반가울리 없다. 그럼에도 불구하고, 누가 쇼루밍족인지 알 수 있는 방법도 없으니 난감할 따름이다.

이에, 일부 백화점들은 온라인 쇼핑몰과 연계(o2O)하는 방식으로 쇼루밍족을 적극적으로 끌어안음으로써 상황을 극복하려 하고 있다. 이전 장에서 소개한 스퀘어(Square)의 픽업(Pickup) 서비스처럼 온라인 쇼핑몰에서 구입한 제품을 오프라인 매장에서 찾아가는 방식을 도입한 것이다. 롯데백화점의 경우 롯데닷컴에서 구매한 상품을 롯데백화점에서 직접 수령할 수 있는 '스마트픽 2.0' 서비스를 선보이고 있고, 갤러리아 백화점도 이와 유사한 '픽업@스토어'라는 서비스를 운영하고 있다.

미국의 경우 메이시스 백화점은 온라인과 오프라인을 총괄해서 담당하는 옴니채널 최고책임자(Chief Omnichannel Officer)를 업계 최초로 선임하기도 하고, 매장에 재고가 없으면 온라인 쇼핑몰에서 주문하는 '서치 & 센드(search and send)' 프로그램을 운영하고 있다. 또한, '아마존의 쇼룸'이라는 비아냥을 듣기도 하는 최대 전자제품 유통업체인 베스트바이는 오히려 자신들을 '최고의 쇼룸'을 제공하는 업체로 인식시키며 유입고객을 늘리는 전략을 쓰기도 한다.

이러한 노력이 어느 정도 효과를 보이고 있어서 유통업계는 다소 안도의 숨을 내쉬고 있는 것 같다. 그러나, 가격으로는 온라인 쇼핑몰과 상대를 할 수 없는 상황에서, 이러한 노력이 언제까지 효과를 나타낼지는 미지수다. 이런 상황에 혜성처럼 등장한 것이 비콘(Beacon) 기반의 마케팅 방법이다.

비콘은, Part 2에서 자세히 살펴본 것처럼, 블루투스 LE(BLE, Bluetooth Low Energy) 기술을 이용하여 주기적으로 무선 신호를 브로드캐스팅하는 장치다. 비콘은 이 신호를 이용해서 SMS와 유사한 방식으로 사용자들의 스마트폰에 홍보하고자 하는 상품이나 매장의 정보를 노출시킬 수 있고 프로모션 정보나 할인쿠폰을 담아 전달할 수도 있다.

단지 차이가 있다면, 특정한 지역의 최대 50미터 이내에 있는 사람들을 대상으로 한다는 것이다. 즉, 비콘은 위치기반 마케팅을 가능하게 해준다.

특정 지역의 이용자를 대상으로 하기에 쇼루밍 현상을 극복하는 데에는 한계가 있을 것이라는 지적도 있지만, 저렴한 가격의 비콘을 매장이 아닌 여러 곳에 설치하여 모객을 할 수 있다는 점은 이러한 지적을 무색하게 한다. 더 나아가, 페이팔처럼 비콘을 이용하여 모바일 결제를 유도하거나 포인트를 제공하는 등 고객관계관리(CRM)의 목적에 활용할 수도 있다는 점은 비콘 기반 마케팅의 커다란 매력으로 꼽히고 있다. [그림 180]은 비콘을 활용하에 제공할 수 있는 다양한 마케팅 활동들을 개념적으로 잘 설명해 주고 있다.

비콘을 이용한 마케팅에서 중요한 것은 이러한 다양한 마케팅 활동들이 개별적이고 단발성으로 일어나서는 효과를 보기가 어려울 수 있다는 것이다. 즉, 일회성 마케팅에 그치기보다는 최초로 유치한 고객을 단골손님으로 만들기 위한 체계적인 '고객 락인(customer lock-in)' 전략을 수립하는 것이 필요하다.

달리 말하면, 비콘 기반의 마케팅에서는 마케팅 플랫폼이 무엇보다 중요하다는 것이다. 즉, 단순히 비콘을 이용하여 고객에게 전달할 컨텐츠를 만드는 것도 중요하지만, 점

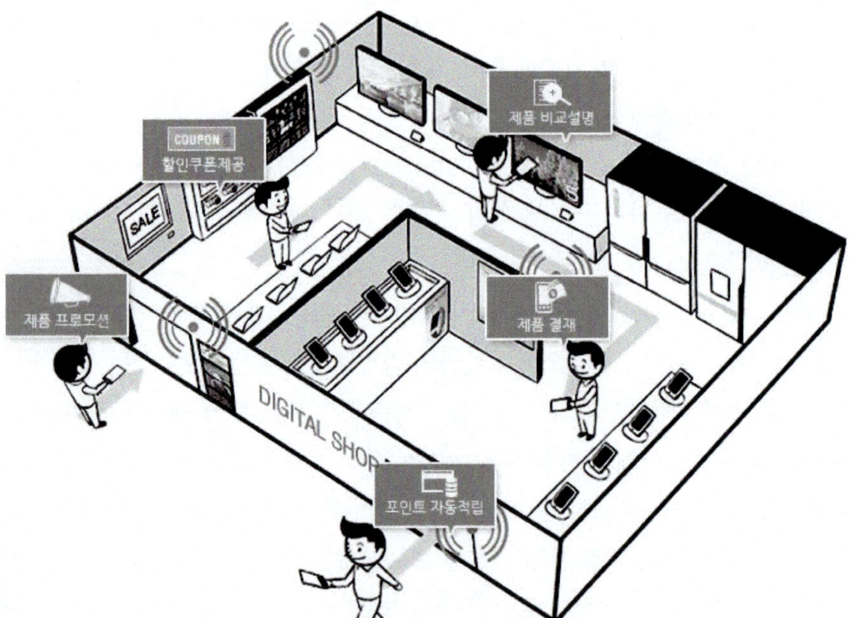

그림 180 비콘 기반 마케팅 시나리오 (출처: 퀀텟시스템즈)

원의 관여 없이 편하게 쇼핑을 할 수 있고 편하게 결제를 하고 다음에 다시 방문할 수 있도록 고객을 관리해 주는 것까지도 함께 고민이 되어야 한다는 것이다.

또한, 다른 마케팅 솔루션과의 연계 활용도 생각해 볼 수 있다. 예를 들어, 비콘과 함께 매장 내에 디지털 사이니지 디스플레이나 무료 와이파이를 이용해서 동영상 기반의 상품 정보를 제공할 수도 있을 것이다. 비콘은 지오펜싱(geo-fencing) 형태로 연계 마케팅을 하는 데도 유용할 것으로 기대된다. 예를 들어, A 식당에서 삼겹살로 회식을 한 후 바로 옆에 있는 B 호프집을 가는 경우 포인트를 2배로 준다거나 안주를 무료로 주는 식이다.

사실, 비콘을 이용한 위치 기반 마케팅은 전혀 새로운 개념은 아니다. 과거에도 이와 비슷한 마케팅 솔루션 및 서비스가 존재했었다. [그림 181]에 보이는 미국의 '샵킥

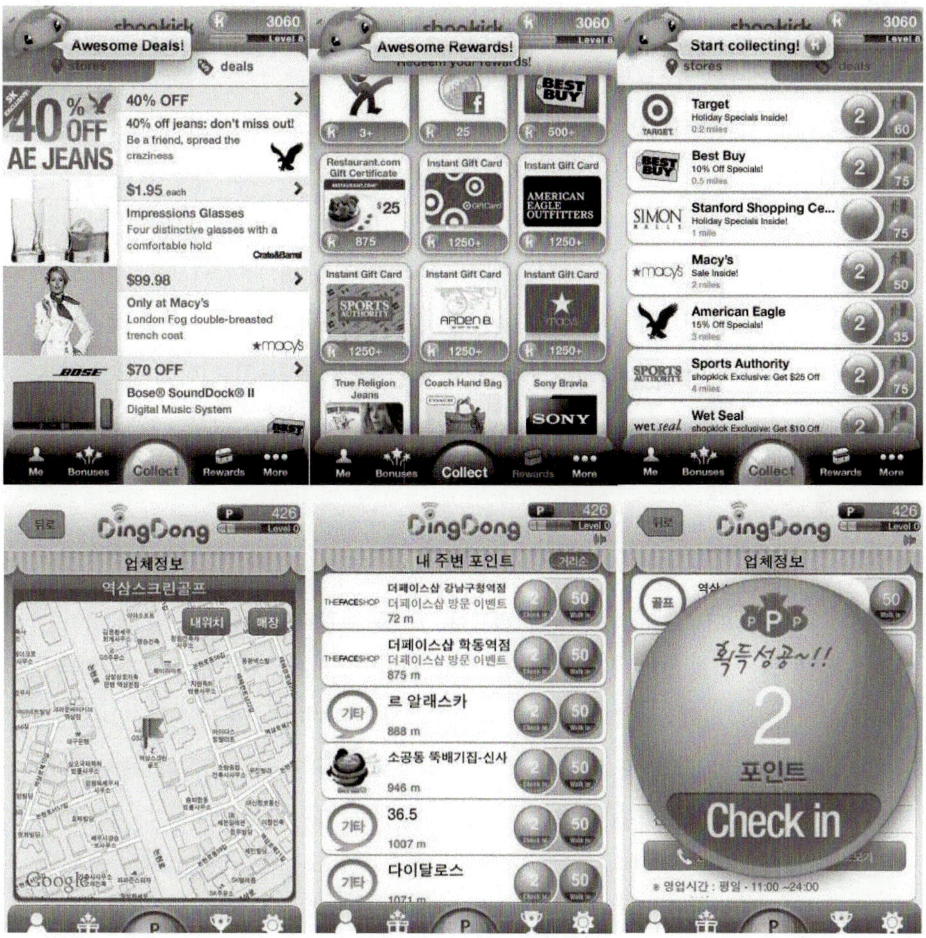

그림 181 샵킥(위)과 딩동(아래)의 화면

(Shopkick)'과 LG유플러스의 '딩동(DingDong)' 서비스가 바로 그것이다. 비콘 기반의 서비스와 차이가 있다면, 샵킥이나 딩동의 경우 블루투스 신호 대신 저주파를 이용하고 통신 거리가 10미터 이내로 제한된다는 정도다. 조금 다르긴 하지만, 필립스(Philips)는 빛(LED 램프)을 이용한 마케팅을 진행하는 컨셉에 대해 파일럿을 진행하고 있기도 하다.

[그림 181]에 보이는 것처럼, 해당 서비스는 샵킥 혹은 딩동 장치가 설치된 매장에 들어가는 것(check-in)만으로도 '킥스(kicks)'와 같은 포인트를 제공하며, 매장 내의 특정 상품에 대한 정보를 확인하는 경우 추가로 포인트를 제공한다. 상품이나 서비스 구매 시에도 해당 서비스를 통해 포인트를 적립해 줄 수 있으며, 이웃 상점과의 연계 마케팅 기능도 지원한다. 또한, 이렇게 적립된 포인트는 해당 매장이나 제휴 매장에서 현금처럼 사용할 수 있기 때문에, 고객들의 재방문 및 재구매율을 높이는 고객 락인 효과를 가져다 주기도 한다.

2014년 4월, LG유플러스는 실적 부진을 이유로 딩동 서비스를 종료한다고 밝힌 바 있지만, 샵킥의 경우는 상황이 다르다. 2012년 4분기에 최초로 흑자를 기록한 이후 꾸준히 성장세를 보이고 있으며, 앱내 구매(In-App Purchase)나 오프라인 매장과의 제휴를 통한 o2O 형태의 비즈니스도 시도하고 있다. 샵킥의 자체 분석에 따르면, 샵킥 이용자 중에서 20-30대 여성의 비중이 65%에 달한다고 한다. 20-30대의 여성들이 가정의 구매 결정권을 85% 가지고 있다는 사실을 감안하면 충분히 효과가 있는 것임을 알 수 있다.

애플이 2013년 6월 세계 개발자 대회(WWDC)에서 아이비콘(iBeacon)을 처음 발표한 이래 많은 기업들이 아이비콘 혹은 비콘 관련 제품들을 출시하고 있다. 미국의 경우 애플과 제휴를 한 에스티모트(Estimote)가 대표적인 사업자이며, 샵킥도 블루투스 LE를 이용한 '샵비콘(shopBeacon)'을 2013년 11월에 발표하기도 했다. 국내의 경우 SK텔레콤을 비롯해서, 어비팩토리, 퍼플즈 및 컨텟시스템즈 등에서 [그림 182]에 보이는 것과 같은 비콘 제품들을 출시하고 있다.

비콘 디바이스뿐만 아니라 모바일 결제나 고객관계관리(CRM) 기능들과 연계한 서비스도 함께 출시되고 있다. SK플래닛은 모바일 기반의 오프라인 상거래 플랫폼인 '넥스트커머스(Next Commerce)'를 론칭한 바 있다. 넥스트커머스 플랫폼은 스마트월렛인 '시럽(syrup)'과 'OK캐쉬백 by 시럽', '시럽 기프티콘'으로 구성되며, 비콘을 넥스트커머스 전략의 주력 기술로 활용할 계획이라 밝히고 있다.

또한, CRM 전문 기업인 컨텟시스템즈의 경우 '인페이버(InFavor)'라는 비콘 기반의 마케팅 플랫폼과 룰(rule) 기반의 비콘 관리 솔루션인 '인페이버 비콘 매니저(Infavor

그림 182　국내에서 출시된 비콘 장치: 어비팩토리의 어비콘, SK텔레콤의 페블, 퍼플즈의 RECO, 퀀텟시스템즈의 아이비콘 (왼쪽 위부터 시계 방향)

Beacon Manager)'도 출시했다. 이 플랫폼은 기업 및 소상공인들로 하여금 별도의 어플리케이션 제작 없이도 비콘을 이용하여 매장이나 상품을 홍보하고 더 나아가 고객의 의견까지도 확인할 수 있도록 해 준다.

그러나, 비콘이 반드시 성공적인 마케팅 결과를 제공해주는 것은 아니다. 딩동이 출시된 지 2년도 되지 않아 사업을 정리했고 샵킥도 초기 2년간은 어려움을 겪었던 것처럼, 비콘에 대한 막연한 기대는 금물이다. 마케팅이라는 것은 기술적인 한계를 극복해서 해결이 되는 것이 아니기 때문이다.

지금까지 진행된 사례를 바탕으로 살펴보면, 위치기반 마케팅 솔루션들이 쉽게 확산되지 않는 이유는 다음과 같다. 첫째, 토털솔루션 형태의 마케팅 플랫폼을 제공하지 못한다. 둘째, 고객에게 제공되는 혜택이 아주 적거나 무의미한 수준이다. 셋째, 소상공인들이 마케팅 플랫폼을 이용하기 어렵다. 넷째, 제품이나 서비스를 위한 마케팅과 함께 비콘을 위한 마케팅도 함께 해야 한다. 그러나, 위치기반 마케팅 솔루션들이 소개된 지 3-4년이 지나면서 많은 부분들이 개선되고 있는 상황이다.

그런데, 블루투스 기반의 비콘을 이용하는 경우는 이와 같은 문제들 외에도 또 다른 문제들을 야기할 수 있다. 넓어진 서비스 커버리지는 한 사람이 동시에 수많은 비콘에 노출될 수 있음을 의미한다. 명동이나 강남의 번화가에서 블루투스와 통신 커버리지가 비슷한 와이파이 신호가 동시에 많게는 40-50개까지 잡히는 것을 보면, 비콘도 비슷한 문제를 야기할 수 있을 것이다. 이는 사용자로 하여금 마케팅 활동을 스팸으로 인식하게 만들며, 심지어는 스마트폰의 블루투스를 꺼놓게 만들 수도 있다.

이와 같은 문제는 사용자 정보를 기반으로 선택적으로 마케팅 정보가 전달되게 할 수도 있을 것이다. 그러나, 이는 프라이버시라는 또 다른 이슈를 야기한다. 우리는 개인의 정보가 특정 기업이나 매장에 공유되는 경우 유출되는 경험을 너무도 많이 했기 때문이다. 프라이버시 이슈는 이용자가 이동하면서 여러 비콘 디바이스와 통신을 하는 경우에도 일어날 수 있다. 사용자가 원치 않는 본인의 이동 경로 및 소비 내역까지 모두 드러날 수 있기 때문이다.

또한, 비콘이 제공하는 정보를 이용하기 위해서는 사용자는 항상 스마트폰의 블루투스를 켜 놓아야 한다. 블루투스 LE가 배터리를 조금만 이용한다고 하지만, 이는 비콘 디바이스에 해당하는 이야기다. 스마트폰의 블루투스는 언제라도 블루투스 클래식(Bluetooth Classic) 모드로 동작할 수 있으며, 이는 생각보다 많은 배터리를 소모할 수도 있다. 특히, 비콘에 의해 기동되는 어플들은 상품이나 매장에 관련된 정보를 제공하기 위해 스마트폰의 이동통신 데이터를 이용한다는 것도 함께 고민해 봐야 할 것이다.

마지막으로, Part 1에서도 언급했듯이, 비콘이 마케팅을 가장한 피싱 등에 악용될 가능성도 있다. 따라서, 소비자들은 원하는 정보만을 선택적(Opt-In)으로 받을 수 있도록 설정할 필요가 있다. 만약 비콘 기반 피싱 사례가 발표되면, 비콘을 이용한 마케팅은 원하는 효과를 얻지 못할 가능성이 커진다.

앞에서도 잠깐 언급하였지만, 비콘 디바이스 제조사들은 단순히 비콘 디바이스만을 공급하기보다는 플랫폼과 같은 소프트웨어적인 부분에 더욱 집중해야 한다. 또한, 단순히 비콘 디바이스를 판매하거나 플랫폼 기반의 ASP 사업 외의 다양한 비즈니스 모델을 개발하는데 집중해야 할 것이다. 비콘 디바이스의 경우 표준 프로토콜을 이용하고 있기에 아주 쉽게 시장 참여가 가능하기 때문이다.

Epilogue

인간을 위해 연결되는 사물

신문이든 방송이든 혹은 전문가들이 모이는 세미나 자리에서든, 〈마이너리티 리포트〉는 사물인터넷과 관련하여 가장 많이 언급되는 영화다. 주인공의 신상정보와 심리상태를 바탕으로 노출되는 쇼핑몰의 맞춤형 광고부터 구글 글라스와 비슷한 장치의 등장, 그리고 손동작으로 제어를 하는 모션센싱(motion sensing) 장면 등은 정말 놀라움 그 자체이기 때문이다. 최근에 구글이 자동운행 자동차를 공개하는 바람에 이제는 놀라움이 덜하긴 하지만, 이 영화가 개봉되었던 2002년에는 자동운행 자동차의 등장도 대단한 것이었으리라 생각한다.

그러나, Prologue에서도 언급했던 것처럼, 이러한 기술들은 현재의 기술로도 대부분 구현이 가능한 것들이다. 물론, 영화에서 보이는 것처럼 '나이스'하게 이용되기 위해서는 더 많은 시간과 노력이 필요하겠지만, 적어도 5년 안에는 상용화가 가능할 것으로 보인다. 그렇다면, 우리의 위대한 영화감독인 스티븐 스필버그(Steven Allan Spielberg)가 2054년을 배경으로 하는 영화에서 이 정도도 예상하지 못하고 곧 상용화가 가능한 이런 기술들을 넣은 것일까? 필자는 그렇지 않다고 생각한다.

사실 〈마이너리티 리포트〉에서 이야기하고자 하는 내용은 이러한 단편적인 기술들이 아니다. 데이터를 분석해서 사람들에게 편의 서비스를 제공하는 기술보다는, 한발 더 나아가서 미래에 일어날 일을 예지하는 능력과 그러한 능력에 의해 발생하는 사회적인 문제에 초점을 맞추고 있는 것이다.

이 영화는 '프리크라임(Precrime)'이라는 신개념 시스템이 살인 사건이 발생하기 전에 이를 미리 예측해 범죄자를 체포하는 장면에서 시작된다. 영화에서도 그랬지만, 범죄가 일어나기 전에 체포한 사람이 과연 범죄자인가에 대한 이론의 여지는 있다. 그러나, 사회적 관점이 아닌 기술적 혹은 비즈니스적 관점에서 생각한다면, 어떻게 범죄가 일어날 것을 예측하느냐가 더 중요할 것이다.

영화에서는 물에 둥둥 떠 있는 세 명의 예지자들(precogs)로 구성된 프리크라임이라는 시스템이 그 역할을 대신하고 있지만, 실제로 2054년이 된다면 과연 어떤 방식으로 범죄가 일어날 것을 예측할 수 있을까? 또한, 그러한 예측에 의한 서비스는 과연 문제가 없는 것일까? 이는 이 영화에서 소개된 다른 미래기술들과 더불어, 관련 서비스를 기획하고 관련 기술을 개발하는 우리에게 던져주는 숙제일 것이다. 그런 관점에서, Part 3에서 소개된 아마존의 '선행 배송 시스템(Anticipatory Shipping)'이나 독자들이 잘 알고 있는 NEST의 '학습형 온도조절기(Learning Thermostat)'는 우리가 주목해야 할 부분일 것이다.

그렇다면, 다시 사물인터넷으로 돌아가보자. 이 책의 시작부터 끝까지, 필자가 말하고자 하는 것은 사물인터넷에서 중요한 것은 사물들을 연결하는 것도 아니고 연결되는 사물들도 아니다. 사물인터넷에서 중요한 것은 여전히 사람이고, 그 사람들을 위해 사물인터넷이라는 것이 창출해 내는 가치다. 그러한 가치를 위해, 개발자는 더 효율적으로 데이터를 모으고 분석할 줄 알아야 하며, 기획자는 새로운 비즈니스 모델을 무기로 구시대의 제조업 마인드에서 벗어나야 할 것이다.

이제는 단순히 하드웨어 제품만 판매하는 시대는 지났다. 공개된 기술 표준들을 기반으로 제품을 만드는 세상에서는 누구나 스마트 시계를 만들고 비콘 센서를 만들 수 있기 때문이다. 그렇다고 제조업 시대의 종말을 말하는 것은 아니다. 오히려 오픈소스 하드웨어 플랫폼이나 3D 프린터 등의 등장으로 진정한 제조업 2.0의 시대가 열리고 있다고 해도 과언이 아닐 것이다. 이제 우리가 해야 할 일은 IT 융합 기반의 제조업 3.0을 준비해야 할 것이다. 제조업 3.0은 IT 기술을 바탕으로 하는 스마트 팩토리(Smart Factory)를 구현하는 것에 국한되지 않는다. IT 기술을 바탕으로 제품과 서비스가 결합된 하이브리드형 제품을 만들고 서비스를 하는 것을 의미한다.

이를 위해서는 제조업과 서비스업의 유기적인 결합, 상호협력(collaboration), 파괴적인 혁신(disruptive innovation)이 구가(謳歌)되어야 할 것이다. 하이브리드형 제품과 서비스가 두 산업 모두에 득이 될 수 있도록 하는 비즈니스 모델도 함께 고민되어야 할 것이다. 5천만 국민을 대상으로 하기 보다는 70억 세계 시민을 대상으로 하는 비즈니스를 전개해 나가야 할 것이다.

사물인터넷이 제공하는 새로운 비즈니스 환경에서는 지금까지 우리 경제를 이끌어 온 기존의 대기업들보다는 창의적이고 실험적인 마인드로 무장한 중소기업이나 신생 벤처기업들의 역할이 더 클 것이라 생각한다. 그렇다고 조만간 우리나라에서 사물인터넷 기반의 성공적인 스타트업이 나올 것 같지는 않다. 규모의 경제 효과를 누리기에는 시장 자체가 작을 뿐더러, 살라미(salame) 스타일의 보이기 위주의 정부 지원과 성공 위주의 단기적인 투자만을 선호하는 벤처캐피탈, 그리고 이러한 기업들에 대한 투자나 M&A에 무관심한 대기업들만이 있기 때문이다.

상황이 이렇다 보니, 정부의 역할이 그 어느 때보다 중요하다고 생각한다. 대기업이나 벤처캐피탈이야 기업 논리를 무시할 수 없는 노릇이기 때문이다. 그동안 정부는 사물인터넷이 창조경제를 위한 핵심 동력으로 판단하고, '사물인터넷 기본계획'을 발표하고 '사물인터넷 혁신 센터'를 출범시키는 등 관련 기업을 지원하기 위한 다양한 노력을 진행해 오고 있다. 이러한 노력들은 사물인터넷 활성화를 위한 기반 및 분위기 조성에 커다란 역할을 할 것으로 기대한다.

그러나, 이러한 노력들과 별개로 스타트업이나 중소기업을 지원하기 위한 현실적인 방안들에 대한 고민이 함께 진행되어야 할 것이다. 예를 들면, 정부의 자금을 활용하여 민간 주도의 소셜펀딩을 레버리지한다거나, 이 기업들이 국내는 물론 해외에 제품과 서비스를 선보이고 유통할 수 있는 기반을 조성해 주는 것이다. 또한, 공급자 위주의 지원정책과 더불어 더 많은 기업들이 이러한 제품과 서비스를 이용할 수 있도록 지원함으로써 이용자 혹은 소비자 주도의 사물인터넷 활성화를 유도하는 것도 필요할 것이다.

미국보다 2년 늦게 보급된 스마트폰이 사물인터넷 시대를 이끌어나가는데 있어서 이렇게 큰 장애요인이 될 줄은 그 누구도 생각하지 못했을 것이다. 사물인터넷 보안이나 개인정보보호와 같은 부분들에 대한 중요성을 간과할 수는 없겠지만, 사물인터넷 관련 산업만큼은 시장의 요구를 최대한 빠르게 수용하기를 바라는 마음이 간절하다.

혹자들은 Internet of People의 시대는 가고 Internet of Things의 시대가 도래하고 있다고 한다. 세상의 중심이 사람에서 사물로 옮겨가고 있다고 한다. 표면적으로는 맞는 말이다. 하지만, 이러한 사물들이 왜 연결되는 지를 곰곰히 생각해 봐야 할 것이다. 사물인터넷으로 인하여 우리의 삶의 패턴은 더욱 다양해지고 다이나믹해질 것이며, 우리는 그 어느때보다 더 진정하게 서로와 연결되지 않을까 생각한다.

참고문헌

1. Mark Weiser, "The Computer for the 21st Century," Scientific American Special Issue on Communications, Computers, and Networks, Sep. 1991
2. ITU-T, "Ubiquitous Sensor Networks (USN)," ITU-T Technology Watch Briefing Report Series, No.4, Feb. 2008.
3. Kevin Ashton, "That 'Internet of Things' Thing," RFID Journal, June 22, 2009. http://www.rfidjournal.com/article/view/4986
4. Thomas Goetz, Wired Magazine, "Harnessing the Power of Feedback Loops," June 19, 2011.
5. CASAGRAS, "RFID and the Inclusive Model for the Internet of Things,"
6. Wikipedia, "Metcalfe's Law," http://en.wikipedia.org/wiki/Metcalfe's_law
7. Cisco Systems, "Internet of Things," http://www.cisco.com/web/solutions/trends/iot/overview.html
8. D. Lake, A. Rayes, and M. Morrow, "The Internet of Things," The Internet Protocol Journal, Vol.15, No.3, Sept. 2012.
9. 주대영, 김종기, "초연결시대 사물인터넷(IoT)의 창조적 융합 활성화 방안," 산업연구원, 산업창조화시리즈 2014-342, Jan. 2014.
10. Cisco Blog, "만물인터넷 101-사물인터넷 vs 만물인터넷", Jan. 15, 2014. http://www.ciscokrblog.com/422
11. Glen Allmendinger, "Four Strategies for the Age of Smart Services," Harvard Business Review, Oct. 2005, pp. 131~145.
12. L. Atzori, A. Lera, and G. Morabito, "The Internet of Things: A Survey," Computer Networks, Vol.54, No.15, Oct. 28, 2010, pp. 2878~2805.
13. J. Gubbi, R. Buyya, S. Marusic, and M. Palaniswami, "Internet of Things (IoT): A vision, architectural elements, and future directions," Journal on Future Generation Computer Systems, Vol.29, No.7, Sep. 2013, pp. 1645-1660.
14. 미래창조과학부, "사물인터넷 기본계획," 2014.05.08.
15. CMU SCS Coke Machine, http://www.cs.cmu.edu/~coke/)
16. The Trojan Room Coffee Pot, https://www.cl.cam.ac.uk/coffee/qsf/coffee.html

17. Yahoo Directory, "Devices Connected to the Internet," http://dir.yahoo.com/computers_and_internet/internet/devices_connected_to_the_internet/
18. L. Masinter, "Hyper Text Coffee Pot Control Protocol (HTCPCP/1.0," RFC2324, 1998, http://www.rfc-editor.org/rfc/rfc2324.txt
19. 보드나라 편집부, "인간의 오감을 대신하는 스마트폰 센서들, 그 종류와 활용은," Bodnara, Oct. 1, 2013. http://www.bodnara.co.kr
20. K. Doishita, E. Muramoto and T. Kouda, "Application of ICT to construction machinery," Komatsu technical Report, Vol. 56, No.163, 2010.
21. 크리스 앤더슨, *롱테일 경제학*, 랜덤하우스코리아, Nov. 2006.
22. 크리스 앤더슨, *메이커스: 새로운 수요를 만드는 사람들*, 알에이치코리아, May 2013.
23. 크리스 앤더슨, *프리: 비트 경제와 공짜 가격이 만드는 혁명적 미래*, 랜덤하우스코리아, Nov. 2009
24. 앨빈 토플러, *제3의 물결*, 홍신문화사, March 1994.
25. The Economist Intelligence Unit, "The Internet of Things Business Index," 2013.
26. Elgar Fleisch, "What is the Internet of Things-An Economic Perspective," Auto-ID Labs White Paper WP-BIZAPP-053, Jan. 2010.
27. 위키백과, 나노기술, http://ko.wikipedia.org/wiki/나노기술
28. John Howkins, *The Creative Economy*: *How People Make Money from Ideas*, Berkley Pub Group, May 2005.
29. Gartner, "Forecast: The Internet of Things, Worldwide, 2013," Nov. 18, 2013.
30. Daniel Kellmereit and Daniel Obodovski, The Silent Intelligence: The Internet of Things, San Fransisco, DND Ventures LLC, 2013.9.
31. 강성주, "창조경제와 ICT 정책 방향," IoT 시대 … 빅데이터·클라우드 보안전략 바꿔라 세미나, 2014.5.20, pp.3~18.
32. Hey, Jonathan. "The data, information, knowledge, wisdom chain: the metaphorical link." Intergovernmental Oceanographic Commission, Dec. 2004.
33. '지속 가능한 '올림픽 그 이후',' 2012.08.14 (http://www.ciscokrblog.com/185)
34. Cisco British Innovation Gateway, https://www.ciscobig.co.uk
35. Ericsson White Paper, "More than 50 Billion Connected Devices," Feb. 2011.
36. BI Intelligence, "The Internet of Everything: 2014," June 2014
37. Cisco Internet Business Solution Group (IBSG), "Beyond the New Normal: How Retailers Can Thrive in a Rapidly Changing World," May 2011.
38. P. Evans and M. Annunziata, "Industrial Internet: Pushing the Boundaries of Minds and Machines," Nov.26, 2012, pp.4.
39. ISACA, "2013 IT 위험/보상 척도 보고서," Nov. 2013.

40. Geoffrey A. Moore, Crossing the Chasm, HaperCollins, Jan. 1995.
41. D. Boswarithick, "M2M Activities in ETSI, SC5 Conference," July 2009.
42. 남동규, "M2M/IoT포럼," TTA Journal, Vol. 134, March/April 2011, pp. 30~33.
43. 유민호, "사물인터넷 전쟁 시작됐다," 주간조선 2294호, Feb. 17, 2014.
44. 김지현, 포스트 스마트폰, 경제의 붕괴, 위즈덤하우스, 2013년 4월.
45. B. Osborne, "Cellphones used to trigger bombs," Geek.com, 2003.07.13.
46. 국가정보원 테러정보통합센터, "최근 테러의 대상·수법·수단 분석," 2005.09.
47. IoT Protocols, http://postscapes.com/internet-of-things-protocols.
48. M.J. Koster, "Data Models for the Internet of Things," Sept. 9, 2012.
49. 이준원, *안드로이드 센서 이야기: 만보계에서 크루즈 미사일까지-스마트폰 센서 활용 가이드*, 프리렉, 2014.
50. 도코 기요시, 미야기 고이치로 (정재훈 역), *센서란 무엇인가*, 성안당, 2012.
51. 민남기, *센서공합 입문: 센서공학 시리즈 VOL 1*, 동일출판사, 2012.
52. Postscapes and Habor Research, "What Exactly Is The "Internet of Things"?-A graphic primer behind the term & technologies," May 2014. (http://postscapes.com)
53. 김학용, 김성덕, 서동길, 지정강, 장현태, "근거리 위치추적 기술 동향," 주간기술동향 통권 1322호, 2007년 11월 14일, pp. 1~13.
54. 김학용, 서동길, 신동원, "위치정보 서비스를 위한 근거리 무선 솔루션," Proc. of JCCI '07, 2007년 5월.
55. IDC, "Worldwide Wearable Computing Device 2014~2018 Forecast and Analyais," Mar. 2014.
56. Gizmodo Japan, "パナソニックが夢のパワードスーツを量産決定!—お値段約50万円で2015年発売," http://www.gizmodo.jp/2014/01/502015.html
57. 김학용, 황영기, 김수종, "무선랜 장치 및 공중 무선랜 서비스 동향," 주간기술동향 통권 1390호, April 1st, 2009.
58. Z. Shelby, M.G. Stuber, D. Sturek, B. Frank, and R. Kelsey, "CoAP Feature Analysis," Dec. 24, 2009, http://tools.ietf.org/html/draft-shelby-6lowapp-coap-00
59. Z. Shelby, K. Hartke, C. Bormann, and B. Frank, "Constrained Application Protocol (CoAP)," July 16, 2012. http://tools.ietf.org/html/draft-ietf-core-coap-11
60. R. Sutaria and R. Govindachari, "Making sense of interoperability: Protocols and Standardization initiatives in IOT," 2nd International Workshop on Computing and Networking for Internet of Things (CoMNet-IoT)
61. G. Klas, F. Rodermund, Z. Shelby, S. Akhouri, J. Holler, "Lightweight M2M: Enabling Device Management and Applications for the Internet of Things," Ericsson White Paper, 2014.02.26.

62. Y.I Readings, "LWM2M-M2M The Lighter Way", 2013. http://yucianga.info/?p=786
63. Open Mobile Alliance, http://openmobilealliance.org/
64. S. Raman. "TinyOS-An Operating System for Tiny Embedded Networked Sensors." Univ. of Texas Arlington, 2002.
65. P. Levis, S. Madden, J. Polastre, et al. "TinyOS: An operating system for sensor networks." Ambient intelligence. Springer Berlin Heidelberg, 2005, pp. 115-148.
66. A.K. Dwivedi, M.K. Tiwari, and O.P Vyas, "Operating Systems for Tiny Networked Sensors: A Survey." International Journal of Recent Trends in Engineering 1.2, 2009, pp. 152-157.
67. A. Dunkels, "The ContikiMAC Radio Duty Cycling Protocol," 2011.
68. E. Baccelli and O. Hahm, "RIOT: One OS to Rule Them All in the IoT," Research Report No. 8176, Dec. 2012.
69. E. Baccelli, O. Hahm, et al., "An OS for the IoT-Goals, Challenges, and Solutions," Proc. of Workshop Interdisciplinaire sur la Sécurité Globale (WISG) 2013.
70. S. Kim, H. Kim, J. Song, et al., "NanoQplus: A Multi-Threaded Operating System with Memory Protection Mechanism for WSNs," Proc. of the CKWSN 20.08, 2008.
71. J.P. Norair, "Introduction to DASH7 Technologies," Dash7 Alliance Low Power RF Technical Overview, March 16, 2009.
72. P. Sangam, "What's Next for LTE," CTIA, May 22, 2013.
73. Qualcomm Technologies Inc., "LTE Direct: The Case for Device-to-Device Proximate Discovery," Feb. 18, 2013.
74. Qualcomm Technologies Inc., "LTE Direct: Always-on, Autonomous Proximal Discovery at Scale," June 2014.
75. Gimbal Proximity Beacons, https://www.gimbal.com/gimbal-proximity-beacons
76. 김수진, 유민정, "사물인터넷 네트워크 전략 및 시사점," 디지에코 Issue & Trend, June 30, 2014.
77. D. Noswarthick, O. Elloumi, O. Hersent, M2M Communications: A Systems Approach, John Wiley & Sons, 2012.
78. N. Kushalnagar, G. Montenegro, and C. Schumacher, "IPv6 over Low-Power Wireless Personal Area Networks (6LoWPANs): Overview, Assumptions, Problem Statement, and Goals," IETF RFC 4919, Aug. 2007.
79. G. Montenegro, N. Kushalnagar, J. Hui, and D. Culler, "Transmission of IPv6 Packets over IEEE 802.15.4 Networks," IETF RFC 4944, Sept. 2007.
80. 김학용, "무선랜 기반 위치정보 서비스," Telecommunications Review, 제16권 2호, 2006, pp.188-202.

81. 김학용, "무선랜 기반 실시간 위치 추적 시스템을 위한 속도 적응형 위치 추정 방법," Telecommunications Review, 제16권 4호, 2006, pp.580-590.
82. WiGig White Paper, http://wirelessgigabitalliance.org
83. 이요섭, 문필주, "WiGig 기술 개발 및 표준화 동향," 주간기술동향 통권 1578호, 2012년 12월 26일, p. 13~23.
84. Gig.U: The University Community Next Generation Innovation Project, http://www.gig-u.org
85. IoT-A, "The IoT Architectural Reference Model (ARM) - D1.3," July 16, 2012.
86. G. Martín, "Resource Description Specification," IoT-A deliverable D2.1, Feb. 28, 2012.
87. Kaoru Hayashi, "Linux Worm Targeting Hidden Devices," Symantec, 2013.11.27, http://www.symantec.com/connect/blogs/linux-worm-targeting-hidden-devices
88. B. Violino, "The History of RFID Technology," RFID Journal, Jan. 16, 2005.
89. U.S. Government Accountability Office, "Radio Frequency Identification Technology in the Federal Government," May 2005.
90. 조대진, *RFID 이론과 응용*, 홍릉과학출판사, 2005.
91. 여준호, *최신 RFID 기술*, 홍릉과학출판사, 2008.
92. 이경전, "NFC기반 서비스의 기술, 사업적 이슈와 발전 방향," LoveisTouch 홈페이지, Oct. 2013.
93. 한국방송통신전파진흥원, "NFC 국내외 최신 기술, 서비스 현황과 동향," 방송통신기술 이슈&전망 2013년 제14호, Dec. 2013.
94. 정보통신기술협회, *ICT 표준화 전략맵 Ver. 2014*.
95. Gerald Madlmayr, "Near Field Communication: State of Standardization," Internet of Things 2008, March 26, 2008.
96. Wikipedia, "Smartphone,"
97. U.S. Patent #3,812,296/5-21-1974 (Apparatus for Generating and Transmitting Digital Information), U.S. Patent #3,727,003/4-10-1973 (Decoding and Display Apparatus for Groups of Pulse Trains), U.S. Patent #3,842,208/10-15-1974 (Sensor Monitoring Device)
98. 日本經濟新聞, "着ると心拍計測する衣服, 東レとNTT, 素材を実用化ドコモがサービス展開へ," 2014.01.31
99. P. Pahlevani, M. hundeboll, M.V. Pedersen, D. Lucani, H. Charf, F.H.P.Fitzek, H. Bagheri, and M. Katz, "Novel Concepts for Device-to-Device Communication Using Network Coding," IEEE Communications Magazine, April 2014, pp.32~39.
100. Wikipedia, "Wi-Fi Direct," http://en.wikipedia.org/wiki/Wi-Fi_Direct
101. Bluetooth SIG, http://www.bluetooth.com/Pages/Bluetooth-Smart.aspx

102. Ed Grabianowski, "Is Wibree going to rival Bluetooth?," http://www.howstuffworks.com/wibree.htm
103. Wikipedia, "Bluetooth low energy"
104. The Future of Things, "Nokia's Wibree and the Wirless Zoo," http://thefutureofthings.com/3041-nokias-wibree-and-the-wireless-zoo/
105. M. Honkanen, A. Lappetalainen, and K. Kivekas, "Low end extension for Bluetooth," IEEE Radio and Wireless Conference 2004, Sept. 19~22 2004, pp. 199-202.
106. BBC News, "Bluetooth rival unveiled by Nokia," Oct. 2006.
107. Electronics Weekly, "Wibree becoms ULP Bluetooth," June 2007.
108. Wikipedia, "직비," http://ko.wikipedia.org/wiki/직비
109. ZigBee Alliance, "ZigBee Standards Overview," http://www.zigbee.org/Standards/
110. Z-Wave Alliance, "Z-Wave Alliance Announces Frequency Approval for Z-Wave in South Korean Market," Dec.16 2013.
111. ZwaveGuide, "Z-Wave vs Zigbee", http://zwaveguide.com/z-wave-vs-zigbee/
112. ITU-T, "Recommendation G.9959," Feb. 2012.
113. Vesternet, "Understanding Z-Wave Networks, Nodes & Devices," 2012.
114. F. Fitzek, M. Katz, and Q. Zhang, "Cellular Controlled Short-Range Communication for Cooperative P2P Networking,"Wireless World Research Forum 17, vol. WG 5, Nov. 2006.
115. F. Fitzek and M. Katz, Cooperation in Wireless Networks: Principles and Applications — Real Egoistic Behavior Is to Cooperate!, Springer, Apr. 2006.
116. Ranghu Das and Peter Harrop, "RFID Forecasts, Players and Opportunities 2014-2024," IDTechEx, 2014 1Q.
117. 함유근, 채승병, *빅데이터, 경영을 바꾸다*, 삼성경제연구소, 2012.
118. IDC, "The Digital Universe in 2020," 2012.
119. Cisco Systems, "Cisco Visual Networking Index: Global Mobile Data Traffic Forecast Update, 2011-2016," Cisco White Paper, May 30, 2012.
120. Cisco Systems, "Cisco Visual Networking Index: Global Mobile Data Traffic Forecast Update, 2013–2018," Cisco White Paper, Feb. 5, 2014.
121. fitbit blog, "Fitbit's Spring Clean: National Working Day 2014," April 1, 2014.
122. 김재호, "디바이스 중심 Open IoT Platform: Mobium 1.0," Proc. of the 24th High-Speed Network Workshop (HSN 2014), Jan. 22, 2014.
123. 정휘웅, 고희애, "프라이빗 클라우드 서비스와 그 전망," 주간기술동향, June 11, 2014, pp. 13~22.
124. 김태홍, 황명권, 정한민, "차세대 웨어러블의 현재와 미래 그리고 이슈," 정보통신산업

진흥원 주간기술동향 2014.3.19, pp. 15~25.

125. A. George, "Volvo Thinks Magnetic Roads Will Guide Tomorrow's Autonomous Cars," Wired.com, 2014.03.17

126. California PATH, http://www.path.berkeley.edu/

127. "Robot Television Bomber," Popular Mechanics, June 1940.

128. Wikipedia, "Unmanned Combat Air Vehicle"

129. 이주열, "'빅데이터' 플랫폼의 미래," LG CNS R&D Journal, Jan 2013.

130. IHS, "Wearable Technology Market Suited for Rapid Growth," 2012.10. http://press.ihs.com/press-release/design-supply-chain/wearable-technology-market-suited-rapid-growth

131. SK C&C Blog, "NEXCORE ITS Platform," Nov.26, 2012. http://blog.skcc.com/921

132. 이정민, 이선미, "전력위기의 해법, 스마트그리드-스마트그리드의 가치 및 활성화 조건," KT Digieco, 2013.1.18

133. Cisco Consulting Services, "Internet of Everything-Retail's Future," 2013.10. http://www.slideshare.net/CiscoIBSG/internet-of-everything-retails-future-26763130.

134. 다양한 IoT 스마트 플러그들, http://balsangplus.net/434

135. 매일경제 IoT 혁명 프로젝트팀, *모든 것이 연결되는 세상, 사물인터넷*, 매일경제신문사, 2014년 5월